空调系统运行管理技术

张林华　曲云霞　编著

中国建筑工业出版社

图书在版编目（CIP）数据

空调系统运行管理技术/张林华，曲云霞编著．—北京：中国建筑工业出版社，2016.12（2022.8重印）
ISBN 978-7-112-20240-9

Ⅰ.①空… Ⅱ.①张… ②曲… Ⅲ.①集中空气调节系统-运行 Ⅳ.①TU831.4

中国版本图书馆CIP数据核字（2016）第316405号

责任编辑：张文胜
责任设计：李志立
责任校对：焦 乐 党 蕾

空调系统运行管理技术
张林华 曲云霞 编著
*
中国建筑工业出版社出版、发行（北京海淀三里河路9号）
各地新华书店、建筑书店经销
霸州市顺浩图文科技发展有限公司制版
北京中科印刷有限公司印刷
*
开本：787×1092毫米 1/16 印张：22 字数：535千字
2016年12月第一版 2022年8月第二次印刷
定价：**50.00**元

ISBN 978-7-112-20240-9
（29727）

前　言

随着经济和社会的发展，空调系统已被广泛应用于工业及民用建筑中。为确保空调系统安全正常运行，系统的维护保养和运行管理十分必要。基于此目的，作者于2003年编写了《中央空调维护保养实用技术》一书。十几年来，我国建筑节能标准不断提高，空调系统相关标准规范不断修订和完善，适用于节能建筑的空调系统形式也有了更多选择。为适应这种变化，有必要重新编写相关内容。本书与当前中央空调系统的现状和发展紧密结合，内容更新、更实用。

空调系统运行管理技术是一门集制冷技术、空气调节技术、水处理技术、控制技术及运行管理知识为一体的专业性很强的技术，本书力求做到系统性、综合性和实用性，以便多层次读者参考。

全书共分十一章，第一章为空气调节的基本概念和常用设备；第二、三、四章为空调系统分类及冷源形式；第五章为空调冷源机组维护保养；第六章介绍了空调系统用水的水质指标和标准；第七章为空调水系统类型及设备；第八、九章为空调水系统中污垢、腐蚀和微生物产生的机理以及它们的控制及清洗方法；第十、十一章为空调风系统运行调节和风系统的清洗与保养。

本书由张林华、曲云霞、满意、刘吉营编著。感谢山东省“特色名校工程”及科技发展计划（2012GGX10416）对本书出版的支持，感谢多位研究生对部分章节文稿的录入工作。由于作者水平有限，错误和不妥之处在所难免，望读者不吝赐教。

张林华　曲云霞

2016年12月

目　　录

第一章　空气调节的基本概念及常用设备

第一节　空气调节的概念

一、空气调节的定义

空气调节就是指在某一特定空间内，对空气的温度、湿度、空气的流动速度及清洁度等进行人工调节，以满足工艺生产过程和人体舒适的要求。现代技术的发展有时还要求对空气的压力、成分、气味及噪声等进行调节与控制。因此，采用现代技术手段，创造并保持满足一定要求的空气环境，乃是空气调节的任务。

通常用两组指标来规定室内空调参数，即空调基数和空调精度。空调基数是指空调房间所要求的基准温度和相对湿度。空调精度是指在空调区域内，在工件附近所设测温（或相对湿度）点，在要求的持续时间内，所测的空气温度（或相对湿度）偏离室内温湿度基数的最大值。例如，某空调房间温度夏季室内参数为 $t_n=26\pm1$℃，$\varphi_n=50\pm10\%$，则表示空调房间的温度基数为 26℃、湿度基数为 50%，空调温度精度为 $\Delta t=\pm1$℃，相对湿度精度为 $\Delta\varphi=\pm10\%$，即空调房间的温度应在 25～27℃之间，相对湿度应在 40%～60%之间。只要在这个范围内，空调系统的运行就是合格的。

根据空调系统服务的对象不同，可分为舒适性空调和工艺性空调。前者主要从舒适感出发，确定室内温湿度设计标准，对空调精度无严格要求；后者主要满足工艺过程对温湿度的要求，同时兼顾人体的卫生要求。

二、湿空气的物理性质

创造满足人类生产、生活和科学实验所要求的空气环境是空气调节的任务。湿空气是空气环境的主题又是空气调节的处理对象，因此熟悉湿空气的物理性质及焓湿图是掌握空气调节技术的必要基础。

（一）湿空气的组成

大气是由干空气和一定量的水蒸气混合而成的，称其为湿空气。干空气的成分主要是氮、氧、氩、二氧化碳及其他微量气体；多数成分比较稳定，少数随季节变化有所波动，但从总体上可将干空气作为一个稳定的混合物来看待。

在湿空气中水蒸气的含量虽少，通常只占空气质量比的千分之几到千分之二十几，但其变化较大。它随季节、天气、水汽的来源情况而经常变化，而且对空气环境的干燥和潮湿程度有重要影响。随着水蒸气量的变化，湿空气的物理性质随之改变。

（二）湿空气的物理性质

湿空气的物理性质除和它的组成成分有关外，还取决于它所处的状态。湿空气的状态通常可用压力、温度、湿度、比容、焓值等参数来表示，这些参数均称为湿空气的状态参数。

1. 压力

（1）大气压力

地球表面的空气层在单位面积上所形成的压力称为大气压力，它的单位用帕（Pa）或千帕（kPa）表示。常用的压力单位有三种：工程制单位（非法定计量单位），kgf/cm^2；国际制单位，帕（Pa）或千帕（kPa）；液柱高单位（非法定计量单位），毫米汞柱（mmHg）或毫米水柱（mmH_2O）。除此之外，大气压还有许多使用单位，如气象上习惯以巴或毫巴表示，物理上习惯以大气压或物理大气压表示，上述各单位之间的关系见表 1-1。

大气压力换算表 **表 1-1**

帕(Pa)	千帕(kPa)	巴(bar)	毫巴(mbar)	物理大气压(atm)	毫米汞柱(mmHg)
1	10^{-3}	10^{-5}	10^{-2}	9.86923×10^{-6}	7.50062×10^{-3}
10^3	1	10^{-2}	10	9.86923×10^{-3}	7.50062
10^5	10^2	1	10^3	9.86923×10^{-1}	7.50062×10^2
10^2	10^{-1}	10^{-3}	1	9.86923×10^{-4}	0.750062×10^{-1}
101325	101.325	1.01325	1013.25	1	760
133.332	0.133332	1.33×10^{-3}	1.33332	1.31579×10^{-3}	1

大气压力不是一个定值，它随着各个地区海拔高度的不同而存在差异，同时还随着季节、天气的变化而稍有高低。我国自东向西，随着海拔高度的增加，大气压力逐渐降低。例如，上海市的海拔高度 4.5m，夏季大气压力为 1005mbar，冬季为 1025mbar；而西部青藏高原的西宁市海拔 2261.2m，夏季压力为 773mbar，冬季压力为 775mbar，气压比沿海城市低很多。

在空调系统中，空气的压力是用仪表测出的，但仪表指示的压力不是空气压力的绝对值，而是与当地大气压力的差值，称之为工作压力或表压力。工作压力与绝对压力的关系为：

$$空气的绝对压力=当地大气压+工作压力$$

（2）水蒸气分压力

正如空气是由干空气和水蒸气两部分组成一样，空气的压力也是由干空气的压力和水蒸气的分压力组成的。即

$$p=p_g+p_q$$

式中 p_g——干空气的分压力；

p_q——水蒸气的分压力。

空气中水蒸气是由水蒸发而来的，在一定温度下，如果水蒸发越多，空气中的水蒸气就越多，水蒸气的分压力就越大，所以水蒸气的分压力是反映空气所含水蒸气量的一个指标，也是空调技术中常用的一个参数。

2. 温度

温度是描述空气冷热程度的物理量。为了度量温度的高低，必须有一个公认的标尺，简称温标。常用的温标有三种：摄氏温标、华氏温标和绝对温标（又叫热力学温标或开氏

温标）。

摄氏温标用符号 t 表示，单位是℃；华氏温标用符号 t_F 表示，单位是℉（华氏温标为非法定计量单位）；绝对温标用符号 T 表示，单位是 K。

三种温标间的换算关系如下：

$$T=t+273$$

$$t=T-273$$

$$t_F=\frac{9}{5}\times t+32$$

$$t=\frac{9}{5}\times(t_F-32)$$

因为水蒸气均匀混合在干空气中，所以用温度计所测得的空气温度既是干空气的温度，又是水蒸气的温度。

3. 湿度

空气湿度就是指空气中含有的水蒸气量的多少，常用的表示方法有绝对湿度、相对湿度和含湿量。

绝对湿度就是指单位体积空气中含有的水蒸气质量（kg/m^3），但绝对湿度用起来并不方便，因为在水分蒸发和凝结时，湿空气中的水蒸气量是变化的，而且湿空气的容积还随温度而变。因此，即使水蒸气质量不变，由于湿空气容积的改变，绝对湿度也将发生变化，因而绝对湿度不能准确地反映湿空气中水蒸气的含量多少，在工程中很少用。

在一定的温度下，湿空气所含的水蒸气量有一个最大限度，超过这一限度，多余的水蒸气就会从湿空气中凝结出来，这种含有最大限度水蒸气量的湿空气称为饱和空气。饱和空气所具有水蒸气分压力和含湿量，叫该温度下湿空气的饱和水蒸气分压力和饱和含湿量。如果温度发生变化，它们也将相应发生变化。相对湿度就是空气中水蒸气分压力和同温度下饱和水蒸气分压力之比，用 φ 表示：

$$\varphi=\frac{P_q}{P_{qb}}\times 100\%$$

式中 P_q——湿空气中水蒸气的分压力；

P_{qb}——同温度下饱和水蒸气分压力。

相对湿度 φ 表明了空气中水蒸气的含量接近饱和的程度。显然，φ 值越小，表明空气越干燥，吸收水分的能力越强；φ 值越大，表明空气越潮湿，吸收水分的能力越弱。相对湿度的取值范围在 0～100%之间，$\varphi=0$ 为干空气，$\varphi=100\%$为饱和空气。因此只要知道了 φ 值的大小，即可得知空气的干湿程度，从而判断是否对空气进行加湿。

含湿量指每千克干空气中所含有的水蒸气质量，用符号 d 表示，单位是 $g/kg_{干空气}$ 或 $kg/kg_{干空气}$，即：

$$d=\frac{m_q}{m_g}=0.622\frac{P_q}{B-P_q}\quad kg/kg_{干空气}$$

式中 m_q——湿空气中水蒸气质量，kg；

m_g——湿空气中干空气质量，kg；

B——当地大气压力，Pa；

P_q——水蒸气分压力，Pa。

在空气调节中，含湿量是用来反映对空气进行加湿或减湿处理过程中水蒸气量的增减情况的。之所以用 1kg 干空气作为标准，是因为对空气进行加湿或减湿处理时，干空气的质量是保持不变的，仅水蒸气含量发生变化，所以在空调工程计算中，常用含湿量的变化来表达加湿和减湿程度。

4. 焓

空气的焓值是指空气含有的总热量。1kg 干空气的焓和 $d$kg 水蒸气焓的总和称为湿空气的焓，用符号 h 表示。在空调工程中，湿空气的状态经常发生变化，常需要确定状态变化过程中热量的交换量。例如对空气进行加热或冷却时，常需要确定空气所吸收或放出的热量。在压力不变的情况下，空气的焓差值等于热交换量。在空调过程中，湿空气的状态变化可看成是在定压下进行的，所以能够用湿空气状态变化前后的焓差值来计算空气得到或失去的热量。

5. 密度和比容

单位容积空气所具有的质量称为空气的密度，常用符号 ρ 表示，单位是 kg/m^3。而单位质量的空气所占有的容积称为空气的比容，常用符号 ν 表示，单位是 m^3/kg。两者互为倒数，因此只能视为一个状态参数。湿空气为干空气与水蒸气的混合物，两者混合占有相同的体积，因此空气的密度为干空气的密度和水蒸气的密度之和。

第二节　空气的焓湿图及应用

一、焓湿图的组成

在上一节中，介绍了空气的主要状态参数，如温度、压力、含湿量、相对湿度、焓值、水蒸气分压力及密度。其中温度、含湿量和大气压力为基本参数，它们决定了空气的状态参数，并由此可计算出其余的空气状态参数。但这些计算是相当繁琐的，为了避免繁琐的计算，人们把一定大气压下空气参数间的关系用线算图表示出来，这就是焓湿图，也称 h-d 图。焓湿图既能表达空气的状态参数，也能表达空气状态的各种变化过程。

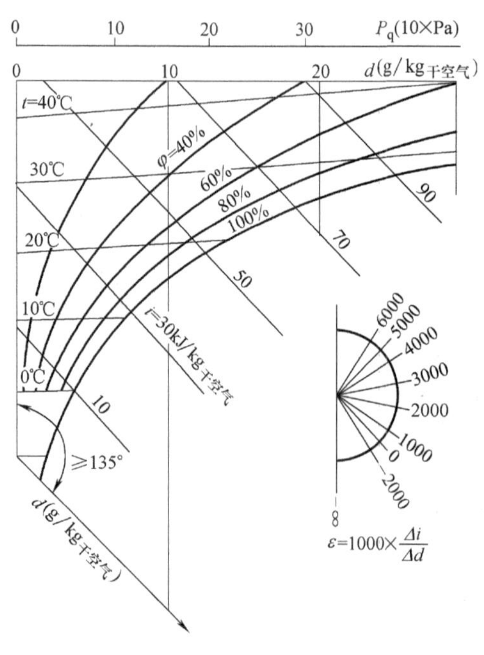

图 1-1　湿空气的焓湿图

焓湿图有多种形式，我国目前使用的是以焓和含湿量为纵横坐标的焓湿图（见图 1-1）。为了使图面开阔，线条清晰，两坐标轴之间的夹角为 135°。图 1-1 中，除了两个坐标轴以外，还有等温线、等相对湿度线、水蒸气分压力线和热湿比线。因此，焓湿图主要由等焓线、等含湿量线、等温线、等相对湿度线、水蒸气分压力线和热湿比线组成。

等焓线是一组与纵坐标成135°夹角的相互平行的斜线，每条斜线代表一焓值且每条线上各点的焓值都相等。

等含湿量线是一组垂直于水平轴的直线，每条线代表一含湿量且每条线上各点的含湿量值都相等。

等温线是一组斜线，每条线代表一温度且每条线上各点的温度值都相等，但这些等温线之间彼此并不平行，温度越高等温线斜率越大。在空调范围（−10～40℃）内，温度对等温线斜率的影响并不明显，所以等温线又近似平行。

等相对湿度线是一组向上延伸的发散型曲线，每条线代表一相对湿度且每条线上各点的相对湿度相等。$\varphi=100\%$曲线称为饱和空气状态线，该曲线把焓湿图分为两部分；曲线上方为空气的未饱和部分；曲线的下方为过饱和状态部分，过饱和状态的空气是不稳定的，往往出现凝露部分，形成水雾，故这部分也称为雾状区。

当大气压力一定时，水蒸气分压力与含湿量为一一对应关系，也即水蒸气分压力取决于含湿量，因此可在水平 d 轴的上方设一水平线，标上含湿量对应的水蒸气分压力即可。等水蒸气分压力线与等含湿量线平行。

在空调过程中，被处理的空气常常是由一个状态变为另一个状态。在整个过程中，为了说明空气状态变化的方向和特征，常用状态变化前后焓差和含湿量差的比值来表示，称为热湿比 ε，又名角系数。斜率与起始位置无关，因此起始状态不同的空气只要斜率相同，其变化过程线必定相互平行。根据这一特性，就可以在焓湿图上以任意点为中心作出一系列不同值的热湿比线。实际应用时，只需把等值的热湿比线平移到空气状态点，就可绘出该空气状态的变化过程了。

二、湿球温度和露点温度

（一）湿球温度

湿球温度的概念在空气调节中至关重要。在理论上，湿球温度是在定压绝热条件下，空气与水直接接触时达到稳定热湿平衡时的绝热饱和温度。实际工程中，湿球温度是通过干湿球温度计测量出来的。干湿球温度计是由两个相同的温度计组成的，它的构造如图1-2所示。使用时放在通风处，其中一个放在空气中直接测量，测得的温度称为干球温度；另一个温度计的感温部分用湿纱布包裹起来，纱布下端放在水槽里，水槽里盛满水，测得的温度称为湿球温度，用符号 t_s 表示。

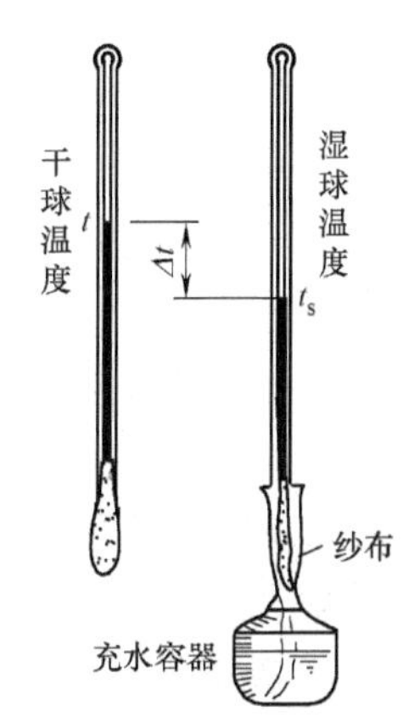

图1-2　干湿球温度计

湿球温度的形成过程是由于纱布上的水分不断蒸发，湿球表面形成一层很薄的饱和空气层，当达到稳定时，这层饱和空气的温度就是湿球温度。这时，空气传给水的热量又全部由水蒸气返回空气中，所以湿球温度的形成可近似认为是一个等焓过程。求湿球温度的方法就是沿等焓线下行与 $\varphi=100\%$饱和线的交点所对应的温度即为湿球温度 t_s（见图1-3）。

【例1-1】 在标准大气压下，空气的温度 $t=35$℃，相对湿度 $\varphi=40\%$，求空气的湿球温度。

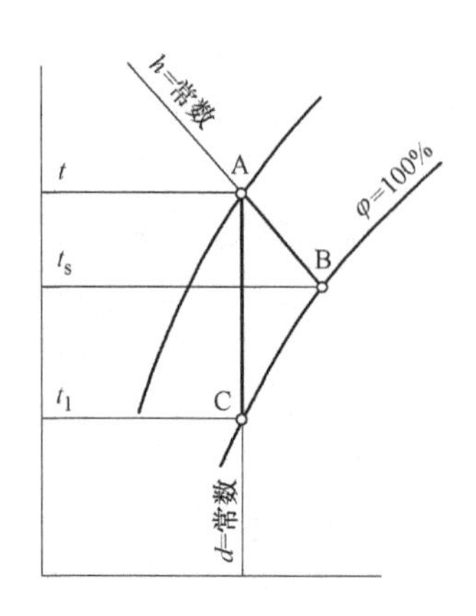

图 1-3　空气的湿球温度和露点温度

解： 首先根据 $t=35$℃，$\varphi=40\%$的交点，确定出空气的状态点 A，过 A 点沿等焓线与 $\varphi=100\%$的交点相交于 B 点，B 点对应的温度即为 A 点所对应的湿球温度，查 h-d 图得到 $t_s=23.9$℃。

（二）露点温度

在一定温度下，饱和空气有一个容纳水蒸气的极限值，这个值会随着温度的降低而减少。利用这一原理，可以通过降温的方法，使不饱和空气达到饱和，再由饱和空气凝结出水珠，即结露。在结露之前，空气的含湿量保持不变。因此，把一定大气压下，湿空气在含湿量 d 不变的情况下，冷却到饱和时（相对湿度 $\varphi=100\%$）所对应的温度，称为露点温度，并用符号 t_l 表示。

在 h-d 图上（见图 1-3），A 状态湿空气的露点温度即由 A 点沿等 d 线向下与 $\varphi=100\%$线交点的温度。显然，当湿空气被冷却时，只要湿空气的温度大于或等于露点温度，则不会出现结露现象。因此湿空气的露点温度也是判断是否结露的判据。

三、焓湿图的应用

焓湿图不仅能确定空气的状态参数，还能显示空气状态的变化过程，并能方便地求得两种或多种湿空气的混合状态点。

（一）空气状态参数的确定

焓湿图上的每一个点都代表了空气的状态，只要已知焓值 h、含湿量 d、温度 t、相对湿度 φ 中的任意两个参数，即可利用焓湿图确定其他参数。

（二）空气状态变化过程在焓湿图上的表示

空气的处理过程主要包括空气的加热、冷却、加湿、减湿四种处理方法，如图 1-4 所示。

1. 等湿加热过程

在空调中，常用电加热器或热水（蒸汽）加热器来处理空气。当空气经过加热器时，空气的温度升高，但含湿量没有发生变化，因此空气状态呈等湿升温过程，即处理过程如图 1-4 中 A-B 所示。

2. 等湿冷却过程

用表面冷却器或蒸发器冷却空气时，如果表冷器或蒸发器的表面温度低于所处理空气的温度，但又高于空气的露点温度，就可以使湿空气冷却降温但不结露，空气的含湿量仍保持不变，这个过程就称为等湿冷却过程，处理过程如图 1-4 中 A-C 所示。

3. 减湿冷却过程。

用表面冷却器或蒸发器冷却空气时，如果表冷器或蒸发器的表面温度低于所处理空气的露点温度，则空气的温度下降，并有水蒸气凝结，因此空气的含湿量降低。此过程称为减湿冷却过程，如图 1-4 中 A-G 所示。

4. 等温加湿过程。

在冬季，室外大气的含湿量一般比室内空气低，为了保证相对湿度要求，往往要对空

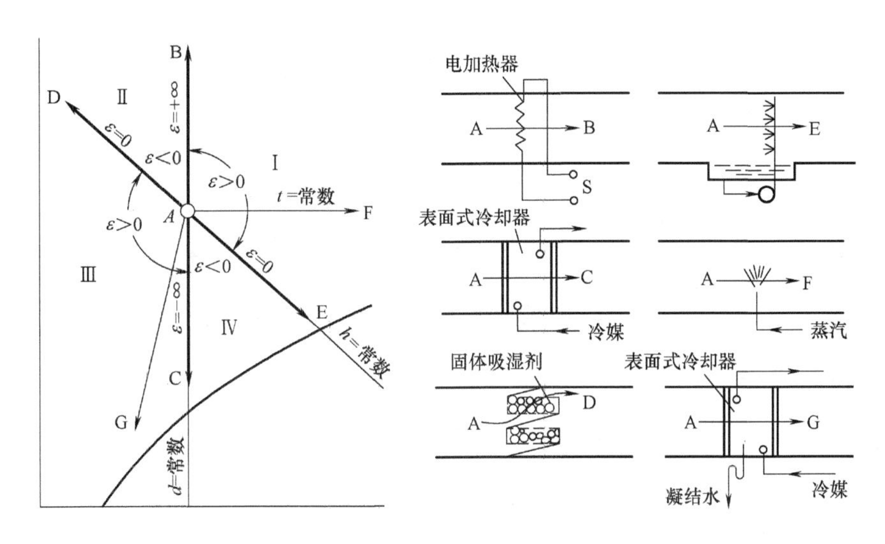

图 1-4　几种典型的空气处理过程

气进行加湿。等温加湿可以通过向空气中喷水蒸气而实现。当向空气中喷水蒸气以后，空气的含湿量增加，但温度近似保持不变。处理过程如图 1-4 中 A-F 所示。

5. 等焓加湿过程。

在某些集中空调系统中，常采用喷水室喷循环水对空气进行加湿处理。在此过程中，空气的温度降低，相对湿度增加，但空气的焓值近似保持不变。处理过程如图 1-4 中 A-E 所示。

6. 等焓减湿过程。

用固体吸湿剂（硅胶或氯化钙）处理空气时，空气中的水蒸气被吸附，含湿量降低，而水蒸气凝结所放出的汽化热使得空气的温度升高，所以空气的焓值基本保持不变。处理过程如图 1-4 中 A-D 所示。

（三）确定不同状态空气的混合状态

在集中空调系统中，为了节约能量，常采用空调房间的一部分空气作为回风，与室外新风或集中处理后空气进行混合。利用焓湿图即可确定混合以后的空气状态参数。

现有状态为 A 的空气和状态为 B 的空气混合，其质量分别为 G_A 和 G_B，混合后空气的质量为（G_A+G_B），现在分析混合后空气的状态点 C 的状态参数 h_c、d_c。在混合过程中，如果与外界没有热湿交换，则混合前后空气的热量和含湿量保持不变，即：

$$G_A h_B + G_B h_B = (G_A + G_B) h_c$$

$$G_A d_B + G_B d_B = (G_A + G_B) d_c$$

根据以上两式，可得

$$\frac{G_A}{G_B} = \frac{h_C - h_B}{h_A - h_C} = \frac{d_C - d_B}{d_A - d_C}$$

$$\frac{h_C - h_B}{d_C - d_B} = \frac{h_A - h_C}{d_A - d_C}$$

在 h-d 图上（见图 1-5）A、B 为两个状态点，C 为混合状态点，根据上式可知，直线 AC 与直线 CB

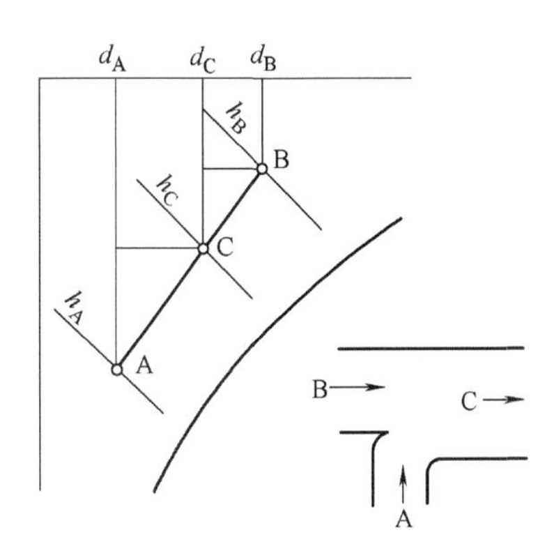

图 1-5　两种状态空气的混合

的斜率相同，而且两线段的长度之比与混合点的空气质量成反比，这说明混合点C必在直线AB的连线上。若已知要混合的空气状态的质量和状态参数，即可通过焓湿图确定混合后的空气状态参数。

第三节　中央空调热处理设备

中央空调系统中最常用的热处理设备主要有表面式空气换热器和电加热器两种。

一、表面式空气换热器

表面式换热器是对空气进行加热和冷却的设备，水和空气通过壁面进行热交换。表面式空气换热器因具有构造简单、占地少、水质要求不高，水系统阻力小等优点，已成为常用的空气处理设备。表面式换热器包括空气加热器和表面冷却器两类。前者用热水或蒸汽作热媒，后者以冷水或制冷剂作冷媒。因此，表面式空气换热器既能对空气进行加热，又能对空气进行减湿和冷却处理。

（一）表面式换热器的构造

表面式换热器有光管式和肋管式两种。光管式表面换热器由于传热效率低已很少应用。肋管式表面换热器由管子和肋片构成，见图1-6。

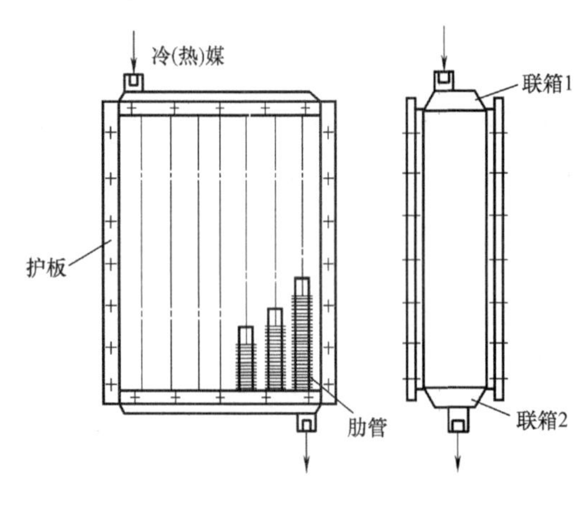

图1-6　肋管式换热器

为了使表面换热器性能稳定，应力求使管子与肋片间接触紧密，减小接触热阻，并保证长久使用后也不会松动。

根据加工方法不同，肋片管又分为绕片管、串片管、镶片管和轧片管。

将铜带或钢带用绕片机紧紧地缠绕在管子上可制成皱折式绕片管［见图1-7（*a*）］。皱折的存在既增加了肋片与管子间的接触面积，又增加了空气流过时的扰动性，因而能提高传热系数。但是，皱折的存在也增加了空气阻力，而且容易积灰，不便清理。为了消除肋片与管子接触处的间隙，可将这种换热器浸镀锌、锡。浸镀锌、锡还能防止金属生锈。

有的绕片管不带皱折，它们是用延展性好的铝带绕在钢管上制成［见图1-7（*b*）］。

将事先冲好管孔的肋片与管束串在一起，经过胀管后可制成串片管［见图1-7（*c*）］。串片管生产的机械化程度可以很高，现在大批铜管铝片的表面式换热器均用此法生产。

将金属带绕有螺旋槽管子的槽内，再经挤压，使金属带紧密的镶嵌在槽内，可制成镶片管。

用轧片机在铜管或铝管外面轧出肋片便成了轧片管［见图1-7（*d*）］。由于轧片管的肋片和管子是一个整体，没有缝隙，所以传热性能更好，但是轧片管的肋片不能太高，管壁不能太薄。

图 1-7（e）所示的二次翻边片可进一步强化管外侧的热交换系数，并可提高胀管的质量。

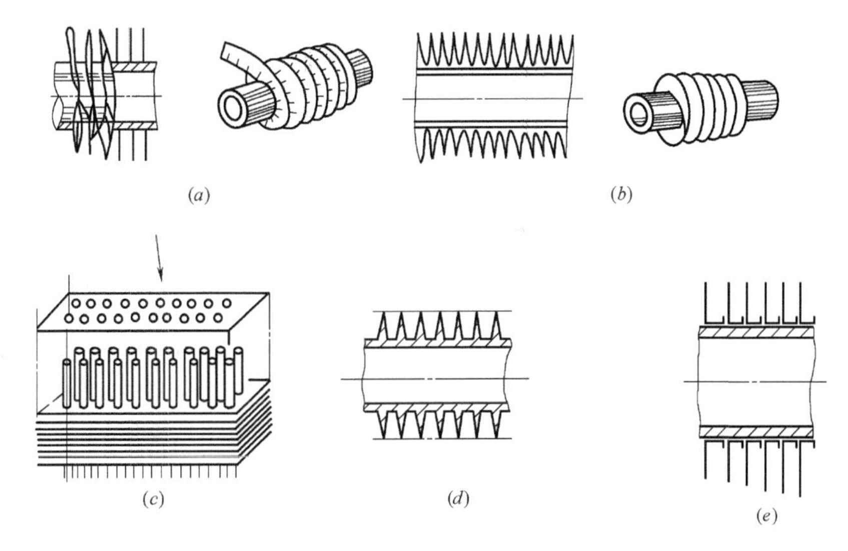

图 1-7　各种肋片管式换热器的构造

（二）表面式换热器的安装

表面式换热器可以垂直安装，也可以水平安装。但是，以蒸汽作热媒的空气加热器最好不要水平安装，以免聚集凝结水而影响传热性能。此外，垂直安装的表冷器必须使肋片处于垂直位置，否则将因肋片上积水而增加空气阻力。

由于表冷器工作时，表面上常有凝结水产生，所以在它们下部应装滴水盘和排水管（见图 1-8）。

按空气流动方向来说，表面式换热器可以并联，也可以串联，或者既有串联又有并联。到底采用什么样的组合方式，应按通过的空气量的多少和需要的换热量大小来决定。一般是通过空气量多时采用并联，需要空气温升（或温降）大时采用串联。

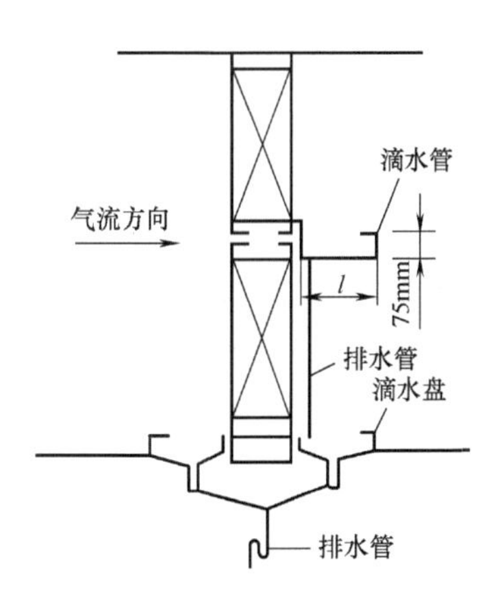

图 1-8　滴水盘与排水管的安装

用蒸汽作热媒时，各台换热器的蒸汽管只能并联，而用水作热媒或冷媒时各台换热器的水管串联、并联皆可。通常的做法是相对于空气来说并联的换热器其冷热媒管路也应并联，串联的换热器其冷热媒管路也应串联。管路串联可以增加水流速，有利于水力工况的稳定和提高传热系数，但系统阻力有所增加。为了使冷热媒与空气间有较大的温差，最好让空气与冷热媒之间按逆交叉流型流动，即进水管路与空气出口应在同一侧。

冷热两用的表面式换热器（如风机盘管），热媒宜用热水，且水温应小于或等于65℃，以免管内结垢使传热系数下降。

为了便于使用和维修，冷热媒管路上应设阀门、压力表和温度计。在蒸汽加热器的管路上还应设蒸汽压力调节阀和疏水器。为了保证换热器正常工作，在水系统的最高点应设排空气装置，而在最低点应设泄水和排污阀门。

二、电加热器

（一）电加热器的种类

采用电加热器对空气进行加热是除表面式加热器之外常采用的一种方法。电加热器是通过电阻丝将电能转化为热能来加热空气的设备。它具有结构紧凑、加热均匀、热量稳定、控制方便等优点。但由于电加热器是利用高品位能源，所以只宜在一部分空调机组和小型空调系统中采用。在恒温精度要求较高的大型空调系统中，也常用电加热器控制局部或作末级加热器使用。

电加热器又分为裸线式和管式。抽屉式电加热器是一种常用的裸线式电加热器（见图1-9）。裸线式电加热器加热迅速、惰性小、机构简单，但易断线和漏电，安全性差，所以使用时必须有可靠的接地装置，并应与风机连锁运行，以免发生安全事故。管式电加热器由管状电热元件组成。这种电热元件是将金属丝装在特制的金属套管中，中间填充导热性好的电绝缘材料。管式电加热器加热均匀、热量稳定、经久耐用、安全性好，可直接装在风道内，但其惰性较大，结构复杂。

PTC 发热体是利用 PTC 陶瓷发热元件与波纹铝管组成的（见图 1-10），该发热体由镀锌外压板、不锈钢波纹状弹簧片、镀锌内压板、单层铝散热件、PTC 发热片、双层铝散热件、镀镍铜电极端子和 PPS 高温塑胶电极护套等几部分所组成。采用 U 形波纹状散热片使其热效率明显提高，且综合利用胶粘和机械式的优点，并充分考虑 PTC 发热件在工况时的各种发热、电现象，其结合力强，导热、散热性能优良，效率高，安全可靠。热阻小、换热效率高、不燃烧、安全可靠，是一种自动恒温、省电的电加热器。

图 1-9　抽屉式电加热器　　　　图 1-10　PTC 发热体电加热器

（二）电加热器的运行管理

电加热器运行正常与否，直接影响室内温湿度和整个系统的安全。因此必须加强管理，运行时应注意以下问题：

（1）电加热器断路。由于施工的疏忽，电源和电加热器的联线——多芯电缆往往接错线头，造成电加热器断路，电加热器不工作。此时可以用试电笔检查，如发现电阻丝两端均有电，是零线断路；如两端均无电而电阻丝又无损坏，则是火线断路或两根线全接错。

（2）电阻丝烧断。由于电阻丝用久了或过细而断开，造成电加热器不能正常工作也是常有发生。为了避免这种现象，要经常测量电阻丝的电阻值。

（3）安全措施。由于电加热器表面温度较高，为防止火灾发生，对靠近加热器的一段风管的保温材料最好用耐火材料。保温外壳也最好用石棉板等防火材料。启动时，加热器必须在送风机启动后才能投入运行。设计中一般要求将电加热器同送回风机连锁，但偶尔也有疏忽该措施的情况或控制设备发生故障，所以运行中要认真检查。

第四节　中央空调湿处理设备

一、空气的加湿处理

（一）空气加湿的意义

冬季供暖时，由于室外的空气含湿量降低，采用表面式换热器对空气进行等湿加热后使得空气相对湿度降低，空气变得相对干燥。为提高房间的舒适度，需要对空气进行加湿处理。

（二）空气加湿分类

根据对空气的处理方式可分为集中加湿和局部补充加湿。

1. 集中式加湿：在空气处理室或送风管道内对送入房间的空气集中加湿。

2. 局部式加湿：在空调房间内对空气进行局部补充加湿。

根据热湿交换原理，可将空气加湿分为两种：等焓加湿，等温加湿。

1. 等焓加湿：利用水吸收空气显热蒸发加湿，近似于等焓过程。

2. 等温加湿：利用热能将液态水转化成蒸汽与空气混合，近似为等温过程。

（三）空气加湿设备类型

1. 水加湿器。利用水吸收空气的显热进行蒸发加湿，对经过处理的空气直接喷水或让空气通过水表面，通过水的蒸发来使空气被加湿的设备，如喷水室。

2. 蒸汽加湿器。通过加热、节流和电极使水变成水蒸气，对被调节空气进行加湿的设备。如电加热式加湿器（热蒸发型加湿器）、浸入式电极加湿器、蒸汽喷管，主要应用于机械、电子、化工、纺织、造纸、印刷、仪表等场合。

3. 雾化加湿器。利用超声波或加压喷射的方法将水雾化后喷入风道，对被调节空气进行加湿的设备。如超声波加湿器、冷雾加湿器。

中央空调系统中多采用喷蒸汽加湿器与电加湿器。

二、常用空气加湿设备

（一）蒸汽式加湿器

1. 蒸汽喷管

蒸汽喷管是最简单的加湿装置，它由直径略大于供汽管的管段组成。管段上开有多个直径为 2～3mm 的小孔。蒸汽在管网压力的作用下，由这些小孔喷出，混到流经喷管周围的空气中去。小孔的数目及直径大小应根据需要的加湿量确定。

蒸汽喷管虽然构造简单，容易加工，但喷出的水蒸气中往往夹带冷凝水滴，影响加湿效果的控制。为了避免蒸汽喷管内产生冷凝水及蒸汽管网中的凝结水流入喷管，可在蒸汽喷管外面加上一个保温外套，做成所谓干蒸汽喷管，即干蒸汽加湿器。

2. 干蒸汽加湿器

干蒸汽加湿器是由蒸汽喷管、分离室、干燥室和电动或气动调节阀等组成，具体结构见图 1-11。干蒸汽加湿器的工作原理是：蒸汽由进口进入外套 2 内，它对喷管的内的蒸汽起加热、保温、防止蒸汽冷凝的作用。由于外套的外表面直接与被处理的空气接触，所以外套内将产生一些凝结水并随蒸汽一道进入分离室 4。由于分离室断面大，使蒸汽减速，再加上惯性作用及分离挡板 3 的阻挡，冷凝水便被分离下来。分离出冷凝水的蒸汽经由分离室顶部的调节阀孔 5 减压后，再进入干燥室 6，残存在蒸汽中水滴在干燥室中再汽化，最后从小孔 8 中喷出的则是干蒸汽。

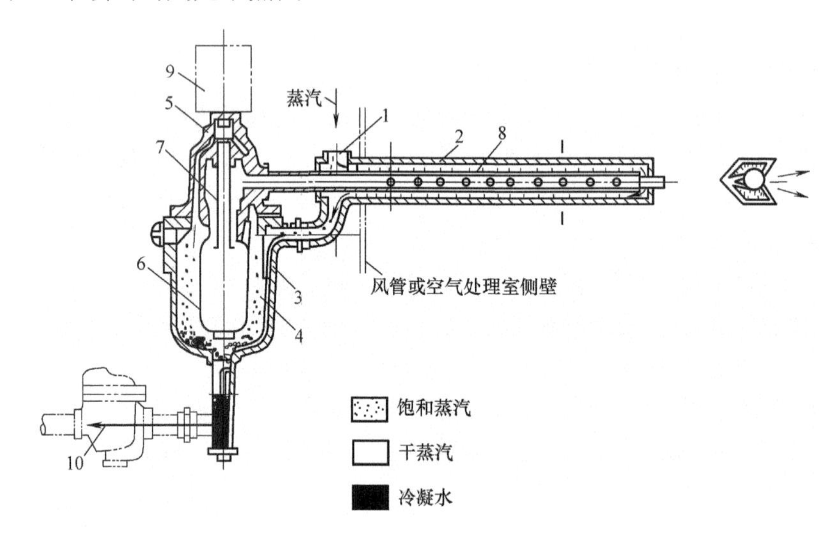

图 1-11　干蒸汽加湿器

1—进口；2—外套；3—挡板；4—分离室；5—阀孔；6—干燥室；
7—消声腔；8—喷管；9—电动执行机构；10—疏水器

干蒸汽加湿器具有加湿速度快、均匀性好、能获得高湿度、安装方便、节能等优点，广泛用于医院手术室、电子生物实验室及精密仪器、元件的制造车间等。

3. 电极式加湿器

电极式加湿器的构造如图 1-12 所示。它是利用三根铜棒或不锈钢棒插入盛水的容器中作电极。将电极与三相电源接通后，就有电流从水中通过。在这里水是导体，由于水的电阻比较大，因而能被加热蒸发成蒸汽。除三相电外，也有使用两根电极的单相电极式加湿器。

由于水位越高，导电面积越大，通过电流也越强，因而发热量也越大。所以，产生的蒸汽量多少可以用水位高低来调节。

电极式加湿器结构紧凑，而且加湿量也容易控制，所以用得较多。它的缺点是耗电量较大，电极上易积水垢和腐蚀，因此，宜用在小型空调系统中。

电极式加湿器在使用和安装时应注意下列事项：

（1）电极式加湿器的供电电源应增装电流表，以便调整水位防止电流过载。

（2）电极式加湿器应装在接近加湿而又便于观察和操作的地点，以便于调整和维修。

（3）电极式加湿器宜设专门的供水管，并在水管上安装一个 DN15 的启闭用闸阀和电磁阀，闸阀和电磁阀间增设一个 DN15 的冲洗用水龙头。

（4）电极式加湿器应有良好的接地。

（5）电极式加湿器如无排污管，应在贴近侧壁底部增设一个排污用的 DN15 旋塞阀，并用橡皮管接至明沟或地漏中。

（6）电极式加湿器的用水最好进行适当的软化处理。

（7）电极式加湿器投入使用前，需标定最大允许额定电流下的水位高度，与此同时，应标出不少于 5 条水位线，以便于调节加湿量。

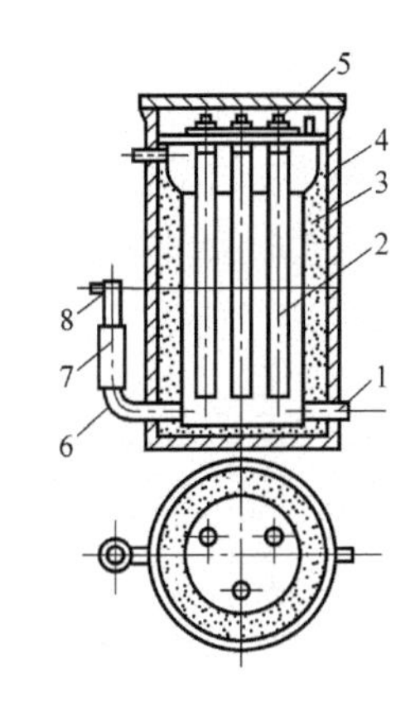

图 1-12　电极式加湿器

1—进水管；2—电极；3—保温层；4—外壳；5—接线；6—溢水管；7—橡皮短管；8—蒸汽出口

（8）电极式加湿器应经常进行排污和除垢，根据水质条件的不同，一般累积运行 8h 排污一次，2 个月左右清垢一次。其除垢周期可比电热式加湿器稍长些。

4. 电热式加湿器

电热式加湿器是用管状电热元件置于水盘中做成的，见图 1-13。元件通电之后便能将水加热而产生蒸汽。补水靠浮球阀自动控制，以免发生断水空烧现象。此种电热式加湿器的加湿量大小取决于水温和水表面积。

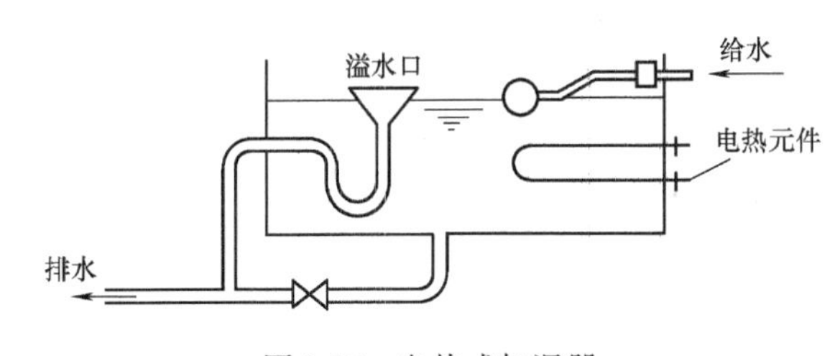

图 1-13　电热式加湿器

电热式加湿器的排污周期与电极式基本相同，其除垢周期比电极式加湿器应稍短些。

5. 红外线和 PTC 蒸汽加湿器

使用红外线灯或 PTC 热电变阻器（氧化陶瓷半导体），通过红外热辐射使水表面产生热量进而蒸发。红外线加湿器无耗材，加湿速度快，无细菌产生，是新型加湿设备。尤其适用于恒温恒湿场所，特别是要求洁净度高的场所，更适用于硬水地区，如图 1-14 所示。

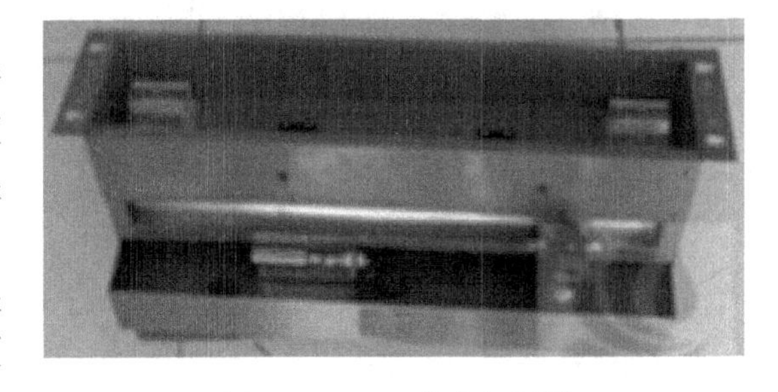

图 1-14　PTC 蒸汽加湿器

PTC 运行平稳安全，蒸发迅速，不结露，寿命长，控制维修简便，适用于温湿度要求较严格的中、小型空调系统。

（二）水喷雾式加湿器

1. 高压喷雾加湿器

将水增压后，经喷头喷到空气中去，并在空气中雾化，然后水雾粒子与空气进行热湿交换而实现等焓加湿，见图 1-15。

2. 超声波加湿器

利用超声波振荡使水雾化，形成水气，然后水雾粒子进入空气对空气等焓加湿，见图1-16。超声波加湿器运行安静可靠，反应灵敏，能耗低，加湿效果好，能产生负氧离子，但水质较硬时会产生白色粉末附在室内物体表面。

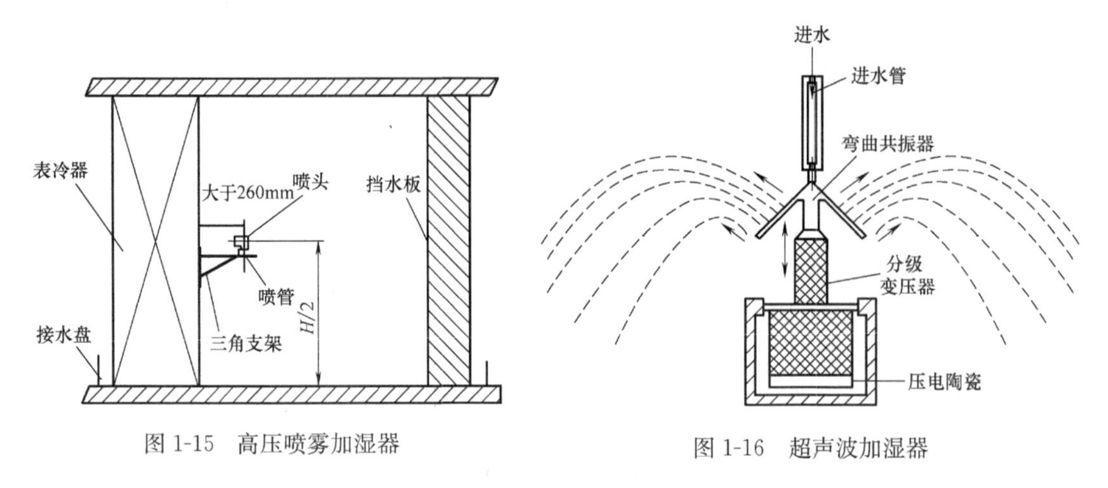

图 1-15　高压喷雾加湿器

图 1-16　超声波加湿器

3. 湿膜加湿器

水箱中的水输送到加湿器顶部的淋水器，水均匀地淋到湿膜的顶部，水沿湿膜材料向下渗透，淋湿湿膜内部的所有层面，同时被湿膜材料吸收，形成均匀的水膜，如图1-17所示。当空气通过湿膜材料时，与湿膜表面有较大面积的接触，从而达到较大的水分蒸发量，使空气的湿度增加。目前湿膜加湿器主要有四种材料，有机湿膜、无机玻璃纤维湿膜、金属铝合金湿膜，金属不锈钢湿膜。

图 1-17　湿膜加湿器

三、空气的减湿设备

在空调系统中除可用喷水室和表冷器对空气进行减湿处理外，还可以采用加热通风法减湿、冷冻减湿机减湿、吸湿剂减湿等。

（一）加热通风法

加热减湿：对空气的加热，提高空气温度，由焓湿图可知，空气的相对湿度降低，含湿量没有变化。

通风减湿：将含湿量低的室外空气引入室内，混合室内空气或将室内空气排出，可达到除湿的目的，但无法调节室内温度。

如果能掌握有利时机，将两种方法结合起来，既可以达到舒适的室内相对湿度也可达到相应的舒适温度。加热通风法减湿机由加热器、送风机、排风机组成。它将室内湿度较高的空气排到室外，而将室外空气吸入并加热送入室内，以达到对室内空气减湿的目的。该方法设备简单，运行费用较低，但受自然条件的限制，工作可靠性差。

（二）冷冻减湿机

冷冻减湿机由制冷系统和通风系统组成，其工作原理见图 1-18。需要减湿的空气经过蒸发器后，由于蒸发器的表面温度低于空气的露点温度，因此湿空气中的水蒸气凝结成水而析出，使得空气的含湿量降低。而后空气经过冷凝器，吸收冷凝器的热量后空气温度升高，使其相对湿度下降后由送风机送入室内，达到减湿的目的。

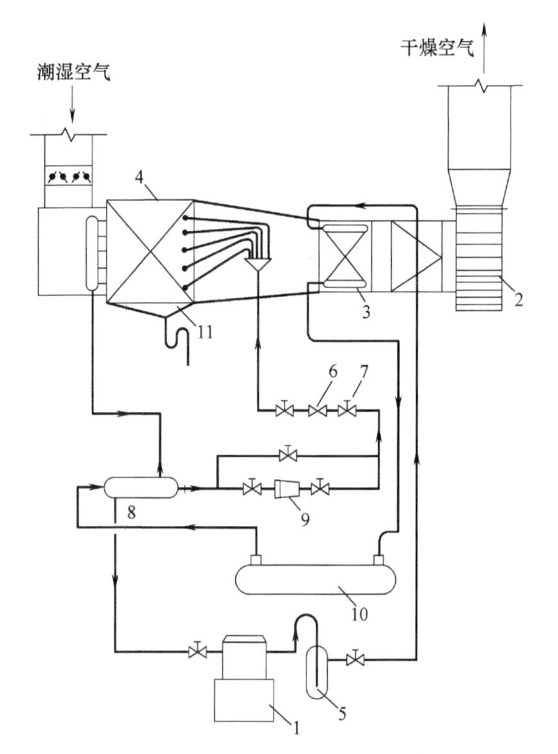

图 1-18　冷冻减湿机原理图

1—压缩机；2—送风机；3—冷凝器；4—蒸发器；5—油分离器；6、7—接流装置；8—热交换器；9—过滤器；10—贮液器；11—集水器

由此可见，在既需减湿又需加热的地方使用冷冻减湿机比较合理。相反，在室内产湿量大、产热量也大的场合，最好不用冷冻减湿机。

（三）吸湿剂减湿

1. 固体减湿机

常用的固体减湿机有硅胶减湿装置和氯化锂转轮除湿机。

硅胶减湿装置利用硅胶来吸收空气中的水蒸气，常见的硅胶减湿机有三种形式：抽屉式、固定转换式和电加热转筒式。抽屉式减湿机基本结构如图 1-19 所示，空气在风机的作用下进入硅胶层减湿，减湿后的干燥空气由风道进入房间。当硅胶的颜色由紫色变为淡粉色时，说明硅胶已失效，应取出抽屉，更换新硅胶。但失去吸水能力的硅胶可以通过加热的方法再生。

氯化锂转轮除湿机的工作原理如图 1-20 所示。这种除湿机由吸湿转轮、传动机构、外壳、风机及再生加热器等组成。转轮由交替放置的平吸湿纸和压成波纹的吸湿卷制而

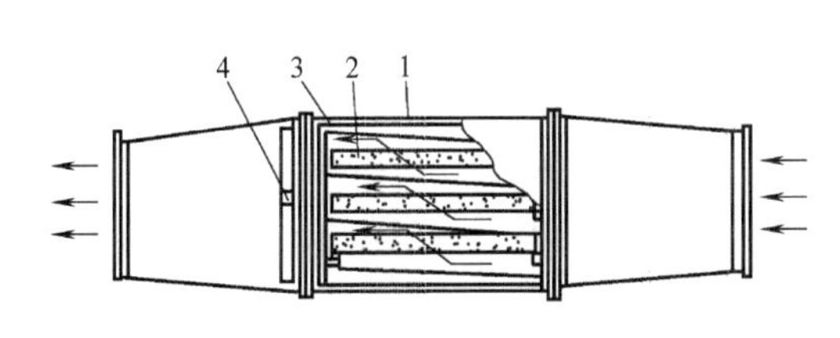

图 1-19　抽屉式硅胶减湿装置

1—外壳；2—抽屉式除湿层；3—分封隔板；4—密封门

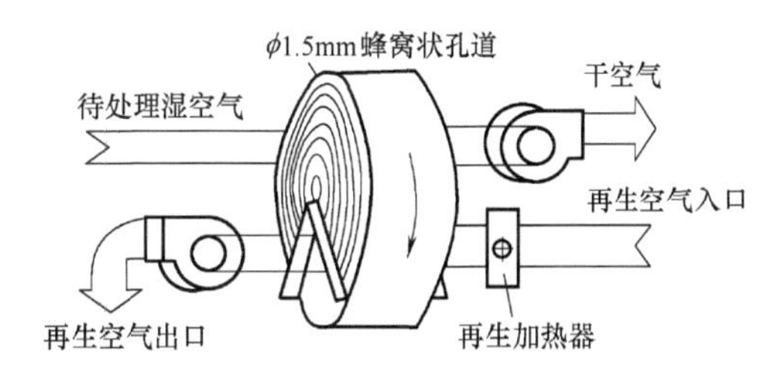

图 1-20　氯化锂转轮除湿机工作原理图

成。在纸轮上形成了许多蜂窝状通道，因而也形成了相当大的吸湿面积。转轮以每小时数转的速度缓慢旋转，湿空气由转轮一侧的3/4部分进入干燥区。再生空气从转轮另一侧进入再生区。

氯化锂转轮除湿机吸湿能力较强，维护管理较方便，是一种较理想的除湿设备。目前，我国已有定型产品可以选用。

2. 液体减湿机

液体吸收式减湿是利用液体吸湿剂在常温常压下对水蒸气有强烈的吸收作用，吸收空气中的水蒸气以达到减湿作用。常用的液体吸收剂有氯化锂、氯化钙和三甘醇等水溶液。前两种水溶液对金属有较强的腐蚀性而限制了它们的应用。而三甘醇水溶液因无毒无味，对金属无腐蚀性且冰点低、稳定性好而得到广泛的应用。常用的Sc型三甘醇液体除湿机是塔式空气除湿机，其结构由吸湿装置、再生装置以及辅助控制系统组成。吸温设备：进风百叶窗、滤尘器、喷嘴、冷却器、贮液箱、除雾器等。再生设备：进风百叶窗、滤尘器、喷嘴、加热器、填料层、除雾冷却器、除雾器等。

用液体吸湿剂的优点是空气的减湿幅度较大，可以达到较低的含湿量。但采用这种减湿方法必须有一套溶液再生设备，系统比较复杂，而且设备及管道也必须防腐处理。

四、喷水室

喷水室是一种直接接触式的空气热湿处理设备。喷水室不仅能够实现对空气的加热、冷却、加湿或减湿等多种处理，还具有净化空气的能力。但是它也有对水质要求高、占地面积大、水泵耗能多等缺点。所以，目前在一般建筑中已不常使用或仅作为加湿设备使用。在以调节湿度为主要目的的纺织厂、卷烟厂仍大量使用。

（一）喷水室的分类

喷水室的分类方式大致有三种，即按放置形式分类、按空气流动速度分类和按喷水室的级数分类等。

1. 按放置形式分类

（1）立式：空气垂直流动且与水流流动的方向相反，这种方式换热效果好，但空气处理量较少，适用于小型空调系统。

（2）卧式：空气水平流动，与喷水方向相同或相反。

2. 按空气的流动速度分类

（1）低速喷水室：空气断面流速为2～3m/s。

（2）高速喷水室：空气断面流速为3.5～6.5m/s。

3. 按喷水室的级数分类

（1）单级喷水室：被处理的空气与冷冻水进行一次热交换，称为单级喷水室或普通喷水室。

（2）双级喷水室：将两个单级喷水室串联起来就可以充分利用深井水等天然冷源或人工冷源，达到节约用水的目的。空气经过双级喷水室的处理可以得到较大的焓降，同时水温升也较大。

（二）喷水室的构造

图1-21是应用较广的单级、卧式、低速喷水室，它由许多部件组成。前挡水板有挡

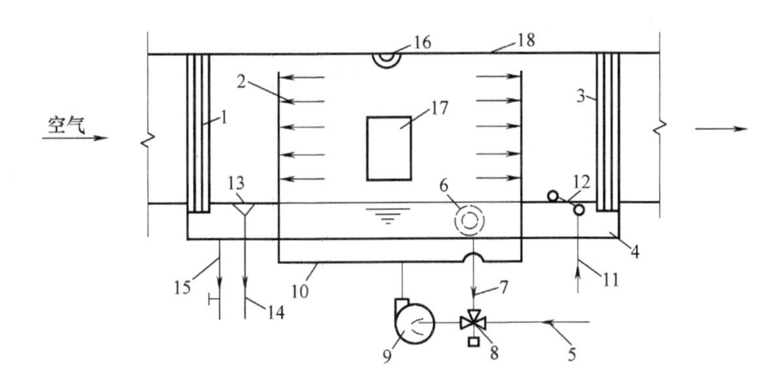

图 1-21 喷水室的构造

1—前挡水板；2—喷嘴与排管；3—后挡水板；4—底池；5—冷水管；6—滤水器；
7—循环水管；8—三通混合阀；9—水泵；10—供水管；11—补水管；12—浮球阀；
13—溢水器；14—溢水管；15—泄水管；16—防水灯；17—检查门；18—外壳

住飞溅出来的水滴和使进风均匀流动的双重作用，因此有时也称它为均风板。被处理的空气进入喷水室后流经喷水管排，与喷嘴中喷出的水滴相接触进行热湿交换，然后经后挡水板流走。后挡水板能将空气中夹带的水滴分离出来，以减少喷水室的“过水量”。在喷水室中通常设置 1～3 三排喷嘴，最多 4 排喷嘴。喷水方向根据与空气流动方向相同与否分为顺喷、逆喷和对喷。从喷嘴喷出的水滴完成与空气的热湿交换后，落入底池中。

在夏季，随着被处理空气温度的降低，空气中的水蒸气冷凝成水滴落入底池，底池中的水就会逐渐增多，到达一定位置后，就会通过溢水管被水泵吸回冷水机组，重新冷却再利用。在冬季，喷水室常用来给加热后的空气进行加湿。那么底池中的水就会逐渐减少，当减少到一定程度时，浮球阀开启，向底池中重新补水。补到一定程度，浮球阀自动关闭，以保证底池中的水位一定。

底池和四种管道相通，它们是：

（1）循环水管：底池通过滤水器与循环水管相连，使落到底池的水能重复利用。滤水器的作用是清除水中杂物，以免喷嘴堵塞。

（2）溢水管：底池通过溢水器与溢水管相连，以排除水池中维持一定水位后多余的水。在溢水器的喇叭口上有水封罩可将喷水室内、外空气隔绝，防止喷水室内产生异味。

（3）补水管：当用循环水对空气进行绝热加湿时，底池中的水将逐渐减少，泄漏等原因也可能引起水位降低。为了保证底池水面高低一定，且略低于溢水口，需设补水管并经浮球阀自动补水。

（4）泄水管：为了检修、清洗和防冻等目的，在底池的底部需设泄水管，以便在需要泄水时将池内的水全部泄至下水道。

为了观察和检修的方便，喷水室应有防水照明灯和密闭检查门。

（三）喷水室的零部件

1. 喷水室的外壳

喷水室一般采用 1.5～2mm 厚的钢板制成，也可用砖及混凝土砌成。不论采用何种材料，都要注意做好防水及一定的保温措施。现在许多厂家采用玻璃钢内嵌保温一次成型的喷水室外壳。

喷水室的横断面一般为矩形，大小根据通过的风量和风速确定。而喷水室的长度则应根据喷嘴排管的数量、排管间距及排管与前后挡水板的距离确定。

2. 喷嘴

喷嘴是喷水室的重要部件，它的制作材料要求耐磨和防腐，常用黄铜、塑料、尼龙、陶瓷制成。其中黄铜耐磨性最好，但价格较高，而陶瓷最易损坏。所以目前常用尼龙喷嘴或铝喷嘴。这两种喷嘴的盖为铜制，而喷嘴本身用尼龙或铜制成。国内目前最常用的是Y-1喷嘴，其基本结构如图1-22所示。

工作时，带有压力的水从小管流入小室产生螺旋流动，由顶盖中心的小孔喷出。按照小孔直径的大小，喷嘴可分为三类：

（1）粗喷：孔径4～6mm，水压为0.05～0.15MPa，这时喷出的水滴较大，水滴温度升高慢，不易蒸发，常用于冷却干燥过程。

（2）中喷：孔径2.5～3.5mm，水压为0.25MPa，也适用于冷却干燥过程。

（3）细喷：孔径2.0～2.5mm，水压为0.25MPa，这时喷出的水滴较小，升温快，易蒸发，适用于空气的加湿过程。但喷嘴孔径较小，易堵塞，对水质要求较高。

目前国内还采用一种BTL型喷嘴，其喷水孔径较大，不易堵塞，射程和喷水量都比Y-1型大，其基本结构如图1-23所示。

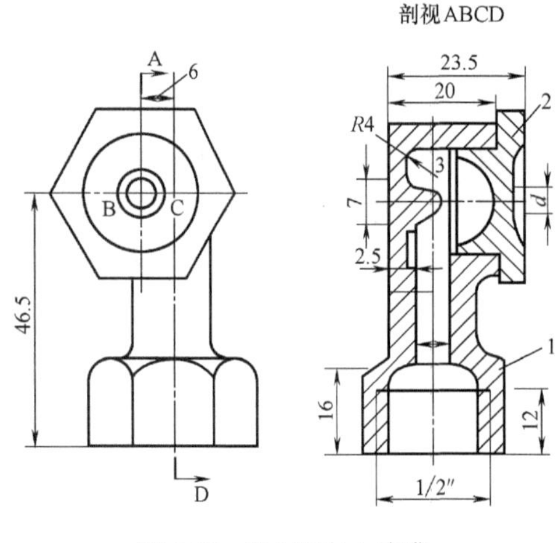

图1-22　Y-1型离心喷嘴

1—喷嘴本体；2—喷嘴顶盖

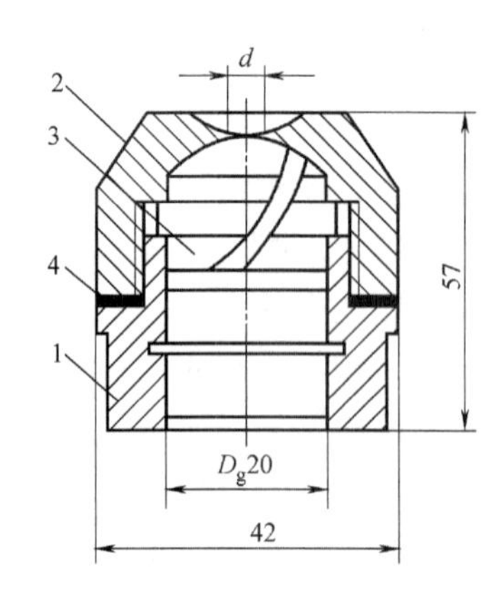

图1-23　BTL型喷嘴

1—喷嘴座；2—螺旋体；3—喷嘴帽；4—橡皮垫

喷嘴有特定的排列方式，这保证了喷出的水滴能尽量均匀地布满整个喷水室。最好布置成梅花型。对于大型喷水室，也可排列成方格型，且布置成上密下疏，使水滴在喷水室内能够均匀分布。

3. 挡水板

挡水板可分为前挡水板和后挡水板。挡水板由多个直立的折板组成，用0.75～1.0mm厚的镀锌钢板或有机玻璃条拼装而成。挡水板的挡水效果好坏和挡水板的质量、形状、夹角折弯及安装质量都有一定的关系。近来，双波形和蛇形挡水板都因其挡水效果好而得到越来越广泛的应用。

第五节　中央空调空气净化设备

空调系统中使用的空气一般是由室外新风和室内回风两部分组成。由于室外大气污染等因素室外新风受到污染，回风在室内也由于各种原因受到污染，这些被污染的空气在对人体造成伤害的同时也影响加热器和表冷器等设备的传热效果，还将妨碍某些工作和工艺过程的顺利进行（如电子产品的生产和检验、药品和医学科学实验等）。因此，必须在空调系统中设置空气净化装置，将其中所含的一部分灰尘滤掉。实际上，空气的净化处理包括除掉空气中的悬浮尘埃和空气质量的控制（除臭、杀菌和增加空气中的负离子等）。在空调工程中，人们只注重对空气中尘粒的控制，而对空气质量的控制缺乏重视。随着人类生活水平的提高，对空调系统的空气质量提出了更高的要求。空气过滤器只可除掉空气中的悬浮尘埃，而空气质量的控制则需要一定的设备和其他的控制方法来实现。下面就分别介绍控制室内空气含尘量和空气质量的有关方法和设备。

一、控制室内空气含尘量的设备

（一）空气净化标准

根据过滤器的过滤效果，一般将其分为粗效、中效和高效过滤器三种。对室内空气中含尘浓度要求不同，所采用的空气过滤器种类也不同。

按空调房间对洁净度的要求不同，空气净化标准可分为：

1. 一般净化。用于一般的舒适性空调，采用粗效过滤器一次处理，无具体的净化要求。

2. 中等净化。用于对室内空气悬浮微粒的质量浓度有一定的要求，例如提出在大型公共建筑物内，空气中的悬浮微粒的质量浓度应不大于 0.15mg/m^3。在这些场合，应首先采用粗效过滤器过滤后，再用中效过滤器。其含尘量用质量浓度表示。

3. 超净净化。用于电子产品生产、精密零件加工车间等。这种场合应先用粗效过滤器，再用中效过滤器，最后用高效过滤器进行净化。空调房间的含尘浓度以粒/m^3 或粒/L 来表示。我国规定的洁净度等级见表 1-2。

空气洁净度等级　　表 1-2

等级	每立方米(每升)空气中≥0.5μm 尘粒数	每立方米(每升)空气中≥5μm 尘粒数
100 级	≤35×100　(3.5)	
1000 级	≤35×1000　(35)	≤250　(0.25)
10000 级	≤35×10000　(350)	≤2500　(2.5)
100000 级	≤35×100000　(3500)	≤25000　(25)

（二）空气过滤器的种类

1. 粗效过滤器

适用于空调系统的初级过滤，主要用于过滤 5μm 以上尘埃粒子。粗效过滤器有板式、折叠式、袋式三种样式，外框材料有纸框、铝框、镀锌铁框，过滤材料有无纺布、尼龙网、活性炭滤材、金属孔网等，防护网有双面喷塑铁丝网和双面镀锌铁丝网，也有用铁屑及瓷环作为填充滤料的。金属丝网、铁屑及瓷环等类的滤料可以浸油后使用，以便提高过滤效率并防止金属表面腐蚀。粗效过滤器大多做成 500mm×500mm×50mm 扁块形（见图 1-24）其安装方式采用人字排列或倾斜排列，以减少所占空间（见图 1-25）。

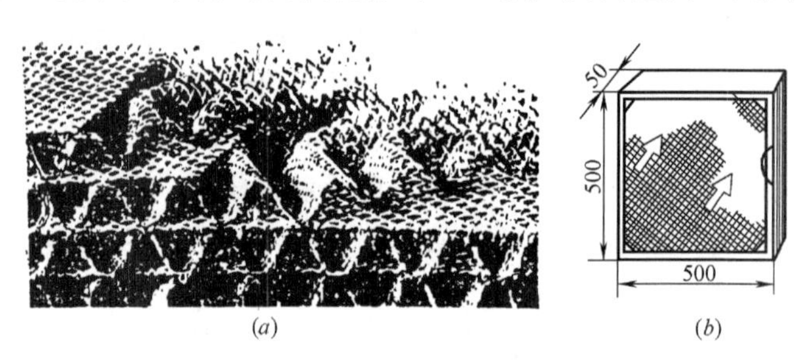

(*a*) (*b*)

图 1-24 金属网式粗效过滤器

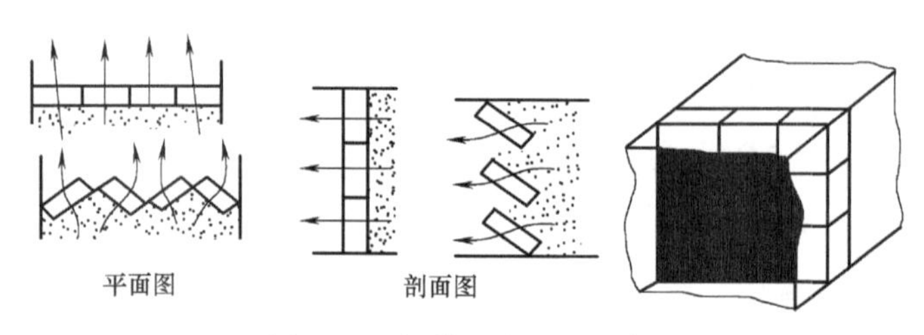

图 1-25 粗效过滤器的安装

粗效过滤器需人工清洗或更换，为减少清洗过滤器的工作量，提高运行质量，可采用自动卷绕式空气过滤器［见图 1-26（*c*）］。这种过滤器用合成纤维制成毡状滤料，卷绕机构可使滤料自动自上而下移动。当一卷滤料用完之后，则更换一卷新滤料，因而使更换周期大为延长。此外还有与此类似的自动浸油式过滤器［见图 1-26（*a*）、（*b*）］。这种过滤器可连续工作，只需定期清洗油槽内的积垢即可。粗效过滤器适用于一般的空调系统，对尘粒较大的灰尘（≥5μm）可以有效过滤，它的初阻力一般小于或等于 30Pa。在净化空调

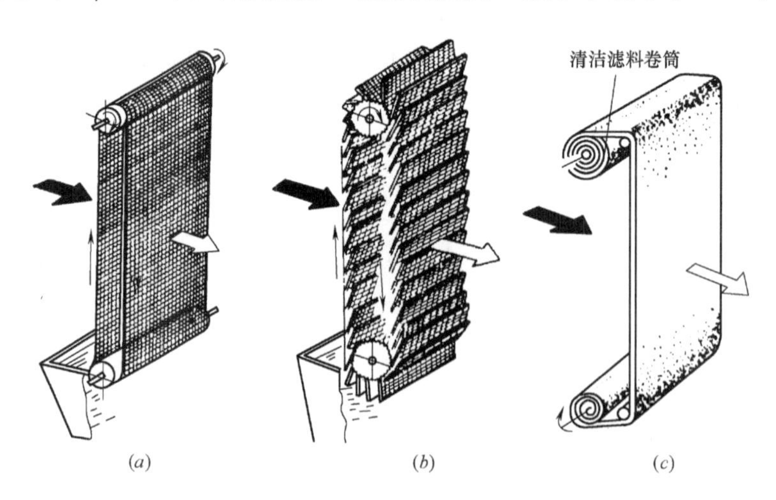

(*a*) (*b*) (*c*)

图 1-26 自动卷绕式空气过滤器

(*a*)、(*b*) 自动浸油式；(*c*) 卷绕式

系统中，一般作为更高级过滤器的预过滤，起到一定的保护作用。

（1）粗效折叠空气过滤器

该粗效过滤器不含化学粘剂，纤维采用内外熔点高低不同，遇火不易延燃，可耐温100℃。有效过滤面积大，15～30d 清洗或更换一次，可多次用水冲洗仍能保持其性能。可直接使用，也可用于一般空调粗效的空气过滤，用作中效、高效空气过滤器的前置滤网，用于延长中效，高效空气过滤器的使用寿命，如图 1-27 所示。

（2）无纺布袋式过滤器

滤材采用高性能的无纺布用热融工艺而成，避免旧式玻璃纤维材料所可能对人体造成的不适；滤料内含静电纤维，对次微米（小于 1μm）粉尘过滤效果特别好，具有高捕尘率、高透气性、高粉尘，载量、高使用寿命；各组袋均有定位风道，确保最佳过滤效果；每组过滤袋间以金属条固定，增加滤网强度，防止滤袋于高风速时因风力之摩擦而破裂，滤袋均有六道内衬，防止滤袋随风压过度膨胀而降，低有效过滤面积与效率；滤袋采用热熔法缝合，具有良好的气密性及结合强度，不产生漏气和破裂；耐湿度强，可达 100%，常温 80℃；外框：铝框、镀锌框，可选择外框厚度：20mm、25mm，如图 1-28 所示。

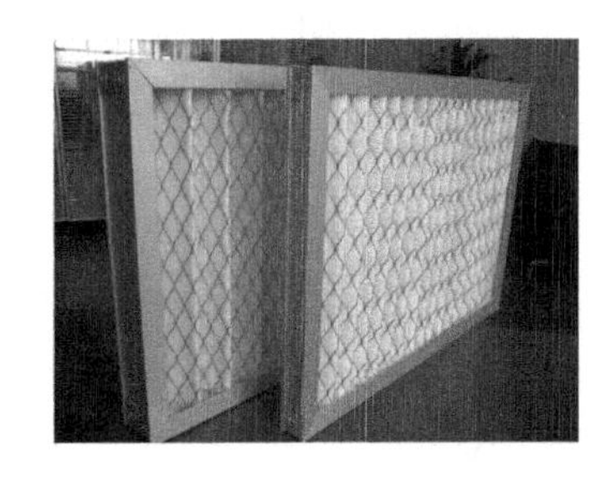

图 1-27　粗效折叠空气过滤器

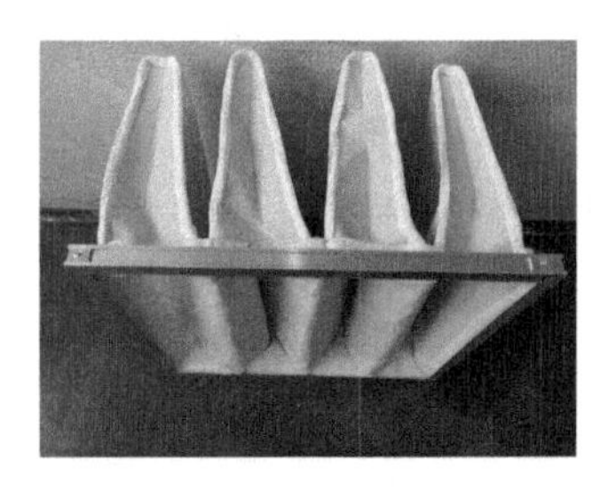

图 1-28　袋式初级过滤器

2. 中效过滤器

中效过滤器的滤料一般采用玻璃纤维、中细孔聚乙烯泡沫塑料和无纺布，滤料厚度比粗效过滤器厚，过滤速度也比粗效过滤器低，主要用于过滤直径为 1～10μm 的灰尘，初阻力一般小于或等于 100Pa。为了提高过滤效率，降低初阻力，增加空气处理量，目前所使用的中效过滤器一般均采用袋式（见图 1-29）或抽屉式（见图 1-30）。大多数情况下，用于高效过滤器的前级保护，少数用于清洁度要求较高的空调系统。

泡沫塑料过滤器

无纺布过滤器

图 1-29　袋式过滤器

玻璃纤维过滤器

图 1-30　抽屉式过滤器

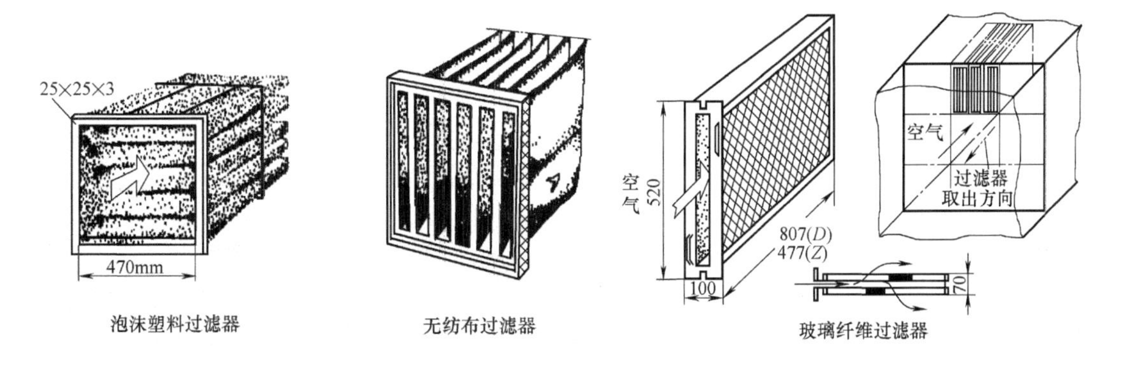

3. 高效过滤器

高效过滤器可分为亚高效、高效和超高效过滤器。一般滤料均为超细玻璃纤维或合成纤维，加工成纸状，称为滤纸。由于高效过滤器的过滤速度都很低，因此其结构与粗、中效过滤器不同，高效过滤器一般采用滤纸的折迭形结构（见图 1-31）。从而使其过滤面积可达迎风面积的 50～60 倍。高效过滤器主要用于过滤直径为 1μm 以下的尘粒，初阻力≤250Pa。

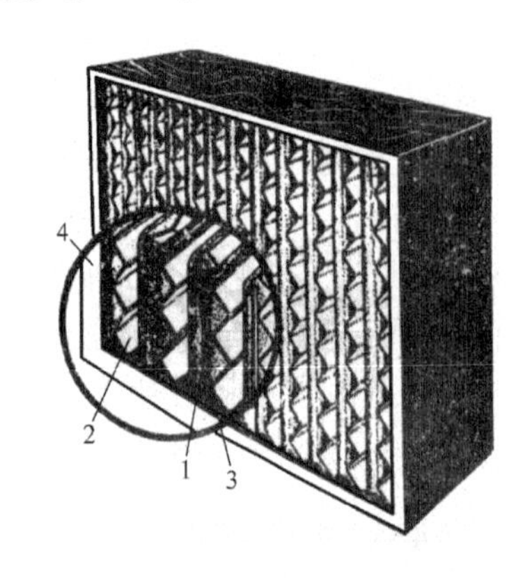

图 1-31 高效过滤器
1—框架；2—封头胶；3—分隔板；4—滤纸

4. 静电集尘器

在空调净化中亦可采用静电集尘器。静电集尘器利用高压静电场使得气体产生电离从而使尘粒带电吸附到电极上，其特点是对不同粒径的悬浮粒子均可有效捕集。

在空调净化中常用的静电集尘器为两段式：第一段为电离段，第二段为集尘段。在电离段，由电源输出的高电压使正电极表面电场非常强，以致在空间内产生电晕，形成数量相等的正离子和负离子。正离子被接地负极所吸引，负离子被放电正极所吸引。由于放电正极与接地负极之间形成电位梯度很大的不均匀电场，负离子易被放电正极所中和，因此，当气溶胶粒子通过电离段时，多数附有正离子，使微粒带正电，少数带负电。在集尘段，由平行金属板相间构成正负极板，在正极板上加有高电压，产生一个均匀平行电场。带正电粒子流入该平行电场后，则被正极板排斥，被负极板吸引并最终被捕集。带负电的离子与此相反，被正极所捕集。

静电集尘器的集尘效率主要取决于电场强度、气溶胶流速、尘粒大小及集尘板的几何尺寸等。积在极板上的灰尘需定期清洗。小型静电集尘器的集尘段可整体取出清洗。清洗后需烘干再用。

（三）过滤器的性能及检测

空调净化常用过滤器的性能见表 1-3。由表 1-3 可见，表征空气过滤器性能的主要指标为过滤效率、压力损失和容尘量。

常用过滤器的性能表 **表 1-3**

过滤器类型	有效捕集粒径（μm）	适应的含尘浓度	过滤效率（%）			压力损失（Pa）	容尘量（g/m²）	备注
			质量法	比色法	DOP 法			
粗效过滤器	>5	中大	70～90	15～40	5～10	30～200	500～2000	滤速以 m/s 计
中效过滤器	>1	中	90～96	50～80	15～20	80～250	300～800	滤速以 dm/s 计
亚高效过滤器	<1	小	>99	80～95	50～95	150～350	70～250	滤速以 cm/s 计
高效过滤器	≥0.5	小	不适用	不适用	95～99.99（一般指≥99.97）	250～490	50～70	
超高效过滤器	≥0.1	小	不适用	不适用	≥99.999	150～350	30～50	过滤器迎面风速不大于 1m/s
静电集尘器	<1	小	>99	80～95	60～95	80～100	60～75	

1. 过滤效率

单级过滤器的效率为：

$$\eta=\frac{n_1-n_2}{n_1}=\left(1-\frac{n_2}{n_1}\right)\times100\%=(1-p)\times100\%$$

如不同的过滤器串联使用，其总效率为

$$\eta=1-(1-\eta_1)(1-\eta_2)\cdots\cdots(1-\eta_m)$$

或

$$\eta=1-p_1p_2\cdots\cdots p_m$$

式中 n_1，n_2——过滤器前后的含尘浓度；

p——过滤器的穿透率；

η——过滤器的效率。

由表1-3可见，同一过滤器采用不同的检测方法其效率值是不同的。因此，用上式计算串联过滤器的总效率时，必须用同一种方法测定的各种过滤器效率值。同时，应考虑经前级过滤后，由于进入次级过滤器的尘粒粒径分布频数的变化对次级过滤器效率的影响。

过滤器效率的检测方法较多，采用哪种检测方法取决于方法本身的适用性。例如，质量法是靠称重前后采样的质量变化来计算出效率值，而高效过滤器的穿透率小，在过滤器下游的采样量变化就质量而言是难于辨别的，因而质量法就不适合于高效过滤器的检测。

现将过滤器效率的其他检测方法简述如下：

（1）比色法

其工作原理是在过滤器前后分别用滤纸或滤膜采样，采样后将滤纸在一定的光源下照射，按透光量的大小用光电管比色计测出过滤器前后采样滤纸的透光度，利用光密度与积尘量成反比的关系算出过滤效率。该法可用大气尘作尘源，适用于中效过滤器的检测。

（2）钠焰法

钠焰法尘源为氯化钠固体粒子。氯化钠固体粒子在氢焰中燃烧，激发出一种波长为5890A°的火焰，通过光电火焰光度计测得氯化钠粒子浓度，根据过滤器前后采样浓度求得效率。钠焰法适用于中高效过滤器的检测。

（3）计重法

将过滤器安装在标准试验风洞内，上风端连续发尘，每隔一段时间，测量穿过过滤器的粉尘质量，由此得到过滤器在该阶段粉尘质量计算的过滤效率，测试粉尘粒径范围≥5μm。用于粗效、中效空气过滤器效率检测。

（4）油雾法

尘源为透平油的液态油雾。利用粒子群的总散射光强与粒子浓度成正比的关系，通过光电浊度计测出过滤器前后粒子浓度，求得过滤器效率。该法适用于亚高效和高效过滤器的效率检测。

（5）粒子计数法

此法的原理也是利用粒子的光散射特性。当粒子通过强光源照射的测量区时，每一粒子均产生一次光散射，形成一个光脉冲信号，利用光电倍增管将此信号转换成电脉冲信号。显然，电脉冲的数量能确定通过粒子的个数，而电脉冲的高度与粒径存在一定的关系。目前，以激光为光源的粒子计数器已在洁净空间的检测、局部净化设备的检测及过滤器效率的测定中广泛应用。

计数法测量的尘源可以是大气尘，也可以是DOP雾。采用DOP粒子记数测量粒子浓度和过滤器效率的方法称为DOP法。

上述检测方法由于采用的尘源不同，每种方法所能测量的粒径范围不同，因而得到的结果差异颇大。所以在给出过滤器的效率时必须注明所用尘源的种类和检测方法。

2. 过滤器的阻力

过滤器的阻力一般包括滤料阻力和结构阻力。新过滤器的阻力随迎面风速或通过滤料流速的增大而增加，过滤效率随滤速的增加而降低。因此，确定了适宜的滤速和过滤面积后，适宜的过滤风量即可确定，此风量一般称为额定风量。在额定风量下新过滤器的阻力称为初阻力。一般高效过滤器的初阻力不大于200Pa。

空调净化系统的过滤器阻力在系统的总阻力损失中占有相当大的份额，对系统的能耗有重要影响。同时，随着运行时间的延长，过滤器积尘使阻力逐渐增大。为使系统的风量能保持在正常运行条件，一般取过滤器初阻力的2倍作为终阻力，并按此选择风机。

3. 过滤器的容尘量

在额定风量下，过滤器的阻力达到终阻力时，其所容纳的尘粒总质量称为该过滤器的容尘量。由于滤料的性质不同，因此过滤器的容尘量也有较大的不同。

（四）空气过滤器安装、使用注意事项

空气过滤器在使用和安装过程中应注意以下问题：

1. 高效过滤器一般应在粗、中效过滤器的保护下使用，即空气在进入高效过滤器前，先经过粗、中效过滤器过滤，以避免经常更换高效过滤器。

2. 过滤器在使用过程中应该注意清灰，一般当过滤器的阻力为其初阻力的2倍时，就应进行清灰或更换滤料。

3. 中、高效过滤器一般装在系统的正压段，以防过滤后的清洁空气被渗入的脏空气污染。高效过滤器必须设在系统的末端（出风口处）。

4. 中、高效过滤器一般在额定风量或低于其额定风量下选用。

5. 高效过滤器在安装时，一定要保证其严密性，否则无法达到预期的净化效果，其安装方法可参阅相关国家标准。

二、空气质量控制设备

近年来，随着人们生活水平的提高，对居住和工作环境的要求不仅仅满足于达到一定的温湿度，而对空气质量有了更高的要求。特别是自20世纪70年代以来，高层建筑发展迅速，在基本上封闭的建筑物内普遍地采用空气调节来解决内部环境的控制问题。为了减少能耗，大多从增强围护结构的隔热性和密闭性，减少送入房间的新风量等方面来考虑。这样做虽然降低了能耗，但同时也带来了一些问题，即室内空气质量的下降。在一些建筑物内越来越多的人抱怨空气不清新，并引发出如眼、鼻、喉部刺激，黏膜和皮肤干燥，易发生疲倦、头痛、呼吸道感染、恶心及头晕等症状。这些症状并非同时发生，但不论哪类症状均未完全弄清楚其致病的原因。因此世界卫生组织将上述症候群认定为病态建筑综合症（Sick Building Syndrome）。目前，由于室外大气的污染，使人们对空调环境的空气质量更加关注。

（一）影响室内空气质量（也称空气品质）的因素

影响室内空气质量的因素很多，主要有以下几个方面：

1. 室内新风量的减少和新风品质的下降

目前，我国空调系统新风量多是根据室内二氧化碳的容许浓度来确定的。表 1-4 规定了各种场合下室内二氧化碳的允许浓度。

二氧化碳允许浓度　　表 1-4

房间性质	二氧化碳允许浓度		房间性质	二氧化碳允许浓度	
	L/m^3	g/kg		L/m^3	g/kg
人长期停留的地方	1	1.5	人周期性停留的地方	1.25	1.75
儿童和病人停留的地方	0.7	1.5	人短期停留的地方	2.0	3.0

我国《民用建筑供暖通风与空气调节设计规范》规定公共建筑的最小新风量应符合表 1-5中的要求。

公共建筑的最小新风量　　表 1-5

功能房间类型	每人每小时新风量(m^3/h)	功能房间类型	每人每小时新风量(m^3/h)
办公室	30	大堂、四季厅	10
客房	30		

设置新风系统的居住建筑和医院建筑，所需最小新风量宜按换气次数法确定。居住建筑换气次数宜符合表 1-6 的规定，医院建筑换气次数宜符合表 1-7 的规定，高密人群建筑每人所需最小新风量应按人员密度确定，且应符合表 1-8 的规定。

居住建筑设计最小新风换气次数　　表 1-6

人均居住面积 F_p	每小时换气次数(m^3/h)	人均居住面积 F_p	每小时换气次数(m^3/h)
$F_p \leqslant 10m^2$	0.70	$20m^2 < F_p \leqslant 50m^2$	0.50
$10m^2 < F_p \leqslant 20m^2$	0.60	$F_p > 50m^2$	

医院建筑设计最小新风换气次数　　表 1-7

功 能 房 间	每小时换气次数(m^3/h)	功 能 房 间	每小时换气次数(m^3/h)
门诊室	2	放射室	2
急诊室	2	病房	2
配药室	5		

高密人群建筑每人所需最小新风量（$m^3/h \cdot$人）　　表 1-8

建 筑 类 型	人员密度 P_F(人/ m^2)		
	$P_F \leqslant 0.4$	$0.4 < P_F \leqslant 1.0$	$P_F > 1.0$
影剧院、音乐厅、大会厅、多功能厅、会议室	14	12	11
商场、超市	19	16	15
博物馆、展览厅	19	16	15
公共交通等候室	19	16	15

续表

建筑类型	人员密度 P_F(人/m²)		
	$P_F \leqslant 0.4$	$0.4 < P_F \leqslant 1.0$	$P_F > 1.0$
歌厅	23	20	19
酒吧、咖啡厅、宴会厅、餐厅	30	25	23
游艺厅、保龄球房	30	25	23
体育馆	19	16	15
健身房	40	38	37
教室	28	24	22
图书馆	20	17	16
幼儿园	30	25	23

在现代化的建筑中，室内空气的污染不仅仅是人员造成的，建筑相关污染也占很大一部分。因此，我国规范中规定的新风量偏小。在ASHRAE标准中规定房间最小新风量应根据室内人员卫生要求（即二氧化碳允许浓度指标）和建筑相关污染两个方面来确定。

新风量的不足是造成室内空气品质下降的主要原因。建筑物内，建筑相关污染与人员相关污染两者的感受效应是相互叠加的，应将两者所需要的通风量也进行叠加。但设计人员一般在设计时将两个新风量进行比较，取两者中的大值，这样的考虑造成了房间内新风量的不足。

入室新风质量是影响室内空气品质的主要因素，影响入室新风质量主要有两方面的原因：一是室外空气的质量；二是新风处理过程。新风系统是保障室内空气品质的关键。长期以来，人们将加大新风量作为当然的改善室内空气品质的方法。但近年来，随着城市建设步伐的加快，人口密度不断增加，汽车的拥有量也不断上升。人们在生产和生活过程中不断向外排放废气，致使室外空气质量逐渐恶化。因此，增加新风量并不一定能够达到改善空气质量的目的。另外，空调系统设备在空气加湿、减湿处理过程中本身也易成为污染源，使送入室内的空气品质恶化。

2. 室内污染源散发出有害物

在空调建筑物内，空气的污染来源是多方面的，大致有以下几个方面：

（1）人体散发出的气体。人体除呼出二氧化碳外，还呼出其他代谢产物，如氨气、二甲胺等。此外，人体的皮肤也能排出汗液或其他具有不良气味的挥发性物质。

（2）人体散发的病原体。人们通过呼吸、说话、咳嗽、打喷嚏等活动，能将呼吸道的各种病原体排入室内空气中。常见的如流感病毒、肺炎双球菌、溶血性链球菌、结核杆菌等。另外，通过人们的活动，还能从室外带入各种有害微生物，例如金黄色葡萄球菌、霉菌等。室内的地毯、挂毯、窗帘、沙发套等织物中也会滋生微生物。

（3）建筑材料散发出的有害气体。建筑材料大致可以分为基础建筑材料和装饰材料两大类。基础建筑材料是用于地基、地面、墙壁等的承重材料、大多采用砖、钢筋水泥，在制造砖和水泥的原材料中如果含有高含量的铀或镭，就会蜕变成氡释放到室内，氡及其短寿命子体能诱发肺癌。

许多装饰材料都是化工产品，能释放出多种挥发性有机化合物（VOCs），其中具有代表性的是甲醛。甲醛主要存在于多种胶粘剂中。在粘贴装饰材料或制作人造板家具后，甲醛就会大量释放到室内空气中，某些塑料地板砖、塑料壁纸、化纤地毯、涂料中也含有不同数量的甲醛。尤其是用脲醛树脂制成的隔热板材料，甲醛的释放量很大。由于甲醛大多被用于物体的内部，因此，需要经过相当长一段时间的释放方能充分。其释放期限的长短与用料多少有关，也与空气温度、湿度、气流速度有关，一般说来，少则一个月，多则1～2年。甲醛有异嗅，能刺激眼结膜、皮肤，能引起局部甚至全身的过敏反应，能降低机体免疫力，影响神经系统，严重时能引起喉头水肿，也能损伤肝脏，引起中毒性肝炎。此外，甲醛也是一种燃烧产物，吸烟的烟气中、燃料燃烧的废气中都含有相当多的甲醛。所以，甲醛是室内空气中重要的挥发性有机化合物。

某些胶粘剂、油漆、涂料、地板蜡等化工用品中含有苯、甲苯、三氯乙烯、三氯甲烷、二异氰酸脂类等有毒物质。据粗略统计，约有300余种。这些挥发性有机物大多影响神经系统，引起头晕、头痛、无力，还能损害肝脏。苯能损害造血系统，引起白血病。

（4）物体燃烧的各种燃烧产物。吸烟过程引起烟叶的燃烧，其烟气中所含化学物质至今已发现有3800多种，其中有很多致癌成分，例如致癌性多环芳烃类化合物。燃料的燃烧产物种类也很多，燃煤能产生二氧化硫、颗粒物、一氧化碳、二氧化碳、甲醛、氮氧化物、颗粒物等。液化石油气、天然气等气体燃料也能产生CO、CO_2、甲醛、氮氧化物等。

（5）现代化办公设备。例如复印机能释放臭氧，具有强刺激作用。炭黑粉中含有强致突变物-硝基多环芳烃。

（6）各种卫生杀虫剂的使用。由于楼内小气候很适宜，除了人体感到舒适以外，也助长了病原微生物和害虫的滋生，例如蟑螂、螨虫等。螨虫是致敏原，其虫卵、幼虫、成虫甚至其蜕皮都具有致敏作用，能使人发生哮喘、荨麻疹等。因此，需要使用各种卫生杀虫剂予以杀灭。卫生杀虫剂属于农药类，有很大毒性。

（7）室内用于喷雾、加湿、空调冷却等的用水。这些用水的水质不良，就会将水中的细菌喷入室内空气中，最严重的是军团杆菌。这种杆菌在水中的生存力很强，随着水雾吸入呼吸道后能引起肺部炎症，急性发作时有致命危险。

由此可见，在密闭的房间内，有如此众多的有害物质在空气中流动，如果空气得不到净化，氧气就会逐渐减少，有害物质的浓度就会越来越高。即使各种因子的浓度不高，但在综合作用下，可使楼内人群出现种种症状，而且，楼内安装的许多金属管道，能吸收新鲜空气中的负离子，使室内空气中的负离子数量减少，甚至完全被吸收掉，使人容易产生疲劳感，工作效率降低。

3. 空调系统本身的污染

研究表明，几乎所有空气处理部件都可能成为污染源和臭味源。其中包括过滤器、盘管、热回收器、风机和消声器。各组成构件对空气的恶化作用并不相同，其中影响最大的是过滤器，污染的主要原因是油、尘和脏污表面，有的构件可能在生产过程中就被灰尘或油污染了。

特别是室外湿度较大，在降温、减湿时，表冷器表面凝水积尘、滴水盘排水不畅，极易污染空气；系统中的部件如帆布软接头、法兰连接处等最易积尘和发霉，最易发生微生物污染。诸如此类因素使室内空气品质恶化。

4. 通风系统换气效率的影响

不同的通风方式和气流分布方式，影响着通风换气效率，对稀释和排除室内污染物的效果不同，室内人员可感受的空气品质也不同。置换通风系统，直接在房间的下部以低风速送入，依靠人、设备等热源的热力作用，使送风以很小的扰动通过工作区，卷吸了周围的热空气和污染物质，定向地上升至设置在上部的排风口排出。在下部新鲜送风空气的推动下，室内形成近似置换式的通风，保证了工作区的最佳空气品质，换气效率最高。风机盘管系统由于机组的除湿能力差，室内相对湿度容易偏高。机组内盘管的湿表面也易成为室内空气的细菌源和气味源。由于室内没有排风，单靠送入的新风稀释难于将室内的污染空气有效排除，往往靠新风形成的微小正压，从建筑缝隙渗透出去的是稀释的空气，污染空气积累在室内顶棚附近，被风机盘管机组重新吸入后再送入室内。因此风机盘管系统在保证室内空气品质方面将面临严峻的挑战。

（二）空气质量的控制设备

室内空气质量的控制是一个系统工程，并不是单一的措施或方法就能奏效。首先要确定合理的通风量，其次要减少室内污染源，第三是改进空调系统的维护和管理，第四是采用空气净化设备。

目前常用的空气净化处理器有活性炭型、负离子型和触媒型。最近美国研制了一种利用天然物质制成的透析膜片来消除空气异味的设备。

1. 活性炭吸附器

活性炭的主要材料为硬质植物和果核等，经过加工活化后，碳的内部形成极小的非封闭孔隙。1g 活性炭的有效接触面积高达 1000m^2，因此，它具有很强的吸附能力。对一些气体而言，活性炭的吸附量等于其本身质量的 1/6～1/5。

活性炭的吸附量在接近和达到吸附保持量时，其吸附能力下降直至失效，这时就需要更换已吸附饱和的活性炭或对其再生。表 1-9 提供了不同服务对象时通风空调所需的活性炭量及其寿命（或再生周期）。

活性炭用量及寿命 **表 1-9**

用　　途	每 1000m^3/h 风量所需活性炭量(kg)	平均使用寿命
居住建筑	10	≥2 年
商业建筑	10～12	1.0～1.5 年
工业建筑	16	0.5～1.0 年

活性炭呈颗粒状，可以装在不同形状的多孔或网状容器内形成活性炭吸附器。为防止活性炭吸附器被灰尘堵塞，应设置粗效过滤器加以保护。

活性炭吸附器用活性炭传统吸附有毒有害成分的特性来净化空气；利用不同浸渍剂来有针对性地净化空气。活性炭不能再生，或者再生不经济，仅能一次性使用。因此，活性炭空气净化设备多用于小型空调系统。

2. 负离子发生器

在雨后的森林中，人们普遍感觉空气清新，这主要由于空气中负离子增多。通常在洁净的负山区负离子浓度可达 2000 个/cm^3 以上，在农村可达 1000～1500 个/cm^3，而在城市则只有 200～400 个/cm^3。一般空气中正离子数大于负离子数。

一些研究认为，负离子对人体有良好的生理作用，包括可降低血压、抑制哮喘、对神经系统有镇静作用并有利于消除疲劳等。

为增加负离子的浓度，可采取人工产生负离子的方法，即利用电晕放电、紫外线照射或利用放射性物质使空气电离。比较常用的方法是利用电晕放电法。人工负离子发生器类似于静电集尘器的原理，不过使负离子不被吸引中和，而是通过离子流或通过专设的风扇使空气中负离子增加，达到改善空气质量的目的。

只是负离子发生器随其功率大小所产生负离子多少有悬殊差异，同时与距离有极其密切关系，并且容易吸附灰尘堵塞而极难清洗，使得该技术受到很大局限性。

3. 臭氧发生器

臭氧具有很强的氧化力，其原理就是利用的臭氧的强氧化性。臭氧分解后，分解为氧气。其价格低廉，功能多于清新剂，能增加空气中负离子数量和降低空气中固态尘埃，有杀菌作用但对分解甲醛等有害气体作用不大。

4. 复合式净化器

该净化器过滤效果较好，可明显降低空气中的固态尘埃，但价格较高，且其过滤装置使用一段时间后就要求更换，无法再生，对有害气体基本无作用。耗材多，使用成本高。换下的滤芯涉及无害处理的困难

5. 光触媒型空气净化器

国外推出新型高效空气净化材料——光触媒，应用于健康空调。一般认为光触媒就是经过光敏剂严格处理的活性炭，光敏剂是光触媒的核心。光触媒的工作原理就是利用涂敷光敏剂的活性炭微孔来吸附有害气体。连续使用 0.5～1 年，达到一定饱和程度后，将其拆卸下来，置于阳光下强晒 6～8h，置于室外大气中晾晒 8～16h 即可重新使用。应该指出的是，光触媒装置同样必须设置粗效过滤器以保护光触媒空气净化器的使用寿命。可以预见，光触媒技术会更加受到重视而不断完善，会在改善室内空气品质的净化空气中发挥更大作用。

6. NICOLER 杀菌技术

NICOLER 杀菌技术是采用 NICOLER 三级双向的等离子体静电场工作原理，通过高压直流脉冲使等离子静电场产生逆电效应，产生大量的等离子体。在负压风机的作用下，污染空气通过等离子静电场时带负电细菌被杀灭分解，可对 300 多种污染物进行净化清除，如甲醛、氡、氨、苯系物等放射体及可吸入颗粒及各种细菌、病毒。

7. 生物透析膜片除臭系统

最近，美国的 VAPORTEK 公司研制了一种新式生物透析膜片除臭系统。该膜片释放的脱臭粒子不仅可以去除空气中的臭气成分，更能积极地渗透于墙壁、家具、床、器具、地毯等内部，于根源处切断臭味的产生。可用于办公室、饭店、住宅等臭味强度比较低的场合，也可用于生产过程中产生臭味强度比较大的场所。

列宁格勒大学的多金教授提出森林里空气清新的主要原因是森林精所引发的。森林精可将空气离子化，而且能够消除臭味，对人体健康有益。森林精的主要成分为龙脑、桉醇、定香醇、乙酸加罗木脂、松油精、樟脑油及薄荷桐等数十种松油精的混合物。VA-PORTEK 公司的透析膜片就是将含有森林精成分的松油精的碳氢化合物，诸如龙脑、樟脑油、桉醇等三十余种油松精物质制成。由于透析膜具有单向渗透作用，可将膜片产生上的脱臭粒子均匀分布于膜片表面，借着气流的动力使具有中和脱臭作用的粒子从膜片表面

散布于空气中。进入空气中的脱臭粒子具有将浮游于空气中的臭气粒子快速捕捉的特性。捕捉臭气粒子后，脱臭粒子能够将臭气分子包覆。由于脱臭粒子的比重较空气重，在空气中形成胶粒后会落到地面，而掉落的胶粒经过一段时间后会自动分解。在该过程中，臭气分子已被脱臭粒子吞下。所以此方法不是化学反应，也不会生成第三种物质。未作用的脱臭粒子不但能自然衰退净化成为无害物质，而且能抑制有害细菌的繁殖。它的主要作用过程为：捕捉→包覆→落下→分解。

对于空调系统，可根据系统或房间的臭味强度及系统的送风量来确定所需的膜片数量。开封后膜片可连续使用3～4个月，而且该膜片内的生物制剂对人体和环境无害，使用过的膜片可回收利用或直接燃烧，无二次污染。该设备可直接装在空调机组内或空调房间内，也可装在回风管道内，操作简单，初期投资和运转费用都很低廉。

（三）室内空气质量评价方法

室内空气品质评价是认识室内环境的一种科学方法，是随着人们对室内环境重要性认识的不断加深所提出的新概念。它反映在某个具体的环境内，环境要素对人群的工作、生活适宜程度，而不是简单地合格或不合格的判断。室内空气品质评价分为现状评价和影响评价两类，影响评价是指对拟建项目的评价，这里要讨论的是室内空气品质现状评价，简称为室内空气品质评价。

过去，人们拘泥于工业污染和卫生防疫的框框，仅依据污染物的上限值，简单地判断室内空气品质是否合格，这种方法不能解决目前存在的问题。这种评价缺乏像国外集中医学、建筑技术、环境监测、建筑设备工程、环境心理学、居住心理学等多学科的综合研究模式和科学的方法，难于得到真正有用的信息，其结果也缺乏公正性、权威性和可比性。目前国内对室内空气品质评价方法尚未建立统一标准。现将国内外评价室内空气品质一些较为成熟的综合和单项评价方法和评价指标做一简要介绍。

1. EEI——室内环境的综合指标

由于室内环境的一些因素也会影响到人们对室内空气品质的反应。所以有人觉得用综合性更强、结合室内空气品质指标的室内环境综合指标EEI来作为评价室内空气质量的综合指标更具合理性。最佳的室内环境并非是由一个环境参数和某个确定的设计或控制点决定的。举例来说，最狭义的室内空气品质意味着房间空间的空气免受烟、灰尘和化学物质污染的程度。稍为广义地说，它包括空气温度、湿度和空气流速，而热环境这一词还需包括视觉因素，如亮度、色彩、空间感。另一方面，允许水平的室内空气品质还取决于暴露时间的久暂、个人生理条件及经济观点。从实用的观点来看，最佳的环境取决于室内空气品质推荐值或允许范围的客观标准加上居住者的期望或者主观看法，下限称之为节能允许值或推荐值，上限是室内空气品质所能达到的极限。

2. 主观评价与客观评价相结合的综合评价方法

这一评价过程主要有三条路径，即客观评价、主观评价和个人背景资料。客观评价就是直接用室内污染物指标来评价室内空气品质的方法。选择具有代表性的污染物作为评价指标，来全面、公正地反映室内空气品质的状况。通常选用二氧化碳、一氧化碳、甲醛、可吸入性微粒、氮氧化物、二氧化硫、室内细菌总数，加上温度、相对湿度、风速、照度以及噪声共12个指标来定量地反映室内环境质量。这些指标可以根据具体对象适当增减。客观评价中需要测定背景指标，是为了排除热环境、视觉环境、听觉环境以及人体工效活动环境因子的干扰。

主观评价主要是通过对室内人员的问询得到的，即利用人体的感觉器官对环境进行描述和评价。主观评价引用国际通用的主观评价调查表格结合个人背景资料。主观评价主要归纳为四个方面，人对环境的评价表现为在室者和来访者对室内空气不接受率，以及对不佳空气的感受程度，环境对人的影响表现为在室者出现的症状及其程度。最后综合主、客观评价，作出结论。根据要求，提出仲裁、咨询或整改对策。

3. 应用 CFD 技术对室内空气品质进行评估

近二十年来，计算流体力学 CFD（Computational Fluid Dynamics）技术已被应用于建筑通风空调设计领域。该方法利用室内空气流动的质量、动量和能量守恒原理，采用合适的湍流模型，给出适当的边界条件和初始条件，用 CFD 的方法求出室内各点的气流速度、温度和相对湿度；并根据室内各点的发热量及壁面处的边界条件，考虑墙面间的相互辐射及空气间的对流换热，得到室内各点的辐射温度，结合人体的衣着和活动量，利用 Fanger 等人的研究成果，求得室内各点的热舒适指标 PMV（Predicted Mean Vote）。同时利用室内空气的流动形式和扩散特性，得到室内各点的空气年龄，从而判断送风到达室内各点的时间长短，评估室内空气的新鲜度。

4. “通风效率”和“换气效率”评价指标

这两个指标是从发挥通风空调设备和系统的效应，进行有效通风，提高室内空气品质出发提出来的。利用室外新风稀释与排除室内有害气体或气味，仍是保证室内空气品质的基本措施，并认为有效通风是提高室内空气品质的关键。近年来国外学者对通风评价方法进行了大量的研究，提出了通风系统的评价指标如下：

（1）换气效率，定义为室内空气的实际滞留时间与理论上的最短滞留时间的比值。它是衡量换气效果优劣的一个指标，与气流组织分布有关。

（2）通风效率，定义为排风口处污染物浓度与室内污染物平均浓度之比。它表示室内有害物被排除的速度的快慢程度。

5. 空气耗氧量 COD（Chemical Oxygen Demand）

空气耗氧量是通过反应方法测定室内挥发性有机化合物（VOC）被氧化的空气耗氧量，表征室内 VOC 的总浓度。其原理是基于空气污染物中的有机物可被重铬酸钾—硫酸液完全氧化，根据有机物被氧化时消耗的氧气量推算出空气耗氧量的含量。国内在 1989 年人防工程平时使用环境卫生标准中，采用了用空气耗氧量作为地下旅馆、影剧院、舞厅、餐厅的环境卫生标准的一个指标。该标准于 1998 年被国家技术监督局和卫生部颁布为国家标准。

COD 与室内空气品质的其他指标如二氧化碳、一氧化碳、空气负离子、甲醛浓度、微生物等有显著的相关性，说明它是综合性较强的室内空气污染指示指标。

（四）改善室内空气质量的措施和方法

1. 尽快建立完善的空气品质标准

建立完善的空气品质标准是提高室内空气品质的一个重要措施，标准应具有强制性的功能，不应被任何因素左右，应具备指令性的作用，起到令行禁止的作用，

2. 确定合理的最小新风量并尽量减少新鲜空气的污染

我国国家标准《民用建筑供暖通风与空气调节设计规范》GB 50736—2012 中规定的

最小新风量是以室内二氧化碳容许浓度来确定的，即室内二氧化碳容许浓度日平均值为0.1%，这要比美国 2013 ASHRAE HANDBOOK 标准中各个不同机构给出的标准（5000ppm）小得多，国内标准中没有考虑稀释建筑物本身所产生的污染所需要的风量。因此，标准应该承认建筑物污染，并将与建筑相关的污染源和与人员相关的污染源区分开来，建立起相应的消除污染的两部分通风量，所需的新风量是这两部分相应的新风量之和。

选择合适的新风入口位置，新风口要远离排风口。加强新风的过滤处理，提倡新风直接入室，减少途径污染。合理地布置送、排风口，直接将处理的新鲜空气送入工作区内。提高室内的换气效果，充分稀释室内污染物浓度。

3. 控制气味、尘埃和微生物污染是目前切实的途径

过去的设计将 CO_2 看作人的生物散发物的指标，而 CO_2 合格只说明人体发生的污染没有超标，而不能代表室内空气品质合格。现代化大楼最常见的是挥发性的有机物（VOC），以及复印机和激光打印机发生的臭氧和其他的刺激性气味的污染。控制方法不外乎隔离控制、压差控制和过滤、吸附及吸收处理的。微生物滋长需要水分和营养源（如尘埃），降低微生物污染的最有效手段是控制尘埃和湿度。当室内相对湿度达到 70%，将为许多微生物滋长提供充分的条件。空调系统的某些潮湿表面是细菌繁殖的温床，特别是冷却塔、加湿器、水箱、盘管表面、集水箱、喷淋室、过滤器和消声器等表面，这些地方的细菌大量繁殖并被送入室内各个地方。在这种情况下依靠加大新风量、加强过滤来降低细菌浓度是不合理的，特别是对于盘管的带水和排水问题所引起的微生物污染。设备选择和管道的设计、安装的重点在于尽量减少尘埃污染和微生物污染，如减少污染源、防止尘埃和湿气的积累。

4. 合理设计以及加强空调设备的维护管理

设计之初应该综合考虑室内空气品质，以及后期的运行管理维护，在系统运行时要有专人负责维护，应连续监测控制建筑通风系统、室内温湿度及污染物指标，定期对系统进行检测与调试等，使系统的运行能保证室内的设计效果。新风过滤器和活性炭过滤器都要定期检查，根据情况进行清洗、更换或再生；对于有凝结水产生的换热器和通风设备等，应在系统停止工作时保持通风直至凝结水干燥，以免滋生微生物。

提高空气过滤器效率是减少热湿处理设备污染的最有效的措施。要求设计人员在新风口、混风静压箱、加热盘管、冷却盘管、淋水室、蒸发室冷却器、热交换器、加湿等处必须设置检查口。另外，对风道系统每隔一定距离应设置清扫口，以备将来管道清扫之用。目前的空调设计人员一般都不考虑预设清扫口，以至于在将来清扫风道系统时，难于将管道积灰顺利清理出去。

第六节　中央空调空气的输送与分配设备

空气的输送与分配系统的任务是将处理好的空气按要求分配到各个房间，同时将需要处理的空气吸入到空气处理设备中，该系统的主要设备有风机、管路、送回风口和各种调节阀门。

一、风机

风机是确保空气在系统中正常流动的动力源，它所提供的动力包括动压和静压两部分。动压是使空气产生流动的压力；静压则是用于克服空气在管道中流动的阻力，二者之和称为全压。

风机根据气流进入叶轮后的流动方向主要分为离心风机、轴流风机和其他风机。

1. 离心风机

离心风机的空气流向垂直于主轴，它主要由叶轮、机壳、出风口、进风口和电动机组成。叶轮安装在电动机主轴上，随电动机一起高速转动，利用高速旋转的叶轮将气体从进风口高速吸入，然后被甩向机壳，并由机壳收集、增压后由出风口排出。单机离心风机中，气体轴向进入叶轮增压，径向进入扩压器升压、减速，多级离心机中利用回流器使气流进入下一叶轮，使压力增高。

离心风机的特点是风压高、风量可调、相对噪声较低，可将空气进行远距离输送。适用于要求低噪声、高风压的场合。按离心风机的出口方向可分为左旋和右旋。从电动机一端正视，叶轮顺时针旋转称为右旋，逆时针方向旋转称为左旋。

2. 轴流风机

空气流向平行于主轴，它主要由叶片、圆筒型出风口、钟罩型进风口、电动机组成。叶片安装在主轴上，随电动机高速转动，将空气从进风口吸入，沿圆筒型出风口排出。

轴流式风机的特点是流量大、体积小，噪声相对较大，耗电少，占地面积小，便于维修。

3. 涡流风机

叶轮旋转带动空气朝着叶轮的边缘运动，空气进入泵体的环形空腔，继而返回叶轮，重新从叶轮的起点以相同的形式进行循环，空气被均匀地加速，叶轮旋转产生的循环气流带动空气螺旋式窜出，空气离开泵体时具有极高的能量。其结构紧凑、质量轻、体积小，传动简单、结构简单，所以还具有噪声低、耗能省、性能稳定，维修方便等优点，而且送出的气源无水、无油、温升低，这是其他气源发生设备不能比拟的。

4. 其他风机

贯流式风机采用一个筒型叶轮。其噪声介于离心风机和轴流风机之间，可获得扁平而高速的气流，出风口细长，结构简单，常用于风幕机、风机盘管和家用空调室内侧风机。

混流式风机也称为斜流风机。在风机的叶轮中，气流的方向在轴流式之间，其出风筒为锥形，空气在其中被加速，它既能产生高风压，又能维持轴流风机的高风量，所以它兼有离心风机和轴流风机的优点。另外，混流式风机还具有结构简单、造价低、维修方便的特点。

二、风道

1. 风道的材料

按风道所用的材料分，有金属风道和非金属风道。金属风道的材料有钢板风管、镀锌板风管、薄钢板、彩钢夹心保温板、双面铝箔保温板、单面彩钢保温板、不锈钢板等。非金属风道的材料有玻璃钢、塑料、复合材料、涂胶布通风管、混凝土风道等。但在新型空调用到的玻璃纤维板或两层金属间加隔热材料的预制保温板做成的风管造价较高。

2. 风道的形式

按风道的几何形状分，有圆形风道和矩形风道两类。圆形风管的强度大，耗材料少，但加工工艺复杂些，占用空间大，不易布置美观，常用于民用建筑的暗装或用于工业厂房、地下人防的暗装管道。矩形风管易于布置，便于与建筑空间配合，且容易加工，因而目前使用较为普遍。

3. 风道的保温

风道的保温是为了减少管道的能量损失，防止风管出现结露现象，保证进入空调房间的空气参数达到规定值。

目前常用的保温材料有阻燃性聚苯乙烯、软聚氨酯、玻璃纤维、岩棉、橡塑海绵、酚醛复合板，以及较新型的高倍率的独立气泡聚乙烯泡沫塑料板。

风管的保温结构由防腐层、保温层、防潮层和保护层组成。防腐层一般为一至两道防腐漆。常用的保护层和防潮层有金属保护层和复合保护层两种。所用的金属保护层常采用镀锌铁皮或铝合金板；而复合保护层有玻璃丝布、复合铝箔及玻璃钢等。

三、风口

1. 风口的作用

空气经过热湿处理通过送风口进入空调房间，与室内空气进行热湿交换后经回风口排出，部分送到空调机组进行处理。合理地布置送风口位置以及风口的形状对于在整个房间形成舒适的温湿度以及气流速度场有重要意义。

2. 风口的类型

空调工程中常用的送风口的类型见表 1-10。常用的回风口有网格式、固定百叶式和活动百叶式。

常用送风口的类型、特点及适用范围　　表 1-10

空气分布器类型	送风口名称	形　式	气流类型及调节性能	适用范围	备　注
侧送风口	格栅送风口	叶片固定和叶片可调两种，不带风量调节阀	属圆射流； 叶片可调格栅，可根据需要调节上下倾角或扩散角； 不能调节风口风量	要求不高的一般空调工程	叶片固定的格栅送风口可作回风口用，也可作新风口
	单层百叶送风口	叶片横装为 H 型，竖装为 V 型，均带有对开式风量调节阀	属圆射流； H 型可调竖向扩散角度，V 型可调水平扩散角	用于一般精度的空调工程	单层百叶风口与过滤器配套使用可作回风口
	双层百叶送风口	外层叶片横装，内层叶片竖装为 HV 型，外层叶片竖装，内层叶片横装为 VH 型。两种形式均带有对开式风量调节阀，也可装配可调式导流片	属圆射流； 外层叶片可调，可根据需要调节竖向以及水平扩散角度	用于公共建筑的舒适性空调，以及精度较高的工艺性空调	叶片可调成 A、B、C、D 四种吹出角，调节范围为 0°～180°

续表

空气分布器类型	送风口名称	形　　式	气流类型及调节性能	适 用 范 围	备　　注
侧送风口	条形直片风口	风口沿线性长度布置，可根据设计需要布置成直条段、端头段、直角段。直条段可根据所需的长度将多节段拼接在一起，一般每节长度做成 3m，条形直片风口叶片数有 2～14 片等多种规格	条形风口可布置成直线形、环形、角形等多种方式和形状，安装灵活拼接方便	可安装在侧墙体或吊顶上	
	条缝形百叶送风口	长宽比大于 10，叶片横装可调的格栅风口，或者与对开式风量调节阀组装在一起的条缝百叶风口	属平面射流； 根据需要可调节上下倾角； 必要时可调节风量	可作风机盘管出风口，也可用于一般的空调工程	
	自垂百叶式风口	靠风口的百叶自重而自然下垂，隔绝室内外的空气交换	当室内气压大于室外气压时，气流将百叶吹开而向外排气，反之室内气压小于室外气压时，气流不能反向流入室内，该风口有单向止回作用	用于对空气洁净度要求高的场合	
散流器	圆形(方形)直片式散流器	扩散圈为三层锥形面，拆装方便。可与单开阀板式或双开阀板式风量调节阀配套使用	扩散圈挂在上面一档呈下送流型，挂在下面一档呈平送流型； 能调节送风量	用于公共建筑的舒适性空调和工艺空调	
	圆盘型散流器	圆盘呈倒蘑菇形，拆装方便。可与单开或双开阀板风量调节阀配套使用	圆盘挂在上面一档呈下送流型，挂在下面一档呈平送贴附流型； 能调节送风量	同上	
	流线型散流器	散流器及其扩散圈呈流线型，可调节风量	气流呈下送流型，采用密集布置	用于净化空调	
	方型(矩形)散流器	扩散圈的形式有 10 多种，可形成 1～4 个不同的送风方向，可与对开式多叶调节阀，或单开阀板式调节阀配套使用，拆装方便	平送贴附流型； 能调节送风量	用于公共建筑的舒适性空调	
	条缝(线形)形散流器	长宽比很大，叶片单向倾斜为一面送风，叶片双向倾斜为两面送风	气流呈平送贴附流型	用于公共建筑的舒适性空调	

续表

空气分布器类型	送风口名称	形　　式	气流类型及调节性能	适用范围	备　　注
喷射型送风口	圆形喷口	出口带较小收缩角度	属于圆射流，不能调节送风量	用于公共建筑和高大厂房一般空调	
	矩形喷口	出口渐缩，与送风干管流量调节阀配套使用	属于圆射流，能调节送风量		
	球形旋转喷口	带较短的圆柱喷口与转动球体相连接	属于圆射流，既能调节气流方向，又能调节送风量	用于空调和通风岗位送风	
无芯管旋流送风口	圆柱形旋流送风口	由风口壳体与无芯管起旋器组装而成，带风量调节阀	向下吹出流型	用于公共建筑和工业厂房的一般空调	
	旋流吸顶散流器		可调成吹出流型和贴附流型		
	旋流凸缘散流器		可调成吹出流型、冷风散流型和热风贴附型		
条形送风口	活叶条形散流器	长宽比十分大，在槽内采用两个可调叶片来控制气流方向	可调成平送贴附流型，也可调成垂直下送流型，可使气流朝一侧送出，也可朝两侧送出	用于公共建筑的舒适性空调	
孔板送风口	扩散孔板送风口	由铝合金板和高效过滤器组成的高效过滤送风口	乱流流型	用于乱流洁净室的末端送风装置，也可作为净化系统的送风口	

四、风阀

中央空调风系统的阀门可分为一次调节阀、开关阀、自动调节阀和防火防烟阀等。其中，一次调节阀主要用于系统调试，调好后阀门位置就保持不变，如三通阀、蝶阀对开多叶阀、插板阀等。自动调节阀是系统运行中需要经常调节的阀门，用来调节支管的风量，用于新风与回风的混合调节。采用电动开启或关闭阀门，输出开闭电信号。与自控系统配套，自动控制调节风量。电动执行机构应具有远距离电动控制和现场手动控制的功能，并设置手动/电动操作转换把手，具有机械和电气两种限位装置，并且具有电动控制启停、手/自动转换、故障报警、启停状态反馈等功能，它要求执行机构的行程与风量成正比或接近成正比，多采用顺开式多叶调节阀和密闭对开多叶调节阀；新风调节阀常采用顺开式多叶调节阀；系统风量调节阀一般采用密闭对开多叶调节阀。

通风系统风道上还需设置防火排烟阀门。防火阀用于与防火分区贯通的场合。当发生火灾时，火焰侵入烟道，高温使阀门上的易熔合金熔解，或使记忆合金产生变形使阀门自动关闭。防火阀与普通的风量调节阀结合使用可兼起风量调节的作用，则可称为防火调节阀。防火阀的动作温度为70℃。防烟阀是与烟感器连锁的阀门，即通过能够探知火灾初期发生的烟气的烟感器来关闭风门，以防止其他防火分区的烟气侵入本区。排烟阀应用于排烟系统的管道上，火灾发生时，烟感探头发出火灾信号，控制中心接通排烟阀上的电源，将阀门迅速打开进行排烟。当排烟温度达到280℃时，排烟阀自动关闭，排烟系统停止运行。

五、房间内气流分布形式

房间内气流的分布形式有多种多样，主要取决于送风口的形式及送、回风口的布置方式。

（一）上送下回方式

这是最基本的气流组织形式。送风口安装在房间的侧上部或顶棚上，而回风口则设于房间的下部，见图1-32。它的主要特点是送风气流在进入工作区之前就已充分混合，易形成均匀的温度场和速度场。适用于温湿度和洁净度要求高的空调房间。

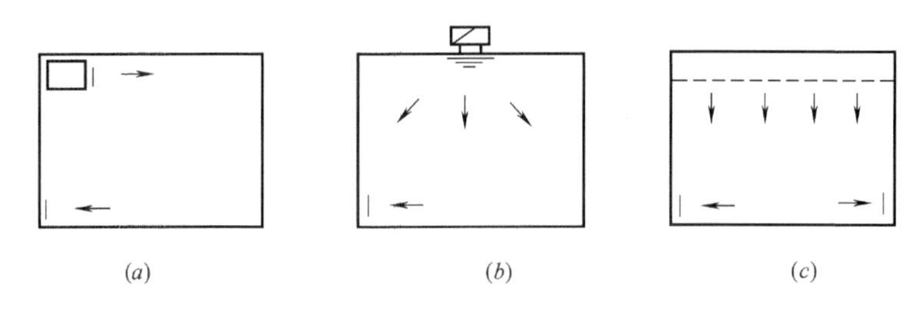

图1-32　上送下回方式

（a）侧送侧回；（b）散流器送风；（c）孔板送风

（二）上送上回方式

在工程中，有时采用下回风方式时布置管路有一定的困难，常采用上送风上回风方式，见图1-33。这种方式的主要特点是施工方便，但影响房间的净空使用，而且若送回风口之间的距离太近的话，极易造成短路，影响空调质量。

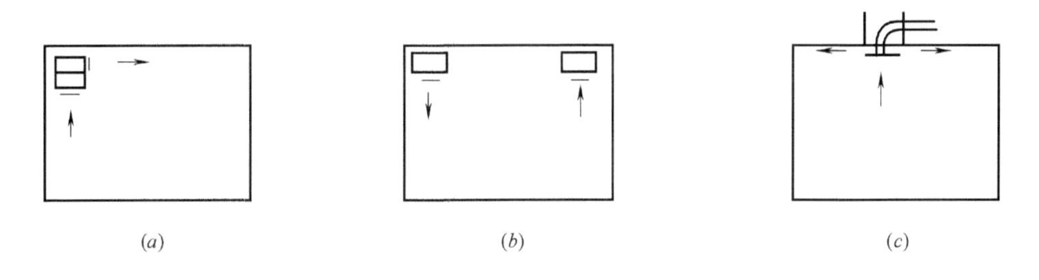

图1-33　上送上回方式

（a）单侧上送上回；（b）异侧上送上回；（c）散流器上送上回

（三）中送风

某些高大空间的空调房间，采用前述方式需要大量送风，空调耗冷量、耗热量都大。因而采用在房间高度的中部位置上用侧送风口或喷口的送风方式，见图1-34。中送风是将房间的下部作为空调区，上部作为非空调区。在满足工作区空调要求的前提下，有着显

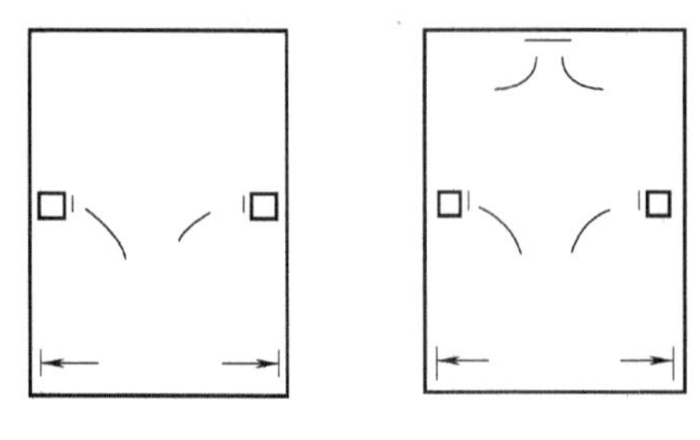

图 1-34　中送风方式

著的节能效果。

（四）下送风方式

图 1-35（*a*）为地面均匀送风、上部集中排风。此种方式送风直接进入工作区，为满足生产及人员的舒适要求，送风温差必然小于上送方式，因而加大了送风量。同时，考虑到人的舒适条件，送风速度也不能过大，一般不超过 0.5～0.7m/s，这就必须增大送风口的面积或数量，给风口布置带来困难。此外地面容易积聚脏物，将会影响送风的清洁度。但下送风方式能使新鲜空气首先通过工作区，同时由于是顶部排风，因而房间上部余热可以不进入工作区而被直接排走，故具有一定的节能效果，同时有利于改善工作区的空气质量。

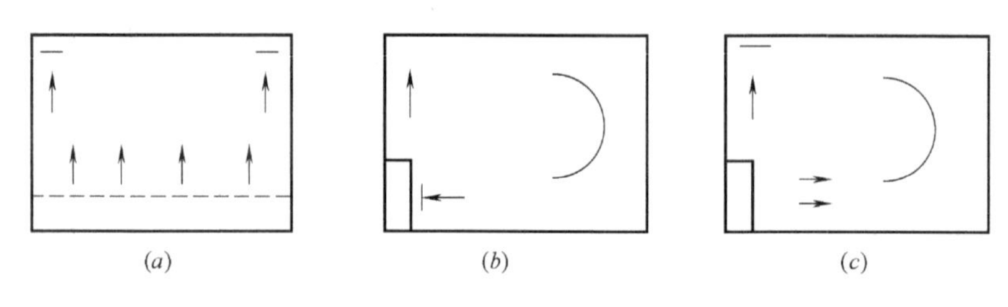

(*a*)　(*b*)　(*c*)

图 1-35　下送风方式

（*a*）地板下送；（*b*）末端装置下送；（*c*）置换式下送

第七节　中央空调系统消声设备

一、空调系统的噪声源

噪声也是一种声波，具有声波传播的一切特性。它不是一种纯音，而是由许多不同频率的声音组成的。作为人耳可以听到的声音，其频率从 20Hz 到 20000Hz。低于 250Hz 的噪声一般称为低频噪声，250～1000Hz 的噪声称为中频噪声，1000Hz 以上的噪声为高频噪声。

空调系统的噪声是空调系统工作时发出的噪声，噪声源有通风机、制冷机、机械通风冷却塔等，主要的噪声源是通风机。通风机噪声的产生和许多因素有关，尤其与叶片形式、片数、风量、风压等因素有关。风机噪声是由叶片上紊流而引起的宽频带的气流噪声以及相应的旋转噪声。在通风空调所用的风机中，按照风机大小和构造不同，噪声频率大约在 200～800Hz，也就是说主要噪声处于中低频范围内。

二、消声器

当系统产生的噪声经过管道和房间衰减后，仍满足不了室内噪声标准时，就需要增设消声器，以消除过大的噪声。目前空调系统中常用的消声器大致可分为以下 6 类：

（一）阻性消声器

阻性消声器借吸声材料的吸声作用而消声。吸声材料的多孔性和松散性能够把入射在其上的声能部分地吸收掉。当声波进入孔隙，引起孔隙中的空气和材料产生微小的振动，利用摩擦和黏滞阻力，将部分声能转化为热能而被吸收掉。所以吸声材料大都是疏松或多孔性的，如离心玻璃棉、岩棉、泡沫塑料、矿渣棉、毛毡、吸声砖、木丝板、甘蔗板等。其主要特点是具有贯穿材料的许许多多细孔，即所谓开孔结构。而大多数隔热材料则要求有封闭的空隙，故两者是不同的。阻性消声器对于消除低频的消声效果比较差。

目前，国内常用的阻性消声器有管式、片式、格式、折板式、声流式、小室式以及消声弯头。片式消声器构造比较简单，消声量和空气阻力均较小。

（二）共振型消声器

共振型消声器是利用共振原理将某些特定频率的噪声消除掉。这种消声器具有较强的频率选择性，即有效的范围很窄，一般用以消除低频噪声。

（三）膨胀型消声器

膨胀型消声器的原理是利用管道截面的突变，使沿着管道传播的声波向声源方向反射回去，从而起到消声作用，对消除低频有一定的效果。但一般要管截面变化 4 倍（甚至 10 倍）以上才有效。所以在空调工程中，膨胀式消声器的应用常受到机房面积和空间的限制。

（四）复合式消声器

复合式消声器集中了阻性、共振型和膨胀型消声器的优点以便在低频到高频范围内均有良好的消声效果。复合式消声器的优点是消声频带宽、消声量较大。试验证明，长度为 1.2m 的复合式消声器，低频消声量可达 10～20dB，中高频消声量可达 20～30dB。因此，这种消声器目前在国内得到了广泛的应用，其主要缺点是体积较大。常用的有阻抗复合式消声器、阻抗共振复合式消声器和微穿孔板式消声器等类型。

（五）消声弯头

消声弯头克服了声波平行掠过吸声材料，增加了声波入射角，使声波与吸声材料接触机会增加，从而提高了中、高频消声量。由于消声弯头构造简单，价格便宜，占用空间少，噪声衰减量大，与其他同样长度的消声器比较，消声弯头对低频部分的消声效果好，压力损失小，故目前在集中式空调系统中的应用较多。

（六）消声静压箱

静压箱设置在风机出口或空气分布器前，可稳定气流，起消声作用。消声静压箱的消声量与吸声材料的性能、箱内贴吸声材料的面积以及出口侧风管的面积等因素有关。

三、选用消声器应注意的事项

消声器种类较多，功能也不尽一致，因此正确选择消声器不仅可以达到预期的消声效果，而且可以节省投资。选用时应注意以下问题：

1. 由于消声器占用建筑空间较大，在采取其他措施（如降低风机转速、降低风道内空气流速等）仍无法满足室内噪声标准时，才选择消声器。

2. 要进行消声量的计算，从而决定采用何种消声器、消声量多少。众所周知，风机是空调系统的主要噪声源，但风机产生的噪声并不是全部传入室内，而是被管路和房间吸收掉一部分，而这一部分噪声也有一定的频谱特性。因此，必须通过仔细地计算最后确定出应消除的噪声在各频率范围内的数值，才能确定出正确的消声器型号。若所需消除的噪声为低频噪声，选择阻性消声器就无法达到要求。

3. 不同的场合应选用不同的消声材料，国内目前生产的消声器所采用的材料各不相同，用户应根据空调系统的特点进行选择。例如采用玻璃棉外包玻璃丝布的复合式消声器易产尘，不适用于净化空调系统中。对于净化空调系统，应选择外包微孔铝板的复合式消声器或微穿孔消声器。对于防火要求较高的场合，所采用的消声材料应不燃。

4. 消声器的位置一般应放在送、回风管道上，这样既可消除经送风管道传入室内的噪声，又可消除经由回风管路传入室内的噪声。当风管内风速小于 8m/s 时，消声器应接近通风机的主风管上，当大于 8m/s 时，宜布置在各分支管上。

5. 当建筑空间受限，无法设置消声器时，可以采用管道内壁贴聚氨酯泡沫塑料（开孔型）的办法，但这种方案对消除低频噪声效果较差，造价较高。

6. 若同一个风系统同时带多个房间，应该在每个房间的送、回风支管上设置消声器，防止各房间串声，对声学要求高的房间应单独设置空调系统。

第二章　中央空调系统类型

第一节　中央空调系统的分类

空气调节系统一般均由空气处理设备、空气输送管道以及空气分配装置组成，根据需要，可以区分出许多种不同形式的系统。在工程使用中应考虑建筑物的用途、性质、热湿负荷特点、温湿度调节和控制的要求、空调机房的面积和位置、初投资和运行维修费用等许多方面的因素，选择合理的空调系统。

一、按空气处理设备的设置情况区分

（一）集中式空调系统

集中式空调系统所有空气处理设备都集中在空调机房内，由冷水机组、热泵、冷热水循环系统、冷却水循环系统以及末端空气处理设备等组成。集中式空调系统的优点是作用面积大，运行可靠，便于集中管理与控制。其缺点是占用建筑面积与空间，当空调房间负荷变化较大时，不易精确调节。该空调系统的热源和冷源也是集中的，所以在使用上集中式空调系统适用于空间较大、负荷变化规律的建筑。

（二）半集中式空调系统

半集中式空调系统除设有集中空调机房外，还设有分散在各房间内的二次设备（又称末端装置），其中多半设有冷热交换装置（也称二次盘管），其功能主要是处理那些未经集中空调设备处理的室内空气。半集中式空调系统的优点是易于分散控制和管理，设备占用建筑空间少、安装方便。其缺点是无法常年维持室内温湿度恒定，维修量较大。这种系统适用于于大型旅馆和办公楼等对舒适性有较高要求的多房间建筑物。风机盘管空调系统和诱导器空调系统属于半集中系统。

（三）分散式系统

分散式系统将空气处理设备全部分散在空调房间内，冷热源、空气处理设备、风机以及自控设备等集中在一起，分别对各空调房间进行空气调节。这种机组一般设在被调房间或其邻室内，因此不需要集中空调机房。分散式系统使用灵活，布置方便，但维修工作量较大，室内卫生条件有时较差。常用的局部空调机组有恒温恒湿机组、普通空调器和热泵式空调器。

二、按负担室内负荷所用的介质种类区分

（一）全空气空调系统

空调房间的热湿负荷全部由经过处理的空气来承担的空调系统称为全空气空调系统。

它利用空调装置送出风调节室内空气的温度、湿度。由于空气的比热较小，需要用较多的空气量才能达到消除余热余湿的目的，因此要求有较大断面的风道或较高的风速。

（二）全水系统

空调房间的热湿负荷全部依靠水作为冷热介质来负担的空调系统称为全水系统。它是利用空调系统制出的冷冻水（或热水）送往空调房间的风机盘管，从而对房间的温度和湿度进行调节。由于水的比热比空气大，在相同条件下只需较小的水量就可以达到调节目的，从而使管道所占的空间大幅度减小。但该系统不能解决房间的通风换气问题。

（三）空气-水系统

由经过处理的空气和水共同负担室内热湿负荷的系统称为空气-水空调系统。风机盘管加新风空调系统是典型的空气-水系统，它既可解决全水系统无法通风换气的困难，又可克服全空气系统要求风道截面大、占用建筑空间多的缺点。

（四）冷剂系统

冷剂系统是将制冷系统的蒸发器直接放在室内来吸收余热余湿。这种方式通常用于分散安装的局部空调机组。例如普通的分体式空调器、水环热泵机组等都属于冷剂系统。日本的大金公司最早开发出由一台室外机连接多台室内机的 VRV（变制冷剂）空调系统，这种系统也是典型的冷剂系统。

三、按系统风量的调节方式区分

（一）定风量系统

送入空调房间的风量为定值的系统称为定风量系统。普通空调系统的送风量是全年固定不变的，送风量按房间最大热湿负荷确定。在实际运行中，房间热湿负荷不可能经常处于最大值，当室内负荷低于最大值时，定风量系统靠提高送风温度来维持室内温度的恒定，造成了很大的能源浪费。

（二）变风量系统

变风量系统是指送入空调房间的风量可以改变。由于空调房间的负荷是逐时变化的，采用改变送风量（送风状态点不变）的方法来保持室内温度不变，不仅节约了提高送风温度所需的热量，而且还由于处理的风量的减少，降低了风机功率电耗以及制冷机的制冷量。这种系统的运行费用相对经济，对大容量的空调系统节能效果尤为显著。

第二节　集中式中央空调系统

一、集中式空调系统的分类

集中式空调系统是典型的全空气系统，它广泛应用于舒适性或工艺性空调工程中，例如商场、体育场馆、餐厅以及对空气环境有特殊要求的工业厂房中。

（一）根据所处理的空气来源分

1. 封闭式空调系统

封闭式空调系统所处理的空气全部来自于空调房间本身，没有室外空气补充，全部为再循环空气（见图 2-1）。封闭式系统用于密闭空间且无法或不需要采用室外空气的场合。这种系统冷热量消耗最少，但卫生效果差。这种系统一般用于战时的地下庇护所等战备工程以及很少有人进出的仓库。

2. 直流式系统

直流式空调系统所处理的空气全部来自于室外，新风经处理后送入空调房间，承担室内的冷、热、湿负荷后全部排出室外（见图 2-2）。直流式系统的运行能耗最大，但空调系统卫生效果最好，仅适合于散发有害气体，不允许使用循环空气的场合，如放射性实验室、医院传染病房等。

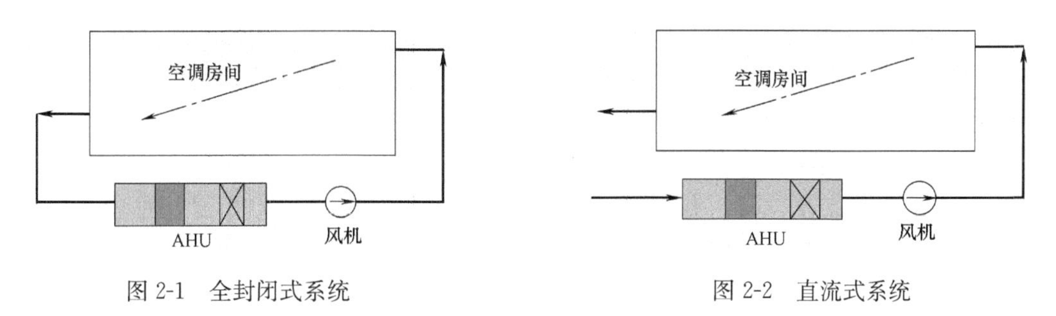

图 2-1　全封闭式系统　　　　图 2-2　直流式系统

3. 混合式系统

混合式空调系统所处理的空气一部分来自于空调房间的再循环空气，另一部分来自于室外新风，在保障空调房间卫生条件的基础上最大可能降低空调系统的能耗，经济合理，是实际工程中最常用的空调系统（见图 2-3）。根据回风混合次数和新风、回风混合过程的不同，混合式系统可分为一次回风系统和二次回风系统。一次回风系统就是将新风和室内回风混合后，再经过空调机组进行处理，然后通过风机送入室内。一次回风系统应用较为广泛，被大多数空调系统采用。二次回风系统是在一次回风的基础上将室内回风分为两部分分别引入空调箱中，一部分回风在新回风混合室混合，经过冷却或加热处理后与另一部分回风再一次进行混合。二次回风系统可以节省空气处理中的再热能耗，运行较节能，但是二次回风系统的空气处理过程机器露点温度较低，空气处理设备构造和调节控制较复杂，目前在我国主要应用于恒温恒湿空调领域。

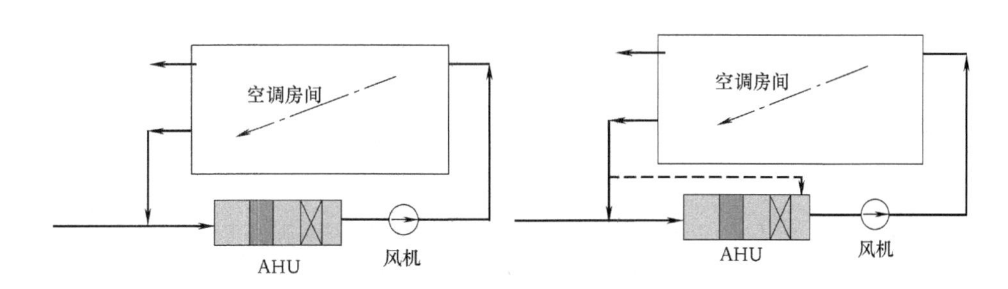

图 2-3　混合式系统

（二）根据风机的设置的不同分

1. 单风机系统。所谓单风机系统就是在全空气空调系统中，只有送风机而没有回风机。风系统内空气处理设备的阻力、送风管道的阻力损失及回风管道的阻力损失均由送风机来克服。单风机系统的特点是系统简单，易于管理；缺点是在室内静压要求恒定的场合，过渡季不能完全利用室外新风，无法达到节能的目的。

2. 双风机系统。所谓双风机系统就是在风系统的送风管道和回风管道分别设置送风机和回风机。送风机的任务是克服空调机组和送风管道的阻力，将空气送入各个被调房间。回风机用于克服回风管道的阻力损失，将空气由房间抽回到空调机组内。双风机系统的优点是噪声低、回风量易于调节，常用于净化空调系统。

（三）根据负荷调节方式不同分

1. 定风量空调系统

空调房间的负荷变化时，利用改变送入房间内的送风状态点来维持室内温度的全空气空调系统，它的送风量保持不变。

2. 变风量空调系统

空调房间的负荷变化时，利用改变送入房间内的送风量来维持室内温度的全空气空调系统，它的送风状态保持不变。

二、集中式空调系统的组成

（一）进风部分

空气调节系统必须引入室外空气，常称“新风”。新风量多少主要由系统的服务用途和卫生要求决定。新风的入口应设置在其周围不受污染影响的建筑物部位。新风口连同新风道、过滤网及新风调节阀等设备，即为空调系统的进风部分。

（二）空气处理设备

空气处理设备包括空气过滤器、预热器、喷水室（或表冷器）、再热器等，是对空气进行过滤和热湿处理的主要设备。它的作用是使室内空气达到预定的温度、湿度和洁净度。

（三）空气输送设备

它包括送风机、回风机、风道系统以及装在风道上的调节阀、放火阀、消声器等设备。它的作用是将经过处理的空气按照预定要求输送到各个房间，并从房间内抽回或排出一定量的室内空气。

（四）空气分配装置

它包括设在空调房间内的各种送风口和回风口。它的作用是合理组织室内空气流动，以保证工作区内有均匀的温度、湿度、气流速度和洁净度。

（五）冷、热源

除了上述四个主要部分以外，集中空调系统还有冷源、热源以及自动控制和检测系统。空调装置的冷源分为自然冷源和人工冷源。自然冷源的使用受到多方面的限制。人工冷源是指通过制冷机获得冷量，目前主要采用人工冷源。

空调装置的热源也分为自然的和人工的两种，自然热源指太阳能和地热，它的使用受到自然条件等多方面的限制，因而使用并不普遍。人工热源指通过燃煤、燃气、燃油锅炉或热泵机组等所产生的热量。

三、定风量集中式空调系统

定风量集中式空调系统是工程中最常用的中央空调系统之一，属于混合式空调系统，所处理的空气一部分来自于空调房间的再循环空气，另一部分来自于室外新风。根据回风混合次数和新风、回风混合过程的不同，定风量集中式空调系统又有工程中常见的一次回风系统和二次回风系统两种形式。

（一）一次回风系统

1. 一次回风系统的夏季处理过程

空调系统的夏季处理过程主要是对空气进行冷却和除湿处理，一次回风系统的具体处理过程为：室外空气状态点为 W 的新风与来自空调房间状态点为 N 的回风混合后进入表冷器（或喷水室）冷却除湿，达到机器露点 L（$\varphi=90\%\sim95\%$）后经过再热器（表面式加热器或电加热器）加热至要求的送风状态点 O 送入空调房间，送风吸收室内的余热余湿后，沿着空调房间的等热湿比线方向达到室内的设计状态点 N（见图 2-4）。

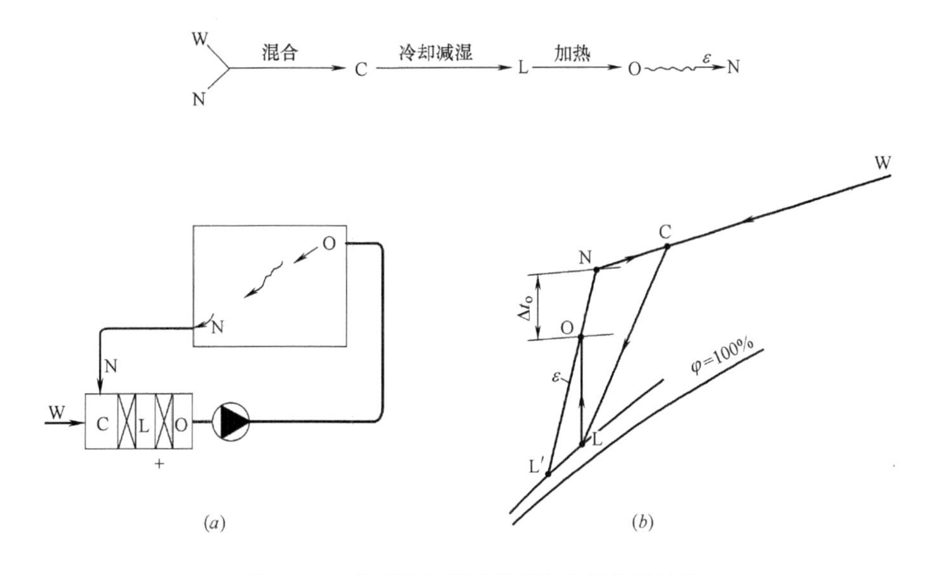

图 2-4　一次回风空调系统夏季空气处理过程

一次回风系统的冷量可以从空气处理和房间所组成的系统热平衡关系进行分析，如图 2-5 所示。

（1）室内冷负荷：$Q_1=G(h_N-h_O)$

（2）新风冷负荷：$Q_2=G_Y(h_Y-h_N)$

（3）再热负荷：$Q_3=G(h_N-h_L)$

从整个系统的热平衡，可以得出冷源系统所提供的冷量除了用来承担室内冷负荷和新风冷负荷外，还要去克服空调系统的再热负荷，即 $Q_0=Q_1+Q_2+Q_3=G(h_C-h_L)$

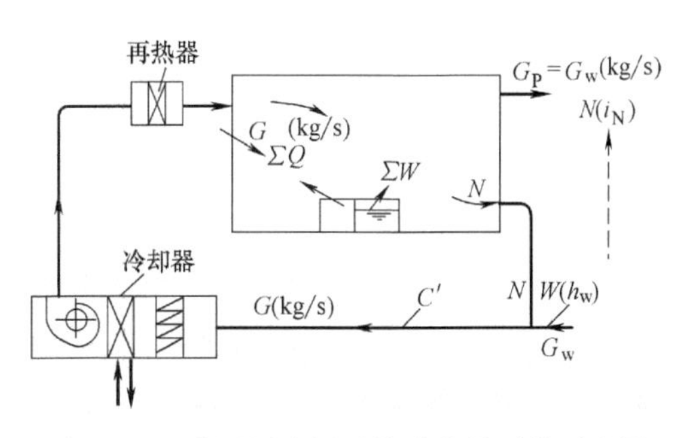

图 2-5　一次回风空调系统冷热量平衡示意图

2. 一次回风系统的冬季处理过程

空调系统的冬季处理过程主要是对空气

进行加热和加湿处理，一次回风系统常用的空气处理过程为：室外空气状态点为 W 的新风与来自空调房间状态点为 N 的回风混合后进入喷水室绝热加湿，达到机器露点 L(φ=90%～95%) 后经过加热器（表面式加热器或电加热器）加热至要求的送风状态点 O 送入空调房间。实际工程中加湿过程也可以通过向空气中喷蒸汽来实现等温加湿，如图 2-6 中 C′→E 所示。

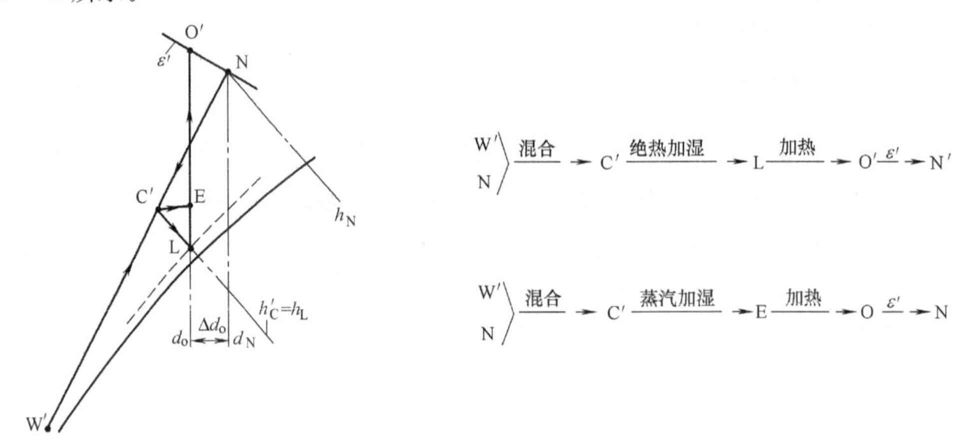

图 2-6　一次回风空调系统冬季空气处理过程

当采用绝热加湿的方案时，对于要求新风比较大的工程，或是按最小新风比而室外设计参数很低的场合，都有可能使一次混合点的焓值 $h_{C'}$ 低于 h_L，这时应将新风预热后再与室内回风混合，或将室内外空气混合后预热。

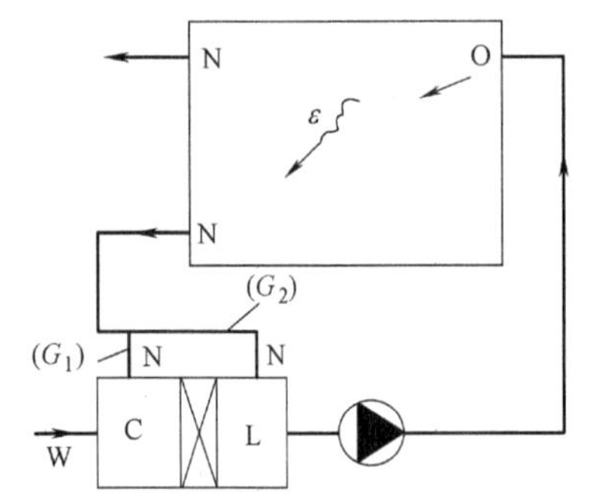

图 2-7　二次回风空调系统原理图

（二）二次回风系统

1. 二次回风系统的夏季处理过程

为了保证送风温差，一次回风系统需要使用再热器，存在冷热抵消而不符合节能原则。二次回风系统则采用在喷水室后与回风再混合一次的方法来替代再热器。典型的二次回风系统的夏季处理过程及焓湿图如图 2-7 和图 2-8 所示。

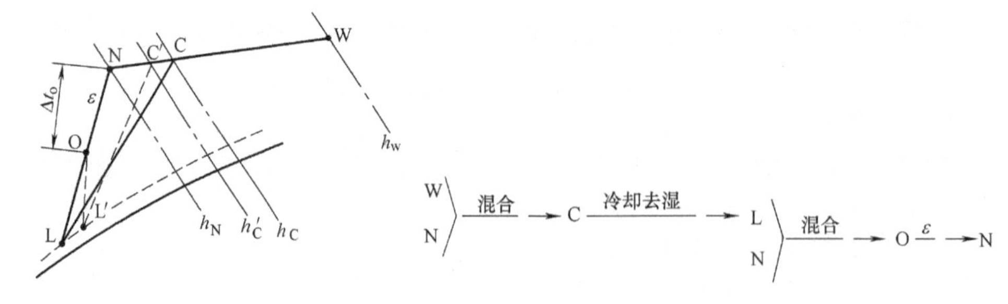

图 2-8　二次回风空调系统夏季空气处理过程

通过分析二次回风系统夏季工况的冷量，可以证明冷源系统所提供的冷量全部用来承担室内冷负荷和新风冷负荷。与一次回风系统相比，二次回风系统节省了再热量及相应冷源冷量。同时从焓湿图可以看出，二次回风系统的机器露点低于一次回风系统，这样会使制冷系统的运转效率较低，也可能使天然冷源的使用受到限制。

2. 二次回风系统的冬季处理过程

二次回风系统的冬季处理过程与一次回风系统相似，也分为喷循环水的等焓加湿处理过程和喷蒸汽的等温加湿过程。研究表明，冬季采用等温加湿的二次回风系统的能耗与一次回风系统基本相同。因此，工程上多采用喷循环水的等焓加湿方法，如图 2-9 所示。

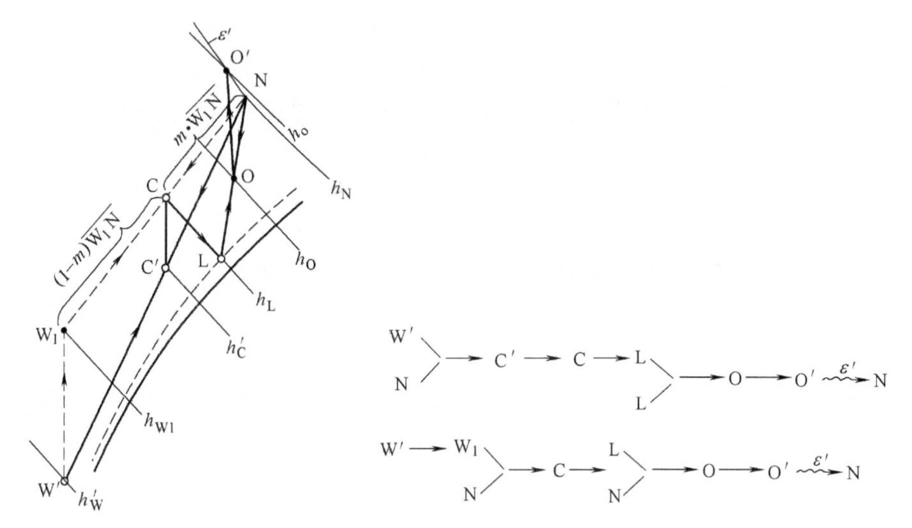

图 2-9　二次回风空调系统冬季空气处理过程

与一次回风系统的冬季处理过程相同，采用绝热加湿的二次回风系统也要考虑冬季是否需要预热。如果一次混合后的焓值 $h_{C'}$ 低于 h_L，应将新风预热后再与一次回风混合，或将室内外空气一次混合后预热。

（三）定风量集中式空调系统的特点

1. 定风量集中式空调系统的优点

（1）集中式空调系统中的空气处理设备和系统冷热源设备集中布置在机房内，便于集中管理和集中调节。

（2）在运行能耗方面，集中式空调系统过渡季节可充分利用室外新风，减少冷热源的运行能耗。

（3）在空调房间内调节精度方面，集中式空调系统可以严格控制室内温度、湿度和空气洁净度。

（4）此外，集中式空调系统还可通过采取有效的消声隔振措施控制空调房间内的噪声水平。

（5）使用寿命长。

2. 定风量集中式空调系统的缺点

（1）机房面积大，风管尺寸大且布置复杂，占用建筑空间较多，系统现场安装工作量较大，施工周期较长。

（2）对于各空调房间热湿负荷变化不一致或运行时间不一致的建筑物，系统运行不经济。

（3）风管系统各支路和风口的风量不易平衡，所需调节风阀较多。

(4) 各空调房间之间由风道连接，易成为建筑防火排烟的薄弱环节。

3. 一次回风系统和二次回风系统的适用场合

由于避免了再热，二次回风系统比一次回风系统夏季工况的运行能耗要低。但是由于二次回风系统要求的露点温度低于一次回风系统，影响了一些相对高温冷源，如某些天然可再生冷源在二次回风系统中的利用。此外，二次回风系统中的空气处理设备构造和调节控制较复杂。目前我国工程中的选择原则是：对于夏季以降温为主，对送风温差没有限制的场合，宜采用一次回风系统；二次回风系统通常应用在室内温度场要求均匀、送风温差较小、风量较大而又不采用再热器的空调系统中，如恒温恒湿空调及洁净厂房空调等。

四、变风量集中式空调系统

(一) 变风量集中式系统的特点

变风量空调系统20世纪60年代诞生在美国。变风量技术的基本原理很简单，就是通过改变送入房间的风量来满足室内变化的负荷。由于空调系统大部分时间在部分负荷下运行，所以，风量的减少带来了风机能耗的降低。变风量系统有如下优点：

1. 由于变风量系统通过调节送入房间的风量来适应负荷的变化，同时在确定系统总风量时还可以考虑一定的同时使用情况，所以能够节约风机运行能耗和减少风机装机容量。

2. 系统的灵活性较好，易于改、扩建，尤其适用于格局多变的建筑。

3. 变风量系统属于全空气系统，它具有全空气系统的一些优点，可以利用新风消除室内负荷，没有风机盘管凝水和霉变问题。

虽然变风量系统有很多优点，但也暴露出一些问题，主要有：

1. 缺少新风，室内人员感到憋闷；

2. 房间内正压或负压过大导致房门开启困难；

3. 室内噪声偏大；

4. 节能效果有时不明显；系统的初投资比较大；

5. 对于室内湿负荷变化较大的场合，如果采用室温控制而又没有末端再热装置，往往很难保证室内湿度要求。

(二) 变风量空调装置的形式和原理

变风量空调系统都是通过特殊的送风装置来实现的，这种送风装置又统称为"末端装置"。变风量末端装置的主要作用是根据室内负荷的变化，自动调节房间送风量，以维持室内所需室温。除此之外，还应满足以下几点：(1) 当系统风量发生改变，风道内静压发生变化时，能自动恒定所需风量，以抵消系统风量变化而引起的干扰作用（稳定风量装置）；(2) 为满足卫生要求所规定的最小换气量，当室内负荷减少时能自动控制最小风量；(3) 当室内停止使用时能完全关闭；(4) 噪声小、阻力小。

目前常用的末端装置有节流型、旁通型和诱导型。

1. 节流型

典型的节流型风口如图2-10所示：阀体呈圆筒形，中间收缩似文氏管的形状，故又称"文氏管型变风量风口"。内部具有弹簧的锥体构件就是风量调节机构。它具有两个独立的动作部分：一个是随室内负荷变化由室内恒温调节器的信号来动作的部分；另一个部分是定风量机构，所谓“定风量”就是指不因调节其他风口（影响风口内静压）而引起风量的再分配，该定风量机构是依靠锥体构件内弹簧的补偿作用来达到的，根据设计要求在上游静压的作用下使弹簧伸缩而使锥体沿阀杆位移，以平衡管内压力的变动，锥体与文氏管之间的开度再次得到调节，因而维持了原来要求的风量。这种风口处理风量的范围为0.021～0.56m^3/s（75～2000m^3/h），筒体直径为150～300mm多种，上游压力在75～750Pa之间变化时都有维持定风量的能力。另一种性能比较优越的节流型风口如图2-11所示，风口呈条缝形，并可多个串接在一起，与建筑配合，成为条缝送风方式，送风气流可形成贴附于顶棚的射流并具有较好的诱导室内气流的特性。

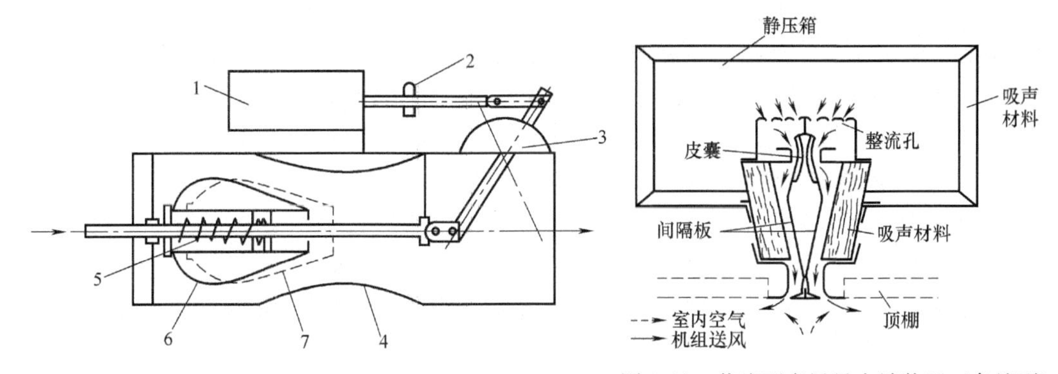

图2-10　节流型变风量末端装置（文氏管型）

1—执行机构；2—限位器子；3—刻度盘；
4—文氏管；5—压力补偿弹簧；6—椎体；
7—定流量控制和压力补位时的位置

图2-11　节流型变风量末端装置（条缝型）

2. 旁通型

当室内负荷减少时，通过送风口的分流机构来减少送入室内的空气量，而其余部分送入顶棚内转而进入回风管循环，其系统原理如图2-12所示。由图可见，送入房间的空气量是变化的，但风机的风量仍是一定的。图中所表示的末端装置是机械型旁通风口，旁通风口与送风口上设有动作相反的风阀，并与电动执行机构相连接，且受室内恒温器所控制。

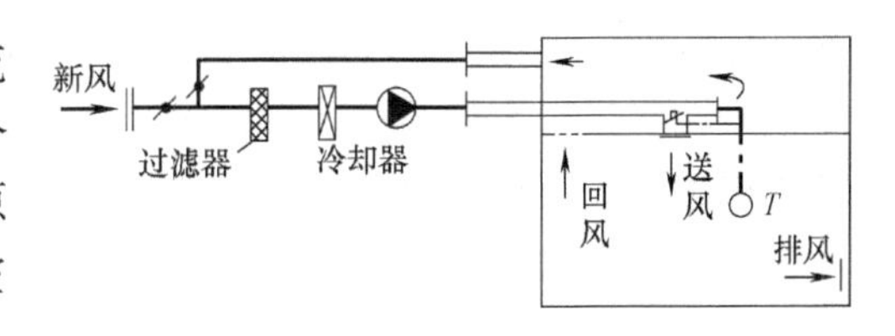

图2-12　旁通型变风量系统

旁通型装置的优点是：(1) 即使负荷变动，风道内静压大致保持恒定，也不会增加噪声，风机也不必进行控制；(2) 当室内负荷减少时，不必增大再热量（与定风量系统比较），但风机动力没有节约，且需加设旁通风的回风管道，使投资增加；(3) 大容量的装置采用旁通型时经济性不明显，它适用于小型的并采用直接蒸发式冷却器的空调装置。

3. 诱导型

另一种变风量末端装置是顶棚内诱导型风口，其作用是一次风高速诱导由室内进入顶棚内的二次风，经过混合后送入室内，其装置流程见图2-13。诱导型末端装置有两种：一种是一次风、二次风同时调节的，室内冷负荷最大时，二次风阀门全关，随着负荷的减

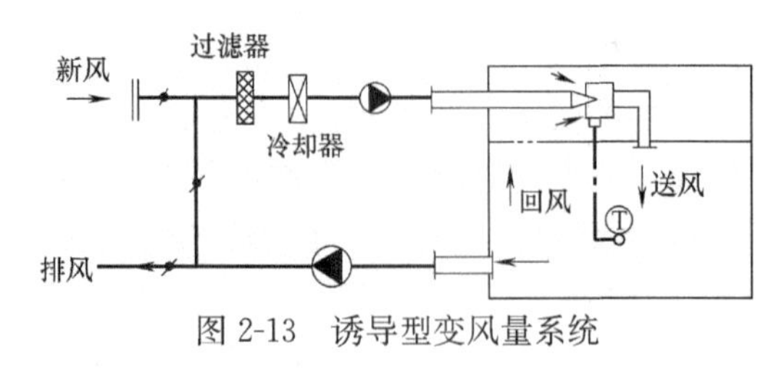

图 2-13　诱导型变风量系统

小，二次风阀门开大，以改变一、二次风的混合比来提高送风温度。由于它随着一次风阀的开度而改变诱导比，所以控制困难。另一种结构即在一次风口上安装定风量机构，随着室内负荷的减小，逐渐开大二次风门，提高送风温度。这种诱导型送风口还可与照明灯具结合，直接把照明热量用作再热。

诱导型变风量装置有如下特点：(1) 由于一次风温可较低，所需风量减少，同时又采用高风速，所以断面较小，然而为了达到诱导作用却提高了风机压头；(2) 可利用室内热量，特别是照明热量，故适用于高照度的办公楼等；(3) 室内二次风不能进行有效的过滤；(4) 即使室内负荷减少而房间风量变化不大，故与节流型相比，对气流分布影响较小。

(三) 变风量空调系统在设计及运行方面应注意的问题

1. 冬、夏季系统最大风量是根据最大冷负荷或热负荷计算的。而最大冷、热负荷不是各区最大负荷的总和，应考虑系统的同时负荷率，因为空调设备提供的冷量能够自动地随负荷的变化在建筑物内部调剂。系统最小风量可按最大风量的 40%～50%来考虑，该最小风量必须满足气流分布的最低要求，同时必须大于卫生要求的新风量。

2. 气流分布问题。由于风口变风量，会影响到室内气流分布的均匀性和稳定性，宜采用扩散性能好的风口，而且配置多个风口比配置少量风口的效果好。

3. 变风量系统风机的控制。当风口的风量节流后，系统管道的阻力特性将要发生变化，风机的工作点也将移动，即整个管道内静压增加。这样风机的动力并没有节约多少，而且过量的节流会引起噪声的增加或引起大量的漏风。为了防止这一缺点，必须在风管内设静压控制器，根据风道内静压的变化来调节风机的转速或风机的进口导叶装置。

国外在高层和大型建筑物中，通常在内区使用变风量系统，因为它没有多变的建筑传热、太阳辐射等负荷。室内全年或多或少有余热，因此全年需要送冷风时，用变风量系统比较合适。而在这种建筑物的外区，有时仍可用定风量系统或空气—水系统等，以满足冬季和夏季内区和外区的不同需要。

第三节　半集中式中央空调系统

虽然集中式空调系统是最早出现、应用广泛的中央空调系统，但由于其系统大、风道粗、占用建筑面积和空间较多、系统的灵活性较差等方面的缺点，并不适合所有建筑。尤其对于大型高层建筑如宾馆、医院、办公楼等房间多、层数多的建筑物，如果其空调热湿负荷全部由集中空调机房处理出的空气承担，必然造成风道庞大且输送能耗较高等问题。此外，对于各空调房间热湿负荷变化不一致或运行时间不一致的建筑物，集中式空调系统的运行也不经济。

实际工程中上述建筑常用的中央空调形式是半集中式系统，即同时使用水（或制冷剂）和空气来承担空调房间的热湿负荷。在半集中式中央空调系统中，只有室外空气（新风）是集中处理和输配的，而水（或制冷剂）是送入分散设置于各空调房间的末端装置来分散处理各空调房间回风的。因此，相对于将新风和回风混合后集中处理和输配的集中式空调系统而言，半集中空调系统中集中处理和输配的只有新风，风道尺寸较小，且各房间的末端装置可根据房间热湿负荷的变化灵活调节或启停。

按照送入末端装置的换热介质不同，半集中式中央空调系统可分为空气—水、空气—制冷剂系统两大类。空气—制冷剂系统设置独立的新风系统，其末端装置（室内机）由小型低压头风机和制冷剂盘管所构成，与置于室外的制冷压缩机（室外机）相连。本章第三节介绍的多联机 VRV 中央空调系统就属于典型的空气—制冷剂系统。空气—水系统在夏季工况时将冷冻水送入末端装置中向空调房间供冷，冬季工况时将热水送入末端装置中向空调房间供热。根据末端装置的形式不同，空气—水系统又分为风机盘管加新风、辐射板加新风和诱导器加新风等半集中式中央空调系统。

一、风机盘管加新风系统

风机盘管系统的主要优点是：(1) 布置灵活，各房间能单独调节温度，房间不使用时可关掉机组，不影响其他房间的使用；(2) 节省运行费用，运行费用与单风道系统相比约低 20%～30%，比诱导器系统低 10%～20%，而综合费用大体相同，甚至略低；(3) 与全空气系统比较，节省空间；(4) 机组定型化、规格化，易于选择安装。

风机盘管空调系统的缺点是：(1) 机组分散设置，维护管理不便；(2) 过渡季节不能使用全新风；(3) 对机组制作有较高的要求。在对噪声有严格要求的地方，由于风机转速不能过高，风机的剩余压头较小，使气流分布受到限制，一般只适用于进深 6m 内的房间；(4) 在没有新风系统的加湿配合时，冬季空调房间的相对湿度偏低，对空气的净化能力较差；(5) 夏季部分负荷时，室内空气湿度往往无法保证，使室内湿度偏高。

(一) 风机盘管的构造

风机盘管机组是由风机和表面式热交换器组成，其构造如图 2-14 所示。它使室内回风直接进入机组进行冷却去湿或加热处理。和集中式空调系统不同，它采用就地处理回风的方式。与风机盘管机组相连接的有冷、热水管路和凝结水管路。由于机组需要负担大部分室内负荷，盘管的容量较大，而且通常都是采用湿工况运行。

风机盘管采用的电机多为单相电容调速电机，通过调节输入电压改变风机转速，使通过机组盘管的风量分为高、中、低三挡，达到调节输出冷热量的目的。除风量调节外，风机盘管也可通过室温调节器控制自动调节水量调节阀，控制通过盘管换热器的水流量来调节其输出冷热量。风机盘管机组的室温自动调节装置由感温元件、室温双位调节器和小型电动三通分流阀构成。

风机盘管有立式、卧式等形式，可根据室内安装位置选定，同时根据室内装修的需要可做成明装或暗装。近几年又开发了多种形式，如立柱式、顶棚式以及可接风管的高静压风机盘管，使风机盘管的应用更加灵活、方便。

风机盘管一般的容量范围为：风量为 250～1000m^3/h；冷量为 2.3～7kW；风机电机功率一般为 30～100W；水量为 500～800L/h；盘管水压损失 10～35kPa。

(二) 风机盘管机组的调节性能

为了适应空调房间瞬变负荷的变化，风机盘管通常有三种局部调节方法，即调节水

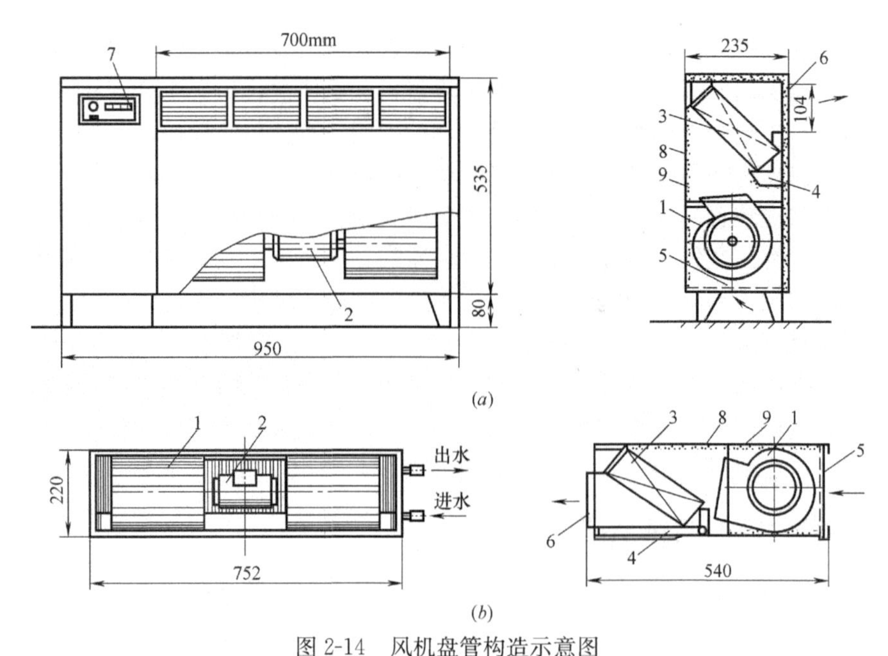

图 2-14 风机盘管构造示意图

(*a*) 立式；(*b*) 卧式

1—风机；2—电机；3—盘管；4—凝水盘；5—循环风进口及过滤器；
6—出风栅；7—控制器；8—吸声材料；9—箱体

量、调节风量和调节旁通风门。

1. 风量调节

通常采用：(1) 手动调节风机转速档数（高、中、低档）。这种方法最简单，但调节质量差，容易引起室内过冷、过热，室内温湿度随之波动；(2) 自动切换风机转速，由室内恒温器控制风机的开、停或交换档数。随着风速的降低，盘管内平均温度下降，室内相对湿度不会偏高，能提高调节质量，但在风机停止运行时，气流组织欠佳，机组外壳表面易结露（盘管内仍有冷冻水流通）。高、低档风量调节范围为 1∶0.5 时，负荷调节范围为 1∶0.7。

2. 水量调节

当冷负荷减小时，由室内恒温器控制三通阀或两通阀减少进入盘管的水量，盘管中冷水温度随之上升，送风含湿量增大，室内相对湿度将增加。当水量调节比值为 1∶0.3 时，负荷调节比例为 1∶0.75，故负荷调节范围较小。但不存在风量调节中的结露和气流分布问题。

3. 旁通风门调节

这种方法是调节通过盘管的风量来改变机组的加热或冷却能力，初投资较低，且调节质量好。负荷调节范围大（100％～20％），室内气流分布均匀。缺点是：在低负荷时，风机功率消耗不变，噪声也不能降低。这种风机盘管仅用在要求较高的场合。

（三）机盘管系统的新风供给方式

风机盘管系统的新风供给方式有如图 2-15 所示的几种方式。

1. 靠室内机械排风渗入新风[见图 2-15（*a*）]

这种新风供给方式是靠设在室内卫生间、浴室等处的机械排风，在房间内形成负压，

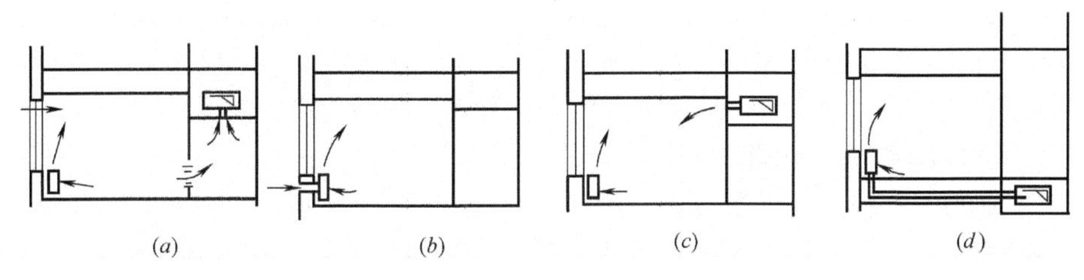

图 2-15　风机盘管系统新风供给方式

使室外新鲜空气渗入室内。这种方式系统初投资和运行费用都比较经济，但室内卫生条件差。受无组织进风的影响，室内温度场分布不均匀，因此这种方式只适合旧建筑增设空调系统且布置新风管有困难的地方。

2. 墙洞引入新风方式［见图 2-15（*b*）］

这种新风供给方式是把风机盘管放在外墙窗台下，立式明装，在风机盘管背后的墙上开洞，把室外新风用短管引入机组内。这种新风供给方式能较好地保证新风量，但要使风机盘管适应新风负荷的变化则比较困难，只适用于对室内空气参数要求不高的场合。

3. 独立新风供给系统

以上两种新风供给方式的共同特点是：在冬、夏季，新风不但不能承担室内冷热负荷，而且要求风机盘管负担对新风的处理，这就要求风机盘管机组必须具有较大的冷却和加热能力，使风机盘管的尺寸加大。为了克服这些不足，引入了独立新风系统。我国近年来新建的宾馆大多数采用这种方式向空调房间供应新风。这种新风供给方式可随室外空气状态的变化进行调节，以保证室内空气状态参数的稳定，另外，房间的新风量全年都能得到保证。目前风机盘管空调系统的新风供给方式多采用这种方式。

独立新风系统是把新风集中处理到一定参数。根据所处理空气终参数的情况，新风系统可承担新风负荷和部分空调房间的冷热负荷。在过渡季节，可增大新风量，必要时可关掉风机盘管机组，而单独使用新风系统。具体方法有两种：

（1）新风管单独接入室内［见图 2-15（*c*）］

这时新风管可以紧靠风机盘管的出口，也可以不在同一地点，从气流组织的角度讲是希望两者混合后再进入工作区。

（2）新风接入风机盘管机组［见图 2-15（*d*）］

这种处理方法是将新风和回风混合，经风机盘管处理后再送入房间。这种方法由于新风经过风机盘管，增加了机组的风量负荷，使运行费用增加和噪声增大。此外，由于受热湿比的限制，盘管只能在湿工况下运行。

二、辐射板加新风系统

辐射板系统以辐射板作为末端装置承担冷热负荷，使用新风承担湿负荷，必须与新风系统同时运行，属于空气—水半集中式空调系统。人体与周围冷热表面之间的辐射换热是影响人体热感觉的重要因素之一，辐射板就是以辐射换热为主的传热构件。使用辐射板可在夏季工况时适当提高室内空气温度，冬季工况时适当降低室内空气温度，在保证室内舒适热环境的同时取得节能效果，因此近年来在工程中得到日渐广泛的应用。

需要注意的是，为了防止辐射板或与辐射板结合的建筑构件表面出现结露，辐射板只能承担显热负荷，室内的潜热负荷需要由送入的新风承担。因此辐射板系统的夏季工况一般采用温度较高的冷冻水（比室内空气的露点温度高 1～2℃），冬季工况一般采用温度较低的热水（30～40℃），利于天然冷源、可再生能源及余热废热的使用。

(一) 辐射板的构造与分类

根据基本构造，辐射板大致分为两类：

第一类是混凝土辐射板，其施工方式与传统辐射供暖相同，在混凝土地板（或楼板或填充层）中埋设高分子材料的管材或金属管道。这种方式的特点是必须现场施工，由于埋管方式与建筑楼板结合，此方式具有很大的蓄热性，运行工况较稳定。如图 2-16 所示，混凝土辐射板有顶面式和地面式两种，当房间的全年空调负荷以冷负荷为主时宜采用顶面式，以热负荷为主时宜采用地面式。

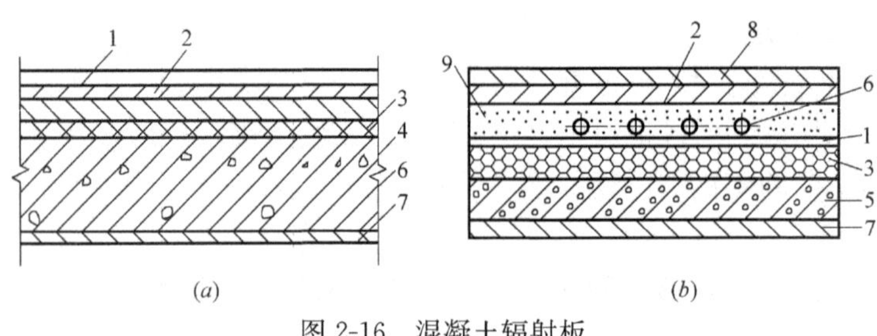

图 2-16 混凝土辐射板

(a) 顶面式；(b) 地面式

1—防水层；2—水泥找平层；3—绝热层；4—埋管楼板（或顶板）；5—钢筋混凝土板；6—流通热（冷）媒的管道；7—抹灰层；8—面层；9—填充层

第二类是工厂加工现场装配的模块化辐射板，现在欧洲有较大市场。该类型又分为两种主要形式（见图 2-17）：

(1) 模数化辐射板，将盘管固定在模数化的金属板（或穿孔）上，并悬挂在吊顶下面，构成辐射吊顶。

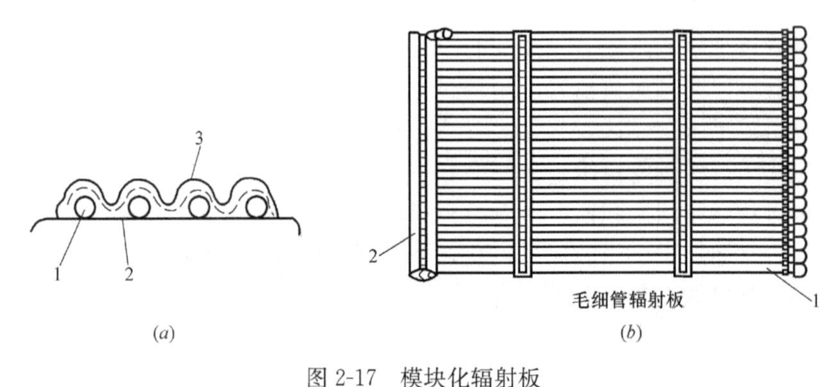

图 2-17 模块化辐射板

(a) 模数化辐射板；1—管道；2—金属孔板；3—保温材

(b) 毛细管型 1—管束；2—集水管

(2) 毛细管型辐射板，采用小直径（Φ3～5mm）的高分子材料 PPR 管道，管间距很小（10～30mm），可直接敷设在吊平顶表面，并与吊顶粉刷层（如石膏板等）相结合，也可以与多孔板吊顶或金属吊顶结合做成多孔板吊顶模块或金属吊顶模块（见图 2-18 和图 2-19）。由于这种传热管管径细小，故称为毛细管型辐射板。

图 2-18　多孔板吊顶模块

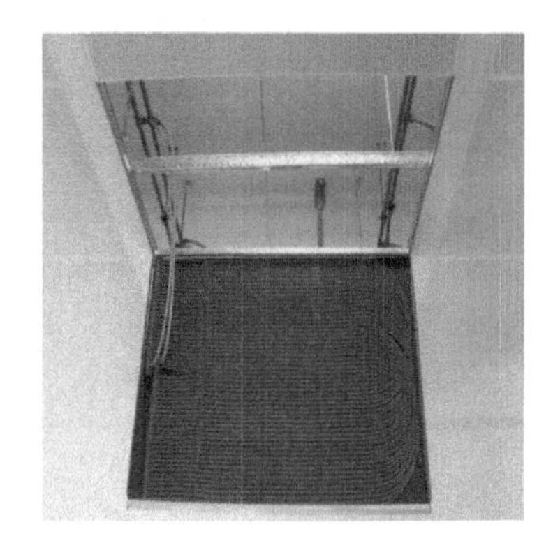

图 2-19　金属吊顶模块

第二类模块化辐射板的加工和安装与土建施工关系少，安装方便，易于检修，但系统蓄热性不足，热惰性较小，运行工况不太稳定，适用于提供间断性空调的场合，又称为“即时型”辐射板。

（二）辐射板系统的特点

1. 高舒适性：工程实践表明，辐射供冷供热模式是最柔和的空调方式。

2. 节能效果显著：辐射板对于高温冷水和低温热水的使用可降低冷水机组或热泵的能耗，同时使低品位能量的充分利用成为可能。

3. 无噪声：辐射末端无任何运动部件，且水流速极低，不会产生任何室内噪声。

4. 室内干工况运行，克服了风机盘管末端冷凝水盘细菌滋生问题。

5. 有一定的蓄冷蓄热能力。

6. 辐射末端占用建筑净空小，节省建筑空间。

7. 夏季工况使用辐射板系统时，一定要通过自动控制系统使送入辐射板的冷冻水温高于室内空气的露点温度，以避免冷吊顶表面结露。

（三）新风及冷水系统

由于辐射板只能承担室内的显热负荷，室内的潜热负荷只能由送入房间的新风承担，因此辐射板系统的新风量不仅应满足房间卫生要求，还应满足消除室内湿负荷的需要。为此需要对室外新风进行除湿处理，工程中新风处理过程可采用温度较低的冷水对室外空气进行冷却除湿，也可以采用液体和固体吸湿剂等其他组合方式达到对新风充分冷却除湿的效果。为了节约新风处理能耗，可在建筑物内设置排风系统，通过新风和排风的全热交换实现排风热回收。

由于辐射板系统夏季工况中的新风处理和辐射板供冷要求的循环水温度差别较大，(新风机组供水温度一般为 5～7℃，供回水温差 5℃；辐射板供水温度要求比室内空气的露点温度高 1～2℃，供回水温差在 2℃左右)，因此当采用单一工况的冷水机组时，新风系统和辐射板系统的冷水环路可分为两个系统，采用不同的循环水温。进入辐射板的水温可通过调节回水水量实现精确控制，如图 2-20 所示。

三、诱导器加新风系统

（一）诱导器的构造

诱导器由静压箱、喷嘴、盘管（有的诱导器不设盘管）等组成。经集中处理的一次空气（即新风，也可混合部分回风）由送风机送入诱导器静压箱中，并由喷嘴以高速（20～30m/s）喷出，从而在箱体内形成负压，并将室内空气（即回风，二次空气）吸入，一、二次空气在静压箱体内混合后送入空调房间。典型的诱导器结构如图 2-21 所示。根据安装位置不同，诱导器可分为吊顶式、卧式和立式，如图 2-22 所示。诱导器工作时必须将新风管道直接连接至诱导器本体上。图 2-23 所示为最近一种新的末端送风装置，称为置换式诱导器，是利用诱导的原理，在末端装置中没有特殊的空气喷射器，将大量的室内回风与一次气流混合，从而提高了送风的冷却能力。不过，该送风装置还处于研制、开发应用阶段。

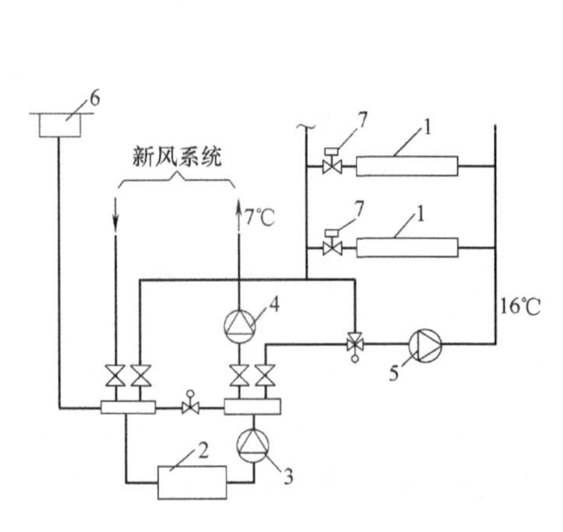

图 2-20　新风与辐射板系统调节示意图

1—辐射板；2—制冷机；3—制冷机组水泵；4—新风系统水泵；5—辐射板系统水泵；6—膨胀水箱；7—调节阀

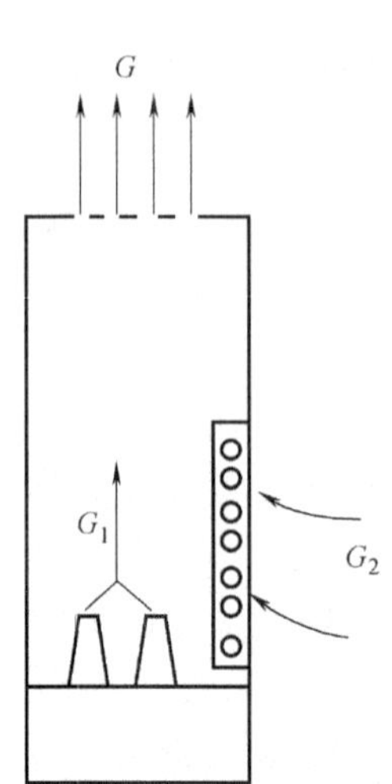

图 2-21　诱导器结构

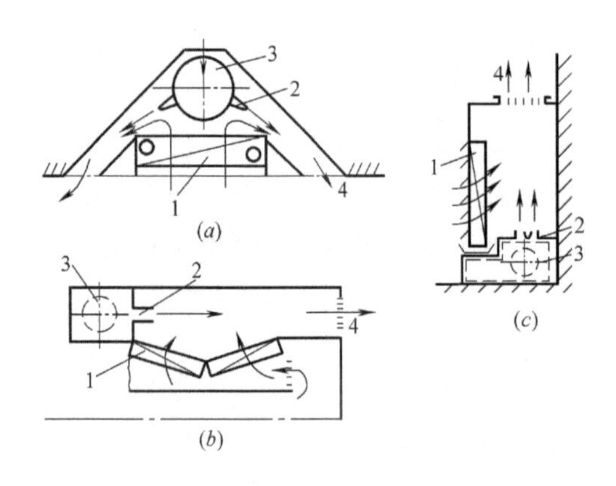

图 2-22　空气-水式诱导器

（a）吊顶式；（b）卧式；（c）立式

1—换热器；2—喷嘴（一次风）；3—高速风管接管；4—出风口

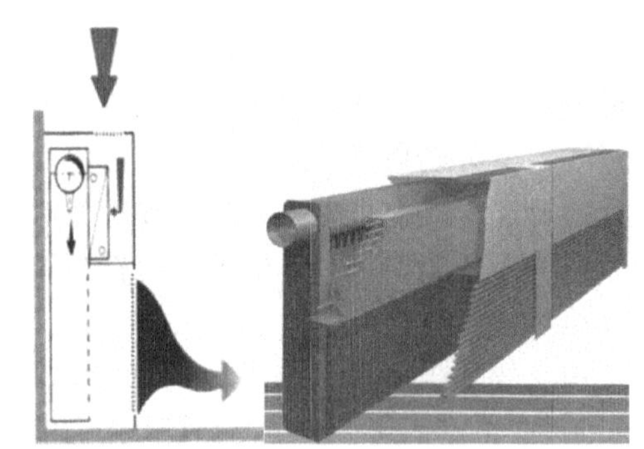

图 2-23　置换式诱导器

（二）诱导器系统的特点及适用性

1. 诱导器系统的主要优点

（1）集中处理的只有新风，且采用高速送新风（管内风速约为 15～25m/s），因此机房尺寸和管道断面均较小（为普通系统管道断面的 1/3），节约建筑空间；

（2）能保证每个房间有必要的新风量，卫生状况好，诱导器使用寿命长。

2. 缺点

（1）一次空气输送消耗动力大；

（2）诱导器末端工作受一次风影响，个别调节不灵活；

（3）诱导器末端噪声不易控制；

（4）诱导器盘管制冷能力低，易积灰。

诱导器系统自出现以来曾用于旧建筑加设空调或高层建筑空调。我国在风机盘管末端研制成功后已很少采用。由于该系统可确保满足空调房间内的卫生条件及冷热需求，目前在欧洲一些对室内空气品质要求严格的场合仍有应用。此外，工程中也可将不带盘管的诱导器作为送风装置应用于低温送风系统。

第三章　新型中央空调系统

第一节　多联机中央空调系统

多联机系统是目前民用建筑中最为活跃的中央空调系统形式之一，发展迅速，形式多样，针对不同的需求、不同的场合可以有不同的种类对应，被广泛应用于学校、办公楼、商业及住宅等各种新建和改扩建建筑中。

一、多联机空调系统的定义

多联机中央空调系统——变制冷剂流量多联式空调系统（简称多联机），工程中习惯称为 VRV（Variable Refrigerant Volume）系统，是通过控制压缩机的制冷剂循环量和进入室内换热器的制冷剂流量，以适应各房间负荷变化的直接膨胀式空气调节系统。

多联式空调（热泵）机组是由一台或数台风冷室外机组连接数台不同或相同形式、容量的直接蒸发式室内机组所构成的单一制冷、制热循环系统，它可以向一个或数个区域直接提供处理后的空气，如图 3-1 所示。多联机系统是冷剂式空调系统，变冷媒流量并通过冷媒的直接蒸发或直接凝缩来实现制冷或制热的空调系统。

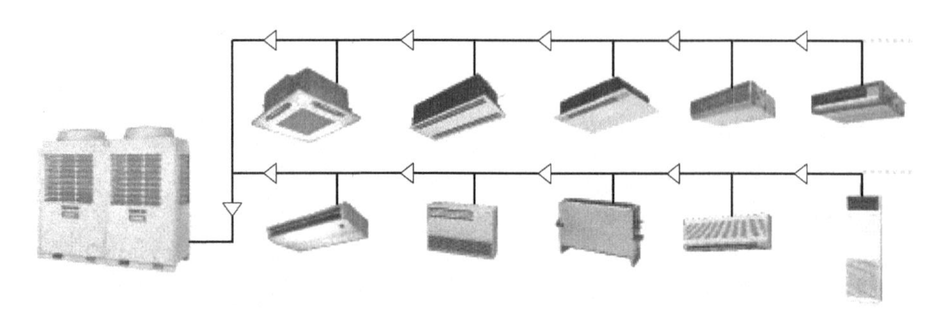

图 3-1　多联机空调系统

二、多联机系统的组成

多联机系统由室外机、室内机和冷媒配管三部分组成。室外主机由室外侧换热器、压缩机和其他制冷附件组成，室内机由直接蒸发式换热器和风机组成，还有四通阀、膨胀阀、控制板等，特殊的地方在于多联机系统具有多个冷凝器、膨胀阀与蒸发器，且各蒸发器或冷凝器的工作环境存在不同，属于多末端的空调系统，可以对多个房间或区域进行制冷或制热。图 3-2 中是多联机系统的连接示意图。

三、多联机系统的工作原理

VRV为“变制冷剂流量”，多联机系统对输出容量的调节主要依赖于两方面：一是改变压缩机工作状态，从而调节制冷剂的温度和压力；二是通过室内、室外机处的电子膨胀阀调节，改变送入末端（室内机）的制冷剂流量和状态，从而实现不同的末端输出冷量或热量。

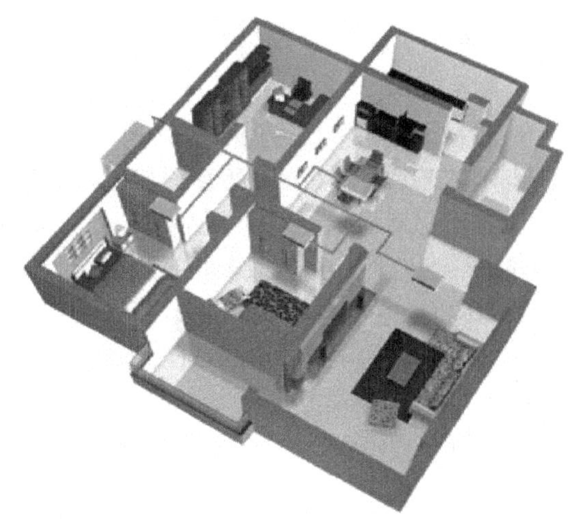

图 3-2　房间空调器和多联机的连接示意图

多联机系统运行时，由控制系统采集室内舒适性参数、室外环境参数和表征制冷系统运行状况的状态参数，根据系统运行优化准则和人体舒适性准则，调节压缩机输气量，以制冷剂为能量输配介质，通过控制压缩机的制冷剂循环量和进入室内各换热器的制冷剂流量，适时地满足室内冷、热负荷要求，并控制空调系统的风扇、电子膨胀阀等一切可控部件，保证室内环境的舒适性，并使空调系统稳定工作在最佳工作状态。压缩机多采用变速压缩机、多级压缩机、卸载压缩机或多台压缩机组合等来实现压缩机容量控制，在制冷系统中需设置容量调节范围较宽的膨胀阀及其他辅助回路，以调节进入各室内机的制冷剂流量，通过控制室内、外换热器的风扇转速、传热面积，调节换热器的能力。

目前应用较多的变频多联机系统是“变频一拖多可变冷媒流量中央空调系统”的简称，是多联机空调系统的一种形式。变频多联机与一般多联机的不同之处在于其采用独特的变频技术和新型的涡旋式压缩机，由于室内温湿度在不同的时间发生着不同的变化，为满足用户对于室内温湿度的舒适性要求，利用逻辑控制原理，室内机同时感应室内空间与辐射温度，自动调节出适当温度，使房间内达到舒适、均衡的温度。室外机、室内机都带有电脑板，通过信号的传递带来的信息对室内外的电子膨胀阀进行调整，温度波动范围小，并可实现时间、风量、风向、状态的自由设定与控制，通过变频手段控制压缩机的制冷剂循环量和进入室内各个换热器的制冷剂流量，适时地适应室内冷热负荷的变化。另外，变频多联机系统还提供中央管理系统，可直接连接计算机进行楼宇的智能化管理。

四、多联机系统的分类

1. 按多联机的功能不同可以分为：单冷、热泵和热回收多联机系统。

其中，根据室内机和室外机之间输送制冷剂的管数不同，热回收型多联机又分为二管制和三管制。热回收型多联机可利用同一制冷系统中的不同室内机同时向室内供冷或供热，系统性能好。

2. 按压缩机类型可以分为：变频式和定频式多联机系统。

变频式多联机：可以通过改变压缩机频率来调节制冷剂流量以应对室内负荷发生变化。变频式多联机的能效比在室内机不完全开启时比满负荷时要高。系统的整体性能要比定频式好。当室内机开启程度为50%～80%时能效比较高。

定频式多联机：当室内负荷发生变化时，可以通过改变压缩机频率来调节制冷剂流量。在部分室内机开启的情况下，能效比要比满负荷时要低（系统在100%的使用率情况下，能效比较高）。

3. 根据压缩机的变容调节方式分为：变速多联机和变容多联机。变速多联机包括直流调速和交流变频两种；变容多联机以数码涡旋为主。

4. 按有无蓄能功能分：常规型、蓄能型多联机系统。其中，蓄能型多联机又包括蓄冷型和蓄热型两种。蓄能型多联机可充分利用谷电，实现电力负荷的削峰填谷，在提高电网能效的同时进一步降低系统的运行费用。

5. 按制冷剂种类分：R22、R410A、R407C型多联机组。

6. 按室外机冷却方式分为：风冷式和水冷式多联机系统。

（1）风冷式多联机：室外机的换热介质是空气，安装技术简单方便。但系统性能容易受周围空气环境的影响。

（2）水冷式多联式：室外机的换热介质是循环水，与风冷机组相比多了循环水管路，设计安装比较复杂。但系统能效比较高，冬季工况时可利用循环水送入余热废热以保证室内机稳定供热。

7. 按原动机能源形式分：电驱动型、燃气发动机驱动型。工程上一般采用电能驱动的多联机系统。

8. 按室外机组的构成方式分：单机型、模块化组合型。

五、多联机系统的特点

1. 多联机系统可集合一拖多技术、智能控制技术以及节能技术等多种高新技术，同时满足消费者对于舒适性和方便性等多方面的要求。

2. 多联机系统具有节能、舒适、运转平稳等诸多优点，而且各房间可独立调节，避免了一般中央空调一开俱开，且耗能大的问题，能满足不同房间、不同空调负荷的需求，因此它更加节能。多联机空调采用的室内机可选择各种规格，款式可自由搭配。

3. 多联机系统具有设计安装方便、布置灵敏多变、建筑空间小、使用方便、可靠性高、运行费用低、不需要另设空调机房、无水系统等优点。

4. 多联机系统依据室内负荷，在不同转速下连续运行，减少了因压缩机频繁启停造成的能量损失。

5. 多联机系统采用压缩机低频启动，降低了启动电流，电气设备将大大节能，同时避免了对其他用电设备和电网的冲击。

6. 多联机系统具有能调节容量的特性，改善了室内舒适性。

7. 多联机系统可以节省吊顶空间，更好地配合装潢设计，室外机可以放置在屋顶或地面，节省了大量的有限建筑面积，而且不需要冷却塔、循环水泵、软化水设备等附属设备，节约地下室制冷机房、供暖锅炉房，快速制冷制热，利于分室控制等。

8. 为了满足空调房间的卫生要求，多联机系统需单独设置新风系统。

9. 多联机系统控制复杂，对管材材质、制造工艺、现场焊接精度等方面要求非常高，且其初投资比较高。

10. 多联机系统对室内机匹配有要求限制，整个系统的制冷剂管路接头多，易渗漏。

11. 多联机空调系统与传统的集中式空调系统相比，在有内区的建筑中，不能充分利用过渡季自然风降温。

12. 风冷多联机空调系统冬季室外机结霜，制热不稳定及制冷剂管长、室内外机高差等都会造成系统能效比的降低。

六、多联机系统的适用场合

多联机空调系统一般适用于中小型建筑，对大型建筑（尤其高层建筑），由于多联机空调系统的室外机一般要安装在不同的楼层处，需要处理好安装位置与建筑之间的关系，并兼顾室外机处的空气温度场；另外，系统冷媒的泄漏所引起的安全隐患也应引起重视。如当空调机安装在较小的房间时，要采取必要措施，以避免冷媒泄漏时浓度超过极限安全浓度。

多联机空调系统类型的选择需要根据建筑物的负荷特点、所在的气候区、初投资、运行经济性、使用效果等多方面因素综合考虑，在满足使用要求的前提下，尽量做到节省投资、降低运行费和减少能耗的目的。当仅用于建筑物供冷时，多联机空调系统可采用单冷型；当建筑物按季节需要供冷、供热时，可选用热泵类型；当同一多联机空调系统中同时需要供冷、供热时，可选用热回收型。

需要注意的是，对于冬季采用空气源多联机空调系统供热的性能系数低于 1.80 的地区，以及振动较大、油污蒸汽较多、产生电磁波或高频波等场所，不宜采用多联机空调系统。

目前国内多联机的能效等级分为 5 级，其中节能评价值为 2 级所对应的制冷综合性能系数指标［IPLV（C）］，如表 3-1 所示。

能效等级对应的制冷综合性能系数指标　　表 3-1

名义制冷量 CC(W)	能效等级				
	5	4	3	2	1
CC≤28000	2.80	3.00	3.20	3.40	3.60
28000<CC≤84000	2.75	2.95	3.15	3.35	3.55
CC>84000	2.70	2.90	3.10	3.30	3.50

七、多联机系统设计安装的注意事项

（一）多联机系统的系统划分

1. 应按使用房间的朝向、使用时间和频率、室内设计条件等，合理划分系统分区。

2. 室外机组允许连接的室内机数量不应超过产品技术要求。

3. 室内、室外机组之间以及室内机组之间的最大管长与最大高差，均不应超过产品技术要求。

4. 负荷特性相差较大的房间或区域，宜分别设置多联机空调系统；需同时分别供冷与供热的房间或区域，宜设置热回收型多联机空调系统。

（二）新风要求

为了满足空调房间的卫生要求，需要向房间内送入新风，多联机系统中常采用的新风处理方式主要包括：

1. 当使用场合有排风的要求时用全热交换器处理新风，如餐饮娱乐、会议室等。室外新风与室内排风在全热交换器中进行热湿交换后送入室内供使用，降低了新风负荷，起到了节能的作用。但是由于热回收效率有限，不能回收的部分仍由室内机承担，因此，室内机的选型应考虑新风负荷。要注意新风口与排风口的布局合理性，防止交叉污染，尤其是在污染严重的场所。由于我国大多数城市空气质量较差，污染严重，过滤器易堵塞，要经常清洗过滤器。在严寒或寒冷地区的新风入口、排风出口处应设密闭性好的风阀。

2. 用风机箱将新风送入各室内机，室内机负担各房间新风负荷。该方式系统简单，设计时风机箱也根据系统要求很容易选到合适的风压。也可以在过渡季节作通风换气机。存在的问题是，未经处理的新风直接接入室内机，这与新风单独处理的系统相比，室内机型号加大，噪声也增大，而且室外空气湿度较大时，室内机可能会产生结露现象。

3. 采用分体式新风机组。新风被处理到室内空气状态点等焓线上的机器露点，室内机不承担新风负荷。新风经新风机组处理后通过新风管道送到空调房间内，新风负荷不计入总负荷中，单独设置新风机组的室外机，不与多联机组的室内机共用室外机。另外，新风系统的划分宜与多联机系统相对应，并符合国家现行标准中对建筑防火排烟的有关规定。

（三）制冷剂泄漏

多联机系统连接管道接头较多，在方便利用的同时增加了制冷剂泄漏的风险，且多联机系统的容积较大，制冷剂的充灌量较大，所以设计安装时应考虑制冷剂的泄漏问题，浓度不要超过极限值。如 R410A ，无毒、不易燃，但浓度上升会使人产生窒息现象。

极限浓度计算方法：制冷剂总量（kg）/安装室内机房间的最小容积（m^3）≤浓度极限（kg/m^3），用于一拖多的制冷剂的浓度极限为 0.3kg/m^3。浓度可能超过极限值的房间，与相邻房间要有开口，或者安装与气体泄漏探测装置连锁的机械通风设备。

（四）制冷剂管道连接问题

室内、室外机组之间以及室内机组之间的最大管长与最大高差，是多联机空调系统的重要性能参数。为保证系统安全、稳定、高效的运行，设计时系统的最大管长与最大高差不应超过所选用产品的技术要求。表 3-2 中列出了国内几个品牌的参数。

国内主要品牌多联机配置参数 **表 3-2**

参数	品牌 A	品牌 B	品牌 C	品牌 D	品牌 E	品牌 F
最大配管长度(m)	150	150	100	125	125	125
室内机之间的最大高差(m)	50	15	15	30	30	30
室外机与室内机之间的最大高差(m)	50	50	50	50	50	50

多联机空调系统是利用制冷剂输配能量，系统设计中必须考虑制冷剂连接管内制冷剂的重力与摩擦阻力对系统性能的影响，可以采用高性能的多联式空调（热泵）机组，或适当控制多联式空调（热泵）机组单机服务区域来保证实际安装的多联机空调系统具有较高的能效比。我国的《多联机空调系统工程技术规程》JGJ 174—2010 规定实际工程在对应名义制冷工况满负荷时性能系数不低于 2.80。

目前我国多联式空调（热泵）机组的能效性能有了大幅提高，大多数产品能提供齐全的技术资料，能效水平已能满足规程规定的性能指标要求。实际工程中，对于没有技术资料可进行能效设计核算时，即使在室内外机高差为最大允许高差下，选定的系统等效长度不超过 70m，也能基本满足规程规定的能效指标要求。

八、多联机家用（户式）中央空调

随着经济的发展和人类生活水平的提高，人们对于生活居住环境的温湿度要求越来越高，相应地带动住宅中央空调系统的快速发展。在中央空调领域，由于多联机系统调节精度的提高，舒适性以及变频节能且能独立控制等诸多优点得到了飞速的发展。

户式空调系统的特点是使用时间和使用数量的随机性太强。这主要受到家庭人员、生活习惯以及职业性质等因素的影响。因此，住宅空调的使用受居住人员的影响很大，空调的设计应该注重舒适性高、耗能小，控制灵活、可靠性高、满足不同人使用需求等特点。

与传统的中央空调系统相比，多联机家用中央空调具有以下特点：节约能源、运行费用低。控制先进，运行可靠。多联机机组适应性好，制冷制热温度范围宽。设计自由度高，安装和计费方便。相较于一般的中央空调，避免其一开俱开、耗能大的问题，因此它更加节能。多联机家用空调最大的特点是智能网络中央空调，一台室外机带动多台室内机，并且可以通过它的网络终端接口与计算机的网络相连，计算机远程控制空调运行，满足了现代信息社会对网络家电的追求。

与家用分体空调器相比，多联机系统制冷制热更快速，冬季制热效果更好，户内多联机大多采用变频技术，变频多联机的室外压缩机可根据室内负荷的变化，改变转速来调节制冷剂流量的输出，室内机也相应地变化，能耗降低。同时，响应速度快，温度控制比较平稳，产生的温度场比较均匀，同时也提高了空调房间的气流组织效果，满足了居民更好的空调舒适性的要求。

户式多联机系统室内每个区域均被单独控制，只有在那些需要空调的房间内，系统才会制冷或供热；而对于那些暂时不需要空调的房间，系统将完全关闭，从而减少了不必要运转成本。若多联机采用独特的变频技术和新型涡旋式压缩机，室外机输出功率可根据室内机负荷的大小自动调节，50％负荷时，能效比达 5.14，即部分负荷运行时能效比非常高。

九、多联机系统的调试运转及运行管理

多联机空调系统安装完成后，应进行系统调试。多联机空调系统工程验收前，应进行系统运行效果检验。多联机空调系统工程空调水系统的调试运转、检验及验收应符合现行国家标准《建筑给水排水及采暖工程施工质量验收规范》GB 50242 的有关规定。

（一）制冷剂的充注与回收

多联机空调机组出厂时，会在室外机组内充注制冷剂，由于系统的安装管长不同，实际安装时还需要追加充注相应量的制冷剂。充注制冷剂时应符合下列规定：

1. 应先将系统抽真空，其真空度应符合设备技术文件的规定，然后将装制冷剂的钢瓶与系统的注液阀接通；当制冷剂的含水率不能满足要求时，制冷剂系统的注液阀前应加

干燥过滤器，使制冷剂注入系统。

2. 制冷剂的充注宜在系统的低压侧进行。制冷剂 R22 可采用气态充注或者液态冲注，制冷剂 R410A 和 R407C 必须采用液态充注。

3. 当系统内的压力升至 0.1～0.2MPa（表压）时，应进行全面检查并应确认无泄漏、无异常情况后，再继续冲注制冷剂。当系统压力与钢瓶压力相同时，可开动压缩机，加快制冷剂的冲注速度。

4. 当多联机空调系统需要排空制冷剂进行维修时，应使用专用回收机对系统内剩余的制冷剂回收。

（二）冷凝水系统调试

冷凝水管安装完毕后，应按照室内机单机排水运转、冷凝水管满水试验、冷凝水管排水通水试验的步骤对冷凝水系统进行调试。

1. 冷凝水管满水试验方法：把冷凝水排水管道的末端堵住，向管道内注水直到管道内注满为止。检查整个管道特别是有连接的部分是否有漏水或渗水现象。

2. 冷凝水管排水通水试验方法：在排水管的末端放置可用来盛水的空容器，将水从水管的最高点慢慢注入排水管道内。检查排水管末端容器内接到的水量，如超过注入水量的 70%则为合格，表示冷凝水管排水顺畅，不易发生积水现象。

（三）多联机系统的调试运转

1. 多联机空调系统带负荷试运转前的准备工作

（1）系统中各安全保护继电器、安全装置应经整定，其整定值应符合设备技术文件的规定，其动作应灵敏可靠。

（2）应按系统设备技术文件的规定开启或关闭系统中相应的阀门。

（3）应按产品技术文件的要求进行压缩机预热。

2. 多联机空调系统试运转中应按要求检查下列项目，并做好记录

（1）吸、排气的压力和温度；

（2）载冷剂的温度（对于水冷式多联机系统）；

（3）各运动部件有无异常声响，各连接和密封部位有无松动、漏气、漏油等现象；

（4）电动机的电流、电压和温升；

（5）能量调节装置的动作是否灵敏、准确；

（6）各安全保护继电器的动作是否灵敏、准确；

（7）机器的噪声和振动情况。

（四）多联机空调系统运行管理中的综合效果检验

1. 送、回风口空气温度、湿度和风量的测定。

2. 室内外空气温、湿度的测定。

3. 室内噪声的测定。

4. 新风系统新、排风量的测定。

5. 多联机空调（热泵）机组吸、排气的压力和温度，电动机的电流、电压和温升的测定。

6. 各设备耗电功率的测定。

第二节 地源热泵中央空调系统

一、基本概念

（一）地源热泵系统的定义

地源热泵空调系统是随着全球性能源危机和环境问题的出现而逐渐兴起的一门利用可再生浅层地能进行供热供冷的热泵技术。在太阳的辐射照耀下，地球成为太阳能的巨型“存贮器”，在地壳浅层的水体和岩土体中贮存了大量清洁的可再生能源，称为浅层地能，主要包括了土壤、地表水和地下水中蕴藏的低品位能源。地源热泵系统使用换热器将这些低品位能源提取后，通过输入少量的高品位能源（如电能），利用热泵的蒸汽压缩式制冷循环原理将其转化为适合中央空调末端系统使用的能源。

国内外有关地源热泵还曾有一系列其他术语，如：地热热泵、地能系统、地能空调、地温空调、低温热泵空调系统等，定义不统一，不规范。1997 年后国内外统一使用 ASHRAE 定义的标准术语——地源热泵（Ground Source Heat Pump）。

（二）地源热泵技术的发展概况

“地源热泵”的概念由瑞士学者于 1912 年首次提出，世界上第一套地源热泵系统于 1946 年在美国俄勒冈州的波兰特市中心区建成。当时这种浅层地热能的利用方式并没有引起社会各界的广泛关注，在技术和理论上都没有取得太大的发展。20 世纪 50 年代，欧洲开始了地源热泵技术研究的第一次高潮，但由于当时的能源价格低廉，这种系统并不经济，因而未得到推广。直到 20 世纪 70 年代初世界上出现了第一次能源危机，地源热泵这项节能技术的相关科研和工程实践才开始受到重视。这一时期，欧洲建成了很多水平埋管式土壤源热泵系统，主要用于冬季供暖。虽然欧洲是地源热泵技术发展最成熟的地区，但是它也曾因为热泵专家不懂安装技术，安装工人又不懂热泵原理等因素，致使地源热泵的发展走了一段弯路。

随着科技的进步，社会能源消耗和环境污染问题的突出，地源热泵的发展迎来了它的另一次高潮。欧洲以瑞士、瑞典和奥地利等国家为代表，大力推广地源热泵供暖和制冷技术。各国政府也采取了相应的补贴和保护政策，使得地源热泵技术得以迅速推广。20 世纪 80 年代后期，地源热泵技术已经趋于成熟，地源热泵技术的装机容量呈现逐年上升的趋势，更多的科学家致力于地埋管换热系统的研究，以提高浅层地热能的利用效率，同时开始重视地埋管对周围土壤环境的影响。

（三）地源热泵系统组成及工作原理

地源热泵空调系统主要由浅层地热能采集系统、水源热泵机组、建筑物内空调末端系统三大部分组成，如图 3-3 所示。浅层地热能采集系统通过水或添加防冻剂的水溶液将蕴藏在岩土体或地下水、地表水中的热量采集出来并输送至水源热泵机组。水源热泵机组包括了水—水热泵或水—空气热泵机组两种常用形式。建筑物内空调末端系统主要由风机盘管、辐射板等形式。如图 3-3 所示（以土壤耦合热泵为例），地源热泵系统通过水循环或添加防冻剂的水溶液循环来完成浅层地热能采集系统与水源热泵机组之间的耦合关系，通过热媒水或空气的循环来实现水源热泵机组与建筑物内空调末端系统间的耦合关系。

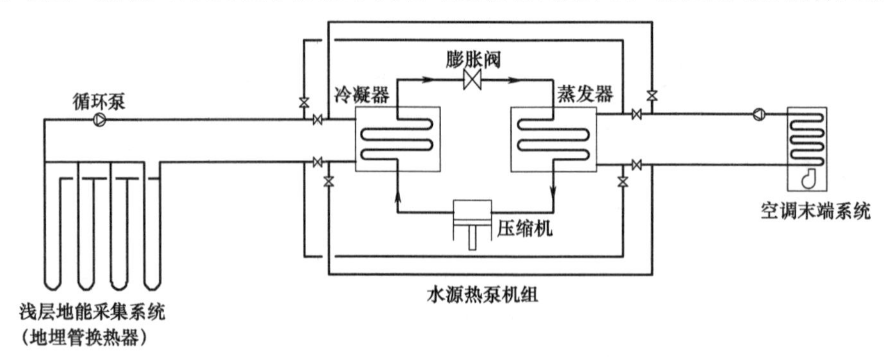

图 3-3 地源热泵系统组成

其工作原理是：冬季供热工况时，循环水（或添加防冻剂的水溶液）在循环泵的驱动下从地源（岩土体或地下水、地表水）中吸收热量后送入水源热泵机组的蒸发器，提供蒸发器内的制冷剂汽化所需热量，经热泵机组的蒸汽压缩式循环后，冷凝器内部的制冷剂将热量释放至循环水并输送至空调末端装置向空调房间供暖；夏季供冷工况时，空调末端装置中的循环冷冻水吸收室内的余热余湿向空调房间供冷，并将热量释放至水源热泵机组的蒸发器，经制冷剂的蒸汽压缩式循环后将热量从冷凝器处送入循环水，并通过地源侧换热器将热量释放至地源（岩土体或地下水、地表水）中。

地源热泵还可充分利用地壳浅层岩土体的蓄热能力，夏季供冷工况时，建筑物内多余的热量被地源热泵系统储存于地源侧，冬季供热工况时系统将热量从地源侧提取出来输送到建筑物内供热，从而实现热量的夏存冬用。

（四）地源热泵系统的分类

根据地热交换系统形式的不同，地源热泵系统分为地下水地源热泵系统、地表水地源热泵系统和地埋管地源热泵系统，如图 3-4 所示。

二、地下水地源热泵系统

作为地源热泵系统的一个分支，地下水地源热泵系统是利用地下水作为冬季的热源和夏季的冷源，最早的地下水地源热泵工程距今已有 70 余年。由于地下水温常年基本恒定，

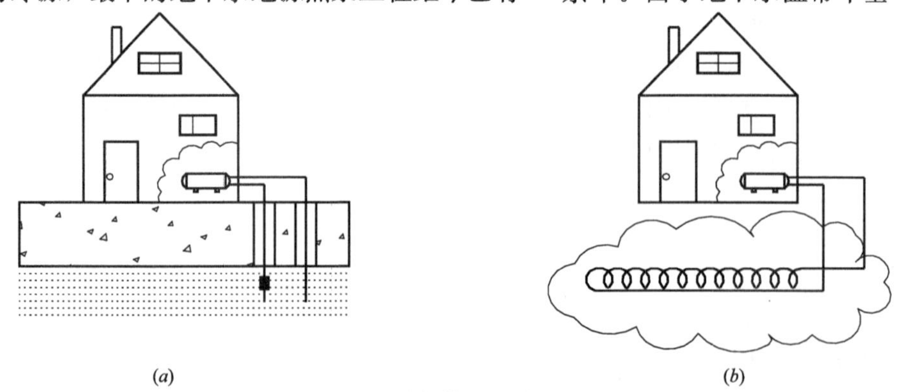

(a) (b)

图 3-4 地源热源系统（一）

(a) 地下水地源热泵系统；(b) 地表水源热泵系统

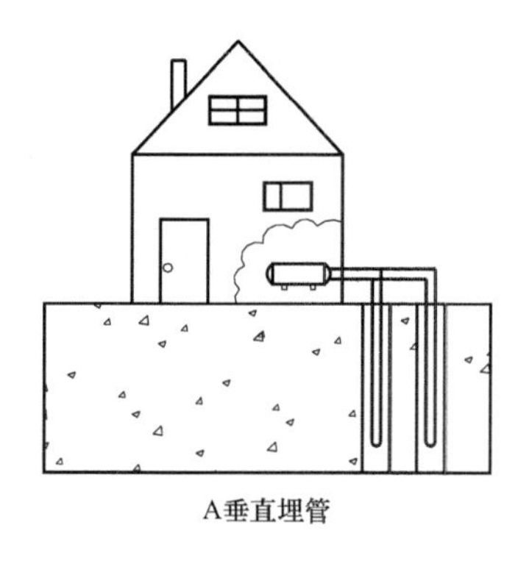

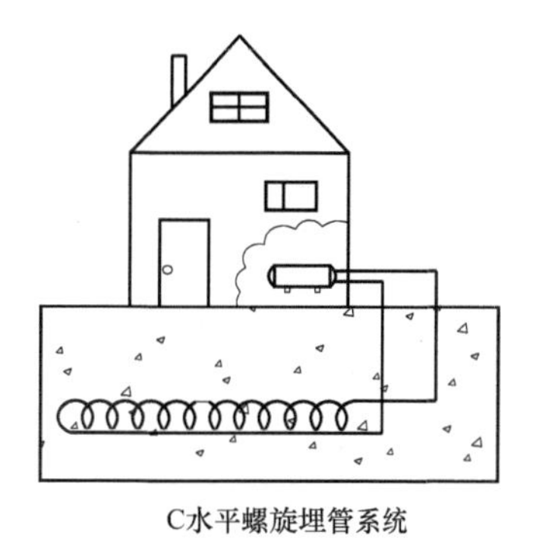

(*c*)

图 3-4　地源热源系统（二）

（*c*）地埋管地源热泵系统

夏季比室外空气温度低，冬季比室外空气温度高，且具有较大的热容量，因此地下水地源热泵系统的效率比空气源热泵高，系统 *COP* 值一般在 3～4.5 之间，且不存在结霜等问题。地下水地源热泵系统通过生产井或废弃的矿井从地下含水层中汲取地下水，并送入水源热泵机组换热后，将水排入回灌井。

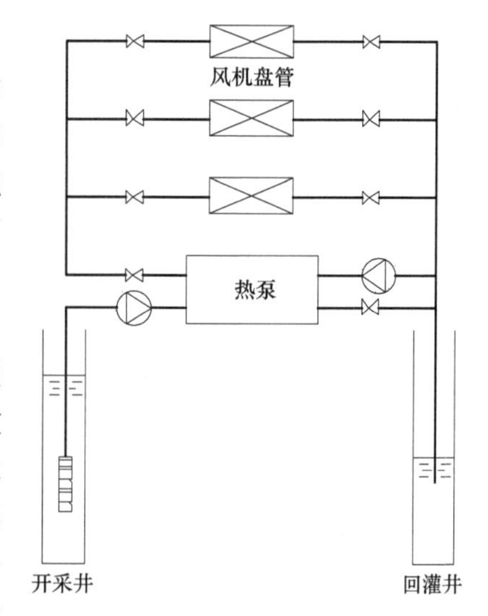

图 3-5　集中直接式地下水源热泵系统

（一）地下水地源热泵的类型

地下水地源热泵系统主要有两种分类方式。按照第一种分类方式，地下水地源热泵系统可以分为分散式系统和集中式系统；按照另一种分类方式，地下水地源热泵系统可以分为直接式系统和间接式系统。集中式系统将地下水送入放置于机房的一台或少数几台大容量的水源热泵机组中，并通过这些机组向分布于建筑物内的空调末端提供热水或冷冻水，如图 3-4（*a*）所示。分散式地源热泵系统则是将作为用户冷、热源的热泵分设在各个用户，如图 3-5 所示。由于输送过程的冷热量损失较小，分散式系统的能效高于集中式系统。

直接式地下水地源热泵系统的地下水不经过中间换热器直接送入水源热泵机组，如图 3-5 所示。直接式系统只在地下水质良好或少数小型工程中使用。为了防止地下水质问题所造成的机组内堵塞和锈蚀的发生，可以通过板式换热器将地下水循环管网与热泵机组隔开，就形成了工程中常用的间接式地下水地源热泵系统，如图 3-6 所示。与直接式系统相比，间接式系统在系统的运行稳定性及运行寿命方面更有优势。

当地下水温度低于 17℃或高于 40℃时，可以直接将地下水循环至辐射盘管形式的末端，以辐射换热为主要传热方式直接向空调房间供冷或供热。此时可停开或只开启部分热泵机组，以进一步降低系统的运行能耗。

（二）地下水地源热泵的组成

如图 3-6 所示，地下水地源热泵主要由地下水井、地下水循环泵、板式换热器、水源热泵机组和建筑物内的空调末端系统组成。其中地下水井是地下水地源热泵区别于其他地

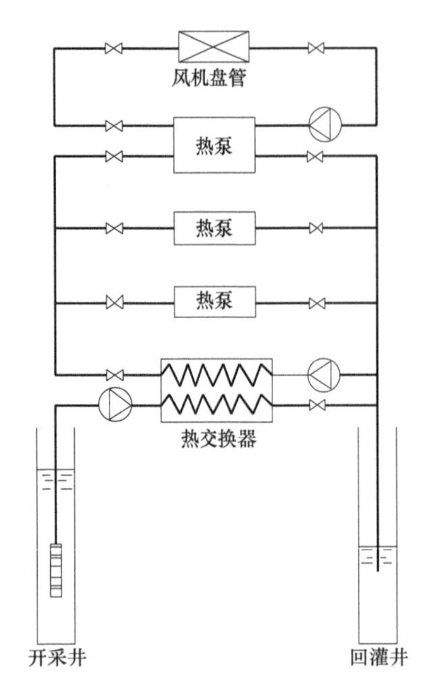

图 3-6　分散间接式地下水水源热泵系统

源热泵形式的主要组成部分。地下水井包括了从地下含水层抽水的取水井和将换热后的地下水回灌至相同含水层的回灌井，取水井的抽水效率和回灌井的回灌效率分别影响了地下水地源热泵系统的运行性能和环境性能。

1. 地下水取水井

地下水抽取自含水层，含水层是土壤通气层以下的饱和层，其介质孔隙完全充满水分，含水层内存在水的横向流动。工程中常用的地下水取水装置包括四类：管井、大口井、渗渠和泉室。当含水层厚度大于 5m 且埋深超过 15m 时，需要用管井汲取地下水；当含水层厚度不足 5m 且埋深小于 15m 时，可以用大口井汲取地下水；当含水层厚度更小且埋深小于 5m 时，需要用渗渠汲取地下水；当泉水露层厚度小于 5m 时，可用泉室取地下水。通常情况下，地下水源热泵工程中常用的取水装置是管井。

管井的结构如图 3-7（*a*）所示，主要包括井室、井壁管、过滤器、沉淀管、黏土封闭和规格填砾等。含水层中的地下水可透过填砾层和井壁管流入井室，然后经水泵抽出。多数情况下，单个管井不能满足地下水源热泵系统对地下水量的要求。实际地下水源热泵工程通常是通过若干口管井组成的虹吸管井组来汲取地下水，如图 3-7（*b*）所示。

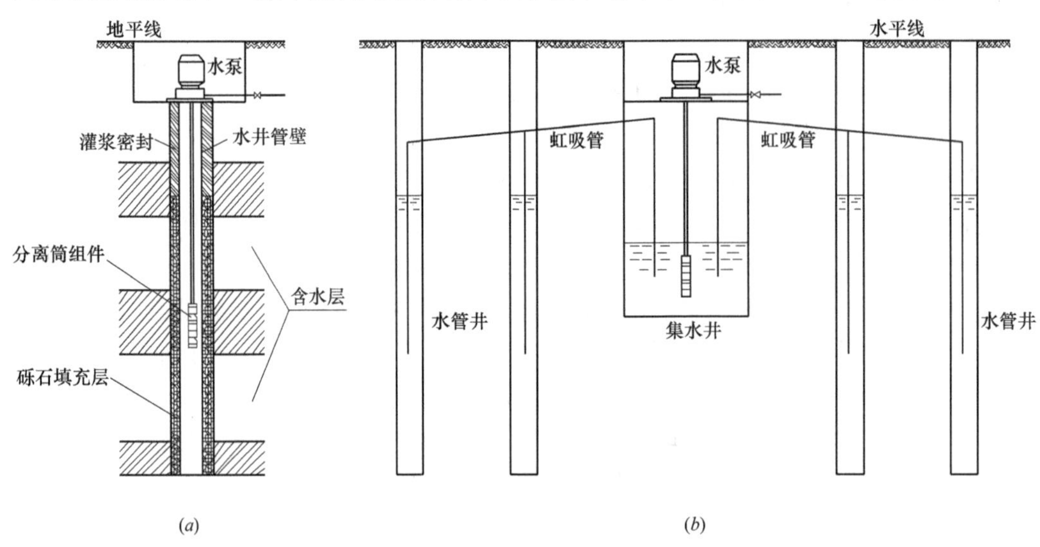

图 3-7　地下水单管水井和虹吸管井组

2. 地下水回灌井

为了防止破坏地下水资源，多数地下水地源热泵系统除了取水井以外，还应该包括一个或多个回灌井，用来将换热后的地下水回灌至地下含水层，在保护地下含水层水量的同时，确保地下水取水井的长期取水量。

一般来说，地下水回灌井与取水井的不同主要体现于设计流速、渗流速度和密封设计的要求不同。回灌井的设计流速一般选择 0.015m/s，或者选取水井流速的 1/2。由于回灌井的井壁受到正向的回灌压力，所以回灌井应该充分做好由地表至回灌区顶部之间井壁的加套及密封。

回灌井在工程应用中的一种结构变化形式是单井回灌，单井回灌结构是介于地下水换热器和土壤耦合换热器之间的技术。对于单井回灌地下水源热泵系统，大部分地下水被重新回灌至取水井，因此可以降低回灌井的初投资和表面排放水量。

3. 地下水地源热泵系统的特点

(1) 由于地下水的温度能保持全年几乎不变，地下水地源热泵系统的运行成本比传统的空气源热泵系统低得多。

(2) 开挖地下水井的费用低，占地面积小，且技术难度并不高，因此地下水地源热泵系统的初投资与土壤源热泵系统相比较低。

(3) 若地下水循环环路设计较好，地下水地源热泵系统与传统的空气和水源热泵系统相比，维护费用低很多。

(4) 当换热后的地下水被回灌到同一含水层实现同层回灌时，地下水的消耗量接近零。因此，地下水地源热泵系统在商业与住宅建筑中得到了一定程度的应用。

但是，地下水地源热泵系统自身的缺陷决定了该技术得不到推广应用。首先，由于地下水资源分布的不均匀性，许多地区可利用的地下水量是不足的。第二，出于对地下水资源的保护，许多地方的环保法规对于地下水的使用会有限制。第三，与从含水层中提取地下水相比，换热后地下水的同层回灌更加困难，回灌不足会浪费宝贵的地下水资源。第四，如果地下水质较差，且采用直接式系统，可能发生水环路内的腐蚀和堵塞，增加系统的维护费用。如果系统设计不当，或需从较深的含水层内取水，会增大整个系统的能耗。

三、地表水地源热泵

地表水地源热泵的地能采集系统有两种形式，分别是开式系统和闭式系统。闭式系统中，循环水通过放置于河流、湖泊、水库、水池等开放水域内的高密度聚乙烯（HDPE）盘管换热器与地表水实现换热，热量交换方式以对流换热为主，传热系数较大。

由于地表水的温度会随着全年各季度空气温度的不同和地表水深度的不同而变化，地表水地源热泵的工况稳定性不如地下水地源热泵和土壤源热泵。

（一）地表水地源热泵系统的概念

由于具有大的热容量，河流、湖泊和海洋等地表水体如果被正确利用，可以成为优质的热源和热汇。地表水地源热泵系统是一种冬季利用地表水体作为热源取热，夏季利用地表水体作为热汇散热的空调系统，属于高效利用地表水体热物性的技术。

（二）地表水地源热泵系统的应用

根据表面水体循环回路的结构，地表水地源热泵系统可分为闭环系统和开环系统。闭环系统中，通过浸没在地表水体里的盘管内部的循环流体（通常是水/防冻液混合物）将热量释放至表面水体，或者从表面水体中提取热量。闭环系统的美观度较高，但需要充足的水体表面积和水深，以承担换热量负荷。开环系统中，表面水体在水泵的驱动下进入换热器换热后返回原水体中。需要注意的是，地表水取水口须位于排水口的下游且二者保持一定的距离，水泵可以布置于稍高或者浸没于水表面的位置。

由于开环系统中的地表水直接在热泵机组内循环，不方便添加防冻液，为了防止系统供暖工况运行时结冰，开环系统要求冬季地表水的温度必须保持在5℃以上。因此，开环地表水地源热泵系统的使用区域受到限制。通常情况下，开环地表水地源热泵系统的装机容量较小。根据研究结果和工程经验，超过12m水深的地表水体会出现明显的热力分层，可以利用地表水实现直接冷却或预冷却。另外，开环地表水地源热泵系统用于大型单冷系统时可取得较高能效。

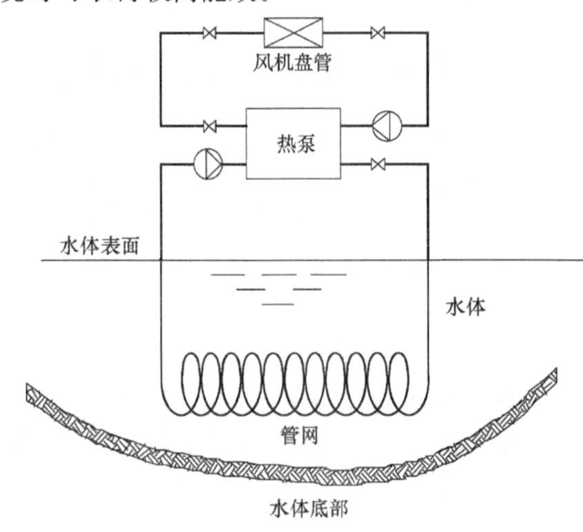

图3-8 闭环地表水源热泵系统的示意图

如图3-8所示，闭环地表水地源热泵系统主要由热泵机组和浸没于表面水体内的管网组成。水或水/防冻液的混合液，在水泵的驱动下在高密度聚乙烯管网（HDPE）中循环，并与管外的水体换热。这些高密度聚乙烯管道应具有紫外（UV）辐射防护，尤其是靠近水体表面的部分，不宜使用聚氯乙烯（PVC）管和带有卡箍接头的塑料管。

（三）地表水地源热泵系统的特点

相较于地下水地源热泵系统和土壤源热泵系统，地表水地源热泵系统具有热容量更高的热源与热汇（除非地表水体比较小或者比较浅），但是热物性不太稳定。一般而言，地表水地源热泵系统的运行费用低于空气源热泵系统，但高于地下水地源热泵系统和土壤源热泵系统。地表水地源热泵系统的初投资与维护费用要低于地下水地源热泵系统和土壤源热泵系统。通常地表水地源热泵系统需要较大水体，另外，有些地方法规出于保护水体生态的考虑，限制了闭环系统的浸没管网的使用。

地表水地源热泵系统的两种形式各有特点。与开环地表水源热泵系统相比，闭环地表水地源热泵系统的特点如下：

1. 进入热泵的循环水与地表水体分离，可以减少结垢、腐蚀和堵塞等问题。
2. 闭式循环，循环水泵的能耗较低的。
3. 可以在循环流体中添加防冻液，当地表水体温度低于5℃时，系统仍能运行。
4. 由于循环水与地表水体间存在着4～12℃的温差，热泵机组的COP略低。
5. 浸没于地表水体尤其是公共水域的循环管网容易受到破坏。
6. 地表水体水质欠佳时，靠近水体底部的循环管网外侧容易结垢，影响换热量。

四、地埋管地源热泵系统

（一）地埋管地源热泵系统的概念

地埋管地源热泵系统是利用地下岩土中所蕴含浅层地热能的闭路循环的地源热泵系统。通过循环液（水或以水为主要成分的防冻液）在封闭的地下埋管中流动，实现系统与大地之间的传热。地埋管地源热泵系统在结构上的特点是有一个由地下埋管组成的地埋管换热器，也称为地热换热器，建筑现场可用的地表面积是选择地埋管换热器形式的决定性因素。地埋管地源热泵空调系统一般由三个必需的环路组成：

1. 室外环路。由高密度聚乙烯管道组成的在地下循环的封闭环路，循环介质为水或防冻液。冬季从土壤中吸取热量，夏季向土壤中释放热量，并与热泵机组交换热量。室外环路中介质的循环由一台或数台低功率的循环水泵实现。

2. 制冷剂环路。即在热泵机组内部完成的压缩式制冷循环。

3. 室内环路。室内环路在建筑物内和热泵机组之间传递热量，传递热量的介质有空气、水或制冷剂等，因而相应的热泵机组分别应为水—空气热泵机组、水—水热泵机组和水—制冷剂热泵机组。

有的地埋管地源热泵系统还设有生活热水加热环路，将水通过设在冷凝器前的过热器加热到适宜温度后提供建筑物内的生活热水。夏季工况时，热泵机组的冷凝热量一部分被用来加热生活热水，提供免费生活热水的同时还可以减小地埋管换热器向土壤的放热负荷。冬季工况时，生活热水环路的能效比可高达 3 左右，其能耗也大大低于电热水器。

（二）地埋管地源热泵系统的分类及设计

（1）竖直埋管系统的基本概念

在竖直埋管地源热泵系统中，其地热换热器可能包括一个、数十个、甚至数百个钻孔，每个钻孔内埋设一个（单 U 形埋管）或两个 U 形管（双 U 形埋管），循环介质在 U 形管内流动换热，如图 3-9 所示。通常 U 形管由高密度聚乙烯（HDPE）材料制作，其直径在 25～40mm 范围内。竖直钻孔的深度通常在 40～200m 之间，直径为 100～200mm 之间。竖直埋管地热换热器施工时，需要先定位钻孔，随即在钻孔内下 U 形管，并回填钻孔。回填材料通常是由水泥、砂子、膨润土等按照特殊配方调成灌浆进行回填，以达到减小接触热阻强化传热，同时防止地下水污染的目的。

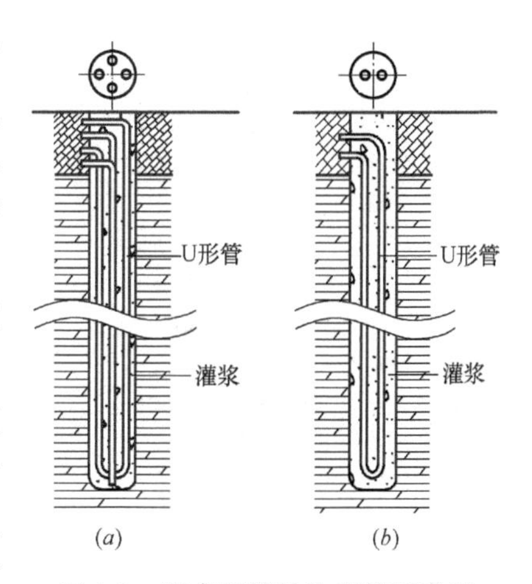

图 3-9　竖直埋管钻孔埋管示意图

（*a*）双 U 形管；（*b*）单 U 形管

竖直埋管地源热泵系统的主要优点在于循环液温度受地面环境温度的影响很小，可为热泵机组的冬夏工况提供稳定的热源和热汇。此外，竖直埋管的间距在 4～6m 之间，只需较小的钻孔地表面积即可以满足较大的地下换热面积需求。由于更适合城市中建筑密集的现状，竖直埋管地源热泵系统目前应用更为广泛。

（2）岩土热响应试验

由于地下土壤/岩石的热物性决定着竖直埋管的换热性能，是系统设计的重要参数，因此需要通过现场试验与参数估计算法相结合的方式确定出地热换热器安装处土壤的实际热物性参数，包括土壤的初始温度、导热系数、导温系数、地质状况及地下水渗流情况等。（岩土热响应试验）现场测量装置与地热换热器一个回路连接及测量装置的内部构造如图 3-10 表示。

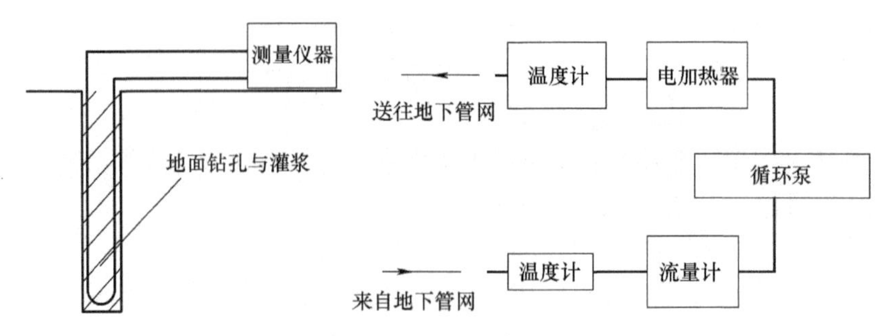

图 3-10　热响应试验现场测试仪安装示意及原理图

测量仪器的主要部件由电加热器、循环水泵、温度测量装置、流量测量装置、信号变送装置、微机控制与处理装置等构成。测量仪中的管路与地热换热器的地下回路相接后，循环水泵驱动换热流体在回路中循环流动，流体经过加热器加热后流经地下回路于地下岩土进行换热。测得的出、入口流体温度、流体流量、加热功率等经信号变送装置传至计算机，根据反向传热分析过程和最优化技术反推出钻孔周围土壤的导热系数、导温系数和钻孔内热阻。该项测试的时间应进行 48～72h，数据采集间隔不超过 10min。实测的部分土壤和岩石的热物性参数如表 3-3 所示。

部分土壤和岩石的热物性参数　　表 3-3

岩土层类型	热物性及其值	导热系数 k [W/(m·K)]	扩散率 a [$10^{-6}m^2/s$]	密度 (kg/m^3)
土壤	致密黏土(含水量 15%)	1.4 ～ 1.9	0.49 ～ 0.71	1925
	致密黏土(含水量 5%)	1.0 ～ 1.4	0.54 ～ 0.71	1925
	轻质黏土(含水量 15%)	0.7 ～ 1.0	0.54 ～ 0.64	1285
	轻质黏土(含水量 5%)	0.5 ～ 0.9	0.65	1285
	致密沙土(含水量 15%)	2.8 ～ 3.8	0.97 ～ 1.27	1925
	致密沙土(含水量 5%)	2.1 ～ 2.3	1.10 ～ 1.62	1925
	轻质沙土(含水量 15%)	1.0 ～ 2.1	0.54 ～ 1.08	1285
	轻质沙土(含水量 5%)	0.9 ～ 1.9	0.64 ～ 1.39	1285
岩石	花岗岩	2.3 ～ 3.7	0.97 ～ 1.51	2650
	石灰石	2.4 ～ 3.8	0.97 ～ 1.51	2400 ～ 2800
	砂岩	2.1 ～ 3.5	0.75 ～ 1.27	2570 ～ 2730
	湿页岩	1.4 ～ 2.4	0.75 ～ 0.97	—
	干页岩	1.0 ～ 2.1	0.64 ～ 0.86	—

（3）竖直埋管地热换热器的设计

竖直埋管地热换热器设计的主要目的是在一定的工况条件下，控制地下土壤的温度场变化，确保在 U 形管与热泵系统内循环介质的温度处于合理范围内。在竖直埋管地热换热器几十年的使用过程中，其实际的传热过程受到许多不确定因素，如土壤热物性、地下水渗流和建筑负荷等变化的影响，对其传热性能的分析和模拟是非常复杂的。目前该问题的解决有三大类方法：第一种是基于导热微分方程和叠加原理的解析解模拟；第二种是基于数值算法对传热过程进行的计算机模拟；第三种是工程设计用的经验或半经验公式。

1）工程简化方法

国际地源热泵协会（IGSHPA）最早在开尔文线热源理论和一些简化假设的基础上建立了竖直埋管地热换热器设计的简化模型。该模型可根据一年中最冷和最热月份的负荷数据，估算地埋管换热器的长度，计算公式如下：

供热工况下所需的地热换热器总长度：

$$L_{h}=\frac{Q_{bh}\left(\frac{COP-1}{COP}\right)(R_{p}+R_{s}F_{h})}{T_{s,m}-T_{min}}$$

供冷工况下所需的地热换热器总长度：

$$L_{c}=\frac{Q_{bc}\left(\frac{EER+1}{EER}\right)(R_{p}+R_{s}F_{c})}{T_{max}-T_{s,m}}$$

式中 Q_{bh}和Q_{bc}——分别表示热泵的供热量和供冷量；

R_{s}——基于开尔文线热源理论得到的单个钻孔外的岩土热阻；

R_{p}——将U形管视作一个“当量管”时的钻孔内传热热阻；

$T_{s,m}$——土壤初始平均温度；

T_{min}和T_{max}——分别表示设计进入热泵机组流体温度的最小值与最大值；

F——表示运行份额，其中F_{h}等于供热工况下，最冷月中热泵系统运行小时数与最冷月总小时数的比值，F_{c}等于供冷工况下，最热月中热泵系统运行小时数与最热月总小时数的比值。

为了同时满足供热和供冷的需要，应采用式（3-1）和式（3-2）计算所得的L_{c}和L_{h}中的最大值作为所需的钻孔长度。显然，工程简化方法无法分析地源热泵系统长期运行中建筑物负荷的瞬态变化对土壤温度场及热泵性能的影响，用于地热换热器的设计计算较为简便，但准确性不足。

2）地热换热器的设计与仿真

为了进一步建立准确可靠、方便实用的地热换热器设计与仿真程序。过去十年中，研究者们开发了一系列模拟模型，这些模型已经直接或间接地与建筑物、热泵模型以及各种建模环境相结合，融入商用软件中，如TRNSYS，HVACSIM+，EnergyPlus，eQuest和Geostar等。

在TRNSYS中使用的GHE模型被称作土壤内管道蓄热模型，最初应用于地下蓄热系统中。该模型使用数值解来模拟蓄热空间与远端土壤间的传热和钻孔间的局部传热问题，使用解析方法来计算钻孔内管道与周围回填材料间的稳定热流。在HVACSIM+，EnergyPlus和eQuest三个商用软件中各自使用的地热换热器模拟模型在本质上都是基于Eskilson's的传热模型。GeoStar是我国第一个针对地埋管换热器的设计和仿真的软件，它以钻孔内传热的准三维模型和钻孔外传热的有限长线热源模型为基础开发，在我国已得到一定的工程应用和推广。GeoStar可根据建筑负荷和土壤热物性参数等数据完成整个地源热泵系统的设计，也可对已有的地源热泵系统模拟其系统运行性能及土壤温度场变化。

3）地热换热器方案设计的概算指标

地热换热器的埋管数量和钻孔深度决定着整个地源热泵系统的初投资及所需埋管面

积，因此，用指标概算法估算地热换热器的容量、用地及费用等，常常是探讨地源热泵空调系统可行性的主要依据之一。这就需要给出每千瓦符合需要多深的埋管，或每米埋管换热量的多少，即地热换热器方案设计的概算指标。由于地热换热器的计算复杂，在空调工程的方案设计阶段，可使用表 3-4 中的几个概算指标进行经济技术比较分析。

地热换热器方案设计概算指标 **表 3-4**

项目与数值		每米孔深换热量(W/m)			建筑面积与地埋管面积之比		
		土层	岩土层	岩石层	土层	岩土层	岩石层
竖直埋管	单U形	30～40	40～50	50～60	3:1	4:1	5:1
	双U形	36～48	48～60	60～72	4:1	5:1	6:1

需要注意的是，表 3-4 仅适用于华北地区地热换热器设计参考，在其他气候及地温条件使用时需作适当修正，通常地下 15m 左右的温度大致等于当地常年平均气温，深度每增加 30m，地温约提高 1℃。另外，表 3-4 中数据是根据单 U 形埋管估算的，双 U 形埋管在此基础上增大 15%左右。地埋管换热器的初投资主要取决于钻孔费用，而钻孔费用又与地质情况、人工工资、施工队伍资质及管理水平等因素有关，目前从淤泥土层每米钻孔的 30 元左右到花岗岩石的每米钻孔 180 元左右，均有工程实例。

（三）水平埋管地下耦合热泵

水平埋管地源热泵系统通常由埋在沟槽内 1.2～2m 深度处，构造为直或螺旋/多重螺旋形状的 HDPE 循环管路组成。与竖直埋管系统相比，水平埋管的埋深小，因此其初投资低，但是所需埋管面积大。由于 1.5m 深度处地下温度波动可达到 10℃，水平埋管系统受地面环境温度影响较大。具体比较见表 3-5。

水平埋管地源热泵系统的特点 **表 3-5**

优　点	缺　点
与钻孔相比，管网安装更加便宜	需要较大的土地面积，对于大多数城市建筑不可行
由于沟槽的深度较浅，没有对含水层污染的潜在可能	传热效率更容易受到环境温度波动的影响
由于更多的热量是通过地表转移的，逐年负荷不平衡的影响可以忽略不计	在挖掘其他公用设施时，靠近地表附近的埋管更容易受到破坏
沟槽结构简单	在以供热为主的地区使用时，必须使用防冻液

对于水平直管埋管构造，为了减少所需的埋管面积，一个沟槽内的多个管道通常会被放置在不同深度处，如图 3-11 所示。管道可以在沟槽以并联或串联的方式连接，如图 3-12 所示。最常见的直管应用方式是，两个管道并列排置。由于部分回填需要额外的时间，所以很少在单个沟槽中使用两层以上的管道。与串联管网相比，并联管网循环的水泵能耗较低，并且管径较小，需要的防冻液体积较少，因此在实际工程中推荐使用并联管网。

与传统直管型的水平埋管结构比较，多重螺旋形管网结构埋管密度大，对埋管地表面积的需求更少。如图 3-13 所示，多重螺旋形管网结构又分为水平和垂直螺旋结构。与水平结构相比，垂直管网之间的热干扰是非常不明显的，但垂直管网需要更高的安装成本和安装时间。对于多重螺旋形管网，回填过程应特别注意，以保证土壤填充到所有由重叠管形成的间隙中，以减小接触热阻，保障传热效果。

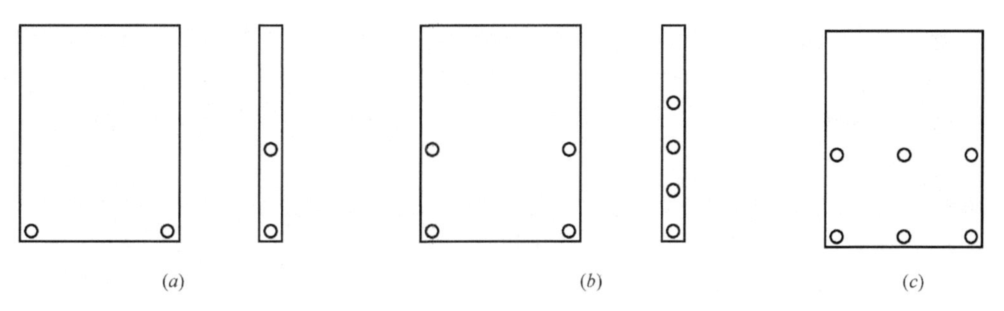

图 3-11　直管水平埋管的典型布置

(*a*) 每个沟槽 2 个管；(*b*) 每个沟槽 4 个管；(*c*) 每个沟槽 6 个管

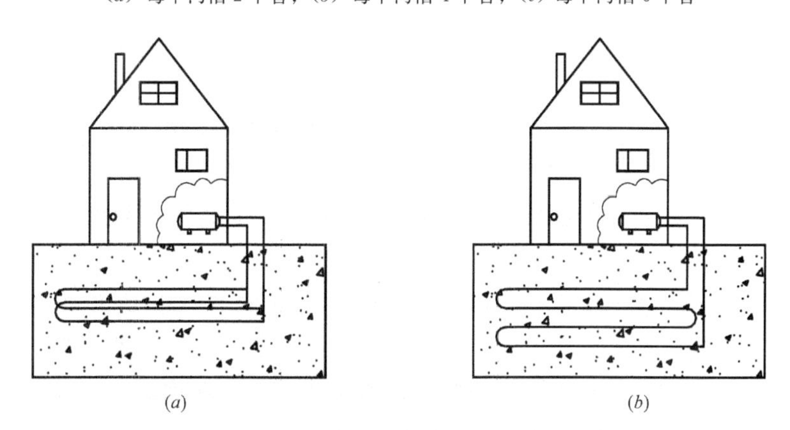

图 3-12　水平安装地埋管换热器的并联与串联

(*a*) 并联；(*b*) 串联

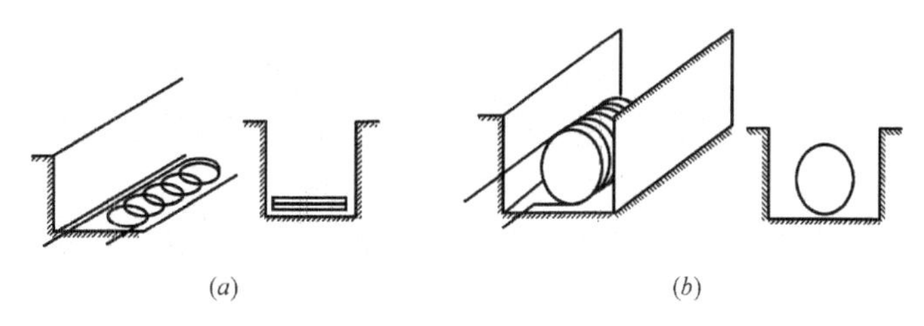

图 3-13　多重螺旋埋管类型

(*a*) 水平多重螺旋形管网；(*b*) 垂直多重螺旋形管网

（四）使用桩基埋管换热器的地源热泵系统

传统的竖直或水平埋管地热换热器需要较大的埋管面积和较高的安装成本，很大程度上限制了地源热泵系统的广泛应用。近年来，一种利用建筑物地基桩作为地热换热器的一部分，称之为“能量桩”或桩基埋管换热器（PGHE），成为地源热泵行业发展的新方向。作为“能量桩”，桩基除了发挥支撑建筑物的作用外，还可以通过在桩内埋设循环管兼作与土壤换热的热交换器。桩基的灌浆料主要是混凝土，它们为桩内埋管与桩基间、桩基与周围土壤之间提供了良好的紧密接触；降低了接触热阻，提高了传热效率。与传统钻孔埋管相比，桩基埋管换热器减少了钻孔所需的费用和土地面积，可明显降低系统初投资。

在桩基埋管换热器技术中，HDPE 管道最初是以 U 形管或 W 形管的形式埋于桩基的。对于 U 形管或 W 形管结构，桩基中管道的有效传热面积较小，在管路转弯处也容易发生气堵。为了克服这些缺点，出现了新型的螺旋桩基埋管，如图 3-14 表示。该新型螺旋桩基埋管的传热效率较高，管道接口少，连接较为简单，可防止气堵并降低供回水管路的热“短路”现象。

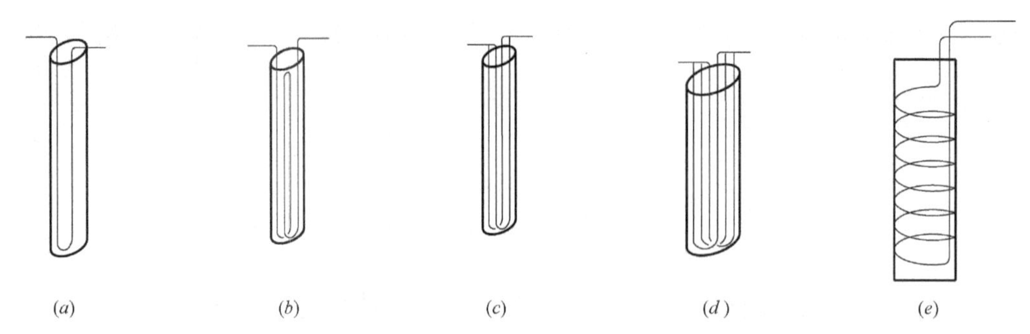

图 3-14 典型的桩基埋管换热器的结构示意图

(a) 单 U 形管；(b) W 形管；(c) 双 U 形管；(d) 三重 U 形管；(e) 螺旋管

必须注意的是，桩基埋管换热器连续的向桩基释放或从桩基提取热量，会在桩基及周围土壤中引起显著的温度变化，这可能会严重影响到桩基的力学特性。从热应力角度，装有热交换管道的桩基，在温度上升/下降的情况下，具有机械性能变化的特点。在地源热泵系统工作时，能量桩和周围土壤将在温度变化的影响下，发生收缩或膨胀的现象。由于桩基和土壤有着不同的热膨胀系数，随着温度的变化，桩基及周围土壤热形变将不一致，桩基—土壤界面上的压力也会发生改变。因此安装桩基埋管换热器之前，结构工程师应仔细校核能量桩的热机械特性。

（五）地源热泵复合系统（Hybrid Ground Source Heat Pump，HGSHP）

地埋管地源热泵系统在全年冷热负荷平衡的区域使用时，系统在夏季向土壤的放热量与冬季从土壤的吸热量基本相等，土壤温度场变化不大，可持续为系统的夏季运行提供低温热汇，为冬季运行提供高温热源，整个系统可以实现长期高效运行。但是对于我国大部分位于温暖或寒冷环境的区域的建筑物而言，全年冷热负荷是不平衡的。当地源热泵系统用于以供冷负荷为主的冷负荷占优型建筑或以供热负荷为主的热负荷占优型建筑时，热泵运行冬季从土壤提取的热量与夏季向土壤释放的热量不平衡，将会导致多余的热量或冷量在地埋管换热器周围的土壤中积聚，引起土壤温度的升高或降低，进而影响到进入热泵机组的流体温度，造成整个系统运行效率降低，甚至使系统失效。通过增加地埋管换热器的埋管总长度或钻孔间距可缓解该问题。但会使系统的初投资和埋管面积需求显著增加，降低系统的经济性。

经研究，可有效防止土壤中的热量或冷量堆积，降低系统初投资，保障系统长期高效运行的方法是使用地源热泵复合系统（HGSHP）。在传统地源热泵系统的基础上，复合式地源热泵系统可以通过加入辅助散热装置释放冷负荷占优型建筑的不平衡热量，通过加入辅助加热装置补偿热负荷占优型建筑的不平衡冷量。

1. 加入辅助散热装置的地源热泵复合系统

对于冷负荷占优型建筑，使用加入辅助散热装置的地源热泵复合系统时，不平衡的冷负荷可以通过辅助散热装置来释放至周围环境。因此与传统地源热泵系统相比，复合系统可有效减小地热换热器的容量，降低系统的初投资。地源热泵复合系统中常用的辅助散热装置，一般是与板式换热器合用的开式冷却塔，如图 3-15 所示。

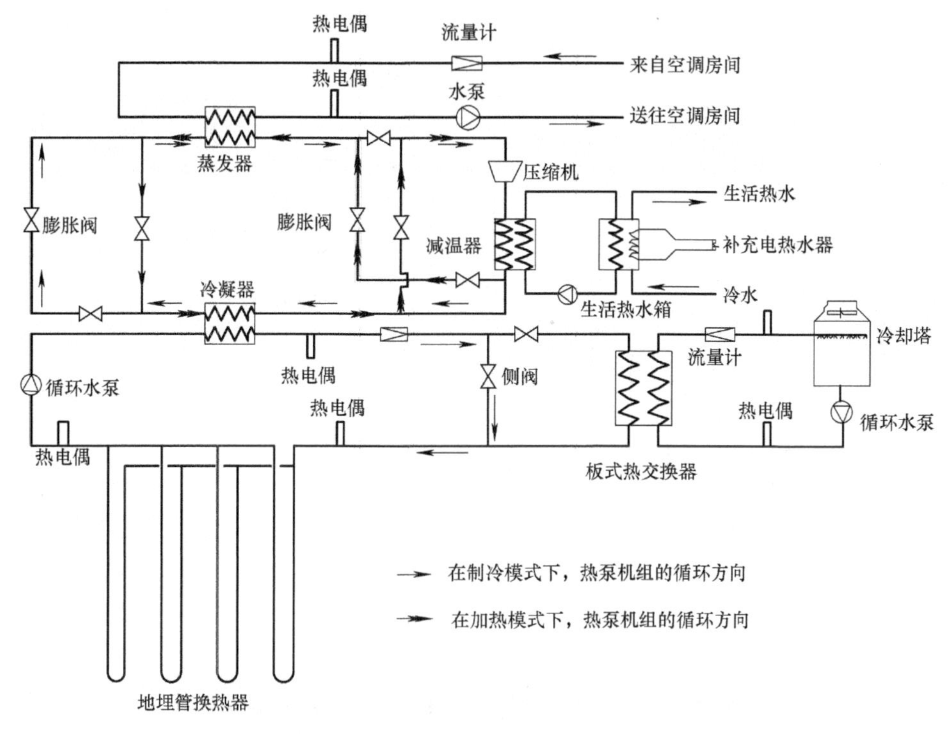

图 3-15　利用辅助散热装置的复合式地源热泵系统的示意图

值得注意的是，复合式地源热泵系统的推广应用一定程度上受限于冷却塔（常用的辅助散热设备）。首先，冷却塔的安装会影响到建筑物的外观。其次，冷却塔运行时有较大的噪声和耗水量，日常维护工作量和费用较高。近年来出现的新型的辅助散热装置包括浅水池塘、生活热水加热器、夜间辐射散热器等。

2. 加入辅助加热装置的地源热泵复合系统

对于热负荷占优型建筑物，地源热泵系统夏季向土壤释放的热量不足以平衡冬季从土壤提取的热量。这种换热量的逐年不平衡将导致土壤温度场的不可逆下降，使冬季进入热泵机组的循环流体的温度逐渐降低，造成系统性能的显著下降，甚至系统的失效。使用加入辅助加热装置的地源热泵复合系统时，不平衡的热量可以通过辅助加热装置来补充。因此与传统地源热泵系统相比，复合系统可有效保障系统的长期高效运行并切实降低系统的初投资。地源热泵复合系统中常用的辅助加热装置，一般包括太阳能集热器、天然气锅炉、谷电锅炉等。图 3-16 描绘了使用太阳能集热器作为辅助加热装置的地源热泵复合系统的基本工作原理。

综上所述，地源热泵系统的优点主要包括充分利用浅层地热能这种可再生能源，节能高效、舒适性高、节省建筑空间、便于运行管理等。但需要强调的是，没有任何一种技术完全适用于任何场合，地源热泵技术也同样具有局限性。首先，地源热泵的使用受到场地限制，尤其是地埋管地源热泵系统，其钻孔埋管需要较大的埋管地表面积和初投资。其次，地源热泵使用时要注意土壤的冷热平衡问题，当全年向土壤的放热量和从土壤的吸热量不平衡时，需加装辅助加热或散热设备以保证系统的长期高效运行。

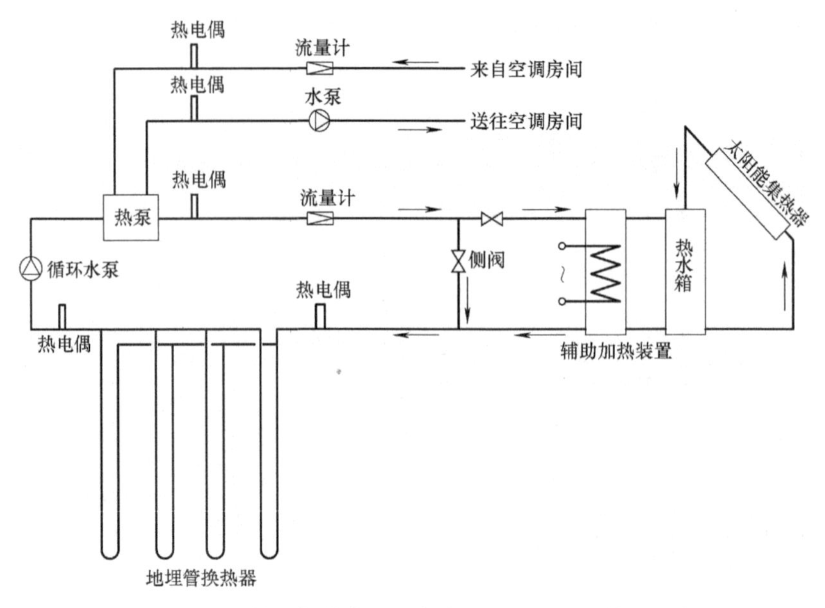

图 3-16　利用辅助加热装置的复合式地源热泵系统的示意图

第三节　污水源热泵中央空调系统

一、污水源热泵系统简介

污水源热泵是以污水（地表水）作为低温热源，利用热泵技术回收或者提取污水中的低温热能，其中污水包括市政管网中未经处理的原生污水、污水处理厂已处理的污水，地表水包括海水、江河湖水及污水处理后的再生水。

污水源热泵系统利用污水换热器置换污水中的热量与中介水进行热量之间的转化，在冬天，利用中介水在热泵主机中将污水中的低品位能汲取出来，经管网供给室内供暖系统以及生活热水系统；夏天，利用热泵主机将室内的热量带走，释放到污水中，为室内制取冷量且制取生活热水。

二、污水源热泵系统的组成

污水源热泵系统由通过水源水管路和冷热水管路的水源系统、热泵系统、末端系统等部分相连接组成。主要设备包括污水泵、污水换热器、中介泵、热泵机组、末端泵。水源系统包括：污水泵、污水换热器；热泵系统包括：污水换热器、中介泵、热泵机组；末端系统包括：末端循环水泵、风机盘管。

根据污水是否直接进入热泵机组，可以将系统分为直接利用和间接利用两种方式。直接利用方式是直接将污水送入热泵机组中回收污水中所含热量；间接利用方式是将污水先通过热交换器进行热交换后，再把污水中的热量通过热泵进行回收输送到供暖空调建筑物，如图 3-17 所示。

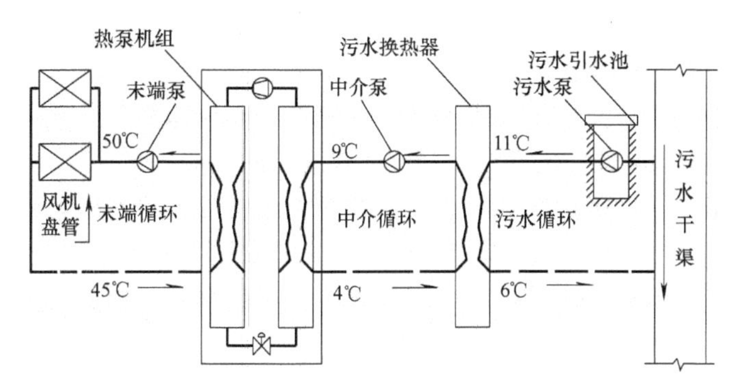

图 3-17　污水源热泵的污水间接利用方式

三、污水源热泵系统的工作原理

污水源热泵系统由三个子循环系统构成，包括污水循环、中介循环和末端循环，热泵机组的内部是工质（例如氟利昂）循环，如图 3-18 所示。热量传递是在各类别水中进行循环，包括：污水、清洁水以及系统循环水。清洁水在污水换热器和热泵机组之间形成封闭循环，起中介热量传递作用，末端系统循环水在热泵机组与末端散热设备之间进行换热。

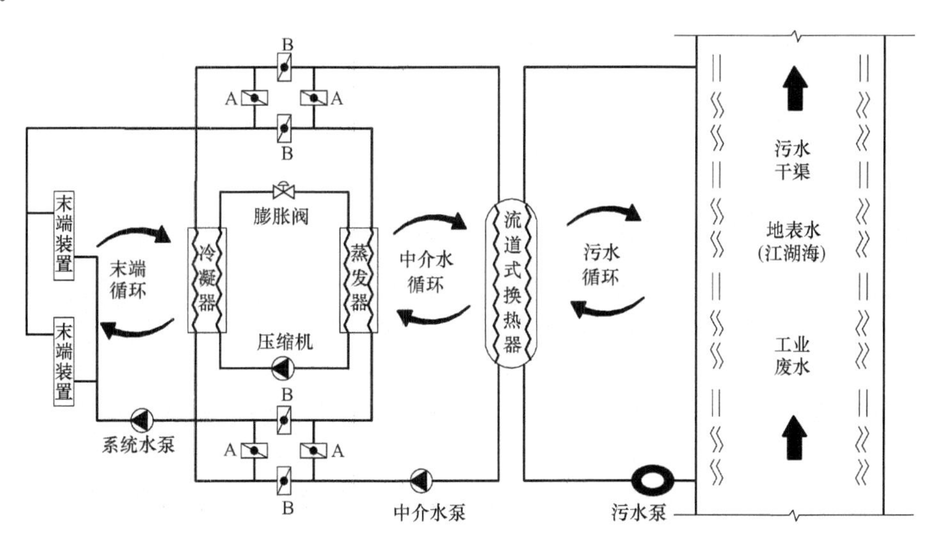

图 3-18　污水源热泵系统流程

污水源热泵系统冬季供热流程：

1. 经过污水泵提升，污水进入污水换热器进行放热，将一定温差范围内热量传递给清洁水，再排放至下游水源处，实现污水（或地表水）循环。

2. 清洁水经中介泵输送，通过阀 A 进入热泵机组的蒸发器进行释热，将从污水那里获取的热量传递给热泵机组，再次进入污水换热器进行吸热，形成封闭循环，实现中介循环。

3. 末端系统水经末端泵输送，通过阀 A 进入热泵机组冷凝器进行提热，将热泵机组从低温那里转化来的高温热量吸收，再进入末端散热设备将热量释放给建筑空间，实现末端循环。

污水源热泵系统夏季供冷流程：

1. 污水（或地表水）经过污水泵提升，进入污水换热器进行吸热，从清洁水中吸收热量，再排放至下游水源处，实现污水（或地表水）循环。

2. 清洁水经中介泵输送，通过阀 B 进入热泵机组冷凝器进行吸热，将从系统水吸收的热量传递给换热器，进入污水换热器进行放热，形成封闭循环，即中介循环。

3. 末端系统水经末端泵输送，通过阀 B 进入热泵机组蒸发器进行放热，再进入末端散热设备从建筑空间吸收热量，实现末端循环。

四、污水源热泵系统的特点

1. 污水源热泵系统利用污水或江河湖海水等作为冷热源，污水经过换热器换热后回到污水干渠，污水与其他设备或系统不接触，污水密闭循环，不污染环境与其他设备或水系统。

2. 污水源热泵系统主要利用污水为建筑提供热源和冷源，系统可实现冬夏两用，冬季取热供暖，夏季制冷，并提供生活热水，夏季可实施部分免费生活热水供应。

3. 利用污水制冷取暖节能环保，可实现资源再生利用。

4. 污水源热泵系统初投资少，运行费低，较其他系统节省投资与运行费用 30%左右。实际工程运行效果良好，经济效益显著。

5. 污水热泵系统的机房面积仅为其他系统的 50%。系统可以根据室内外温度要求自调，同时可做到联网监控。污水热泵系统原理简单，设备的可靠性强，维护量小，平时无设备的维护问题。

五、污水源性质及对污水源热泵的影响

污水是指生活污水、工业废水和被污染雨水的总称。生活污水是指人们在日常生活中使用过，并被生活废料污染的水。工业废水是指在工矿企业生产活动中使用过的水，又分为生产污水和生产废水，其中生产污水是指在生产过程中形成，并被生产原料、半成品式成品等废料所污染的水，在生产过程中产生的水温超过 60℃的水也属于生产污水；生产废水是指在生产过程中形成，但并没有直接参与生产工艺，未被生产原料、半成品或成品所污染以及只是水温稍有上升的水。被污染的雨水主要是指污染程度很高的初期雨水。城市污水是指生活污水和生产污水的混合污水。

污水的物理性质及指标：

1. 水温。生活污水的年平均水温一般为 10～20℃，生产污水的水温与生产工艺有关，所以城市污水的水温主要与生产污水的性质及比例有关。城市污水温度过高（大于 40℃）和过低（小于 5℃）都会影响污水的生物处理。温度过低影响生化反应速度（饱和脂肪酸类物质凝固）和化学反应速度；温度过高时，生物活性降低甚至导致微生物致死，水中饱和溶解氧降低。

2. 色度。是一种感官性指标，由悬浮固体、胶体或溶解性物质形成。悬浮固体形成的色度称为表色（比如电解锌溶液中含 Mn_2O 悬浮颗粒）；胶体或溶解性物质形成的色度称为真色（印染废水中的燃染料）。色度会让人的精神不快，会减弱透光性，影响水生生

物的光合作用。生活污水主要呈现灰色，但是当污水中的溶解氧降至 0，污水中所含的有机物腐烂时，水会呈现黑褐色并有臭味；生产污水的色度则由工矿企业的性质而定。

3. 臭味。也是一种感官性指标。生活污水的臭味主要由有机物腐败产生的气体造成。工业废水的臭味主要是由挥发性气体造成的。如氨、二元胺、H_2S 等的臭味，会使人体产生呼吸困难、胸闷恶心等症状，严重影响人的身心健康。

4. 固体物质。

按存在的形态分为：

1. 悬浮固体：粒径大于 0.1μm，可被滤纸截留。其中能被灼烧减重者叫挥发性悬浮固体（VVS），剩余的灰分成为非挥发性悬浮固体。在城市生活污水中 VSS 约占 70%，NVSS 约占 30%。

2. 胶体：粒径介于 0.001～0.1μm 的颗粒物质，化学性质稳定，称布朗运动。

3. 溶解性固体：粒径小于 0.001μm 的颗粒物质。

污水的化学性质：

按性质不同可分为有机物、无机物和生物体三种类型。

1. 无机物。氮及其化合物（有机氮、氨氮、亚硝酸盐氮和硝酸盐氮）、磷及其化合物（有机磷、无机磷）。

2. 有机物。有机物又包括可生物降解有机物（碳水化合物、蛋白质与尿素）和难生物降解有机物（脂肪和油类、酚、表面活性剂、有机农药）。

表 3-6 为一般城市污水性质，其中生物化学需氧量（BOD）指在水温为 20℃时，微生物将有机物氧化为无机物所消耗的溶解氧量，反映了水中可生物降解有机物的数量。化学需氧量（COD）是指在酸性条件下，以硫酸银为催化剂，用强氧化剂（我国法定为重铬酸钾）将有机物氧化成二氧化碳和水时所消耗的氧量。总氮（TN）表示四种含氮化合物的总量。总磷（TP）表示两种含磷化合物的总量。

一般城市污水性质 **表 3-6**

指标	高(mg/L)	中(mg/L)	低(mg/L)
生物化学需氧量(BOD)	400	200	100
化学需氧量(COD)	1000	400	250
悬浮固体(SS)	350	220	100
总氮(TN)	85	40	20
总磷(TP)	15	8	4

污水对污水源热泵的影响主要表现为换热器表面结垢、腐蚀、堵塞、起泡以及生物生长等方面，比如总溶解固体（TDS）的数值会影响污水的导电性，从而带来对热泵系统的腐蚀性问题。污水源热泵系统主要实现对污水的利用，所以针对污水源水质对污水源热泵的影响问题，还需要从污水源热泵的设备上进行改善和优化。采取定期清洗换热器、采用抗腐蚀性强的材质作为换热器的换热管、使用先进的过滤网等措施，使污水源热泵系统更加有效地运行。

六、污水源热泵系统的形式

目前污水源热泵系统形式主要有以下几种：

1. 沿污水管主干道设热泵站。由于污水主管道的污水流量大且稳定，所以沿线设置热泵站可以为就进的建筑输送冷热量。

2. 在小区的污水处理站设热泵站。根据有关城市的污水排放规定，小区污水在排入市政排水管网之前需经过小区污水处理站的预处理。由于污水处理站汇集了整个小区的全部污水，具有稳定的来源，并可以维持一定的容量，所以可以设污水源热泵系统为小区提供冷热量。

3. 在污水处理厂设热泵站。污水处理厂的污水集中、稳定、流量大，在污水处理厂建设大型的污水源热泵机组可以提高热泵机组的性能，还可以将热泵站于区域供冷相结合，以获得更大的节能效益。

七、污水源热泵系统运行管理中的防堵塞与防腐蚀

由于污水源热泵系统处理的污水成分复杂，且具有各种不稳定性，污水中含有各种悬浮物质、生活垃圾以及固体颗粒物等对热泵系统具有一定的副作用，随着污水源热泵的广泛使用，很多的弊端被彰显出来，其中最重要、最繁琐的就是把热泵机组定期进行拆卸清洗，既耗费人力物力又影响建筑物的整体供暖制冷。

随着污水源热泵系统的发展，各种方法被使用，其中最受广泛使用的两种方法为：

1. 利用化学药液的分解稀释作用以及高压水枪进行清洗，但此类清洗方法较为麻烦，因为污水源热泵系统的结构较为复杂。

2. 在污水源热泵机组之前加离心式换热器，这样就避免了污水源热泵的堵塞和腐蚀性问题。

第四节　水环热泵中央空调系统

一、水环热泵系统的特点

水环热泵中央空调系统于20世纪60年代出现在美国加利福尼亚州，70年代后在日本得以推广，80年代初在我国开始应用。水环热泵中央空调系统是在一般中央空调系统的基础上发展而来的，其实质是水—空气热泵机组的一种节能应用方式，即用水环路将小型的水—空气热泵机组（水源热泵机组）并联在一起，形成一个封闭环路，与其他辅助设备一起构成的一套以回收建筑物内部余热为主要特征的热泵供暖、供冷的中央空调系统。水环热泵系统的主要优点包括：

1. 有效回收建筑内余热。水环热泵中央空调系统在建筑物应用中相当于一种热回收式热泵系统，可取得节能环保的经济和社会效益。对于同时存在供热负荷和供冷负荷且余热量较大的建筑物，使用水环热泵系统能将热量由建筑物内需要供冷的区域转移到需要供热的区域，实现建筑物内部的热量回收利用。当室外温度较低，建筑物的外围（外区）需要吸收额外的热量来维持室内温度的稳定时，而建筑物内部（内区）因室内热源（如照明、人员等的散热）的存在而存在室内温度过高的现象，此时，可通过水环热泵中央空调系统将建筑物的外区与内区联系起来。建筑物内区的余热可通过水循环环路转移到建筑物

的外区来补充其所需的热量，实现了在对建筑物内区制冷的同时对对建筑物的外区进行供热，避免了能量的大量浪费。当建筑物内部需要供热工况机组和供冷工况机组模式同时运行时，采用水环热泵中央空调系统的运行费用最多可降低至50％左右。

2. 系统灵活性高。水环热泵系统的室内水—空气热泵机组分别安装在各个房间，可以独立运行，用户可以根据室外气候变化和自身要求在任何时间随意选择机组的供暖或供冷运行模式，可根据自身的需求对每户或每个房间或每个区域的温度进行调节而不影响到其他房间的温度，且便于调节而不会出现房间的过冷过热。若个别机组出现故障，不会影响到其他机组和整个系统的运行。此外，水环热泵系统可以实现独立能耗计量和分户收费，管理方便且运行能耗低。

3. 系统简洁紧凑。水环热泵系统采用双管式水环路即可实现系统的同时供冷与供热，避免了常规空调的四管制水路系统造成的冷热量抵消，更节省了管道系统的初投资费用。再次，由于水循环环路中的水温在常温范围内，与环境温度的温差不大，所以减少了输配过程中的冷热耗散等损失，环路的热损失也比常规空调系统要小得多。总的来说，水环热泵空调系统与常规空调系统相比，仅在减少管道热损失这一方面的节能效率就高达8％～15％。此外，由于不设风管和冷水机组，而且环路水管无需保温和防潮隔湿，可节省吊顶空间和相应材料及安装费用。由于水环热泵系统采用安装于室内的小型水—空气热泵机组，无需设置空调机房（或减少机房面积），节省了建筑物的有效利用空间。

4. 系统便于扩展。水环热泵系统可以一次性完成安装投入使用，也可以逐步安装，分批投入使用，甚至可以在用户入住前逐层安装，其投资回报效益高、见效快。对于分期投资或扩建项目，水环热泵系统可以方便地在原有系统上增加新机组。对于旧楼翻新或系统改造工程，由于水环热泵系统可避免损坏原有建筑结构，不需设置空调机房，且改造过程可逐间或逐层进行，对建筑物的正常使用影响不大，因此与常规空调系统相比具有明显优势。

5. 设计施工简单。水环热泵系统的设计重点是布置水—空气热泵机组和计算水环路系统，设计工作量少，设计周期短。由于水—空气热泵机组可实现工厂组装，现场安装工作量少，工期短。

然而，水环热泵系统也有其自身不足之处，主要表现在系统所采用的小型水—空气热泵机组的性能系数低于常规中央空调系统中的大型冷水机组，此外，由于系统中水—空气热泵机组的制冷压缩机设置在室内，其室内噪声水平高于半集中式空调系统中的风机盘管末端。另外，水环热泵系统需要另外加设新风系统以保证室内空气质量。

需要强调的是，对于单纯的供冷或供热的建筑物选用水环热泵是不合理的。对同时具有供冷和供热需要的建筑物，当其内部余热量接近平衡或较大时，水环热泵系统才具有明显的节能优势。适合应用水环热泵系统的建筑物一般具有以下特征：有低品位、稳定可靠的废热可以利用；建筑物内同时具有供冷和供热的需要；供冷量不大，且又要求独立计量电费；使用时间不一，个别房间或区域经常需在夜间或节假日独立使用的建筑物。

二、水环热泵系统的组成

如图3-19所示，水环热泵中央空调系统的组成主要包括三大部分：

1. 分散设置于室内的水—空气热泵机组。室内水—空气热泵机组属于小型水源热泵

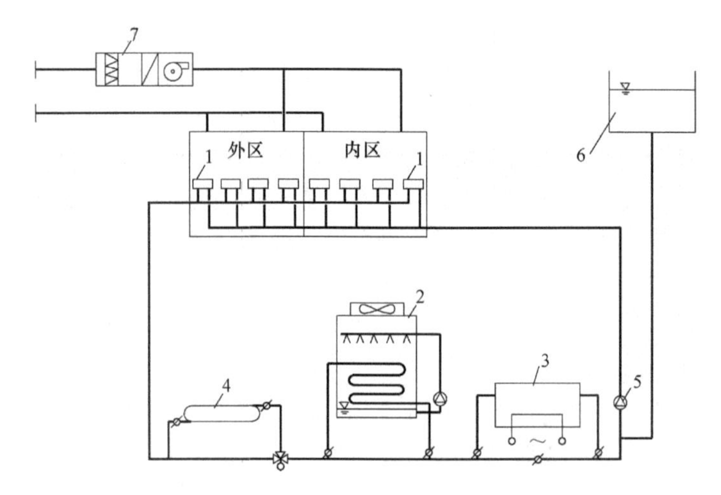

图 3-19 典型的水环热泵空调系统原理图

1—水/空气热泵机组；2—闭式冷却塔；3—加热设备（如燃油、气、电炉）；4—蓄热容器；
5—水环路的循环水泵；6—定压装置；7—新风机组

机组，采用水循环环路中的循环水作为其供冷运行的热汇和供热运行的热源，采用室内空气作为向室内供冷的冷媒及供热的热媒。整个热泵机组主要由压缩机、制冷剂/水换热器、节流装置、制冷剂/空气换热器四大构件及四通换向阀、风机、空气过滤器等组成。热泵机组可以通过四通换向阀改变制冷剂的循环环路，从而实现向室内供冷和供热工况的转换。

2. 水循环环路（管路、循环水泵等）。如图 3-19 所示，水环热泵系统中的热泵机组都并联在一个或几个水环路系统上，使用环路中的循环水作为热汇或热源。水循环环路采用的是闭式环路，经水质处理后的循环水对管道和设备的腐蚀较小。为了保持环路水力稳定和压力平衡，使流过各台水源热泵机组的循环水量达到设计流量，水循环环路尽可能选用同程式管路布置。环路中设置循环水泵以克服循环水在闭式环路中的流动阻力。与普通中央空调的水系统相同，为了保证整个水环热泵系统的正常运行，水循环环路上还应安装定压补水装置、水处理装置、排水和放气装置及其附件。

3. 其他设备（冷却设备、加热设备、蓄热装置等）。当水循环环路上连接的热泵机组从环路内的循环水中吸取的热量大于向循环水中释放的热量时，环路中循环水温会逐渐降低，反之则环路中循环水温会逐渐升高。为了使环路中循环水温保持在一定的范围内，以保障水环热泵系统的高效可靠运行，水环热泵系统还要设置一些辅助加热、辅助排热设备和蓄热装置。蓄热装置可以实现供冷机组向水循环环路中释放的冷凝热与供热机组从水循环环路中吸取的热量在一天或者更长的时间周期内达到平衡，从而可降低系统中冷却和加热设备的年耗能量。

三、水环热泵系统的工作原理

在水环热泵中央空调系统中，水源热泵机组将循环水作为冷、热源，通过四通换向阀改变制冷剂的流动方向来实现热泵机组制冷工况与制热工况的转变。制冷工况运行时，水源热泵机组将室内热量经冷凝器排放至水循环环路中的循环水管中。制热工况运行时，水源热泵机组通过蒸发器吸收水循环环路中循环水的热量并释放至室内。水环热泵系统循环水环路内的水温会随着系统所服务空调场所实际负荷的变化而升高或降低。为了使环路中循环水温保持在稳定范围内，水环热泵系统在辅助加热和辅助排热设备的配合下可能按照图 3-20 中的五种工况运行。

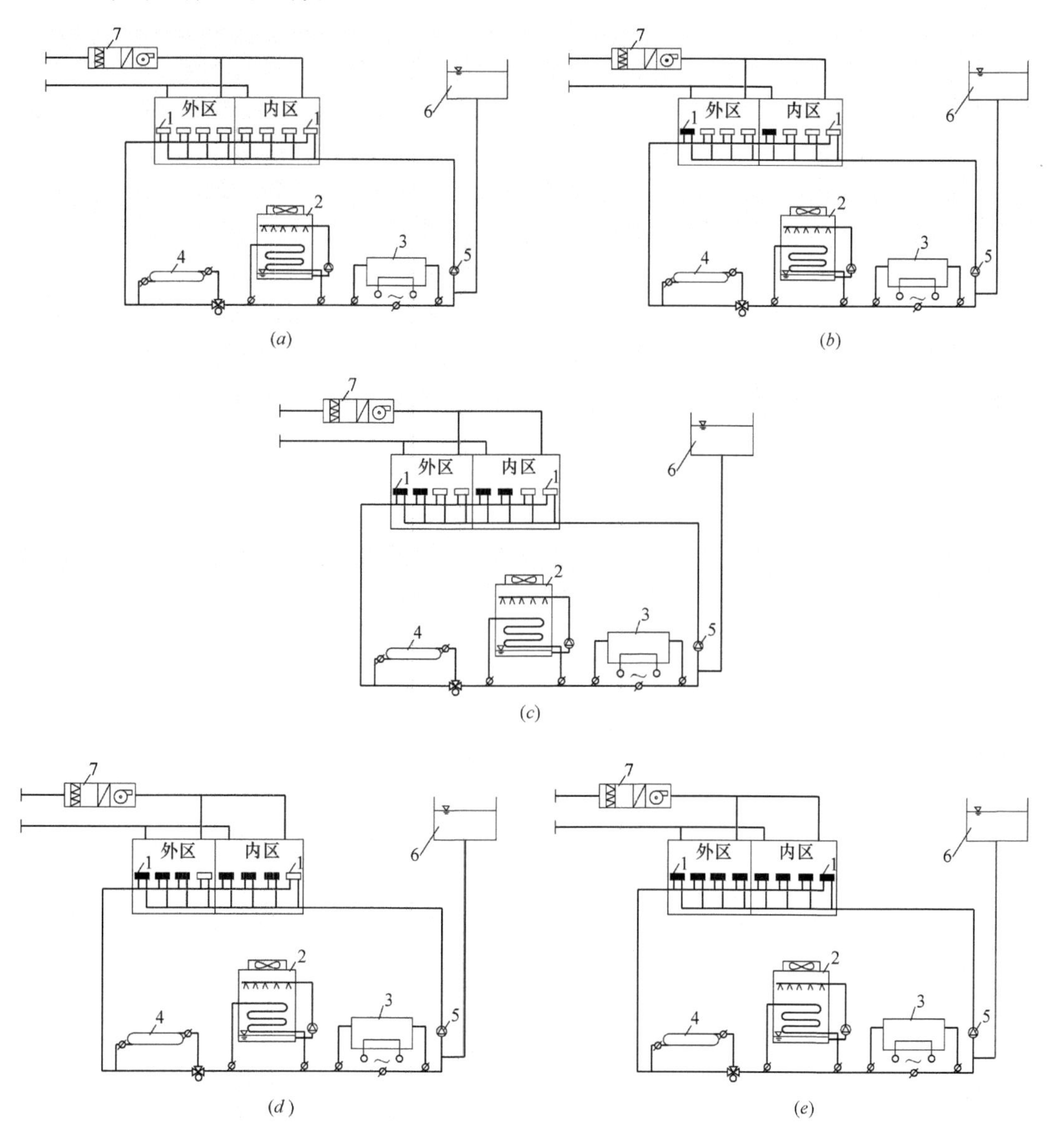

图 3-20　水环热泵系统的五种运行工况

(a) 冷却塔全部运行；(b) 冷却塔部分运行；(c) 热收支平衡，辅助设备停止运行；(d) 辅助热源部分运行；(e) 辅助热源全部运行

1—水—空气热泵机组；2—闭式冷却塔；3—加热设备（如燃油、气、电炉）；4—蓄热容器；5—水环路的循环水泵；6—定压装置；7—新风机组

1. 空调负荷全部为冷负荷。水环热泵系统中的所有热泵机组以制冷工况运行，向循环水中排热。为了防止循环水温不断上升，应开启辅助排热设备，如闭式冷却塔，将热泵

机组排出的冷凝热量排放至周围空气，将循环水温维持在35℃以下。

2. 空调负荷以冷负荷为主，包含小部分热负荷。水环热泵系统中的大部分热泵机组以制冷工况运行，向循环水放热；小部分热泵机组以制热工况运行，从循环水吸热。循环水温不断上升，达到32℃时，部分循环水流经辅助排热设备排热。

3. 空调区域的冷热负荷比例适当（如大型建筑冬季内外区负荷），既有以制冷工况运行的热泵机组向循环水放热，又有以制热工况运行的热泵机组从循环水吸热，且放热量和吸热量相当。循环水温能够维持在13～32℃范围内，无需开启辅助加热或辅助排热设备。为了减少循环水温波动，维持其温度不超范围，水环热泵系统中可设蓄热装置。

4. 空调负荷以热负荷为主，包含小部分冷负荷。水环热泵系统中的大部分热泵机组以制热工况运行，从循环水吸热；小部分热泵机组以制冷工况运行，向循环水放热。循环水温不断下降，达到13℃时，部分循环水流经辅助加热设备向系统中补充热量。

5. 空调负荷全部为热负荷。水环热泵系统中的所有热泵机组以制热工况运行，从循环水中吸热。为了防止循环水温不断下降，应开启辅助加热设备，如锅炉、连接市政供热管网的板式换热器等，向循环水中补充热量，使循环水温维持于13℃以上。

四、水环热泵系统的主要设备

（一）小型水—空气热泵机组

小型水—空气热泵机组又称为室内水源热泵机组或水源热泵机组，其制冷量或制热量一般分布于1～80kW之间，且容量范围相当广泛，主要分类包括：

1. 按照安装方式分类

（1）暗装机组

暗装机组一般吊装在顶棚中或设置在专门的小型机房中，一般需外接风管和风口，噪声相对要低，主要有水平吊顶式机组和垂直式坐地机组两种型式。

（2）明装机组

明装机组一般直接置于室内窗下或墙角处，安装和维修方便，噪声相对较大，主要有立式明装机组和立柱式明装机组等形式。

2. 按照机组结构形式分类

（1）分体式机组

将热泵机组的空气/制冷剂换热器与风机组成独立的室内机安装于室内，将水/制冷剂换热器与压缩机组成独立的主机安装于走廊或其他室外空间。

（2）整体式机组

将热泵机组的空气/制冷剂换热器、水/制冷剂换热器、压缩机、风机、节流机构、四通换向阀等所有内部构件集中于一个箱体，安装于室内，通过接入机组的循环水管路将冷凝热量带走或提供蒸发所需热量。

与整体式热泵机组相比，分体式机组的压缩机运转噪声对室内的影响较小，室内噪声水平较低，室内机的形式更加精致和多样化。但是分体式机组安装时要注意室内机和主机之间的制冷剂管道的连接。

3. 按照电源供应方式分类

（1）单相电源供电机组，适用于压缩机输入功率小于2.25kW的机组。

(2) 三相电源供电机组，适用于压缩机输入功率大于或等于 2.25kW 的机组。

每个空调分区内选择的小型水—空气热泵机组的台数不宜过多，如分区内的负荷较大，可酌情选择大型机组。安装于建筑内区的热泵机组应按照供冷设计工况选取，安装于建筑外区空间的热泵机组应同时满足供热和供冷设计工况下的要求。

小型水—空气热泵机组的生产厂家样本上一般会给出热泵机组的特性曲线和性能表，性能表中会包含机组的额定制冷量、额定制热量、输入功率等参数。选择机组时要通过热泵机组的工作点（制冷剂/空气热交换器特性曲线与压缩冷凝机组特性曲线的交点）确定水源热泵机组实际运行工况下的制冷量、排热量、制热量、吸收热量、输入功率等参数，同时考虑由于风机电动机的输入功率造成的实际制冷量耗减。修正后的热泵机组的总制冷量或总制热量与使用空间的冷负荷或热负荷之比要求大于 1 且小于 1.1。

（二）辅助散热设备

当水环热泵系统的循环水温高于 32℃时，为了保证系统正常高效运行，需要通过排热设备从循环水中及时向外排出多余的热量。水环热泵系统中常用的排热设备主要包括以下三种。

1. 天然冷源加换热设备，当井水、河水、湖水等天然水源水温较低时，可以将其直接作为冷源冷却循环水环路中的散热设备。图 3-21 所示为天然水源作为辅助散热的水环热泵空调系统。

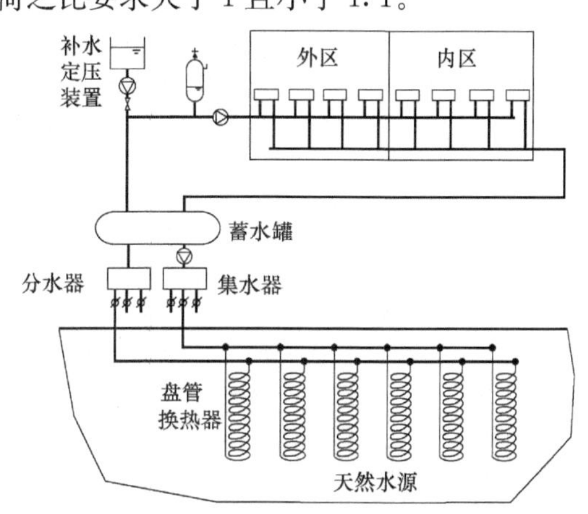

图 3-21 天然水源作为辅助散热的水环热泵空调系统

2. 开式冷却塔加换热设备（见图 3-22）。

3. 闭式蒸发式冷却塔。

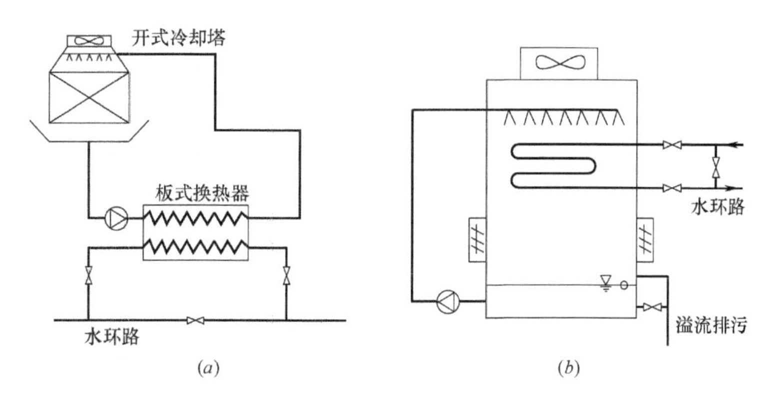

图 3-22 开式冷却塔加板式换热器及闭式冷却塔

选择排热设备的排热量时，应依据水环热泵系统中全部水源热泵机组均按供冷工况运行时的总排热量。排热设备的总流量应依据水环路的总流量确定。在实际设计中还要充分注意负荷参差性和运行参差性对冷却塔选型的影响。

（三）辅助加热设备

当水环热泵系统的循环水温低于 13℃时，为了保证系统正常高效运行，需要通过加热设备向循环水中及时补充热量。水环热泵系统中常用的加热设备包括电锅炉、燃油热水锅炉、燃气热水锅炉、水—水换热器、汽—水换热器等。为了避免采用高位能作为循环水系统的补充热源，也可以采用太阳能集热器利用可再生的太阳能（见图 3-23）。确定加热设备的最大供热量的条件为室外空气温度采用冬季供暖室外计算温度，且不计入人员、灯光、设备、太阳辐射等建筑得热。另外还需考虑是否采用夜间降低室温、早晨预热或需热水箱等因素。

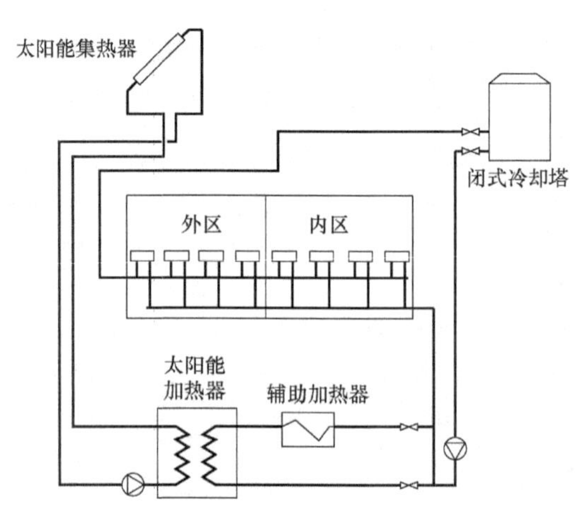

图 3-23　闭式太阳能水环热泵空调系统

（四）蓄热设备

为了改善水环热泵系统的运行特性，常用的蓄热设备包括低温蓄热水箱和高温蓄热水箱两种。

1. 低温蓄热水箱

低温蓄热水箱实质是串联在水环路上的水箱，用来增大循环水系统的蓄水量。蓄水量越大，系统水温的波动范围就越小，系统中排热设备和加热设备的运行时间就越短，水环热泵系统回收建筑物余热的能力越强，节能效果越显著。低温蓄热水箱内的蓄水量一般按照能够平衡一天中的冷热负荷来确定。为了节省蓄热水箱所占用的建筑空间，可选用容积式加热器以同时起到加热和蓄热设备的作用。

2. 高温蓄热水箱

对于具有较大热负荷或生活热水负荷的建筑物，或者实行分时电价政策的区域，可以利用夜间谷电作为热源将蓄水箱内的水温加热，成为水环热泵系统中的高温蓄热水箱。高温蓄热水箱在系统中与循环水环路并联连接，通过三通混合阀向环路中供热，使循环水温维持在一定范围内。与低温蓄热水箱相比，高温蓄热水箱只能向循环水环路供热，不能起到蓄存冷量的作用，因此会增加系统内的排热设备运行时间。

（五）水处理设备

与传统中央空调水系统相同，水环热泵系统中也需要采用合理的水处理方法和防止水被污染的技术措施，常见的水处理设备包括水过滤装置、离子交换处理设备、投药法处理设备、除垢、灭菌、灭藻水处理仪等。

第四章　中央空调系统冷热源

第一节　中央空调系统冷热源分类

一、冷源的分类

1. 按中央空调系统的冷量来源分

中央空调系统的冷源有天然冷源和人工冷源，天然冷源主要有地下水或深井水。在地面下一定深度处，水的温度在一年四季中几乎恒定不变，接近于当地年平均气温，因此它可作为空调系统中喷水室或表冷器的冷源，而且成本较低、设备简单、经济实惠。但这种利用通常是一次性的，也无法大量获取低于零度的冷量；而且我国地下水储量并不丰富，有的城市因开采过量，造成地面下陷。

对于大型空调系统，利用天然冷源显然是受条件限制的，因此在多数情况下必须建立人工冷源，即利用制冷机不间断地制取所需低温条件下的冷量。人工制冷设备种类繁多、形态各异，所用的制冷机也各不相同，有以电能制冷的，如用氨、氟利昂为制冷剂的压缩式制冷机；有以蒸汽为能源制冷的，如蒸汽喷射式制冷机和蒸汽型溴化锂吸收式制冷机等；还有以其他热能为能源制冷的，如热水型和直燃型溴化锂吸收式制冷机以及太阳能吸收式制冷机。

2. 根据人工制冷设备的制冷原理来分

根据人工制冷设备的制冷原理来分，我国目前使用的人工制冷设备有如下几类：

（1）蒸汽压缩式制冷机；

（2）溴化锂吸收式制冷机；

（3）蒸汽喷射式制冷机。

蒸汽压缩式制冷机又分为活塞式、离心式和螺杆式三种；溴化锂吸收式制冷机可分为蒸汽型、热水型和直燃型三种；而蒸汽喷射式制冷机在空调制冷中比较少见，本书不作讨论。

二、冷水机组

把压缩机、辅助设备及附件紧凑地组装在一起、专供各种用冷目的使用的整体式制冷装置称为制冷机组。制冷机组具有结构紧凑、外形美观、配件齐全、制冷系统的流程简单等特点。机组运到现场后只需简单安装，接上水、电即可投入使用。与将制冷系统的各个设备分散安装于机房之内的各部位，再用很长的管道连接在一起的布置方式相比，不仅选型设计和安装调试大为简捷，节省占地面积，而且操作管理也方便，在很大程度上提高了设备运行的可靠性、安全性和经济性。因此在工程设计中应优先选用制冷机组。采用水作为被冷却介质的制冷机组称为冷水机组。目前，空调工程中应用最多的是蒸汽压缩式冷水机组和溴化锂吸收式冷水机组。

(一) 冷水机组的分类

常用冷水机组的种类及分类方式见表4-1。

常用冷水机组的种类及分类方式　　表4-1

分类方式	种类	分类方式	种类
按压缩机形式分	活塞式（往复式） 螺杆式 离心式	按燃料种类分	燃油型：柴油、重油 燃气型：煤气、天然气
按冷凝器冷却方式分	水冷式 风冷式		
按能量利用方式分	单冷式 热泵式 热回收式 单冷、冰蓄冷双功能型	按冷水出水温度分	空调型：7℃、10℃、13℃、15℃ 低温型－5～－30℃
按密封方式分	开式 半封闭式 全封闭式		
按能量补偿不同分	电力补偿（压缩式） 热能补偿（吸收式）	按载冷剂分	水 盐水 乙二醇
按热源不同分（吸收式）	热水型 蒸汽型 直燃型	按制冷剂分	R22 R123 R134a

(二) 各种冷水机组的优缺点

各种冷水机组的优缺点见表4-2。

各种冷水机组的优缺点　　表4-2

名称	优　点	缺　点
活塞式冷水机组	用材简单，可用一般金属材料，加工容易，造价低； 系统装置简单，润滑容易，不需要排气装置； 采用多机头、高速多缸，性能可得到改善	零部件多，易损件多，维修复杂、频繁，维护费用高； 压缩比低，单机制冷量小； 单机头部分负荷下调节性能差，卸缸调节，不能无级调节； 属上下往复运动，振动较大； 单位制冷量重量指标较大
螺杆式冷水机组	结构简单，运动部件少，易损件少，仅是活塞式的1/10，故障率低，寿命长； 圆周运动平稳，低负荷运转时无“喘振”现象，噪声低，振动小； 压缩比可高达20，机组能效比较高； 调节方便，可在10%～100%范围内无级调节，部分负荷时效率高，节电显著； 体积小，重量轻，可做成立式全封闭大容量机组； 对湿冲程不敏感； 属正压运行，不存在外气侵入腐蚀问题	价格比活塞式高； 单机容量比离心式小，转速比离心式低； 润滑油系统较复杂，耗油量大； 大容量机组噪声比离心式大； 要求加工精度和装配精度高

续表

名称	优　点	缺　点
离心式冷水机组	叶轮转速高，输气量大，单机容量大； 易损件少，工作可靠，结构紧凑，运转平稳，振动小，噪声低； 单位制冷量重量指标小； 制冷剂中不混有润滑油，蒸发器和冷凝器的传热性能好； 机组能效比较高，理论值可达6.99； 调节方便，在10%～100%内可以无级调节	单级压缩机在低负荷时会出现"喘振"现象，满负荷运转平稳； 对材料强度、加工精度和制造质量要求严格； 当运行工况偏离设计工况时效率下降较快，制冷量随蒸发温度降低而减少的幅度比活塞式快； 离心负压系统，外气易侵入，有产生化学变化、腐蚀管路的危险
模块化冷水机组	系活塞式和螺杆式的改良型，它是由多个冷水单元组合而成； 机组体积小，重量轻、高度低、占地小； 安装简便，无需预留安装孔洞，现场组合方便，特别适合于改造工程	价格较贵； 模块片数一般不宜超过8片
水源热泵机组	节约能源，在冬季运行时，可回收热量； 无需冷冻机房，不需要大的通风管道和循环水管，可不保温，降低造价； 便于计量； 安装便利，维修费低； 应用灵活，调节方便	在过渡季节不能最大限度利用新风； 较大机组的噪声较大； 机组多数暗装于吊顶内，给维修带来一定难度
溴化锂吸收式冷水机组（蒸汽、热水和直燃型）	运动部件少，故障率低，运行平稳，振动小，噪声低； 加工简单，操作方便，可实现10%～100%无级调节； 溴化锂溶液无毒，对臭氧层无破坏作用； 可利用余热，废热及其他低品位热能； 运行费用少，安全性好； 以热能为动力，电能耗用小	使用寿命比压缩式制冷机短； 节电不节能，耗汽量大，热效率低； 机组长期在真空下运行，外气容易侵入，若空气侵入，造成冷量衰减，故要求严格密封，给制造和使用带来不便； 机组排热负荷比压缩式大，对冷却水水质要求较高； 溴化锂溶液对碳钢具有强烈的腐蚀性，影响机组寿命和性能

（三）蒸汽压缩式冷水机组的组成及原理

压缩式冷水机组由制冷压缩机、冷凝器、节流阀和蒸发器四个大部件组成，四大部件通过管道连接成一个封闭的系统。除这四个部件外，还有一些辅助设备，如油分离器、贮液器、空气分离器和紧急泄氨器（氨系统）、干燥过滤器（氟利昂系统）等。

蒸汽压缩式冷水机组的制冷原理是：压缩机将蒸发器内低温低压的制冷剂气体吸入压缩机机体内，经过压缩机压缩做功，使制冷剂气体的压力和温度都升高，然后进入冷凝器。在冷凝器内，高压高温的制冷剂气体与冷却水或空气进行热交换，把热量传递给冷却水或空气，而使制冷剂气体放热凝结为液体。高压的制冷剂液体再经过节流阀降压后进入蒸发器。在蒸发器内，低压制冷剂气体吸收冷媒水的热量而汽化，同时使冷媒水的温度降低，这就是所需制取的冷冻水。蒸发器中汽化形成的低压低温制冷剂气体又被制冷压缩机吸入压缩，这样周而复始，不断循环，便能连续制出冷冻水。

(四）各种冷水机组的容量范围

各种冷水机组的容量范围见表 4-3。

各种冷水机组的容量范围 **表 4-3**

冷水机组形式			制冷剂	冷量范围（kW）	热量范围（kW）
电动式	活塞式冷水机组	水冷	R22	112～1336	
		风冷	R22	172～1706	190～844
	螺杆式冷水机组	水冷	R22	125～2374	
		风冷	R22	116～1488	177～886
	模块式冷水机组		R22	65～1690	
	离心式冷水机组		R22，R123，R134a	528～8800	
热力式	蒸汽吸收式冷水机组	单效	水	232～5815	
		双效			
	热水吸收式冷水机组	小温差		116～2320	
		大温差		350～4650	
	直燃溴化锂冷热水机组	燃油型		232～9302	186～3907
		燃气型			

三、热源的分类

（一）按中央空调系统的热量来源分

与冷源类似，中央空调系统的热源可分为天然热源和人工热源，天然热源主要包括地热能和太阳能。某些地区存在着丰富的地热资源，出水温度或循环水温高于 50℃，可直接送入建筑物内承担其热负荷，设备简单、经济实惠。但这种地热能的直接利用受到能源分布和储量的限制。使用太阳能集热器实现太阳能的光热转换，也可获得较高温度的循环水，用作中央空调系统的冷源，运行成本较低，但需要设置备用热源或蓄热设备以满足建筑物夜间热负荷。

因此，对于大型中央空调系统，天然热源的应用是受条件限制的，多数情况下必须建立人工热源，即利用一次能源或电能来不间断地制取满足建筑热负荷所需的热量。人工热源设备种类繁多，原理也各不相同，有利用工业废热余热直接作为中央空调系统热源的；有直接燃烧化石燃料提供热量的，如各种燃煤、燃油、燃气锅炉；有直接使用谷电的电热供热的，如谷电锅炉、发热电缆、电热膜等；还有在电能驱动下利用逆卡诺循环原理供热的，如空气源热泵、污水源热泵、地源热泵等。

（二）根据中央空调系统热源的供热原理划分

目前中央空调系统中常用的热源有如下几类：

1. 板式换热器加市政供热管网。通过板式换热器将中央空调系统中的循环水与市政供热管网中的热水或蒸汽分隔换热后向中央空调系统的末端提供热量。

2. 热水锅炉。通过燃烧将煤、油或天然气中的化学能转化为热能，作为空调系统的热源。

3. 热泵机组。热泵机组在电能的驱动下，经制冷剂在热泵机组内的蒸汽压缩式循环，从周围环境（空气、水或土壤）中提取温度较低的低品位热能后，提升为温度较高的高品位热能，用来向建筑物内供热。热泵机组的供热性能系数（供热量与输入功的比值）可达到3～4，是一种节能、高效、环保的中央空调热源形式。此外，热泵机组能实现一机两用，可有效简化中央空调系统、节省投资和运行费用、方便运行管理和减少设备维护工作量。

第二节　制冷剂、载冷剂和润滑油

一、制冷剂

在制冷机组中循环流动的工作介质称为制冷剂。它在制冷系统蒸发器内吸收被冷却介质的热量而汽化，然后在冷凝器内将热量排放给冷却介质而液化，从而实现制冷的目的。

（一）制冷剂的种类

目前使用的制冷剂有多种，归纳起来有四类，即无机化合物、卤代烃（氟利昂类）、烃类及混合溶液。

（二）制冷剂的编号

我国《制冷剂编号方法和安全性分类》GB/T 7778—2008 规定了各种通用制冷剂的简单编号方法，以代替其化学名称、分子式或商品名称。标准中规定用字母 R 和它后面的一组数字及字母作为制冷剂的简写编号。字母 R 作为制冷剂的代号，后面的数字或字母则根据制冷剂的种类及分子组成按一定的规则编写。

1. 无机化合物

属于无机化合物的制冷剂有水、氨、二氧化碳等。无机化合物用序号 700 表示，化合物的相对分子量加上 700 就得出其制冷剂的编号。例如，氨的相对分子量为 17，其编号为 R717，二氧化碳和水的编号分别为 R744 和 R718。

2. 卤代烃（氟利昂）

卤代烃是饱和碳氢化合物的氟、氯、溴的衍生物的总称。目前用作制冷剂的主要是甲烷、乙烷和丙烷的衍生物。

饱和烃类的化学分子式为 C_mH_{2m+2}。氟利昂的分子式为 $C_mH_nF_xCl_yBr_z$，其原子数 m、n、x、y、z 之间的关系为

$$2m+2=n+x+y+z$$

氟利昂作为制冷剂时，同样也用 R 和后面的数字表示，在符号 R 后面的数字依次为 (m－1)，(n＋1)，x。若化合物中含有溴原子时则在后面加上符号 B，之后附以溴原子的数目 z。例如二氟二氯甲烷分子式为 CF_2Cl_2，制冷剂的编号为 R12。四氟乙烷的分子式为 $C_2H_2F_4$，编号为 R134。三氟一溴甲烷的分子式为 CF_3Br，编号为 R13B1。

乙烷衍生物的氟利昂系列物质中的两个碳原子可与氟、氯、氢原子以不同的方式结合，因而存在同分异构体。按每个碳原子结合的元素的原子量的不平衡程度，可以依次排列为 a、b、c 三种异构体，如 R134a，R142b，R114 等。这种同分异构体现象给选用更合适的制冷剂提供了一个更加广泛的范围。

3. 烃类（碳氢化合物）

这类制冷剂有饱和碳氢化合物和非饱和碳氢化合物。饱和碳氢化合物制冷剂中甲烷、乙烷、丙烷的编号方法与氟利昂相同。非饱和碳氢化合物制冷剂有乙烯、丙烯等。在它们的编号规则中，字母 R 后面的第一位数字定为 1，接着的数字编制与氟利昂相同。例如乙烯、丙烯的分子式分别为 C_2H_4 和 C_3H_6，它们的编号分别为 R1150 和 R1270。

4. 混合制冷剂

这类制冷剂包括共沸制冷剂和非共沸制冷剂。已经商品化的共沸制冷剂依应用先后在 R500 序号中顺次地规定其编号。例如 R500、R502 等。已经商品化的非共沸制冷剂依应用的先后，在 R400 中顺次地规定其编号。混合制冷剂的组分相同，比例不同，编号数字后接大写 A、B、C 等字母加以区别。例如非共沸制冷剂 R404A 和 R407C 的组成分别如下：R404A——R125/143a/134a（44.0/52/4.0），R407C——R32/125/134a（23.0/25.9/52.0）。

近来，常常根据制冷剂的化学组成来表示制冷剂的种类。不含氢的卤代烃称为氯氟化碳。写作 CFC；含氢的卤代烃称为氢氯氟化碳，写作 HCFC；不含氯的卤代烃称为氢氟化碳，写作 HFC，碳氢化合物写作 HC。在 CFC、HCFC、HFC、HC 等后面接数字或字母的编制方法同国家标准《制冷剂编号方法和安全性分类》GB/T 7778—2008 的规定一致。如 R12、R22 分别表示成 CFC12 和 HFC22。

（三）对制冷剂的要求

1. 热力学性质方面的要求

（1）蒸发压力和冷凝压力要适中。在蒸发器内制冷剂的压力要稍高于或接近于大气压力，因为当蒸发器内制冷剂的蒸发压力低于大气压力时，外部的空气有可能从密封不严处进入制冷系统，就会降低制冷机的效率。在冷凝器中制冷剂的压力不应过高，这样可以降低制冷设备承压要求和密封要求，以及减少制冷剂渗漏的可能性。

（2）制冷剂的单位容积制冷量要大。制冷剂的单位容积制冷量越大，对于产生一定的制冷量所需的制冷剂的体积循环量就越小，这样就可以减小压缩机的尺寸。

（3）制冷剂的临界温度要高而凝固温度要低。制冷剂的临界温度越高，则制冷循环的工作区越远离临界点，制冷循环越接近逆卡诺循环，节流损失越小，制冷系数越高。同时，也便于使用用常温的冷却水或空气进行冷凝汽化。制冷剂的凝固温度要低一些，以可能在较低的蒸发温度下制取冷量。

（4）绝热指数要小。制冷剂的绝热指数越小，压缩机的排气温度越低，不但有利于提高压缩机的输气系数，而且对于压缩机的润滑也有好处。

2. 制冷剂的化学、安全和环境性质

（1）制冷剂的热稳定性。在一定的条件下，制冷剂受热温度升高会发生分解，但在制冷系统正常的运行条件下，由于制冷剂的工作温度低于其分解温度，制冷剂是热稳定的。制冷系统实际的制冷剂最高使用温度还受制冷工况、润滑油的种类、压缩机的材料等因素限制。制冷系统中的制冷剂是同润滑油、钢铁、铜、电动机绕组长时间接触的，为防止它们之间的相互作用，仍需限制它们的使用温度。表 4-4 列出一些制冷剂使用的最高温度。

一些制冷剂使用的最高温度　　表 4-4

制冷剂	最该使用温度（℃）	制冷剂	最该使用温度（℃）
R11	105	R113	105
R12	130	R114	120
R13	150	R502	150
R22	150	R717	150
R123	105	R600a	130
R134a	130	R290	130
R404A	150	R407C	150

（2）制冷剂与水的溶解特性。不同的制冷剂的溶水性不一样。氨易溶于水，生成的水溶液的凝固温度低于 0℃，因此氨制冷系统中不会因结冰堵塞制冷剂管路，但会腐蚀与其接触的金属材料。氟利昂和碳氢类制冷剂很难溶解于水，当制冷剂中含水量超过溶解度时，就会出现游离态的水。当制冷温度低于 0℃时，游离水会结冰堵塞节流机构通道。水溶解于制冷剂后会发生水解现象，生成酸性物质，腐蚀金属材料，降低绕组的电气绝缘性能。因此，制冷系统中不允许有游离态水存在，一般在系统中设置干燥器。

（3）制冷剂和润滑油的溶解性。不同的制冷剂液体与润滑油的溶解性不同，同一制冷剂与不同的润滑油的溶解性也不同，有的完全互溶，有的几乎不溶解，而有的部分溶解。在制冷温度范围内，R717 和 R744 几乎不溶于矿物油；R22、R502 与矿物油部分相溶；R11、R12、R21、R500 与矿物油完全互溶；R134a 与多元醇酯类合成润滑油是互溶的，而与矿物油是难溶的。应该说明的是制冷系统中润滑油是呈液体状态存在的，当制冷剂与润滑油不互溶时，其优点是蒸发温度比较稳定，同时在制冷设备中制冷剂与润滑油分成两层，因此易于分离；缺点是在换热器的传热面上，会形成阻碍传热的油膜。当制冷剂与润滑油互溶时，在传热面上就不会形成油膜，润滑油可随制冷剂一起渗透到压缩机的各个部件，形成良好的润滑条件。但是溶解制冷剂的润滑油黏度会降低，系统压力下蒸发温度会升高。

（4）制冷剂对金属和非金属的作用。氨对钢铁无腐蚀作用，对铜或铜合金有轻微的腐蚀作用。但如果氨中含水，则对铜及铜合金有强烈的腐蚀作用。氟利昂对几乎所有的金属无腐蚀作用，只对镁和含镁超过 2%的铝合金有腐蚀。氟利昂在含水情况下会水解成酸性物质，对金属有腐蚀作用，所以含水的制冷剂和润滑油的混合物能够溶解铜。当制冷剂在系统中与铜或铜合金接触时，铜便会溶解在混合物中，然后沉积在温度较高的钢铁部件上，形成一层铜膜，这就是所谓的“镀铜”现象。“镀铜”现象在压缩机曲轴的轴承表面、吸排气阀等光洁表面特别明显。它会影响压缩机运动部件的配合间隙，以及吸排气阀的密封，严重时使压缩机无法正常工作。

氟利昂制冷剂是一种很好的有机溶剂，很容易溶解于天然橡胶和树脂，使高分子材料变软、膨胀或起泡。所以在选择制冷机的密封材料和电器绝缘材料时，不使用天然橡胶、树脂化合物，而要用耐腐蚀的氯丁烯、氯丁橡胶、尼龙、塑料等材料。烃类制冷剂对金属材料无腐蚀。

（5）制冷剂的电绝缘性。在封闭式制冷压缩机中，电动机的线圈与制冷剂直接接触，要求制冷剂应具有良好的电绝缘性能。电击穿强度是表示制冷剂电绝缘性能的一个指标。润滑油的存在会使制冷剂的电绝缘性能下降。

（6）制冷剂的安全。制冷剂对人的生命和健康应无危害，不具有毒性、窒息性和刺激性。制冷剂的毒性分为六级，一级毒性最大，六级毒性最小。制冷剂的毒性分级标准见表 4-5。

制冷剂的毒性分级标准 **表 4-5**

级别	条件		产生的结果
	制冷剂蒸气在空气中的体积百分比	作用时间(min)	
1	0.5～1.0	5	致死
2	0.5～1.0	60	致死
3	2.0～2.5	60	开始死亡或成重症
4	2.0～2.5	120	产生危害作用
5	20	120	不产生危害作用
6	20	120 以上	不产生危害作用

（7）环境性能及指标。臭氧潜能消耗值 ODP（Ozone Depletion Potential）是一个规范化标志，选用 R11 的值作为基准值 1.0，用来表示制冷剂消耗大气臭氧分子潜能的程度。全球变暖潜能值 GWP（Global Warming Potential）是衡量制冷剂对气候变暖影响的指标。要求选用的替代制冷剂的 ODP 必须小于 0.1，GWP 相对于 R12 来说必须很小。

（四）制冷剂的限用与替代物的选择

氟利昂自 1930 年被人们发现并进入商业性生产至今已有 70 多年的历史了。可以说氟利昂对制冷技术的应用和发展起到了非常大的作用，曾经给人类带来了巨大的好处。

目前采用的制冷剂都是按国标规定的统一编号，如 R12、R22 等。为了区别各类氟利昂对臭氧（O_3）的作用，1988 年美国的杜邦公司建议采用新的命名方法。把不含氢的氟利昂写成 CFC，读作氯氟烃，如 R12 写作 CFC12。把含氢的氟利昂写成 HCFC，读作氢氯氟烃。把不含氯的氟利昂写成 HFC，读作氢氟烃。这种新的命名方法正逐渐被人们采用。

一般认为地球表面的大气层在高度约 25km 处存在一层臭氧层，大气中的臭氧约 90％集中在该层中。由于臭氧形成了一道天然屏障，能够有效地阻止来自太阳的紫外线对地球表面的辐射危害。臭氧层成为地球上生物和人类的防护罩。

由于 CFC 化学性质稳定，在大气中的寿命可长达几十年甚至上百年。当 CFC 类物质在大气中扩散上升到臭氧层时，在强烈的紫外线照射下会产生分解。分解时释放出的氯离子可与 O_3 分子作用生成氧化氯分子和氧分子。氧化氯又能和大气中游离的氧原子作用，重新生成氧化氯分子和氧分子，这样循环产生的氯离子就不断地破坏臭氧层。据测算，一个 CFC 分子分解生成的氯离子就可破坏近 10 万个臭氧分子。上述观点提出后，经历了十几年地争论，目前世界上多数专家意见基本取得一致，认为臭氧层的破坏主要是地球上散发到大气中的 CFC 所致。同时 CFC 的排放还会加剧温室效应。

保护臭氧层是一项全球性的环境保护问题，1987 年联合国在加拿大蒙特利尔举行了“大气臭氧层保护会议”，制订了关于消耗臭氧层物质的《蒙特利尔议定书》，提出了限制和禁止使用消耗臭氧层物质的一系列措施，对受控物质的范围、限制和禁止使用的时间表都作了具体的规定。

我国于1991年成为《蒙特利尔议定书》的参加国。我国制订的《中国逐步淘汰消耗臭氧层物质的国家方案》于1993年经国务院批准实施，1998年对该方案进行了修订。对工商业制冷设备CFC11完全淘汰的时间定为2002年；CFC12完全淘汰的时间为2006年。

以CFC作为制冷剂，由于其化学性质稳定、无毒以及不燃等特点，曾为制冷行业作出了巨大贡献。显然停止CFC的使用会给制冷行业带来不少问题。为此必须寻求合适的替代制冷剂。对替代制冷剂的要求是：

1. 对环境安全。它的ODP必须小于0.1，GWP相对于R12来说也必须小。

2. 具有良好的热力性能，要求替代的工作压力适中，制冷效率高，并且与润滑油有良好的亲和性。

3. 具有可行性。除易于大规模工业化生产，价格可被接受外，制冷剂的毒性必须符合职业卫生要求，对人体无不良影响。

关于CFC类物质的替代和减少CFC对大气臭氧层的破坏问题，目前有短期的、中期的和长期的三种解决方法。短期的解决方法是采取措施减少向大气中CFC物质的排放量。比如尽量减少制冷系统中CFC的充灌量，强化密封减少泄漏，研制CFC的回收装置，逐年减少CFC的生产和使用。中期的解决方法是采用对大气臭氧层破坏能力小的HCFC类纯制冷剂或由其组成的混合制冷剂，替代破坏能力大的CFC类制冷剂。目前研究较多并实际使用的纯制冷剂有R22、R142b、R123等，混合制冷剂有R22、R142b、R152a、R124等制冷剂的二元或多元混合制冷剂。HCFC类制冷剂虽然属于低公害制冷剂，由于其仍对臭氧层有破坏作用，它们只是过渡时期的替代物，最终还是会被禁止的。

长期的解决方法是采用ODP值为0，且GWP值也很小的物质作制冷剂。表4-6列出绿色环保制冷剂的发展趋势。可采用天然制冷剂，如氨、二氧化碳、烷烃等自然物质；也可采用卤代烃中的HCFC类物质，如R134a和R152a，近年来还出现一些商业化的混合制冷剂，如R404A、R410A、R407C等。

绿色环保制冷剂的趋势 **表4-6**

制冷剂用途	原制冷剂	制冷剂替代物
家用和楼宇空调系统	HCFC22	HFC
大型离心冷水机组	CFC11、CFC12、R500、HCFC22	HCFC123、HFC134a、HFC混合物、HFC245ca
低温冷库、冷冻机组	CFC12、R502、HCFC22、NH_3	HFC134a、HCFC22、HFC或HCFC混合物、NH_3
冰箱及冷柜、汽车空调	CFC12	HFC134a、HC及其混合物 HCFC混合制冷剂、CO_2

（五）常用制冷剂的性质

空调系统常用的制冷剂有R12、R22、R134a、R404A、R407、R717等。

1. 氟利昂12（R12）

R12是中小型空调和冰箱中使用较普遍的制冷剂。R12在大气压下的沸点是

－29.8℃，凝固点是－158℃。它的冷凝压力较低，用水冷却时冷凝压力不超过1.0MPa，风冷时不超过1.2MPa。R12易溶于润滑油，为确保压缩机的润滑，应使用黏度较高的冷冻机油。

水在R12中的溶解度很小。若R12中含有少量水分，当制冷剂温度低于0℃时，在制冷剂中，游离的水经过节流机构时就会结冰，从而堵塞阀孔使系统无法制冷，这种现象称为"冰堵"。为防止冰堵，通常要求R12中的含水量不大于0.0025％。

R12无色、无臭、对人体生理危害极小。R12中不含氢原子，因而不燃不爆。由于R12在大气中寿命较长，约90～150年，对臭氧层有破坏作用，被列于首批限用制冷剂。

2. 氟利昂22（R22）

R22在空调用制冷装置中得到广泛应用。R22的热力学性质与氨很相近，而且安全可靠，是一种良好的制冷剂。

水在R22中的溶解度很小，而且随着温度的降低，水的溶解度更小。当R22中溶解有水时，会引起"冰堵"现象和对金属的腐蚀作用。

R22能部分地与矿物油互溶，其溶解度与润滑油的种类和温度有关。在较高温度时，润滑油在R22中溶解度较大，形成均匀的溶液。在温度逐渐降低至某一临界温度以下时，便开始分层，上层主要是油，下层主要是R22。

R22对电绝缘材料的腐蚀性较R12大，毒性也比R12稍大。R22不燃不爆，在大气中的寿命约20年。R22渗透能力很强，并且泄漏难以发现，因此常用卤素灯检漏。

R22的ODP和GWP比R12小得多，属于HCFC类物质，但对大气臭氧层仍有破坏作用。R22正作为某些CFC类制冷剂的过渡替代物使用。

3. R134a

R134a是一种新型制冷剂，其标准蒸发温度为－26.5℃，它的主要热力性质与R12相似，其毒性类似R12，对臭氧层没有破坏作用，温室效应比R22小，是R12的1/10。R134a对金属的腐蚀作用比较小、稳定性好，也不溶于水。以R12为制冷剂的制冷机改用R134a后，其制冷量和能效比不会降低，但系统须用适合R134a的润滑油、干燥过滤器等。国际上对R134a进行研究，认为R134a是一种比较理想的R12替代制冷剂。目前R134a已经在空调用冷水机组中得到应用。R134a属于HFC类制冷剂，按当前的国际协议可长期使用，但它的GWP为1600仍比较大，也有人认为R134a不是最适宜的制冷剂。

4. R123

R123是一种新开发的制冷剂。R123与R11的热力性质、制冷循环特性比较相近。尽管属于HFC类制冷剂，但其ODP和GWP都很小，而且对金属的腐蚀性比R11大，它在大气中的寿命为1～4年。

二、载冷剂

（一）对载冷剂的要求

载冷剂是用来将制冷机所产生的冷量传送给被冷却对象的中间物质。载冷剂在制冷机的蒸发器中放出热量，它本身被冷却。载冷剂应尽可能满足下列要求：

1. 载冷剂的凝固点低，在使用范围内不凝固、不汽化。

2. 比热容大，在使用过程中可减少载冷剂的循环量，而且使载冷剂的温度变化不大。

3. 热导率大，以利于冷量的传递。

4. 密度小，黏度小，以降低流动阻力、提高传热效果、减小能耗。

5. 无臭、无毒、不燃烧、不爆炸、化学稳定性好，对金属不腐蚀、不污染环境。

6. 价格低廉并易获得。

常用的载冷剂有空气、水、盐水、有机化合物及其水溶液等。

空气作为载冷剂有较多优点，特别是价格低廉和容易获得。但空气的比热容小、热导率小，影响了它的使用范围。有些空调系统采用直接蒸发式空气冷却系统。水是空调系统最适宜的载冷剂，它的优点是比热容大、热导率大，价低易得。但它的凝固点为0℃，仅能用作制取0℃以上的载冷剂。冷水机组就是采用水作为载冷剂的，它广泛用于制冷空调系统中。如果要制取0℃以下的冷量，则可采用盐水溶液作为载冷剂。由于盐水溶液对金属有强烈的腐蚀作用，而且受使用条件的限制，有些场合采用腐蚀性小的有机化合物或其水溶液作为载冷剂，但成本较高。

（二）盐水载冷剂

盐水可用作工作温度低于0℃的载冷剂，常用的盐水是氯化钙或氯化钠溶液。

盐水的性质与溶液中盐的浓度密切相关。盐水的浓度越大，其密度越大，流动阻力也越大；同时浓度增大，其比热减小，输送一定冷量所需的盐水溶液的流量将增加，造成泵消耗的功率增大。因此配置盐水溶液时，只要使其浓度所对应的凝固点温度不低于系统中可能出现的最低温度即可，一般使凝固温度比制冷剂的蒸发温度低5℃左右。

盐水溶液对金属有腐蚀性，为了降低盐水的腐蚀性，可在盐水溶液中加入一定量的防腐剂。

三、润滑油

（一）润滑油的功能

在制冷压缩机中润滑油的功能主要如下：

1. 润滑相互摩擦的零件表面，使摩擦表面完全被油膜分隔开来，从而降低压缩机的摩擦功、摩擦热和零件的磨损。

2. 带走摩擦热量，使摩擦零件的温度保持在允许的范围内。

3. 使活塞环与汽缸壁之间的间隙、轴封摩擦面等密封部分充满润滑油，以阻挡制冷剂的泄漏。

4. 带走金属摩擦表面的磨屑。

5. 利用油压作为控制卸载机构的液压力。

（二）制冷机对润滑油的要求

1. 在与制冷剂混合的情况下，能够保持足够的黏度。

2. 具有较低的凝固点，需低于制冷机的工作蒸发温度。

3. 不应含有水分和蜡质，闪点要高，高温下的挥发性要小。

4. 化学稳定性好，对金属和填料无腐蚀作用。

5. 绝缘电阻值大。

（三）润滑油的特性

1. 黏度。黏度是润滑油的一个重要性能指标。适宜的润滑油黏度是确保制冷压缩机处于流体动力润滑状态、减少磨损、降低能耗的重要因素。黏度过低，不能形成适宜的油膜，同时也影响密封性；黏度过高，会造成压缩机动力消耗过大。由于制冷机在工作中高压侧制冷剂的排气温度高，希望润滑油的黏度不应降低过大；又由于低压侧吸入的低温气体，此时润滑油的黏度又不应过大。因而选用润滑油不仅必须具有一定的黏度，而且还希望黏度随温度的变化尽量小。一般情况下，低温、冷冻范围工作的制冷系统，使用低黏度的润滑油；空调范围工作的制冷系统，使用高黏度的润滑油。有时也使用添加剂降低润滑油黏度随温度的波动。当润滑油中溶有制冷剂后，其黏度急剧降低。

2. 溶解性。各种制冷剂对润滑油的溶解度不同，而且还与温度条件有关。在制冷机的工作温度范围内，按与润滑油溶解的情况常用的制冷剂大致可分三类：

（1）不溶于润滑油的制冷剂，如 R717、R13、R14 等。如果使用这些制冷剂，必须加强压缩机与冷凝器之间的油分离器的作用。

（2）少量溶于润滑油的制冷剂，如 R22。温度越低，溶解度越小。所以当蒸发温度降低到某一程度时，润滑油与 R22 分成两层，油漂浮在上层，从而影响制冷剂的蒸发率，而且不利于油被吸回压缩机。

（3）无限溶于制冷剂的润滑油，如 R11、R12、R500 等。这些制冷剂在液态时，能与润滑油以任何比例互溶。润滑油是一种高沸点的液体，制冷剂中溶油量过多，会使制冷剂在定压下的沸点升高，这将引起单位容积制冷剂制冷量的下降。

3. 闪点

闪点即是引起润滑油燃烧的温度。一般冷冻机油的闪点温度为 160～180℃。对于氨制冷机，由于氨的绝热指数大，当压缩比较大时的排气温度很高，有接近润滑油闪点的可能性。所以氨压缩机的顶部设有冷却水套，以防高温油的炭化。

4. 含水量

润滑油中的含水量与制冷装置的制冷效果及使用寿命有密切的关系。水在氟利昂系统中会引起“冰堵”现象和“镀铜”现象。为避免上述现象发生，对润滑油的含水量必须按照要求严格控制。

我国国家标准规定的润滑油的品种和应用见表 4-7。

我国润滑油的品种和应用 **表 4-7**

GB/T1630—96 规定的品种	ISO VG 黏度分类	主要组成	制冷系统中蒸发器的工作温度	制冷剂类型	典型应用
L-DRA/A	N22、N46、N68	深度精制矿物油、合成烃油	高于－40℃	氨、二氧化碳	开启式普通制冷机
L-DRA/B	N32、N46			氨、CFC、HCFC、以 HCFC 类为主的混合物	半封闭式普通制冷机，冷冻、冷藏设备、空调
L-DRB/A	N32	深度精制矿物油、合成烃油	低于－40℃	CFC、HCFC、以 HCFC 类为主的混合物	全封闭式冷冻、冷藏设备、电冰箱
L-DRB/B	N15、N32、N46、N56	合成烃油			

第三节　活塞式冷水机组

冷水机组中以活塞式压缩机为主机的称为活塞式冷水机组。它由活塞式压缩机、蒸发器、冷凝器和节流机构、电控柜等设备组装在一个机座上，其内部连接管已在制造厂完成装配，用户只需在现场连接电气线路和外接水管即可投入运行。制冷剂一般采用氟利昂，目前常用 R22。活塞式冷水机组的单机容量较小，一般用于小型空调系统中。

一、活塞式冷水机组的分类

1. 按冷凝器的冷却介质分，活塞式冷水机组分为水冷式和风冷式两种。目前，国产活塞式冷水机组多为水冷式的。水冷式机组按总体结构形式分为普通型的和模块型的两种。制冷循环均为单级压缩制冷循环。

2. 按压缩机的结构形式分，活塞式冷水机组分为开启式活塞压缩机、半封闭活塞压缩机和全封闭活塞压缩机。

3. 按机组的功能分，活塞式冷水机组分为单冷型、热泵型和热回收型。

二、活塞式冷水机组型号表示方法

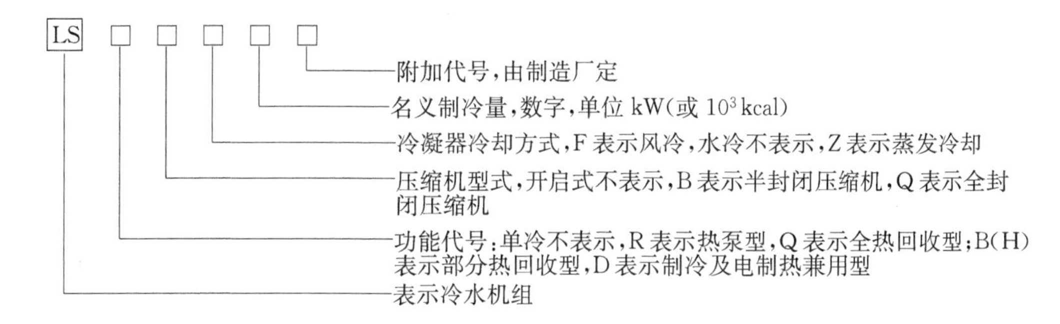

三、活塞式冷水机组技术参数

活塞式冷水机组的名义工况及主要技术参数规定（见表 4-8）

机组名义工况及主要技术参数　　表 4-8

冷水温度℃		冷却水温度℃		风冷空气温度(℃)		热泵制热温度(℃)		单位制冷量冷却水流量(m^3/kW)	单位制冷量冷冻水流量(m^3/kW)	冷冻水、冷却水侧污垢系数(m^2·℃/kW)	冷凝器、蒸发器水侧阻力(MPa)	噪声[dB(A)]		机组振动振幅(mm)
进口	出口	进口	出口	夏季	冬季	进口	出口					开启式压缩机	半封闭式压缩机	
12	7	30	35	35	7	40	45	0.215	0.172	0.086	＜0.1	≤85	＜80	＜0.03

四、活塞式冷水机组的外型及典型流程

图 4-1 和图 4-2 为活塞式水冷型冷水机组的外形和典型流程图。

机组主机有开启式、半封闭式和全封闭式，主机由单台压缩机组成，也有由多台压缩

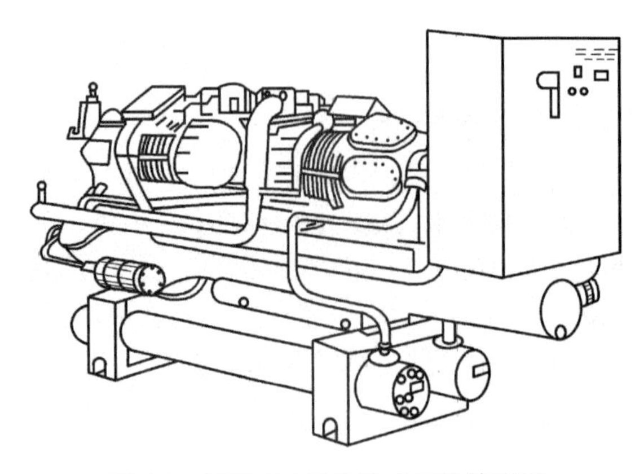

图 4-1　活塞式水冷型冷水机组外形图

机组成，多台压缩机组成的机组多采用两个独立的制冷回路，当一组发生故障或保护装置跳脱时，另一组仍能继续运行。冷凝器为水冷卧式壳管式，冷却管多采用低肋滚压螺纹管，冷却水在管内流动，制冷剂蒸气在管外壁凝结。冷凝器筒体一端为冷却水进、出管接口，冷却水为下进上出。冷凝器筒体上装有高压安全阀，当冷凝压力超过设定值时，安全阀起跳，使冷凝器压力下降，从而保证机组安全运行。

蒸发器为干式壳管式，传热管采用内外带翅片的高效传热管，R22 在管内气化，冷水在管外被冷却。为保证压缩机的干压行程，机组中设有气液热交换器。低压氟利昂气体进入压缩机，经压缩后，进入冷凝器，蒸气冷凝成液体，进入气液热交换器中，被来自蒸发器的低压蒸气进一步过冷，过冷后的液体，经干燥过滤器、电磁阀，并在热力膨胀阀内节流到蒸发压力后进入蒸发器，R22 液体在蒸发器内气化，吸收冷水的热量后，经气液热交换器，被来自冷凝器的高温液体加热，重新进入压缩机，如此不断循环。

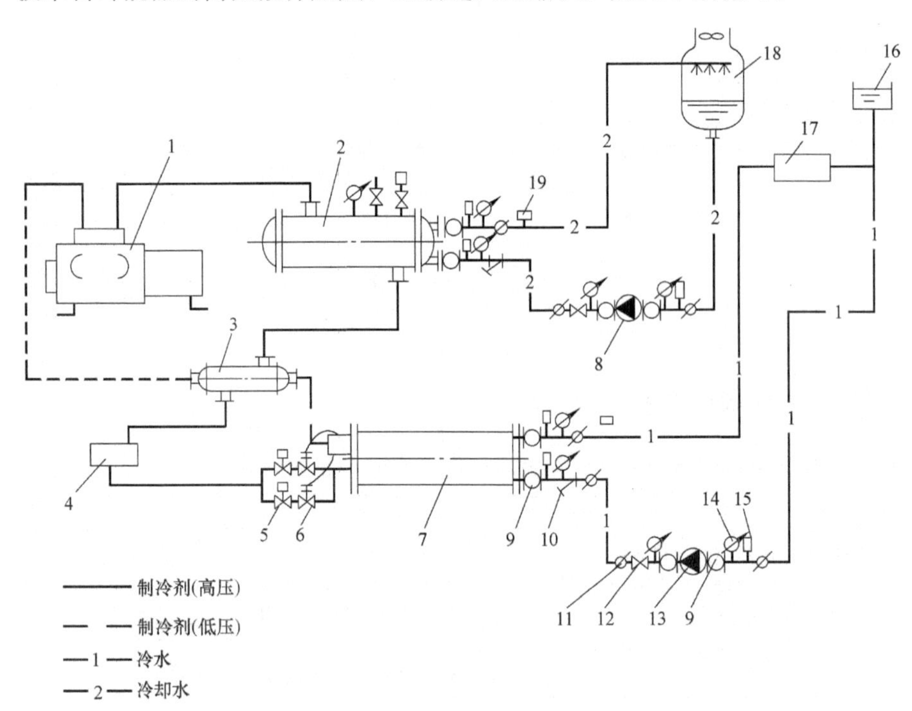

图 4-2　活塞式水冷型冷水机组典型流程图

1—活塞式压缩机；2—冷凝器；3—气液热交换器；4—干燥过滤器；5—电磁阀；6—热力膨胀阀；7—干式蒸发器；8—冷却水泵；9—橡胶软接头；10—水过滤器；11—蝶阀；12—止回阀；13—冷水泵；14—压力表；15—温度计；16—膨胀水箱；17—空调末端设备；18—冷却塔；19—流量开关

冷水机组上一般装有电控柜和微电脑，设有安全、自动保护和自动调节装置，对冷水水温可进行调控，机组故障可显示、可自动诊断，对多机头机组，压缩机可自动轮流启动，机组参数和运行时间可进行显示和自动存储。安全保护装置有高低压、冷水和冷却水断水、油压、冷水低温防冻、缺相、欠电压、过载、压缩机内埋温度保护等。

五、活塞式冷水机组性能特性

(一) 水冷型冷水机组性能特性

根据我国《蒸汽压缩循环冷水（热泵）机组性能试验方法》GB/T 10870—2014 规定，机组的名义制冷工况指当冷水出水温度 7℃、冷却水出水温度 35℃时的制冷量。在实际运行时，由于冷水温度和冷却水与名义工况出水温度不同，机组制冷量和压缩机功率消耗是变化的。图 4-3 示出了某一活塞式冷水机组制冷量、功率随冷水出水温度和冷却水进水温度变化的特性曲线。

由图 4-3 可以看出，机组的制冷量随冷水出水温度的提高而增加，随冷却水进水温度的提高而减少。这是由于冷水出水温度提高时，相应制冷剂的蒸发压力提高，压缩机吸气压力提高，使系统的制冷剂循环流量增加，制冷量增大；当冷却水进水温度提高时，冷凝压力提高，压缩机排气压力提高，制冷剂循环流量减少，制冷量减小。

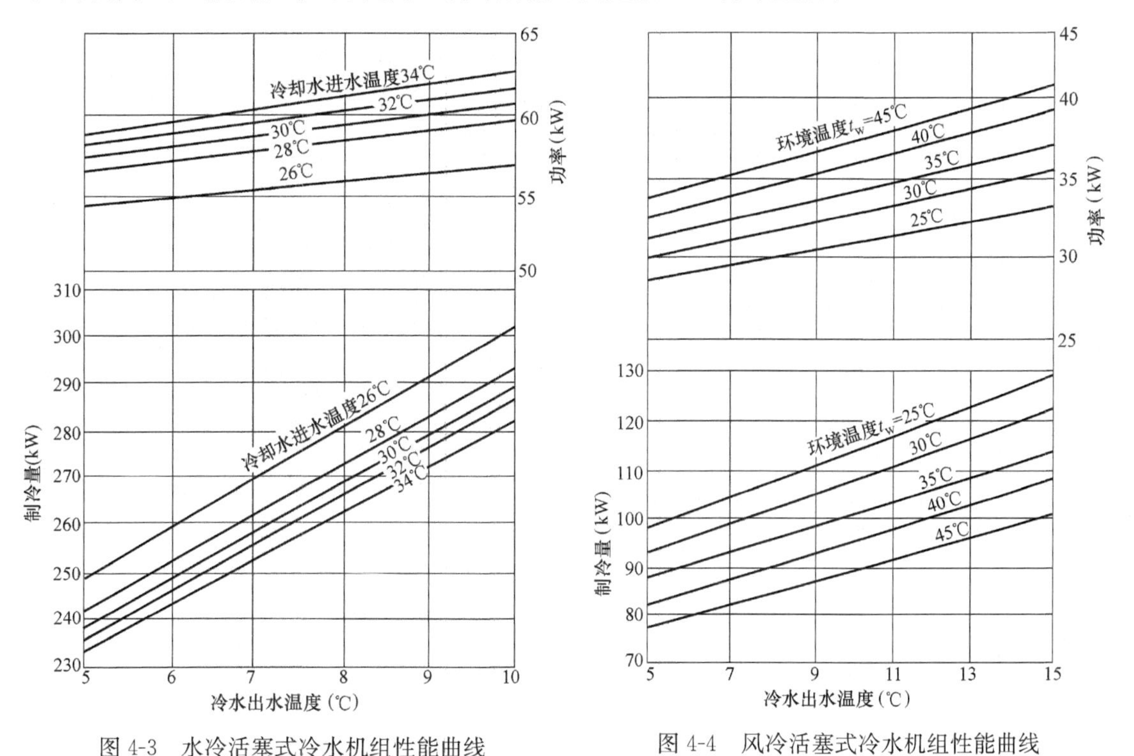

图 4-3 水冷活塞式冷水机组性能曲线

图 4-4 风冷活塞式冷水机组性能曲线

机组的功耗随冷水出水温度的提高而增加，随冷却水进水温度的提高而增加（见图 4-3）。这是由于冷却水进水温度提高时，冷凝压力提高，此时如冷水温度不变（即蒸发压力不变），则压缩比增大，单位压缩功增大，消耗功率增加。当冷水出水温度提高时，蒸发压力提高，此时如冷却水进水温度不变（即冷凝压力不变），则压缩比减小，单位压缩功减小，耗功减小，但此时由于蒸发压力提高，吸气比容减小，循环流量增大，制冷量增大，所需耗功增加值更大，故总的耗功是增加的。

（二）风冷型热泵冷热水机组性能特性

1. 环境温度、冷水出水温度对机组性能的影响

在实际运行时，由于环境温度和出水温度不同，机组制冷量和压缩机的功率消耗也是变化的。图 4-4 是指某一机组的制冷量、功率随环境温度和出水温度变化的特性曲线。由图 4-4 可以看出，机组的制冷量随冷水出水温度的提高而增加，随环境进风温度的提高而减少。这是由于冷水出水温度提高时，相应制冷机的蒸发压力提高，吸气比容减小，单位容积制冷量和机组制冷量均增大；当环境温度提高时，系统中的冷凝压力提高，由于蒸发温度不变，其吸气比容也保持不变，压缩机输气系数减小，单位质量制冷剂的制冷量减少，机组制冷量也随之减少。

机组的耗功量随冷水出水温度的提高而增加，随环境温度的提高而增加。这是由于冷水温度提高时，蒸发压力提高，如环境温度不变（即冷凝压力不变），压缩比减小，单位质量制冷剂的功耗减少，但此时制冷剂流量增加，故压缩机总的功耗仍是增加的；当环境温度提高，冷凝压力提高，若出水温度不变（即蒸发压力不变），这时压缩比增大，单位质量制冷剂耗功增加，故压缩机总的耗功仍是增大的。

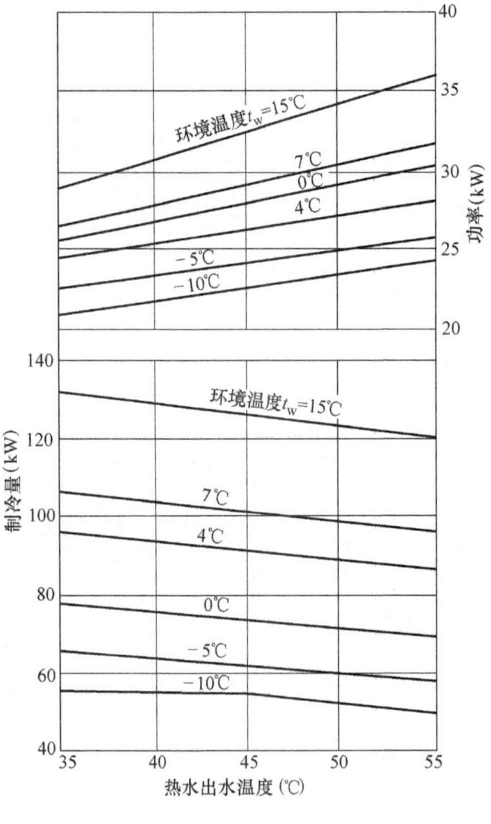

图 4-5　风冷机组制热量、功率与环境温度和出水温度的关系（空气相对湿度为 85%）

2. 环境温度、热水出水温度对机组性能的影响

根据我国《蒸汽压缩循环冷水（热泵）机组性能试验方法》GB/T 10870—2014 标准，机组名义制热量是指当环境温度 7℃、热水出水温度 45℃时的制热量。在实际运行时，由于环境温度和出水温度与名义工况不同，机组制热量和压缩机的功率消耗是变化的。图 4-5 是某一机组的制热量、功率随环境温度变化的特性曲线。

由图 4-5 可以看出，机组的制热量随热水出水温度的升高而减少，随环境温度的降低而减少。这是因为热水出水温度提高后，冷凝压力相应提高，制冷剂流量减少，制热量相应也减少；环境温度降低，蒸发压力降低，压缩机吸气压力降低，压缩比增大，制冷剂流量减少，制热量也相应减少。当环境温度低到 0℃左右，空气侧换热器表面结霜加快，蒸发温度下降速率增加，机组制热量急剧下降，此时必须进行除霜，否则机组将不能正常工作。

机组在制热工况运行时，其输入功率是随热水出水温度的增加而增加，随环境温度的

降低而减少。这是由于热水出水温度提高时，冷凝压力相应提高，若环境温度不变，则压缩比增加，功耗增大；环境温度降低时，蒸发温度降低，压缩机制冷剂流量减少，功耗也降低。当环境温度降到0℃左右时，空气侧换热器表面结霜加快，机组制热量降低加快，压缩机输入功率也大大降低，所以一般当环境温度低至−4～−5℃时，可启动辅助电加热器，加热供暖系统的回水，以补偿机组制热量的衰减。

六、活塞式冷水机组的调节

目前国内外机组的控制一般采用电控柜控制和微机控制，监控冷水机组全部运行参数（温度、压力、过热度、工作状态等），并能自动控制压缩机、风机、电子膨胀阀，还能顺序启动、故障停机、除霜控制、根据冷水出水温度控制多台压缩机先后启动和进行智能控制、故障显示等。可与大楼管理系统（BMS）联网控制，也可与空调监控网络系统联网。

（一）显示内容

供回水温度、室外温度、压缩机工作状态、冷凝器风机和水泵工作状态、高低压值、油压差值、机组电流值、输入电压值、热回收系统回水温度值、水流量值、主要部件累计时间值、机组工作时间、每台压缩机启动次数、当前时间及年、月、日、维修指南等。

（二）安全保护、报警内容

高压过高保护、低压过低保护、压缩机电机过载保护、冷水温度出水温度过低保护、板式蒸发器防冻保护、换热器断水保护、压缩机防频繁启动保护、电动机内埋温度过度保护、电源电压过低保护、三相电源缺相保护、油压过低保护、膨胀阀故障报警、冷凝器风机故障报警、微机电路和键盘故障报警、温度传感器和压力传感器故障报警、热回收系统故障报警等。

（三）控制功能

1. 按程序自动控制蒸发器水泵和冷凝器水泵（或风冷凝器风机）、压缩机按步骤启动、停机或卸载，以保证机组安全并达到节能。

2. 压缩机油温控制。依油温自动控制电加热器的停开。

3. 冷（热）水水温控制。根据冷（热）水出水温度、自动控制压缩机的卸载和启动压缩机台数，从而调节冷量输出，以满足不同负荷要求。压缩机可根据运行时间自动切换交替运行，使所有压缩机运行时间接近。目前活塞式风冷（水冷）冷（热）水机组常采用多机头双回路机组，用启动压缩机的台数来进行分级运行，台数越多，能量调节范围越大。

4. 防冻控制。冬季停机时，若外界温度低于0℃且不开机运转，管道可能冻裂，为防止管路冻结，当水温低于2℃时，先自行启动水泵，使水系统循环，当水温低于1℃时，即自行启动压缩机进行制热状态运转，当水温回升到8℃以上时自动停机，这样可以避免在冬季夜晚或休假期间管路冻裂。

5. 风冷热泵冷（热）水机组自动除霜。目前机组有三种除霜方法：

（1）温度—时间控制除霜。根据盘管表面温度和除霜间隔时间（根据运行经验设定，一般取60～100min）控制，即当盘管表面温度低于设定值（0～−2℃），同时间隔时间又达到设定值时，才开始除霜；当盘管表面温度上升到设定值或除霜时间达到设定值（3～6min）时，停止除霜而转入制热工况。

（2）温差—时间控制除霜。依室外空气温度和盘管内制冷剂之间的温差和除霜间隔时间进行控制，当温差达到机组设定值，同时除霜间隔时间又达到设定值时，开始除霜。当盘管温差上升到设定值或除霜时间达到设定值时，停止除霜而转入制热工况。

（3）微电脑智慧型除霜。机组在冬季供暖时盘管的结霜情况是随环境空气温度、湿度和制冷剂系统蒸发温度变化的，霜层密度、厚度和温度均不同。经长期实际运行调试可得到一套除霜程序，机组可根据温度、湿度、时间的变化进行自动除霜。

第四节　螺杆式冷水机组

一、机组的特点、分类及型号表示方法

（一）特点

螺杆式压缩机是一种回转式的容积式气体压缩机。与活塞式压缩机相比，其特点是：运转部件少（仅有2～7个）；结构简单、紧凑、重量轻、可靠性高；维修周期长；由于采用滑阀装置，制冷量可在10%～100%范围内进行无级调节，可在无负荷条件下启动；容积效率高；绝对无“喘振”，对湿冲程不敏感，当湿蒸气或少量液体进入机内，没有“液击”的危险；排气温度低（主要因油温控制<100℃）；由于冷凝温度可高和蒸发温度可低，机组可设置双工况运行，用于冰蓄冷系统。

此外，螺杆式冷水机组还有以下特点：

1. 节约空间和运行费用。蒸发器和冷凝器是紧凑地组合在一起的，不需要再占用额外的空间，且结构简单不需要太大面积的机房。由于机组振动极小，可将机房设置在用冷地点附近或放置在各楼层，在高层建筑空调系统中，可以大幅度降低泵的扬程，从而减少安装和运行费用。

2. 安装简单、易调试。机组是一次性安装好的，接上水电后即可使用，操作简单、安全。

（二）机组类型

螺杆式冷水机组类型见表4-9。

螺杆式冷水机组类型　　**表4-9**

分类方式	种类	分类方式	种类
压缩机于电动机连接结构形式	开启式 半封闭式 封闭式	冷凝器冷凝方式	水冷式 风冷式
压缩机结构形式(一)	双螺杆 单螺杆	制冷剂种类	R22 R134a
压缩机结构形式(二)	立式 卧式	用途	单冷型 热泵型

(三) 型号表示方法

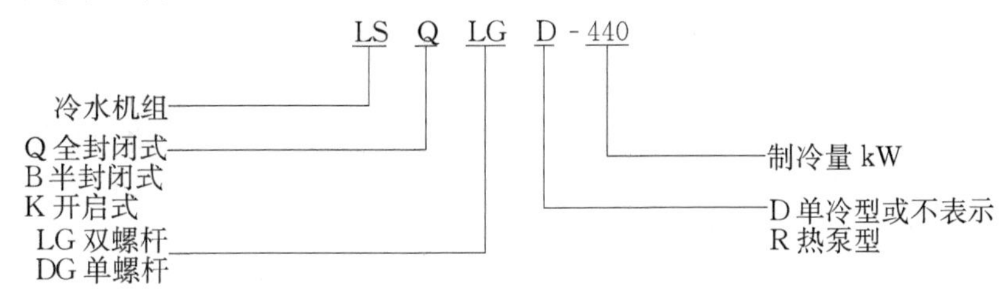

例如，LSBLG-215 表示半封闭双螺杆水冷型冷水机组，制冷量为 215kW。

二、机组典型流程

螺杆式冷水机组典型流程如图 4-6 所示。

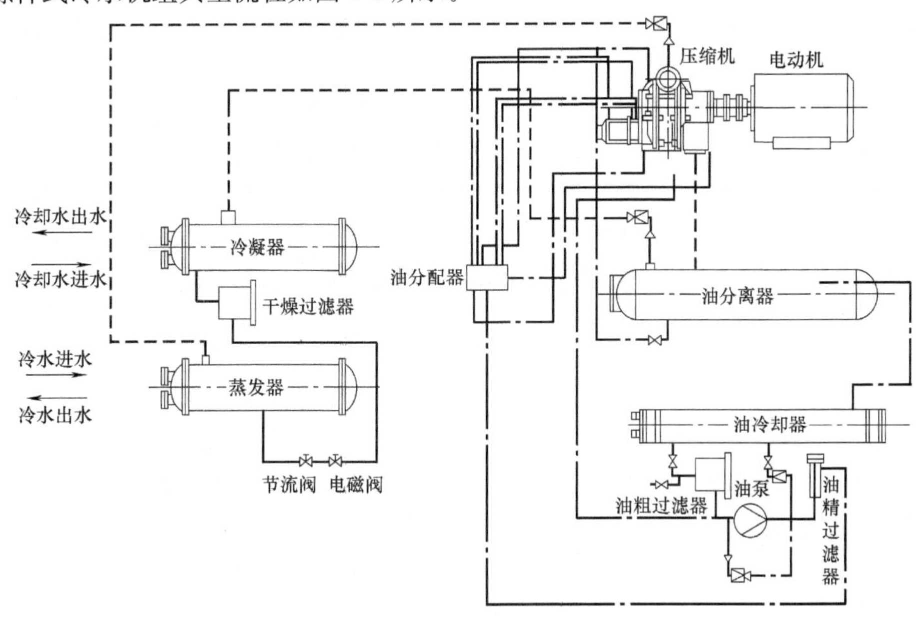

图 4-6 螺杆式冷水机组典型流程

螺杆式制冷机组有多种形式。根据采用压缩机台数的不同，可分为单机头机组与多机头机组；根据机组的使用目的不同，可分为单冷型和热泵型机组，这些机组各有特点。

(一) 水冷式机组

1. 单机头机组

单机头螺杆式冷水机组是传统形式，其制冷量范围为 120～1300kW。它由螺杆压缩机、蒸发器、冷凝器、油分离器、经济器、控制箱、启动柜等主要部件组成。

单机头机组主要工作原理如下：

(1) 制冷循环。根据能量调节滑阀的位置，压缩机按一定比例从蒸发器中吸入制冷剂蒸气。压缩机的吸气降低了蒸发器中的压力，使留存的制冷剂在低温下气化。制冷剂气化所需的热量来自蒸发器管子中流动的水。被吸收了热量的水温度降低后送入空调系统。制冷剂吸收水的热量变成制冷剂蒸气进入压缩机。经压缩后，制冷剂的温度升高，使排出的制冷剂蒸气温度高于冷凝器中冷却水温度，因此制冷剂蒸气将热量排放给冷却水后变为液体。液体制冷剂经过过冷器和节流阀进入蒸发器，继续进行循环。

在某些形式的机组中，有一经济器安装在蒸发器与冷凝器之间。在这些机组中，液体制冷剂首先通过经济器而不是蒸发器。经济器压力介于蒸发器和冷凝器之间，在这种低压的情况下，一些液体制冷剂闪发为气体，冷却了余下的制冷剂。闪发气体直接进入压缩机，在压缩中间点和来自蒸发器的气体混合。这样就增加了制冷剂的质量流量，从而增加制冷能力。在经济器中，被冷却的液体制冷剂通过节流进入蒸发器，因为蒸发器的压力比经济器更低，一些液体经闪发，将其余部分液体制冷剂冷却到蒸发温度。

（2）电动机冷却循环。电动机冷却是依靠来自冷凝器底部的液态制冷剂，其流动是依靠压缩机运转产生的压差。制冷剂通过截止阀、干燥过滤器和视镜，经过电动机孔板后进入电动机。电动机孔板的功能是控制流到转子和轴向排气口之间的制冷剂量。制冷剂在电动机壳体底部积聚起来，通过电动机冷却排液口流到蒸发器内。

单机头机组的主要优点是满负荷运行效率高，在相同容量下，效率与离心机组不相上下，机组结构简单，工作可靠，维修保养方便。

单机头机组的主要缺点是虽然各制造商推出的产品绝大多数均能实现容量在10%～100%无级调节，但在低负荷下，由于压缩机摩擦功引起的损失加大，电动机效率的下降等因素，机组效率有所下降，特别是目前绝大多数空调用螺杆式压缩机，均采用压差式供油，在负载减小的情况下，压缩机供油困难，不得不借助于热气旁通装置，降低了机组效率。故单机头机组主要应用在负载较为稳定、机组常年运行的场合或在大中型项目中，与离心式机组配合使用。

2. 多机头机组

随着螺杆式压缩机半封闭化、小型化及控制系统的发展，近几年，多机头螺杆式冷水机组取得很大发展，其适用冷量范围为240～1500kW。多机头机组的主要特点如下：

（1）可以根据负载需要调节运行压缩机台数，能大大提高冷水机组在部分负荷下运行的效率。由于绝大多数空调用冷水机组在不同季节、每天不同时段负载变化很大，故对使用冷水机组台数不多的中小项目，多机头机组可大大节省运行费用。

（2）对于部分使用多回路设计的机组，在某一回路需维修保养时，其他回路仍可正常运行，提高部分负荷制冷量，大大方便了用户。

（3）相对于单机头机组，多机头机组由于使用的压缩机容量小，故机组满负荷效率相对较低。尽管如此，由于它的部分负荷效率较高，多机头机组仍是20世纪90年代用户乐于选用的机型。

（二）风冷式冷水机组

目前市场上常见的风冷螺杆式机组，绝大多数为多机头机组。风冷式冷水机组工作流程与水冷机组大致相同，所不同的是水冷式机组的冷凝器采用壳管式换热器，而风冷式机组的冷凝器采用翅片式换热器。

风冷式冷水机组的特点如下：

1. 冷水机组的效率与冷凝温度有关，水冷式机组冷凝温度取决于室外湿球温度，对于湿球温度变化不大且较低的地方较适用。风冷式机组冷凝温度取决于室外干球温度，在室外干球温度下降时，可大幅度降低耗电量，故风冷式机组在南方地区应用相当广泛。

2. 风冷式机组不需配水泵、冷却塔，不需冷却塔补水，水系统清洁，使用方便。在缺水地区、超高层建筑、环境要求较高的场合，也具有优势。

3. 在满负荷状态下，风冷机组耗电量大于水冷机组，但在室外干球温度下降时，耗电量可大大降低。研究表明，总的来看风冷式机组全年耗电量并不比水冷式机组高多少。加上水冷机组在设备保养方面的费用较风冷高，风冷机组费用可能还低于水冷机组。

（三）风冷热泵式冷热水机组

风冷热泵式冷热水机组的优点是安装使用方便，省却了复杂的冷却水系统和锅炉加热系统，具有夏季供冷水和冬季供热水的双重功能。由于空气作为热源和冷源，可以大大节约用水，也避免了水源水质的污染。将风冷热泵式冷热水机组放在建筑物顶层或室外平台即可工作，省却了专用的制冷机房和锅炉房。但风冷热泵机组由于采用翅片式换热器，体积较大。另外，由于空气中含有水分，空气侧表面温度低于 0℃时，翅片表面会结霜，结霜后传热能力就会下降，使制热量减少，所以风冷式热泵机组在制热工况下工作时，要定期除霜。

三、机组性能及调节控制

（一）机组特性曲线

图 4-7、图 4-8 示出了某生产厂某种型号的水冷螺杆式冷水机组和风冷螺杆式冷水机组特性曲线。

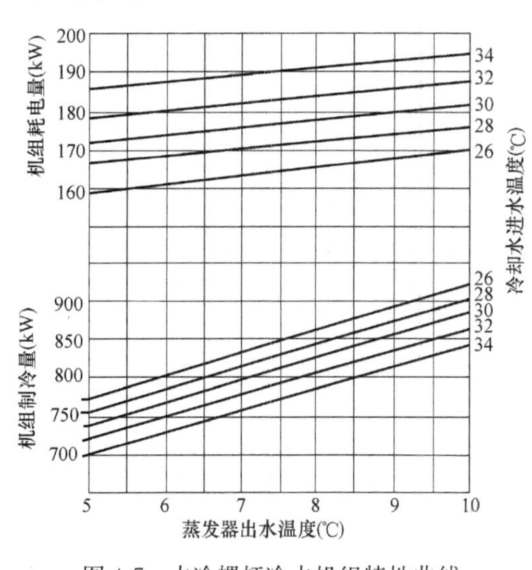

图 4-7 水冷螺杆冷水机组特性曲线

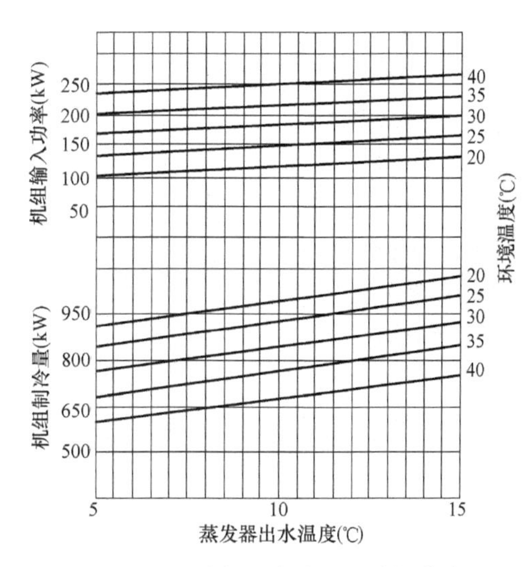

图 4-8 风冷螺杆冷水机组特性曲线

从图 4-7 可以看出，水冷型机组制冷量随冷水出水温度的提高而增加，随冷却水进水温度的降低而增加；机组的能耗随冷水出水温度的提高而增加，随冷却水温度的提高而增加。制冷量和能耗与冷却水和冷水温度有着密切的关系。

由图 4-8 可以看出，风冷型机组制冷量随冷水出水温度的提高而增加，随环境温度的降低而增加；能耗随冷水出水温度提高而增加，随环境温度降低而减少。制冷量和能耗与冷水温度和环境温度有着密切的关系。

（二）机组性能评价

随着科技的发展，螺杆式制冷机组技术日趋成熟，特别是计算机控制技术的引入，机组的各项性能指标都比过去有大幅度的提升。效率是机组的主要性能指标，一般用性能系数（COP）和能效比（EER）来衡量。后来，人们改用更能反映部分负荷性能的季节能效比（SEER）。美国空调和制冷学会标准 ARI550/590—1998 中采用部分负荷性能系数（IPLV）来衡量机组的特性。

一般厂家在样本中仅标明产品的满负荷性能系数，事实上，机组在部分负荷下的性能才是影响机组运行费用的关键因素，而目前我国缺乏部分负荷性能系数（IPLV）的标准。

（三）机组控制

（1）信息显示

机组微机控制系统，各厂家有着各自不同的信息显示，但也有相同的信息显示。主要信息显示如下：

1）启动。

2）冷水进、出水温度及其温度范围设定。

3）冷却水进、出水温度及其温度范围设定。

4）机组高压排气温度（多头还需分左、右侧等）。

5）滑阀开度（负荷百分比）。

6）饱和蒸发温度及蒸发器压力。

7）饱和冷凝温度及冷凝器压力。

8）压缩机电流。

9）冷水水流开关显示。

10）冷却水水流开关显示。

11）冷水泵开关显示。

12）冷却水泵开关显示。

13）停机。

（2）系统保护及报警

1）压缩机电机过热保护。

2）电源保护（电压缺相、欠压、失压、电压平衡、相序控制）。

3）制冷剂温度过低停机保护。

4）冷凝高压停机保护。

5）电动机温度保护。

6）压差过低报警。

7）油温过高报警。

8）油浮球开关报警。

9）不停机报警。

（3）能量调节控制

冷水机组装备有电脑微处理控制系统，在自动控制模式下，机组能自动开机、停机、能量调节（负荷调节）和安全监测。手动模式下通过操作面板，实现机组启停及能量调节。

能量调节的控制是通过用户设定所需要的冷水出水温度，计算机根据冷水出水温度自动控制压缩机的卸载和启停数目及滑阀开度，调节能量输出，以满足不同的负荷要求。

第五节 离心式冷水机组

一、机组的特点、分类

离心式压缩机是一种速度型压缩机，它通过高速旋转的叶轮对气体作功，使其流速增加，然后通过扩压器使气体减速，将气体的动能转化为压力能，这样就使气体的压力得到提高。离心式制冷机组大多用于大型空调系统的制冷站。

（一）机组类型

1. 按机组组合形式：组装型、分散型。

2. 按压缩机与主电动机连接方式：开启式、封闭式（半封闭、全封闭）。

3. 按蒸发器、冷凝器的组装方式：单筒式、双筒式（双筒竖放、双筒水平放）。

4. 按压缩机级数：单级、双级、三级。

5. 按驱动方式：蒸汽轮机、燃气轮机、电动机（低电压 380V、高电压 4000～6000V）。

6. 按冷凝器冷凝方式：水冷式、风冷式。

7. 按能量利用程度：单一制冷型、热泵型、热回收型。

8. 按能耗指标（单位制冷量耗电量）：一般型 0.253kW/ kW、节能型 0.238kW/ kW、超节能型≤0.222 kW/ kW。

9. 按制冷剂种类：R22、R123、R134a。

10. 按压缩机轴承：普通离心式冷水机组、磁悬浮（变频）离心式冷水机组。

（二）特点

根据机组的组合形式、压缩机与电动机的关系、冷凝器与蒸发器的结构形式、制冷剂的种类、压缩机轴承等来分，机组的特点分别见表 4-10～表 4-14。

机组组合形式 **表 4-10**

比较种类 / 比较项目	组装式	分散式
结构、占地	紧凑、小	松散、大
维护管理	方便	欠方便

压缩机与电动机连接方式 **表 4-11**

比较种类 / 比较项目	开启式	封闭式
噪声	较高	较低
启动电流	大	小
部分负荷电机效率	低	高

续表

比较项目＼比较种类	开启式	封闭式
电动机冷却	用空气冷却，电机散热	用制冷剂冷却电机
检修	方便	不便
制造成本	低	高

冷凝器与蒸发器的结构形式 **表 4-12**

比较项目＼比较种类	单筒式	双筒式
效率	较低	较高
成本	较低	较高

不同制冷剂 **表 4-13**

比较项目＼比较种类	R22，R134a	R123
压缩机尺寸	较小	较大
噪声	低	高
压缩机容积制冷量	较大	较小
制冷剂用量	少 15%～30%	多 15%～30%
对机器的密封	较高	较低
贮液器造价	较高	较低

压缩机轴承 **表 4-14**

比较项目＼比较种类	磁悬浮离心式冷水机组	普通离心式冷水机组
压缩机轴承	磁悬浮轴承	普通(球)轴承
能效	一级能效	节能或非节能
润滑油	不需要	需要
噪声	低	高
机械摩擦	无	有
转速	较快	较慢
体积	小	大

二、机组流程及结构

1. 离心式冷水机组的典型流程见图 4-9。

2. 离心式冷水机组的构成

空调用离心式冷水机组多为单级压缩，一般完全由工厂组装。它主要包括压缩机、蒸发器、冷凝器、电动机、润滑系统、微电脑控制中心等。

离心式压缩机主要由吸气室、叶轮、扩压器、弯道、回流器、蜗壳、主轴、轴承机体、轴封等零件组成。

蒸发器和冷凝器筒体由钢板卷焊而成，管束为内部强化型，蒸发器一般是满液式壳管蒸发器，分液槽使制冷剂在整个筒体长度上均匀分布。冷凝器是壳管式换热器，用排气折流板来防止高速流体直接撞击管束。

离心式压缩机的润滑需要一般采用“组装式”，即将油浸式油泵、油泵电机、油冷却器、油过滤器以及调节系统组装在一起，全部密封在蒸发器左端的油槽内，油槽外壳将油槽与蒸发器分开，有的则装在压缩机底部。为保证停电或意外事故停机时使润滑系统仍能向压缩机关键部位供应润滑油，在机组高位处设有高位油槽，可利用油位的落差以保持压缩机旋转部分的润滑。

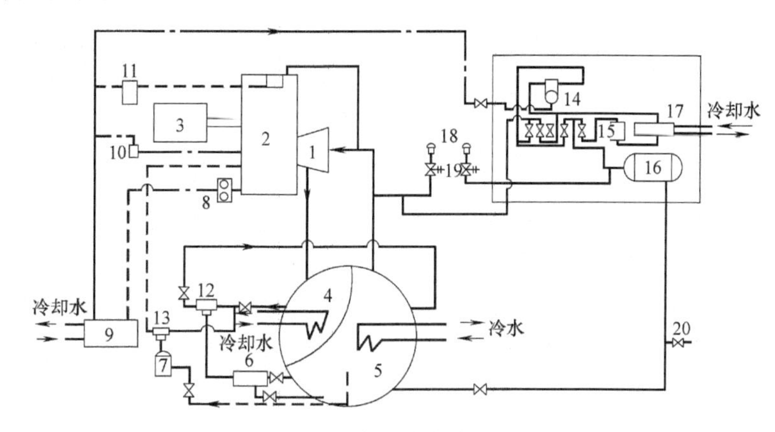

图 4-9　R134a 离心式冷水机组流程图

1—离心式制冷压缩机；2—增速器；3—电动机；4—冷凝器；5—蒸发器；
6—制冷剂干燥器；7—回油装置过滤器；8—油泵；9—油冷却器；10—油压调节阀；
11—供油过滤器；12，13—射流器；14—制冷剂传送系统压缩机；
15—制冷剂传送系统贮液瓶；16—制冷剂传送系统贮液缸；
17—制冷剂传送系统冷凝器；18—防爆膜；19—安全阀；20—充液阀

3. 磁悬浮（变频）离心式冷水机组的构成及特点

磁悬浮（变频）离心式冷水机组是以磁铁的“异性相斥”为原理，其以性能系数高、无接触、不使用润滑油、寿命长及高精度等特点成为暖通空调界的新宠儿。磁悬浮（变频）离心式冷水机组的构成主要包括：压缩机、磁悬浮轴承和位置传感器、蒸发器、冷凝器及膨胀阀，其中，以磁悬浮轴承为主要部件的压缩机是磁悬浮（变频）离心式冷水机组的核心（见图 4-10）。

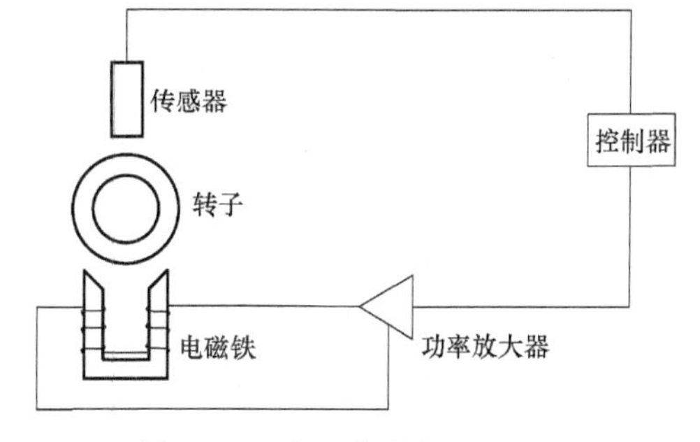

图 4-10　磁悬浮系统原理图

磁悬浮技术是利用磁场力使物体沿着一个轴或几个轴保持一定的位置，是集电磁学、电子学、动力学、机械学、计算机学及控制工程为一体的高新技术。在传统离心式冷水机组的压缩机中，机械轴承是必不可少的部件，并且需要润滑油及润滑油循环系统来保证机械轴承的工作。磁悬浮轴承是利用磁力作用将转子悬浮于空中，使转子与定子之间没有直接接触。磁悬浮轴承将电动机、驱动轴以及离心叶轮托起，使之处于悬浮状态，避免了因机械摩擦带来的能量损失（见图 4-11）。在实际运行中，轴与轴承之间仅有气流摩擦，大大减小了摩擦力，并且大幅度降低了噪声。同时，因为磁悬浮轴承不存在机械接触，转子可以高速旋转。

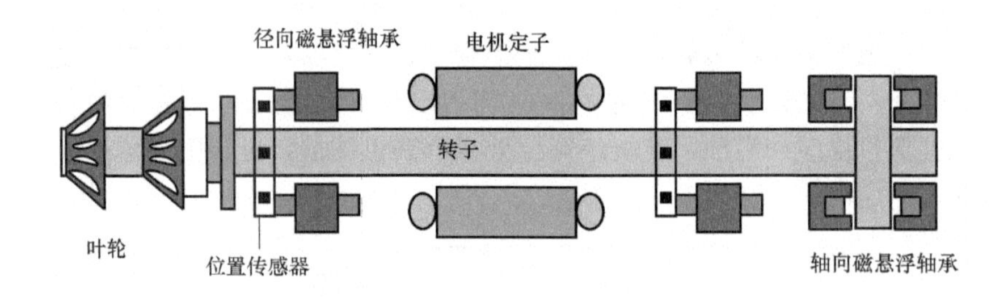

图 4-11　磁悬浮轴承图

优点：

（1）没有机械摩擦，气垫阻隔振动，噪声低。效率高，节约能源。

（2）运动部件少，无复杂油路系统等，维护费用低。

（3）无油运行，系统可持续性高。

（4）启动电流低，对电网冲击小。

缺点：

（1）造价高，除投资大。

（2）补水阀、排气阀等附件较多。

（3）室外机体型较大，重量大。

（4）冬季不用空调供暖时，仍需要为机组通电来防冻。

三、机组性能及调节

（一）机组的特性曲线

随着空调冷负荷的变化，对每台离心式冷水机组均可以做出一组特性曲线（见图 4-12）。

该特性曲线的前提条件是：

蒸发器冷水出水温度t_{s2}＝常数；

蒸发器冷水循环流量G_s＝常数；

蒸发温度 t_o＝常数。

图 4-12 中特性参数符号的含义：

Q_0——制冷量；

N_e——压缩机轴功率；

η_{ad}——压缩机等熵效率；

N_{ad}——压缩机等熵功率；

t_k——冷凝温度；

$\frac{N_e}{Q_0}=\frac{1}{K_e}$——制冷系数；

$\frac{N_{ad}}{Q_0}$——每千瓦制冷量的比等熵功率。

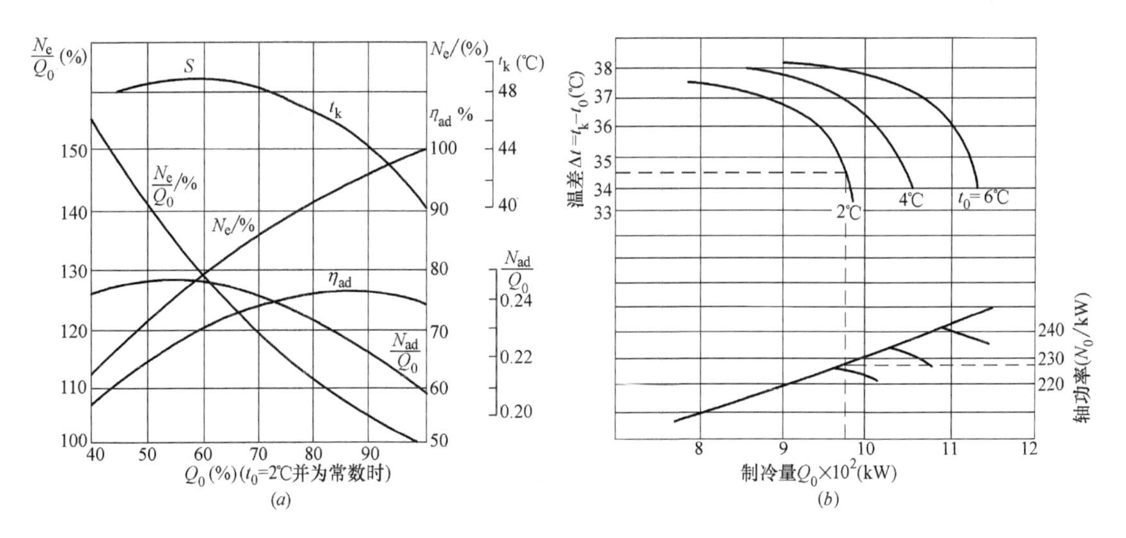

图 4-12 离心式冷水机组特性曲线

（二）离心式冷水机组的调节

离心式冷水机组常用三种方法调节：进口节流调节、变转速调节、入口导叶调节。三种调节方法比较见表 4-15。

目前世界上通用的做法是入口可转导叶调节法。该方法优于进口节流法，略逊于变转速调节，而后者的实现需要依赖变速装置的匹配等。在舒适性空调系统中，希望在空调系统冷负荷变化时，机组仍提供恒定温度的冷水（如 $t_{s2}=7$℃），此时采用入口可转导叶调节方便、快捷。其运行操作方法是：要增加制冷量，开大入口导叶角度；减小制冷量，关小进口导叶角度。

变转速调节是针对离心式压缩机是速度型这一特点，通过变速驱动装置（Veriable Speed Drivers，VSD）调节电动机转速和优化压缩机导流叶片的位置，使机组在各种工况下，尤其是部分负荷情况下，始终保持最佳效率。VSD 是根据冷水出水温度和压缩机压头来优化电动机的转速和导流叶片的开度，从而使机组始终在最佳状态区运行。变转速调节方法的优点如下：(1) 节能。在部分负荷工况下，仅仅采用改变导流叶片位置来调节压缩机冷量的方法会降低机组的效率，而对于装有 VSD 的机组，此时则根据机组的运行情况自动调节输入压缩机的电流频率来改变电动机和压缩机的转速，提高了机组的效率，达到节能的目的。(2) 增强卸载能力，防止喘振。(3) 机组可以低频启动，大大降低机组启动电流。(4) 机组运行安静。在部分负荷运行时由于降低了压缩机的转速，从而降低了制冷剂气体的速度，使机组噪声降低。

（三）离心式冷水机组的喘振

离心式冷水机组以其大容量、高效率获得用户的普遍认同，但速度型压缩机固有的喘振现象给用户带来了很大的烦恼。喘振是压缩机一种不稳定的运行状态，当压缩机发生喘振时，将给压缩机带来严重的损坏。

三种调节方法比较　　表 4-15

调节方法 比较项目	进口节流调节	变转速调节	入口可转导叶调节
调节范围	一定	最大	较大
经济性	较差	最好	较好
结构	简单	简单	单级简单，多级复杂
特性曲线	较陡	平坦	较陡
操作	方便，自控系统复杂	最方便，自控系统最简单	方便，自控系统较简单
多级机组	效果差	效果好	效果较差
超负荷调节	受闸阀开度限制	受叶轮强度限制	不受叶轮强度限制
等冷水出口温度 t_{s2} 调节	不易实现	方便	较方便
驱动要求	一般	变速驱动	一般
等制冷量调节	损失较大	损失最小	损失较小
维修保养	较简单	最简单	较复杂
可靠性	较好	好	较差

喘振产生的原因是机组运行或启动运行时，空调系统冷负荷较小或冷却水温过高，或冷却水量过小。

防喘调节比较成熟的做法是连通冷凝器顶部和蒸发器顶部成旁通回路，回路上设置旁通调节阀。其原理是使压缩机的部分排气不参加制冷循环而直接回到压缩机入口，补充可能出现的最小喘振流量，使压缩机脱离喘振区。一般在机组上若没有旁通回路的防喘振措施时，就必须对入口导叶的最小开度限位，使其下限整定在脱离喘振区的角度上，即最小导叶开度、最小工作流量。

第六节　模块化冷水机组

一、机组的特点、分类及型号表示方法

模块化冷水机组是由澳大利亚工程师 R. 库瑞在 1986 年利用模块化的概念和设计方法开发研制出的一种新型冷水机组。

模块化冷水机组是由单台或两台结构、性能完全相同的单元模块组合而成。每片制冷量有 30kW、65kW、79kW、96kW、130kW、158kW、276kW 等规格，取决于所配压缩机的型号规格。内有一个或两个完全独立的制冷系统，一台压缩机配一套蒸发器和冷凝器，多片模块合用一个控制器。模块片之间靠冷水和冷却水供回水管总管端部的沟槽以 V 形管接头连接起来，组成一个系统。

（一）模块化冷水机组的特点

1. 振动小，噪声低，符合环保要求

由于压缩机设计精良，采取了减噪措施，使机组运行时振动很小，机组的噪声值不高于 NR75，如面板内衬隔声材料可使噪声值降至 NR65 左右。

2. 结构紧凑，节省空间，安装简单、费用低

模块体积小，所需机房面积和空间大约是常规冷水机组的 40%～50%，而且不需要留出蒸发器、冷凝器的抽管距离。特别适用于改扩建工程，可安装于走廊端头、屋顶、地下室以及楼板上。无需专用基础，不必使用昂贵的吊装设备及专用安装工具，模块单元间的组合只需使用快速接头将其相邻的两水管连接，再接通电源及控制线即可，方法简便快捷。重量轻尺寸小，无需预留吊装孔，可用小推车穿门和走廊运输，也可用电梯运至高层。

3. 设计选用方便，组合灵活

模块化冷水机组由一定数量（水冷型一般不超过 13 片，风冷型一般不超过 7 片）模块单元组合而成，每个模块单元又包含两个完全独立的制冷系统，因此很容易通过设计选用适当数量的模块单元就可与设计要求的总冷/热量负荷准确匹配。

另外，模块化冷水机组还可与常规机组结合运行，模块机组用于部分负荷运行，常规机组用于满负荷运行，这样，不仅可延长常规机组的工作寿命，而且还可以在低负荷下保持高效率运行，降低总能耗。

4. 任何负荷下均以最高效率运行，节省电能

模块化冷水机组按自动化程序设计，使压缩机的实际运转台数随时与波动的冷/热量负荷需求相匹配，使整个机组在不同负荷下均以最高效率运行，从而节省电能。

5. 运行可靠，寿命长

如果一台大型离心式冷水机组发生故障，就要影响整个系统使用，而模块化冷水机组，由于它的每个单元模块完全相同，可以互为备用，一旦某一制冷回路发生故障，电脑会立即启动另一回路投入运行，确保系统的可靠性。同时，电脑可累计每台压缩机的运行时数，进行交替工作，以使每台压缩机的运行时数相当，这样可使压缩机寿命延长 3 倍左右，平均无故障运行时间可达 6×10^{4}h。

6. 启动时冲击电流低

机组在启动时，由电脑控制逐台启动，其最大冲击电流只是一台压缩机的启动电流加上正在运行的设备工作电流，这样可大大减少电网瞬间冲击电流值，使电网负荷降低，减少电器装置容量。

7. 扩大机组容量简单易行

如果冷负荷增大，只要安装位置允许，可以很方便地扩大机组的单元数，不需要对机房、管道、控制系统等进行复杂的改变。

（二）类型和型号含义

模块化冷水机组根据冷却方式不同分为模块化水冷冷水机组和风冷冷水机组两种，风冷型又分为风冷冷水机组和风冷热泵机组。

机组型号含义：

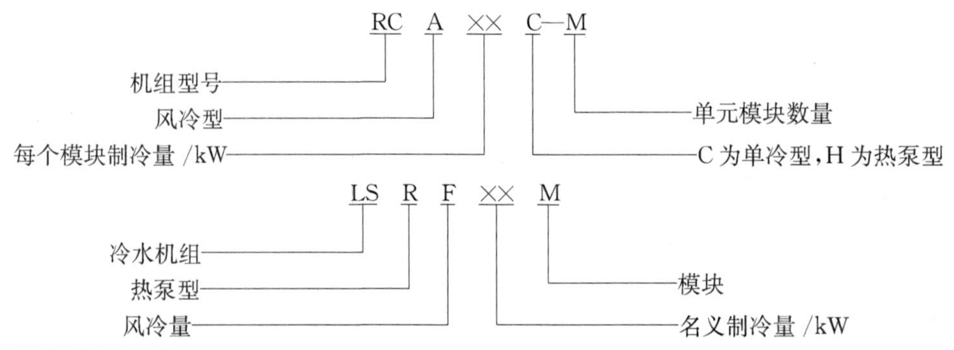

（三）技术参数

表 4-16 列出了单元模块化冷水机的主要技术参数。

单元模块化冷水机的主要技术参数　　表 4-16

型号		RC130	LS158M
制冷量（kW）		65×2	79×2
压缩机功率(kW×台数)		17×2	20.3×2
制冷剂 R22 充注量（kg）		9.4	8.0
冷水	进/出水温度(℃)	12.6/7	12/7
	水量(t/h)	19.8	27.2
	蒸发器水阻力(kPa)	38	70
冷却水	进/出水温度(℃)	29.4/35	30/35
	水量(t/h)	25.2	34.8
	冷凝器水阻力(kPa)	56	70
外形尺寸(长×宽×高)(mm)		460×1250×1622	580×1050×1620
噪声[dB(A)]		65～75	
运行质量（kg）		542	650

表 4-17 列出了单元风冷型（风冷热泵型）模块化冷水机的主要技术参数。

单元风冷型（风冷热泵型）模块化冷水机的主要技术参数　　表 4-17

型号		RAC115 C/H	RCA280 C/H	LSF112M / LSRF112M	LSF/LSRF 140M
制冷量(kW)		55×2	138×2	56×2	70×2
制冷量(kW)		51.5×2	309	61×2	72×2
压缩机	功率×台数(kW×台)	17×2	46×2	18×2	21.6×2
	制冷剂 R22 充注量（kg）	13×2	35×2	14×2	16×2
	油充注量（L）	7.56×2	7.56×2		
蒸发器	进/出水温度(℃)	12.5/7	12.5/7	12/7	12/7
	水量(t/h)	17.3	43.2	38.4	48
	蒸发器水阻力（kPa）	38	38	70	70
	制冷剂最大工作压力（kPa）	2900	2900		
	水侧最大工作压力（kPa）	700	700		

续表

型号		RAC115$^{C}_{H}$	RCA280$^{C}_{H}$	LSF112M LSRF112M	LSF LSRF 140M
冷凝器	盘管排数×迎风面积（m^2）	4×4.2	4×7.8		
	风机功率×台数(kW×台)	0.75×4	2.5×4	6×4.4	6×4.4
	空气总流量(m^3/h)	40750	100800		
电源总功率(kW)		37	102	40.4	47.6
外形尺寸(长×宽×高)/(mm)		1470×1600×1900	2200×2200×2200	1560×2080×1980	1560×2080×1980
运行质量(kg)		960	2200	1120	1160

注：工况条件：夏季环境温度35℃，冬季环境温度5℃，热水出口温度45℃。

二、机组性能及调节

（一）机组性能曲线

图4-13为典型的水冷冷水机组冷水、冷却水温度与制冷量的关系曲线，图4-14为风冷冷水机组环境温度、冷水出水温度与制冷量的关系曲线，图4-15为风冷热泵机组热水出水温度、环境温度与制热量的关系曲线。

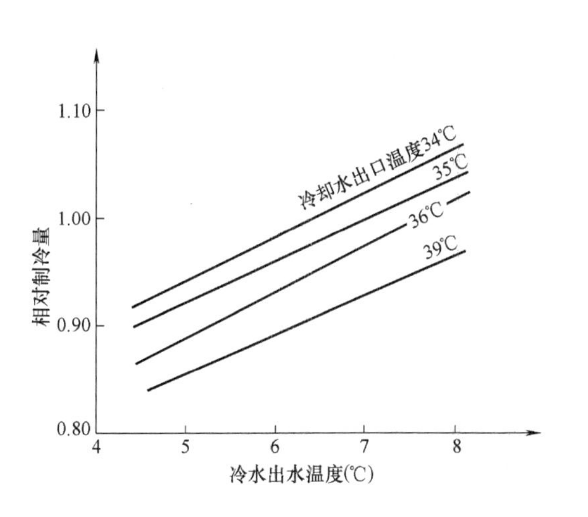

图4-13　冷水、冷却水温度与制冷量关系

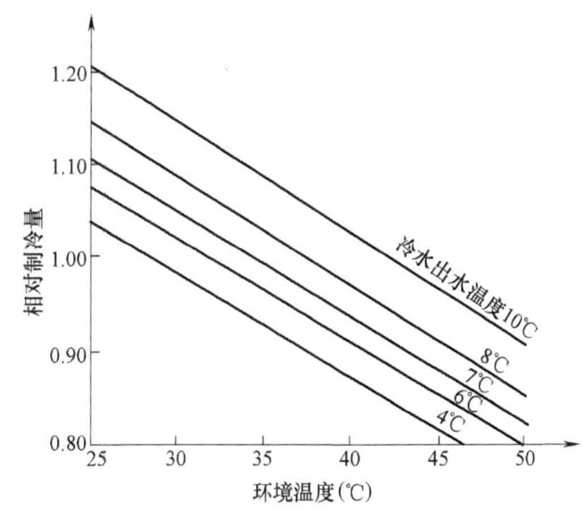

图4-14　环境温度、冷水出水温度与制冷量关系

由图4-13可以看出，水冷型冷水机组的制冷量与冷水出水温度和冷却水出口温度有着密切的关系，制冷量随冷水出口温度的降低而降低，随冷却水出口温度的提高而降低。

由图4-14可以看出，风冷型冷水机组的制冷量随环境温度的升高而降低，随冷水出水温度的升高而增加。

由图4-15可以看出，风冷热泵型的制热量随环境温度的降低而减少，而随热水出水温度的升高而减少。

（二）机组控制调节

模块化冷水机组一般采用微电脑进行控制、调节、监视和安全保护。

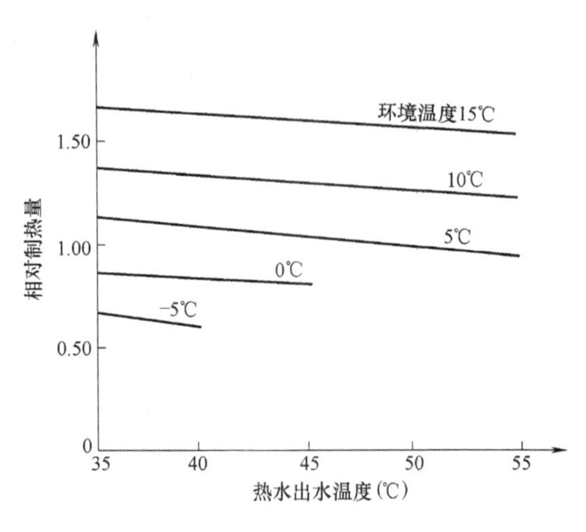

图 4-15　热水出水温度、环境温度与制热量关系

1. 系统温度的控制。系统温度利用下面 4 个设在机组内的变量来实现温度控制，即冷水回水温度上限；冷水回水温度下限；设定点变量和低温保护极限温度。微电脑通过上述设定的 4 个参数启动适当的压缩机，使冷水出水温度达到设计要求，与负荷相匹配，从而节约运行费用。

2. 压缩机运转控制。微电脑可以使压缩机每 24h 轮换运行一次，从而确保每台压缩机运行时数一致，延长压缩机的使用寿命。

3. 运行控制初始化。在所监控及保护元件均正常的情况下，电源突然断电重新供电时，电脑将自动指令所有压缩机按先后顺序重新启动冷水机组运行。

4. 风冷热泵型机组中的主机单元上配有控制制冷/制热工况的开关。

（三）机组监测保护

1. 机组的系统运行参数、运行参数的设定值、每个制冷回路的吸气温度和蒸发温度、压缩机运行状态都可以从微电脑监测系统中获得。

2. 微电脑能自动检测出每一个制冷系统的异常情况，如高压（>2068kPa）、低压（<207kPa）、蒸发温度（<−2℃）、冷冻水温度（<2℃）、压缩机电机过载过热等，同时记录出故障的时间、日期及系统工况，并可用显示器显示最后记录的 25 个故障。

3. 微电脑控制系统通过水系统中的流量开关和水泵连锁装置监控流过机组蒸发器的冷水流量，当流量减少到危险点时，微机将自动关闭机组。

4. 当故障数量多于预定故障数或者发生系统故障时，微机系统将自动向用户报警。

5. 微电脑内备有可自动充电的电池，当外界电源中断时，微电脑仍可在一段时间内对故障及系统运行参数进行储存。

第七节　溴化锂吸收式冷水机组

溴化锂机组包括溴化锂吸收式冷水机组和溴化锂直燃型冷水机组。溴化锂的熔点为 549℃，沸点为 1265℃，是一种比较稳定的物质，无毒、无臭且极易溶于水，溴化锂水溶液就是由溴化锂和水组成的，满足环保的要求。

根据能源种类的不同，溴化锂机组又分为蒸汽型、直燃性、热水型等。其中，蒸汽型是使用蒸汽作为机组的驱动能源，分为单效型和双效型；直燃型是使用油、气等作为燃料，既能制冷，又可供热，且根据燃料的不同又可分为燃油型、燃气型和双燃料型；热水型是指机组的热源为热水（主要是地热热水及工业余热和废热加热的热水）。但是在应用上主要是上述类型的综合体和混合型机组。

一、工作原理

（一）溴化锂吸收式制冷机工作原理

溴化锂吸收式冷水机组是利用水在低压状态下（当绝对压力为6.54mmHg时，水的蒸发温度为5℃）低沸点汽化吸取被冷却物质的热量，从而制取温度较低的冷水，以热能为能源，一般制取5℃以上冷水的制冷设备。

制冷循环过程是：由热源（蒸汽、热水或油、天然气、煤气等燃料）在高压发生器中将溴化锂稀溶液进行加热浓缩，溴化锂溶液沸腾，浓缩了的溴化锂溶液经高温热交换器后进入低温发生器，被由高温发生器产生的冷剂蒸汽进一步加热浓缩，再浓缩的溴化锂溶液经低温热交换器降温后进入吸收器，吸收来自蒸发器中的冷剂蒸汽（水蒸气）而又变成稀溶液，稀溶液经泵打入低温热交换器、凝结水换热器、高温热交换器后返回发生器进行溶液循环。由高压发生器分离出的冷剂蒸汽经过低压发生器，与来自发生器的浓溶液在低压发生器中进一步被加热浓缩分离出的冷剂蒸汽一起进入冷凝器冷却变成冷剂水，经减压后进入蒸发器，吸收蒸发器管内的热量，使冷水温度降低，供用户使用。图4-16为蒸汽双效制冷循环原理图。

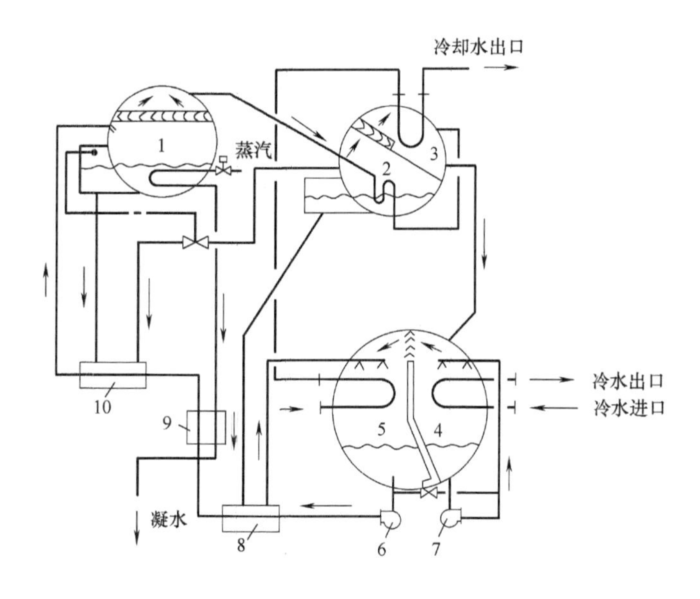

图4-16 蒸汽双效制冷循环原理图

1—高压发生器；2—低压发生器；3—冷凝器；4—蒸发器；5—吸收器；6—溶液泵；7—冷剂泵（蒸发泵）；8—低温热交换器；9—凝水热交换器；10—高温热交换器

（二）直燃式溴化锂机组的结构

直燃机的结构与蒸汽型双效溴化锂制冷机的构造基本相同。一般由高压发生器、低压发生器、冷凝器、蒸发器、吸收器、高温热交换器、低温热交换器和热水器组成。

直燃型溴化锂冷温水机是由各种热交换器组成的，现将各部分的结构及工作流程分述如下：

1. 高压发生器（简称高发）。高压发生器由内筒体、外筒体、前管板、后管板、螺纹烟管及前、后烟箱组成。燃烧机从前管板插入内筒体，喷出火焰（约 1400℃），使内筒体及烟管周围的溴化锂稀溶液沸腾，产生水蒸气，同时使溶液浓缩，产生的水蒸气进入低压发生器；而浓溶液经高温热交换器吸入吸收器。高发内压力约 700mmHg（表压：−0.01MPa）。

2. 低压发生器（简称低发）。低压发生器由折流板及前后水室组成。高发产生的水蒸气进入前水室，将铜管外侧的溴化锂稀溶液加热，使之沸腾产生水蒸气，同时使溶液浓缩。水蒸气进入冷凝器，而浓缩后的溶液经低温热交换器进入吸收器。同时铜管内的水蒸气被管外溶液冷凝后，经过一内节流阀（针阀）流进冷凝器。低压发生器内压力约为 57mmHg。

3. 冷凝器。冷凝器由铜管及前后水盖组成，冷却水从后水盖流进铜管内，使管外侧的来自高发的冷剂水冷却和来自低发的冷剂水蒸气冷凝；而冷却水从铜管流经前水盖进入冷却塔。在这里，冷却水带走了高压发生器、低压发生器的热量（即燃烧热量）。冷凝器与低压发生器同在一个空间（上筒体），其压力相当。

4. 蒸发器。蒸发器由铜管、前后水盖、喷淋盘、水盘、冷剂泵组成。由用户空调系统来的冷媒水从水盖进入铜管（约 12℃），而管外来自冷凝器的冷剂水由于淋滴于铜管上获得热量而蒸发，部分未蒸发的水落到水盘中，被冷剂泵吸取再次送入喷淋盘循环，使其蒸发；冷媒水失去热量后降为 7℃，流出蒸发器进入用户空调系统，从而完成了制冷循环。蒸发器内的压力约为 6mmHg。

5. 吸收器。吸收器由铜管、前后水盖及喷淋盘、溶液箱、吸收泵和发生泵组成。由冷却塔来的冷却水从水盖进入铜管，使喷淋在管外的来自高发和低发的浓溶液冷却。溴化锂溶液在一定温度和浓度条件下（如浓度 63%及温度 40℃），具有极强的吸水性能，这时，它大量吸收了由同一空间的蒸发器所产生的冷剂水蒸气，并把吸收来的汽化热量传给冷却水带走。在这里，冷却水带走了用户空调系统的热量。吸收了水蒸气的溴化锂溶液变为稀溶液，从而丧失了吸收能力。这时稀溶液又由发生泵送入高发和低发，再次产生冷剂水蒸气并使稀溶液浓缩。

6. 高、低温热交换器。高、低温热交换器由铜管、折流板及前、后液室组成，分为稀液侧和浓液侧。其作用是使稀溶液升温及浓溶液降温，以达到节省燃料及减少冷却水负荷、提高吸收效果的双重目的。

7. 热水器。热水器实质上为壳管式汽水换热器，使高压发生器产生的水蒸气进入热水器进行热交换，以加热供暖热水或卫生热水，而水蒸气自身冷凝成液态水又流回高发。

（三）直燃机的供暖工作原理

直燃机的供暖（供热）原理按目前国内外厂家不同的产品分为以下两类：

1. 主体供暖：燃烧机燃烧加热高压发生器中的溴化锂溶液，分离出水蒸气直接进入蒸发器，加热盘管中的供暖水而自身被冷凝成液态水，与高压发生器产生的浓溶液混合再回到高压发生器。

2. 热水器供暖：高压发生器产生的水蒸气直接进入热水器进行汽水换热，加热盘管中的供暖水而自身被冷凝成液态水回到高压发生器。这种方式具有以下特点（见图 4-17）：

（1）减少主体磨损与腐蚀。可以向机内充入氮气，使外界空气无法进入，因而寿命可延长一倍以上。

（2）减少运转部件。整台主机只有一台燃烧机在运转，因而可靠性更高。

（3）可以提高温水品位，使温度达到 95℃，可用于散热器供暖。

（4）减少机组散热损失。由于主体为冷态，散热面积大为减少。

（5）降低排烟温度，减少排烟热损失。

（6）由于设有多级温度控制、压力控制及安全阀保护，高压发生器在任何时候均为负压，绝对安全。

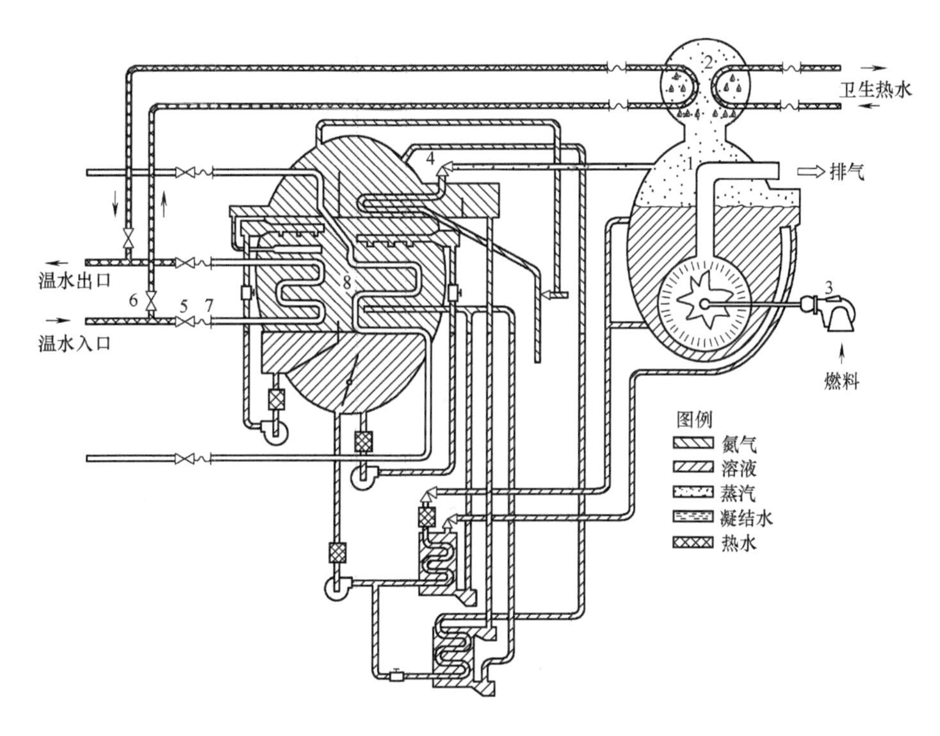

图 4-17 直燃机热水器采暖工作原理图

1—高压发生器；2—热水器；3—燃烧机；4—真空角阀（关）；
5—冷水阀；6—温水阀（开）；7—软接头；8—主体（停止运转，充氮器封存）

（四）直燃机制取卫生热水的工作原理

直燃机制取卫生热水必须通过热水器，单独制取卫生热水必须使主体与高压发生器完全隔离。工作时，高压发生器产生的水蒸气进入热水器进行汽水换热，在加热盘管中的卫生热水后，自身凝结成液态水回到高压发生器，如此循环不已。其主要特点有：

1. 节省设备购置费用，节省设备占地。
2. 提高直燃机利用率，而不增加运转费用。
3. 运转安全，高压发生器在任何时候均为负压运转。
4. 抗结垢设计的热水器，长期使用未软化的水也不易结垢且容易清理。

5. 减少排烟及主体散热损失，可提高能量利用率。

6. 可以在制冷或供暖的同时制取卫生热水，亦可单独提供卫生热水。

7. 操作简单，控制灵活。

二、机组分类及型号表示

（一）机组分类

按照机组的用途，溴化锂吸收式机组可分为冷水机组、冷热水机组和热泵机组。

按照机组消耗的能源，溴化锂吸收式机组可分为蒸汽型、热水型和直燃型。而蒸汽型溴化锂机组又可以根据驱动热源的利用方式分为单效和双效。

按照使用燃料的类型不同，直燃机可分为燃油型和燃气型。

直燃机从其利用的能源可分为燃油型、燃气型及油气两用型；从功能上可分为标准型（具备制冷、供暖、卫生热水三种功能）、空调型（具备制冷、采暖功能）和单冷型（具备制冷功能）。

（二）机组型号含义

1. 蒸汽、热水型溴化锂吸收式冷水机组型号表示方法见图 4-18。

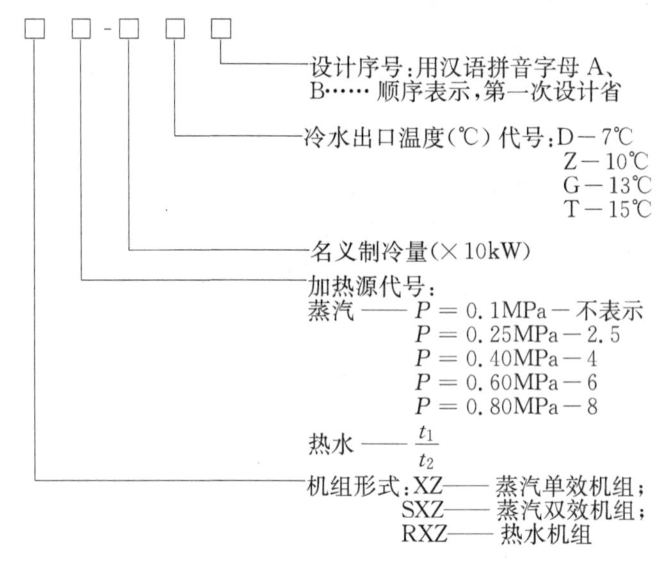

图 4-18　蒸汽、热水型溴化锂吸收式冷水机组型号表示方法

型号示例：

SXZ4-175D 表示加热饱和水蒸气压力为 0.4MPa，冷水出口温度为 7℃，制冷量为 1750kW 的双效蒸汽型溴化锂吸收式冷水机组。

RXZ（95/85)-115ZB 表示进机组热水温度为 95℃，出机组热水温度为 85℃，冷水出口温度为 10℃，制冷量为 1150kW 的第二次改型的热水型溴化锂吸收式冷水机组。

XZ-58 表示制冷量为 580kW 的蒸汽单效溴化锂吸收式冷水机组。

2. 直燃型溴化锂吸收式冷水机组型号表示方法见图 4-19。

型号示例：

ZXY-174 表示燃油型直燃溴化锂吸收式冷、热水机组，制冷量为 1740kW。

ZXQ-116A 表示第一次改型的燃气直燃型溴化锂吸收式冷、热水机组，制冷量为 1160 kW。

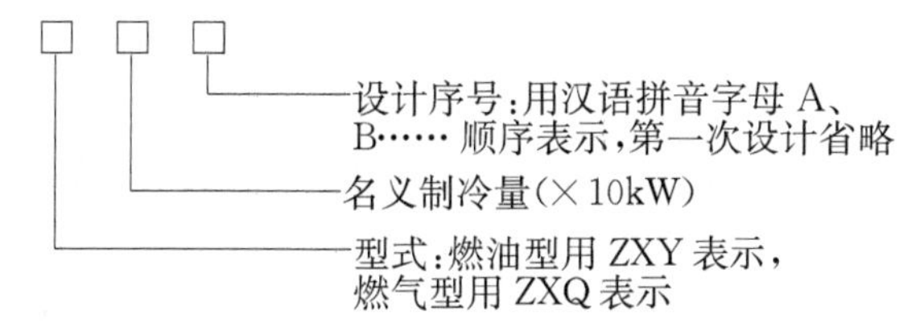

图 4-19　直燃型溴化锂吸收式冷水机组型号表示方法

（三）名义工况和性能

《溴化锂吸收式冷水机组能效限定值及能效等级》GB 29540—2013 和《直燃型溴化锂吸收式冷（温）水机组》GB/T 18362—2008 中规定了机组的名义工况和性能，见表 4-18。

溴化锂机组名义工况和性能表　　　　**表 4-18**

型式	加热源：蒸汽压力（表）(MPa)	加热源：热水进/出水温度(℃)	冷水进/出水温度(℃)	冷却水进水温度(℃)	制冷量范围(kW)	单位制冷量冷却水流量(m^3/kW)	性能指标：单位制冷量耗汽量(kg/kW)	性能指标：单位制冷量耗热量(kW/kW)	单位制冷(热)量燃料耗量 油(kg/kW) 制冷	油(kg/kW) 制热	气(N·m^3/kW) 制冷	气(N·m^3/kW) 制热
蒸汽单效	0.1		12/7	32	232～5234	0.285	2.35					
蒸汽双效	0.25		18/13		232～5815		1.45					
			12/7				1.45					
	0.4		15/10				1.35					
			12/7				1.35					
	0.6		15/10				1.30					
	0.8		12/7				1.30					
热水	小温差	100/90	12/7		1160～2320			1.4～1.5				
		95/87	15/10									
		110/100	12/7									
			15/10									
		90/83	15/10									
			18/13									
		75/63	18/13		349～2320			1.56 1.92				
			15/10									
	大温差	120/68 130/68	12/7		350～4650	0.345		1.34				
直燃型	油	重油	12(14)/7①	30(32)②					0.079	0.095		
		柴油							0.077	0.093		
	气	人工煤气									0.221	0.271
		天然气									0.091	0.112

① 表中括号内数值为可供选择的大温差送冷水的参考值。

② 表中括号内数值为可供选择的应用名义工况参考值。

三、机组特点

（一）主要优点

1. 可以直接利用热能代替电能，节电显著，以一台1163kW（100×10^4kcal/h）的制冷机组为例，压缩式制冷机组耗电约为254kW，而溴化锂吸收式制冷机组仅耗电9kW。能源利用范围广，能利用余热、废热等低位热。夏季可利用热电站富裕余热量或利用北方地区供暖锅炉热量进行制冷。在供电紧张、电力比较紧缺的条件下，使用这种机型更有现实意义。

2. 溴化锂机组的工质是溴化锂水溶液，它无臭、无毒，对大气环境无污染。直燃机燃料是天然气或柴油在高压发生器中直接燃烧，燃烧完全，燃烧产物中所含SO_x和NO_x低，对大气环境污染小，所以它允许在市区对环保有严格要求的场合使用。

3. 由于机组除功率较小的屏蔽泵外，无其他运动部件，运转安静，噪声值约为75～80dB（A），同时不必作防振基础，安装简单。

4. 制冷机在真空状态下运行，无高压爆炸危险，安全可靠。

5. 制冷量调节范围广，在20%～100%的负荷内可进行冷量的无级调节。溶液泵采用变频控制，在机器部分负荷时，可在最佳节能状态下运转。

6. 直燃型机组直接用燃料加热，无需用户另备锅炉或蒸汽，只需少量电能即可连续运转。一机多用，可以同时制冷、供热、供卫生热水，使用方便。

7. 目前机组基本都配有可靠先进的微机控制系统，自动检测记录、故障自诊断、自动保护功能、能量和液位自动调节。操作维护管理方便。

8. 可安装在室内、室外、屋顶、地下室，节省机房面积。

9. 只要做好机组的日常维护保养，机组的使用寿命可以达到15～20年。

（二）主要缺点

1. 溴化锂机组单位能耗较高，特别是低温热水溴化锂制冷机。机组热效率都比较低，节电不节能。若以一次能耗来比，吸收式高于压缩式，热水型高于蒸汽型。所以这种机组只是在电力紧缺下采用才有意义。

2. 与离心式制冷机组相比，设备外形尺寸大，重量大，占地面积大，占用空间高。

3. 设备冷凝热量大，所以冷却塔和冷却水系统容量大，这部分投资和耗电量要比电制冷大。冷却塔要用中温型。

4. 溴化锂水溶液对钢板腐蚀性强，腐蚀不仅影响机组的性能，而且影响到机组寿命。所以必须随时检测溶液中缓蚀剂铬酸锂的含量，以便及时补充。

5. 由于设备属高真空状态运行，所以对气密性要求很高，因为即使漏入少量空气也会影响机器的性能。这就要求制造厂的制造工艺必须提高。有的制造厂采用机组全焊接封闭式连接方式，以确保机组真空度。

四、机组典型工艺流程

1. 热水型溴化锂冷水机组管道流程见图4-20。

2. 蒸汽型溴化锂冷水机组管道流程见图4-21。

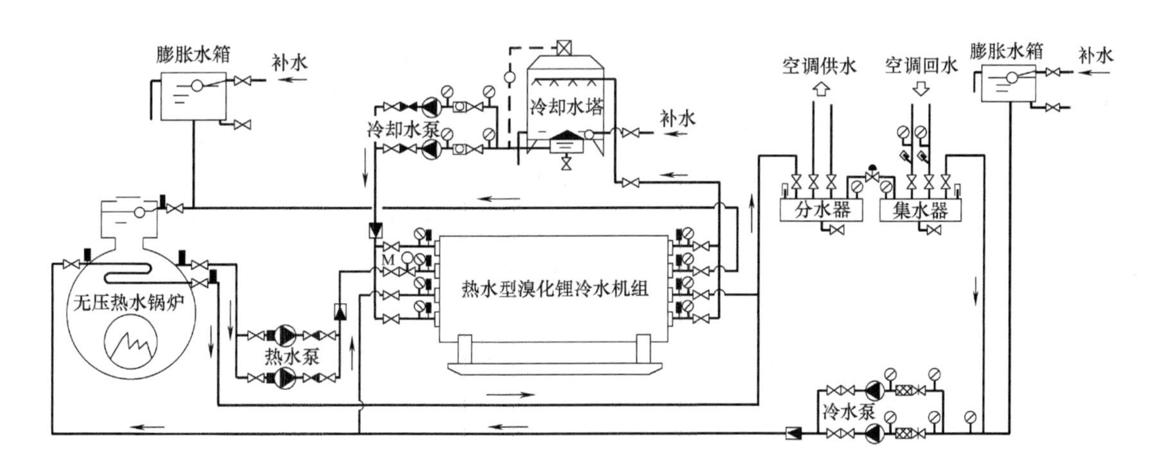

图 4-20　热水型溴化锂冷水机组管道流程

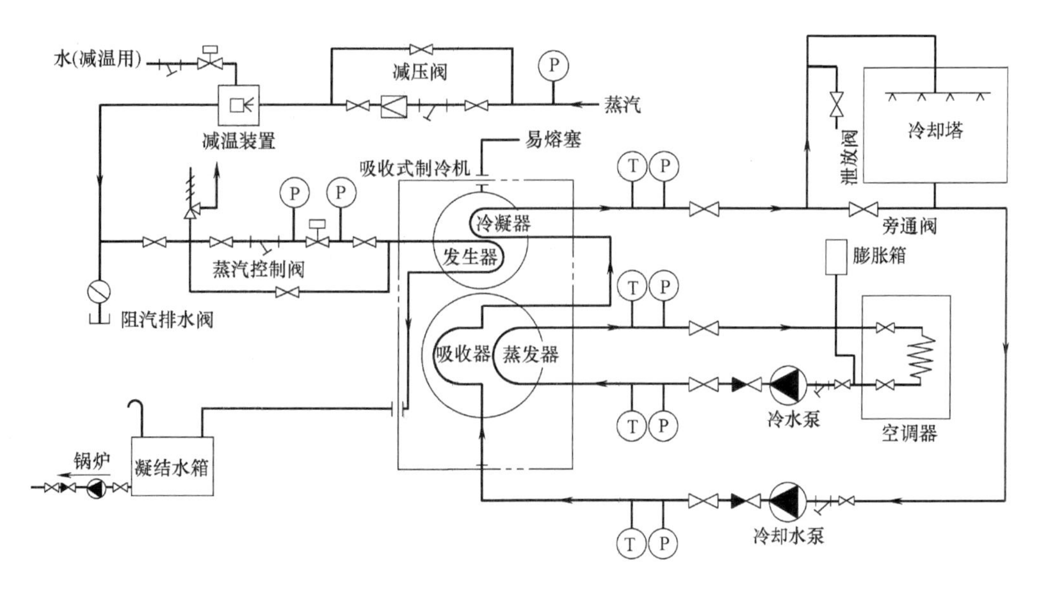

图 4-21　蒸汽型溴化锂冷水机组管道流程

五、机组调节控制系统

机组自动控制通常由安全保护装置、冷量自动调节和程序控制三部分组成。安全保护装置是根据故障部位的情况，发出声光报警信号，同时使机组转入稀释停机状态，以保证机组安全运行；冷量自动调节是根据外界负荷变化，自动调节机组制冷量；程序控制则是按照机组的操作要求，自动启动或稀释停机。

（一）安全保护装置

1. 冷水低温保护。报警温度一般整定在 3～4℃，由设在冷水出水管道上的温度传感器，经控制器发出信号，低于 4℃时切断热源，机组投入稀释运行。

2. 冷剂水低温保护。报警温度一般整定在 2～3℃，由设在蒸发器液槽的温度传感器，经控制器发出信号，当低于3℃时切断热源，机组投入稀释运行。

3. 冷水缺水保护。在冷水供水管道上设置靶式流量控制器，当冷水流量减少（低于额定值的50%）或断流时，控制器发出信号，机组停止制冷运行。

4. 冷却水缺水保护。在冷却水供水管道上设靶式流量控制器，当冷却水量减少（低于额定值70%）或断流时，发出信号，切断热源，投入稀释运行。

5. 浓溶液高温保护。在发生器浓溶液出口管道上设温度传感器，当高于设定值时，发出报警信号，同时指令关闭热源，使机组投入稀释运行。一般双效机组设定温度为165～170℃，单效机组设定温度为105～110℃。

6. 冷却水低温保护。在冷却水供水管道上设置温度传感器，当低于设定值时，发出信号，控制设在冷却水供水管上的二通调节阀，减少流量或控制设在冷却水供回水管道上的三通调节阀，使冷却水回水旁流一部分，以提高冷却水进水温度。冷却水温度一般设定在18～20℃。冷却水温度过低，会导致溶液热交换器稀溶液侧温度过低，从而引起热交换器浓溶液侧结晶。

7. 自动排气装置。由设在自动抽气装置集气筒上的真空检测仪表（电容式压力传感器），高于设定值时，立即报警并启动真空泵排气。

8. 蒸汽压力过高保护。由设在蒸汽进口管道上的电接点压力表检测，当高于设定值时，立即报警并控制设在蒸汽管上的二通电动调节阀，以使其恒定在所需范围内。

9. 发生器溶液液位保护。由设在发生器液囊上的电极式液位传感器（或用浮球式液位传感器）检测发出指令调节设在溶液泵出口处的二通调节阀的大小，以控制送往发生器的溶液量；或通过变频调速器改变溶液泵的转速，从而达到调节溶液泵流量的目的。

10. 停机防结晶保护。有下列几种方法：

（1）采用延时继电器，当停机后，溶液泵和冷剂泵再运行一段时间，让稀溶液和浓溶液充分混合。

（2）采用在发生器浓溶液出口管道上设置温度传感器，根据其溶液温度降低至设定值时再停机。

（3）采用专用传感器检测溶液的浓度，从而算出最佳稀释时间，使运转处于最佳程度。

11. 屏蔽泵保护装置。由设在冷剂水液囊中的液位控制器，直接控制屏蔽泵，当液位低于设定值时，发出信号切断屏蔽泵电源，防止气蚀。

12. 过载保护，当屏蔽泵过载时，应及时切断电流。

13. 燃烧器安全点火装置。燃烧器内设有电打火装置，启动时，点火器先投入工作，经火焰检测器确定正常后，延时打开主燃料阀，使主燃烧系统进行正常燃烧，点火燃烧器自行熄灭。

14. 燃料压力保护装置。在燃气（油）管道上设有压力控制器，当压力波动超出设定范围时，压力控制器发出报警信号，同时切断燃料供应，使机组转入稀释状态。

15. 熄火安全装置。当燃气型机组熄火或点火失败时，使燃烧器风机在熄火后继续工作一段时间，将炉膛内的燃气吹扫干净，以防止再次点火时产生燃气爆炸的危险。

16. 燃烧器风机过电流保护。当风机发生故障，电流过载时，机组自动停止运行。

17. 烟气排气温度过高保护。当烟气温度高于300℃时，机组自动停止运行。

18. 空气压力开关。当炉膛内空气压力低于 490Pa 时，机组自动停止运行。

（二）参数测量记录

1. 温度

冷（温）水进、出口温度；冷却水进出口和中间温度；稀溶液出溶液泵、出低温热交换器、出凝水换热器、出高温热交换器、进高压发生器温度；浓溶液出高压发生器、出高温热交换器、出低压发生器、出低温热交换器温度；冷剂蒸汽出高压发生器温度；冷剂水出低压发生器温度；冷剂水出冷凝器温度；蒸发器冷剂水温度；工作蒸汽温度；蒸汽凝结水出高压发生器温度、进出凝水换热器温度；加热水进、出口温度、排烟温度。

2. 压力

高压发生器压力；冷凝器绝对压力；蒸发器绝对压力；工作蒸汽压力；自动抽气装置压力。

3. 流量

吸收器进口冷却水量；蒸发器进口冷水量。

4. 液位

高压发生器液位；蒸发器液位。

5. 运行状态

机组运行时间；溶液泵、冷剂泵运行时间；燃烧时间；机组启停次数；溶液泵和冷剂泵启停次数；燃烧启停次数，真空泵启停次数。

（三）微机控制

由微机控制系统、传感器、执行机构组成一个完整的控制系统，通过传感器采集温度、压力、流量、液位等参数，将其处理后通过执行机构（如二通调节阀、变频器）实现机组能量和液位的控制调节；对故障进行诊断与处理，对参数进行检测记录；对机组参数进行设定；可以通过通信接口与外界网络系统联网，进行远距离监控。

第八节　水源热泵机组

热泵是一种利用制冷原理将热量从低温热源（例如空气、水或大地）传递给接收热量的高温介质（如水、空气）中的一门供暖、制冷技术。热泵与制冷机的工作原理和过程是完全相同的，热泵与制冷机在名称上的差别只是反映了在应用目的上的不同：如果以得到高温的热量为主要目的，则一般称为热泵，反之则称为制冷机。根据热泵供热时所采用的低品位热源不同，可分为空气源热泵（也称风冷热泵）和水源热泵。

由于热泵是能够充分利用和回收各种低品位热源的一种节能设备，国内近年来也已得到大量应用，特别是在我国的南方地区，风冷热泵得到广泛应用。前面的章节中，已经讲述了风冷热泵的一些特性，本节的重点是讲述一下水源热泵。

一、水源热泵的分类、组成及特点

水源热泵是以水为热源进行制冷（热）的空调装置。在制冷循环中，水作为排热源将热量带走，达到制冷的目的；在制热循环中，水作为加热源进行供暖。由于水的热容大、传热性能好等优点，使得以水为热源的热泵机组备受欢迎。同时，因为空气源热泵存在机组的供热量随着室外空气温度的变化而变化的缺点，并且温度越低时供热量越小，热泵的效率也越低。所以它的使用受到气候条件的限制。因此，近几年水源热泵在国内的应用越来越多。

根据使用侧的换热设备形式，水源热泵机组又分为冷热风式水源热泵机组和冷热水式水源热泵机组。

水源热泵根据所使用的水源不同可分为地下水源热泵、地表水源热泵和水环热泵。

（一）地表水源热泵

地表水源热泵就是利用江、河、湖、海的水作为热泵机组的热源或热汇。当建筑物的周围有大量的地表水域可以利用时，可通过水泵和输配管路将水体的热量传递给热泵机组或将热泵机组的热量释放到地表蓄水体中。夏季将地表水源作为冷却水向建筑物供冷，冬季从水源中取热向建筑供热。

地表水水源热泵系统是一种典型的使用从水井或河流中抽取的水为热源（或冷源）的热泵系统。根据热泵机组与地表水连接方式的不同，可将地表水源热泵分为：开式地表水源热泵系统、闭式地表水源热泵系统和间接地表水换热系统。地表水源热泵的特点与空气源热泵类似，即机组的制冷量和制热量随着室外气候的变化而变化。另外，在中央空调系统中，若采用地表水热泵就需要大量的自然水体，这就使地表水热泵的使用受到一定的限制。目前，地表水源热泵在国内的应用较少。图 4-22 为地表水水源热泵系统的组成原理图，从图中可以看出，系统主要由水罐、压缩机、水泵、蓄热器等组成。

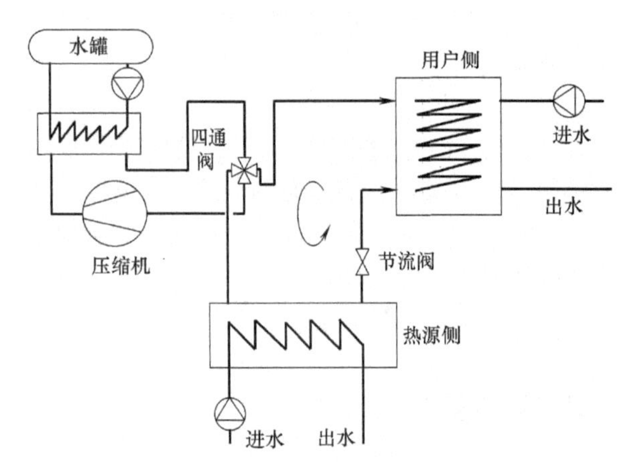

图 4-22　地表水源热泵组成原理图

（二）地下水源热泵

地下水源热泵就是利用地下水作为热泵的热源或热汇。地下水源热泵有两种形式；一是开式环路；二是闭式环路。所谓开式系统就是通过潜水泵将抽取的地下水直接送入热泵机组。这种形式的系统管路连接简单，初投资低，但由于地下水含杂质较多，当热泵机组采用板式换热器时，设备容易堵塞。另外，由于地下水所含的成分较复杂，易对管路及设备产生腐蚀和结垢，因此，在使用开式系统时，应采取相应的措施。所谓闭式系统就是通过一个板式换热器将地下水和建筑物内的水系统隔绝开来。

在地表一定深度处，地下水的温度几乎是恒定的，近似为当地的年平均温度，因此水源热泵的效率大大高于空气源热泵，而且它的制冷量和制热量不受室外空气温度的影响。水源热泵的优点主要有以下几个方面：

1. 高效节能。夏季，由于地下水的温度远低于室外空气温度，因此可降低制冷循环的冷凝温度；冬季，由于地下水的温度远高于室外空气温度，因此可提高制冷循环的蒸发温度，所以热泵的性能系数大大提高，它比空气源热泵一般可节约 20％～30％的运行费用。

2. 运行稳定可靠。地下水的温度一年四季相对稳定，保证了热泵机组运行更可靠，也不存在空气源热泵冬季除霜等难点问题。

3. 一机多用，应用范围广。水源热泵系统可供暖、空调，还可供生活热水，一机多用，特别是对于同时有供热和供冷要求的建筑物，水源热泵有明显的优点，即减少了设备的初投资。水源热泵不仅能够应用于宾馆、商场等商业建筑，更适合于别墅住宅的供暖、空调。

水源热泵虽有许多优点，但它的应用也有一定的限制。地下水作为冷源，在我国已经有较长的历史。新中国成立初期，在北京、上海地下水就已经是空调的主要冷源。然而，由于大量开采地下水造成地下水层减少和对地下水结构的影响，引起地层下沉，有关部门已经对地下水的开采有了明确的规定。我国并不是地下水资源特别丰富的国家，所以采用地下水资源更要慎重。近年来，我国一些单位生产了水—水热泵机组，为了销售热泵机组而盲目夸大水源热泵的优点，使得有些项目在没有获得准确的水文地质资料的前提下而盲目上马，造成项目未达到设计要求而失败。地下水源热泵的另一个问题是地下水的回灌问题，即如何保证地下水能够顺利回灌且不污染地下水层。只有正确地设计地下水系统，才能保证系统长期的正常运行，达到节能环保的目的。

地下水源热泵系统有两种类型：开式地下水系统和闭式地下水系统。所谓开式地下水系统就是将地下水通过潜水泵直接供给水—水热泵机组或多台并联连接的热泵，吸收了房间的热量（或放出热量）后排入地表或回灌井中。系统定压由潜水泵和隔膜式膨胀罐来完成。在供水管上设置电磁阀或电动阀可以控制供给系统的地下水的流量。对于使用开式地下水系统的热泵或水—水热泵机组，考虑到腐蚀问题，建议机组换热器使用铜镍合金热交换器。经验表明，在低温地下水系统中，存在腐蚀和结垢的可能性。使用开式地下水热泵系统时应具备以下几个条件：地下水水量充足，水质好，具有较高的稳定水位，建筑物高度低（降低潜水泵能量消耗）。在采用开式系统时，应首先进行水质分析。

在闭式地下水系统中，使用板式热交换器把地下水和热泵机组水系统隔开。系统所用的地下水由单个或多个井提供，经过板式换热器与热泵机组的水系统换热，然后排向地表或者排入地下回灌井。由于地下水不进入热泵机组，因此避免了机组的腐蚀。

（三）水环热泵

水环热泵空调系统是一种热回收的空调系统，它可以从建筑物内区回收热量用于周边地区，并且可以实现同时供冷和供热，从而使系统内部实现能量平衡，减少冷却塔和加热设备的运行时间，达到节能的目的。

水环热泵系统的主要特点如下：

1. 由于水环热泵系统充分利用了建筑物内区的热量，因此节约了能源。

2. 系统设备分散布置，故系统不需要集中的制冷机房和空调机房，节省了机房占地面积。

3. 可以安装独立的电表，分户计量，便于管理。

4. 系统只需安装水管，管路简单、安装方便。

5. 可同时对不同房间供冷和供热，调节灵活，可满足各种用户需要。

6. 运行费用低。

7. 过渡季不能最大限度地利用新风，机组暗装给维修带来不便。

水环热泵系统的组成：

水环热泵空调系统是由许多并联的水源热泵机组加上双管封闭式环流管路组成，水环热泵机组的系统流程见图 4-23。

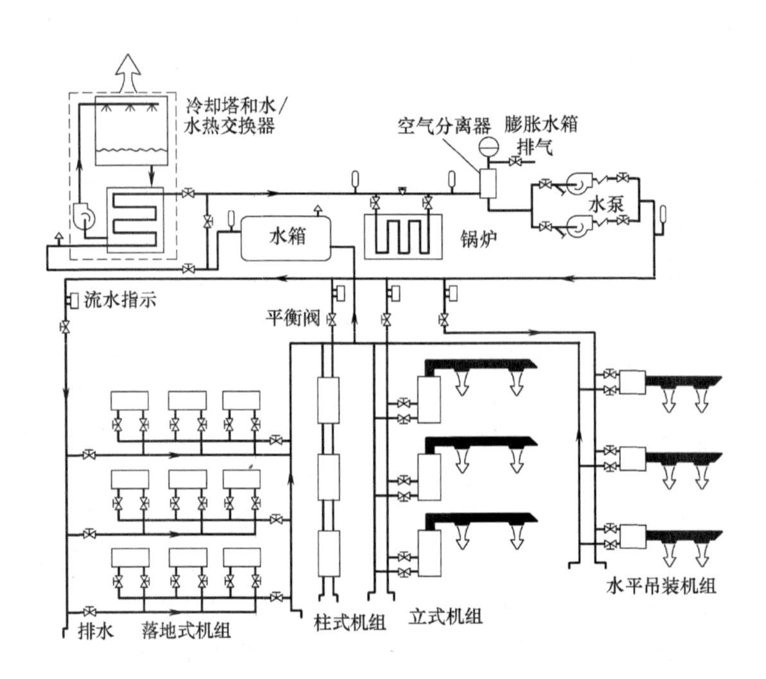

图 4-23 典型的水环热泵空调系统

系统主要部件有：

1. 排热设备：冷却塔和水—水换热器或闭式蒸发冷却塔。
2. 供热设备：各式热交换器或锅炉。
3. 膨胀水箱、补水装置和排气阀。
4. 水源热泵机组。
5. 循环水泵。
6. 蓄热水箱及其他辅助设备。

夏季机组运转时，全部或大多数机组为供冷，热量通过循环水由冷却塔排至室外，水环路温度一般保持在 32℃以下，冬季运转时，全部或大多数机组为供热，热量从循环水中吸收，由加热设备（锅炉或其他热源）补给，水环路温度一般保持在 16℃以上。春秋季运转时，当所有机组有 40％供冷和 60％供热时，水循环系统接近平衡，无需开启加热设备或冷却设备，系统水温保持在 16～32℃之间。

冬季内部区域供冷运转、周边区供热运转时，在建筑物内部区域，由于灯光、人体和设备的散热，使内区房间全年需要供冷，而周边房间需要供热。此时，可利用内区房间放出的热量传递给循环水，而由循环水传给周边房间，其不足部分可开动水系统中的加热设备补充。因此，对于具有多余热量或内部区域面积较大的建筑物，采用这种系统是最理想的。

二、水源热泵机组的性能

在 20 世纪 90 年代末，我国水源热泵机组的应用才逐渐增加。由于水源热泵机组可用于不同的系统，包括水环、地下水和地下水环路等系统，不同系统的水源一侧的温度参数各不相同。因此《水源热泵机组》GB/T 10409—2003 中，对不同系统使用的水源热泵机组分别规定了名义工况。冷热风型和水型机组名义工况分别见表 4-19 和表 4-20。

冷热风型机组名义工况参数　　表 4-19

运行模式	使用侧入口空气状态		环境干球温度(℃)	热源侧状态		
				进水/出水温度(℃)		
	干球温度(℃)	湿球温度(℃)		水环式	地下水式	地下环路式
制冷	27	19	27	30/35	18/29	25/30
制热	20	15	20	20/—①	15/—①	0/—①

①采用名义制冷工况确定的水流量。

冷热水型机组名义工况参数　　表 4-20

运行模式	环境空气状态		使用侧进水/出水温度(℃)	热源侧状态		
				进水/出水温度(℃)		
	干球温度(℃)	湿球温度(℃)		水环式	地下水式	地下环路式
制冷	15～30	—	12/7	30/35	18/29	25/30
制热	15～30	—	40/—①	20/—①	15/—①	0/—①

①采用名义制冷工况确定的水流量。

水源热泵机组的规格比较多，其制冷量范围在 1.67～200kW 之间。图 4-24，图 4-25 示出了水源热泵机组水流量和进水温度对机组制冷量和制热量及输入功率的性能曲线。

从图 4-24 可以看出，制冷量和制热量随水流量增加而增加；制冷量随进水温度的降低而增加，制热量随进水温度的增加而增加。

从图 4-25 可看出，制冷时输入功率随进水温度的降低和水流量的增加而降低，制热时随进水温度的升高和水流量的增加而增加。

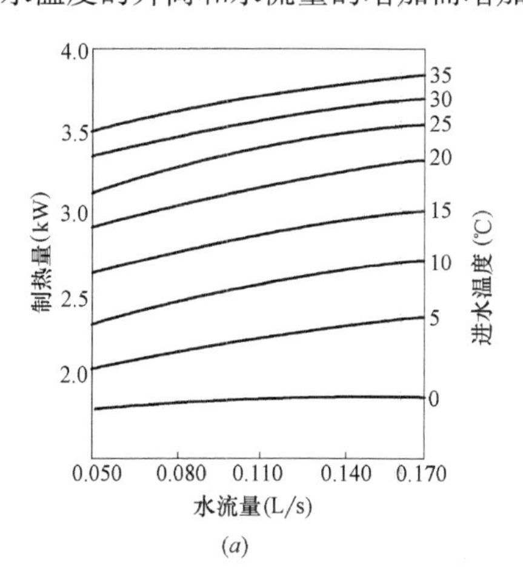

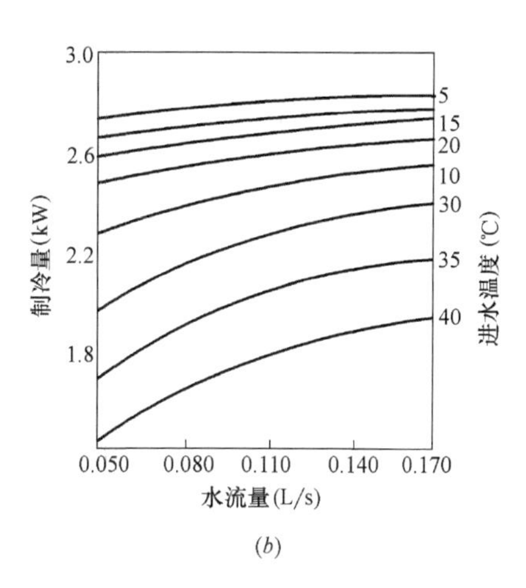

图 4-24　水流量和进水温度对水源热泵机组制冷量和制热量的影响

(a) 制热工况；(b) 制冷工况

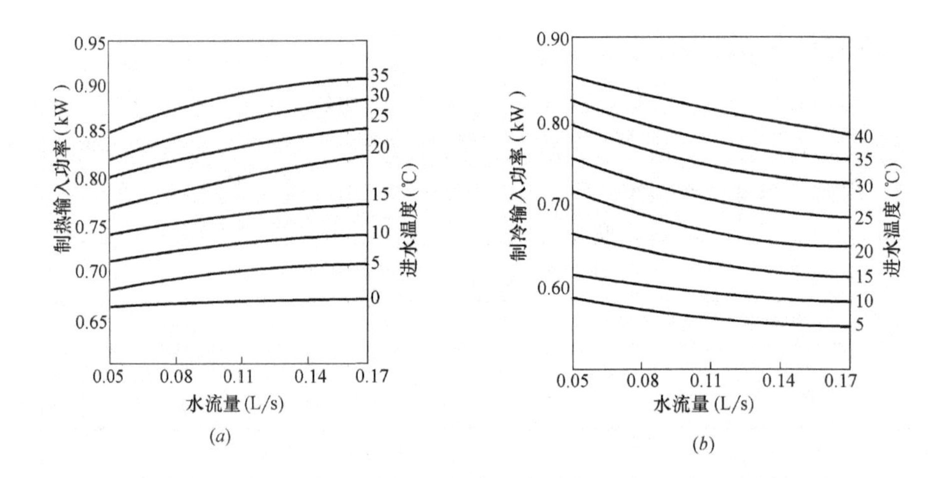

图 4-25　水流量和进水温度对热泵机组输入功率的影响

(*a*) 制热工况；(*b*) 制冷工况

第五章　中央空调冷热源机组的维护及保养

第一节　蒸汽压缩式系统的密封性试验和制冷剂充灌

蒸汽压缩式系统或热泵系统安装完毕后，必须检查整个系统的密封性。只有经过密封性试验合格后，才可以往系统中充灌制冷剂。对于氟利昂系统，密封性尤其重要，氟利昂较氨具有更强的渗漏性，且渗漏时不易被发现，价格也贵。所以蒸汽压缩式系统的密封性试验必须认真细致地反复执行，直到合格为止。

一、密封性试验

密封性试验的主要目的在于确定系统是否有渗漏，一般须作压力试漏、真空试漏和制冷剂试漏。检漏主要用来确定具体的泄漏部位，而试漏主要用来确定系统有无渗漏，为检漏的必要性提供依据，因此检漏和试漏总是配合进行的。

（一）压力试漏

压力试漏俗称打压试验，是密封性试验最常用的方法。如压缩机自身无压力显示仪表，试漏时应临时安装。当设备有可能安装压力显示仪表时，则最好在高压系统和低压系统分装压力真空表。这不仅使压力试漏成为可能，也便于日常的操作调整与检修。

压力试漏须用干燥空气或氮气进行，不具备条件的较大系统可利用外接空压机进行打压试验，但须经干燥过滤器处理，最后还要用氮气吹污。

压力试漏可分两步进行：第一步，整个系统充压至 0.8～1.0MPa。待压力平衡后，记下各压力表指示的压力、环境温度等参数，保压 6h，允许压力降 10～20kPa。继续保持压力 18～24h，在环境温度变化不大的情况下，压力无变化，即可认为第一步打压试验合格。第二步，较大系统可关闭高、低压处截止阀，在高压系统充入 1.4～1.6MPa 的干燥空气或氮气，保压 6h，允许高压系统的压力降 10～20kPa，继续保压 18～24h，压力无变化，可认为系统密封性良好。

当发现系统泄漏而检漏困难时，可对压缩机、冷凝器、蒸发器等分别进行压力试漏，以逐步缩小检漏范围。小型蒸汽压缩式系统的密封性试验须用干燥空气进行。

（二）真空试漏

把系统内的氮气放掉，压力降至周围大气压时，剩余的氮气再也无法自行排出，必须利用压缩机自身或真空泵来强制抽真空。真空试漏的目的是进一步检查系统在真空下的密封性，并为系统充灌制冷剂或检漏打好基础。

对于小型氟利昂蒸汽压缩式机组，可利用本身的压缩机抽真空，其步骤如下：

1. 关闭压缩机的排气截止阀，在旁通孔上装锥牙接头和排气管。

2. 短路压力继电器上的低压开关，以便压缩机在真空时还能运转。

3. 启动压缩机抽真空。当压缩机连续抽气至排气管听不见气流声时，将管口浸入冷冻机油筒中，观察管口的冒气泡情况。

4. 若 5min 内无气泡冒出，低端压力真空表的值低于 4kPa 绝对压力时，可以认为系统内气体基本抽完。这时堵住排气管口且将排气截止阀快速退足关闭旁通孔道，停机拆下排气管，拧上堵塞，抽气结束。

5. 保压 24h，压力升高不超过 6.67kPa 为合格。否则应对整个系统重新检查、处理。

采用全封闭压缩机的蒸汽压缩式系统不能用自身压缩机进行抽真空操作，以防烧坏电动机的绕组。较大型的压缩机也不宜自身抽气，这时需用真空泵来抽真空。真空度要求：氨系统剩余压力低于 5.33kPa，氟利昂系统低于 1.33kPa。结束时应先关闭压缩机排气截止阀上的旁通孔道，然后再停真空泵，以防真空泵中的油被倒吸入压缩机。

（三）制冷剂试漏

制冷剂试漏与压力试漏的方法相似。系统抽真空后充入制冷剂，充入制冷剂的数量以系统中的压力比环境温度下制冷剂冷凝压力低 100 kPa 左右为宜，保压 18h 无压力降即可认为试漏符合要求。

制冷剂试漏为系统充灌制冷剂做好了充分的准备。所充入的制冷剂可以直接使用，也可作为清洁系统之用。制冷剂试漏可用下列方法：

1. 系统充灌制冷剂，使表压达 100～200kPa。

2. 再充入干燥氮气，使表压达 0.8～1.0MPa，其要求与压力试漏相同，压力基本稳定后保压 18h 压力降无变化即可。此方法利用了制冷剂渗透能力强这一特性，可提高检漏成功率，同时也节省了制冷剂。

在密封性试验过程中，检漏的手段也需跟上。只有检漏与修补可靠，上述密封性试验才有可能符合要求。试漏需注意的问题：(1) 不允许充灌氧气，氧气和系统中的油容易发生化学反应，一旦遇到明火和压缩，会发生爆炸；(2) 试漏时如系统中充入氮气、空气，特别是氧气时，决不允许强行启动压缩机，不然会引起爆炸。

二、检漏

蒸汽压缩式系统在密封性试验过程中可进行检漏。氟利昂蒸汽压缩式系统的主要检漏部位为：压缩机所有可拆卸的连接部位和轴封处、螺栓端部、视油镜，蒸发器的各焊接部位，风冷冷凝器或水冷冷凝器的各焊接部位，各管道和部件（干燥过滤器、截止阀及阀杆处、电磁阀、热力膨胀阀、液体分配器等）连接处。较小的系统也可整体检漏。

（一）声响检漏

当蒸汽压缩式系统中的制冷剂温度、压力较高时，系统的泄漏处有时会出现微弱的嘶嘶响声，因此可根据声响部位判断泄漏处。

（二）目测检漏

在氟利昂系统制冷装置中的某些部位，若发现有渗油、滴油、油迹等现象时，即可断定该处有氟利昂制冷剂泄漏。因为氟利昂蒸汽压缩式系统为密闭的系统，氟利昂类制冷剂和冷冻油又具有一定的互溶性，所以，凡是氟利昂制冷剂泄漏的部位，常伴有滴油现象。遇到上述情况，也可进一步进行检漏（采用其他方法），以便确定准确位置。

（三）浓肥皂水检漏

浓肥皂水检漏目前使用比较普遍，方便而又有效，特别适合于维修使用。

检漏前应在蒸汽压缩式系统中充入 0.8～1.0MPa 氮气或干燥空气。

先将肥皂削成薄片，浸泡在热水中，不断搅拌使其溶化，待冷却成稠状浅黄色溶液即可使用。检漏时，先将被检部位的油污擦洗干净，用清洁的白纱布和软质泡沫塑料蘸透肥皂水，包围或涂抹于检漏处，静待数分钟并仔细观察，如被检漏部位出现白色泡沫或有气泡不断溢出，即说明该处就是泄漏点，先做好标记，继续对其他部位进行检漏。当零件后面看不见时，应用手指将肥皂水沿零件周围抹一圈，看是否有气泡，或者用一面镜子在后面照看。全部结束后，再对所有标出的点一一进行焊接和修复。

（四）卤素灯检漏

卤素灯检漏又称火燃式检漏器，用于氟利昂蒸汽压缩式系统检漏。它由气体容器、阀门、燃烧室和进气管组成，如图 5-1（*a*）所示。使用时通过点火口点燃，然后稍许打开阀门，调节火焰长度，使铜板烧红，并保持垂直位置，如图 5-1（*b*）所示。图 5-1（*c*）为火焰太长，不宜用。卤素灯检漏的工作原理是当进气管端部接近被检部位时，空气带着泄漏的制冷剂吸入进气管，在铜板处与火焰混合，随着氟利昂泄漏量的不同，火焰会出现不同的颜色，其泄漏程度如下：

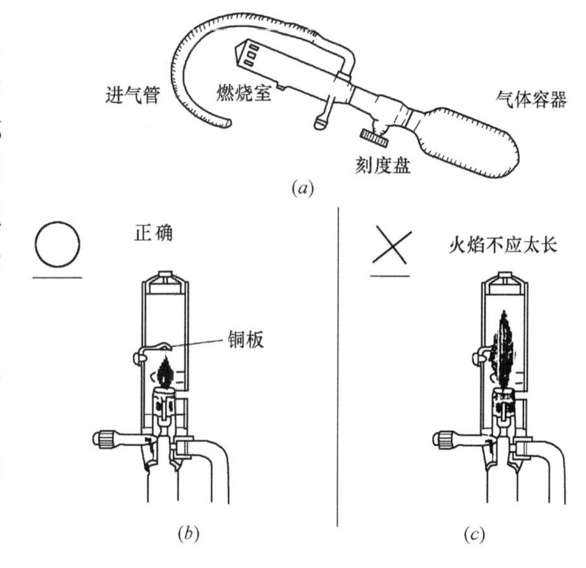

图 5-1　卤素检漏灯及其调整

浅蓝色火焰——无氟利昂泄漏；

绿色火焰——有少量泄漏（约 300g/a）；

蓝色火焰——有大量泄漏（约 1000g/a）。

（五）电子卤素灯检漏仪检漏

此仪器主要由一个控制放大器和一个探头组成，如图 5-2 所示。其原理是当探头吸入气体时，其中的卤化物会激发离子发射，引起蜂鸣器鸣叫，测试气体瓶用来检查探头的灵敏度。该仪器量程有两档，其灵敏度如下：

L（低）档：气体泄漏量为 20g/a；

H（高）档：气体泄漏量为 5g/a。

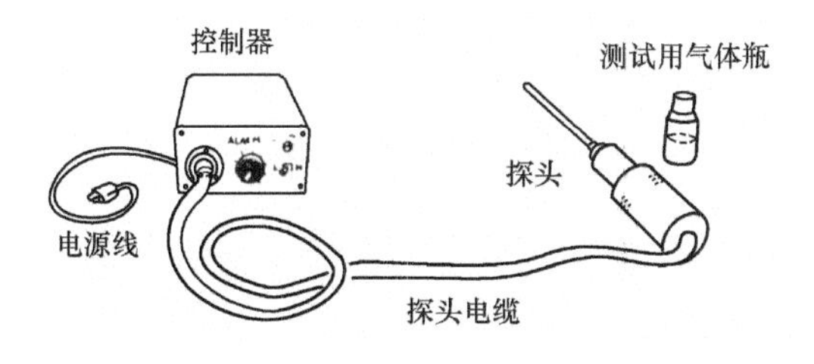

图 5-2　电子卤素检漏仪

三、制冷剂充灌

蒸汽压缩式系统在经过密封性试验和检漏之后，必须进行彻底的抽真空，其目的是排除系统中的水分和不凝性气体。蒸汽压缩式系统中有水分，会造成膨胀阀或毛细管冻堵，零件易生锈。不凝性气体的存在使冷凝压力升高，也会使润滑油易老化等。当机组的真空度达到要求以后，就可以开始充灌制冷剂。

（一）小型氟利昂蒸汽压缩式系统低压吸入制冷剂的方法

小型氟利昂蒸汽压缩式系统充灌制冷剂的方法较多，但较为常用的是低压吸入法。吸入法不仅适用于系统首次充灌，也适用于在添加制冷剂时使用。吸入法是在压缩机运转的情况下进行的，充灌时主要是吸入氟利昂蒸气，也可充入液体，但须注意，阀门开启要小，以防止制冷剂液体进入压缩机，产生液击现象。操作步骤如下：

1. 将制冷剂钢瓶放在磅秤上，拧上钢瓶接头。

2. 将压缩机低压吸入控制阀向“逆时针”方向倒足，关闭多用通道口，拧下多用通道口上的细牙螺塞和其上所装接的其他部件。

3. 装上“三通接头”，一端接 760mmHg—0～1600kPa 真空压力表，另一端连接充注制冷剂用的 $\Phi 6 \times 1$ 紫铜管，并经过充灌用的干燥过滤器，再连接到制冷剂钢瓶的接头上。

4. 稍打开钢瓶上的阀门，使紫铜管中充满氟利昂气体，稍拧一下三通接头上的接头螺母，利用氟利昂气体的压力将充灌管及干燥过滤器中的空气排出。然后拧紧所有接头螺母，并将钢瓶阀门打开。

5. 使连接管及干燥过滤器均处于不受力状态，从磅秤上读出重量数值，在整个充灌过程中均须作记录，充灌用部件及磅秤不得承受任何外力，以免影响读数。

6. 按顺时针方向旋转制冷压缩机的低压吸入控制阀，使多用通道和低压吸入管及压缩机均处于连通状态，制冷剂即由此进入系统。充灌时应注意磅秤上重量读数变化和低压表压力变化（一般不超过 100～200kPa）。若压力已达到平衡而充灌数量还未达到规定值，则先开冷却水（或冷却风扇），待冷却水自冷凝器出水口流出后，启动压缩机进行充灌，开机前先将低压吸入控制阀向逆时针方向旋转，关小多用通道口，以免发生液击（若有液击，应立即停机），然后逐步按顺时针方向开大多用通道口，使制冷剂进入系统。

7. 当磅秤上显示的数值达到规定的充灌重量时，先关钢瓶阀，然后逆时针旋转低压吸入控制阀，关闭多用通道口，立即停下压缩机。

8. 松开和卸下接管螺母及充灌制冷剂的用具以及三通接头，将此处原先卸下的细牙接头和低压表等部件接上并拧紧。

9. 顺时针旋转低压吸入阀 1/2～3/4 圈，使多用通道口与低压表及压力控制器等相通（开启的大小以低压表指针无跳动为准）。

（二）大中型氟利昂蒸汽压缩式机组充灌制冷剂方法

大型蒸汽压缩式机组在出厂前一般都按规定充注了制冷剂，但有些机组需要在用户现场充注制冷剂。制冷剂的充注量及制冷剂型号必须按规定执行。制冷剂充注量不足，会导致冷量不足。制冷剂充注量过多，不但增加费用，而且对运行能耗、设备安全等带来不利影响。一旦发生泄漏事故，制冷剂可能会给环境带来严重的污染。

在充注制冷剂前，应预先备有足够的制冷剂，具体操作方法如下：

1. 打开机组冷凝器、蒸发器的进出水阀门。

2. 启动冷却水泵、冷媒水泵、冷却塔风机，使冷却水系统和冷媒水系统处于正常工作状态。

3. 将制冷剂钢瓶置于磅秤上称重，并记下总重量。

4. 将加氟管一头拧紧在氟瓶上，另一头与机组的加液阀虚接，然后打开氟瓶瓶阀。当看到加液阀与加氟管的虚接口处有氟雾喷出时，就说明加氟管中的空气已排出，应迅速拧紧虚接口。

5. 打开冷凝器的出液阀、制冷剂充注阀、节流阀，关闭压缩机吸气阀，制冷剂在氟瓶与机组内压差的作用下进入机组中。当机组内制冷剂压力和氟瓶内制冷剂压力平衡以后，可将压缩机的吸气阀稍微打开一些，使制冷剂进入压缩机内，直至压力平衡。然后可启动压缩机，按正常的开机程序，使机组处于正常的低负荷运行状态（此时应关闭冷凝器的出液阀），同时观察磅秤上的称量值。当达到充灌量后将氟瓶关闭，然后再将充注阀关闭，充注制冷剂结束。

第二节　系统中空气和水分的排除与润滑油添加

在调试已充入制冷剂的系统时，有时会发现排气温度和压力过高，而且制冷效果也差，此时可认为是蒸汽压缩式系统中有残留空气存在。空气是不凝性气体，它在冷凝器中不会凝结成液体，因而会给系统造成很不利的影响。这主要是由抽真空不彻底和操作有误造成的，所以必须将空气排出系统外，才能使系统正常工作。

一、系统空气的排除方法

（一）开启式压缩机系统放气方法

1. 关闭贮液器或冷凝器出液阀。

2. 启动压缩机，将低压段内制冷剂排入冷凝器或贮液器内。

3. 低压段抽成稳定的真空状态后停车。

4. 旋松排气截止阀的旁通孔螺塞，顺旋排气截止阀杆（旋半圈左右），使阀成三通状，高压气体就从旁通孔中逸出。用手掌挡着排出气流，如果感觉像风吹一样，没有凉快感，那么排出的极大部分是空气。继续排气，直到手上有点滴油迹，同时有点冷的感觉，此时排出的已是混有极小部分空气的制冷剂蒸气，空气已基本放净。

5. 如经检查系统内还有相当部分的空气，可在排气截止阀旁通孔处安装压力表，测量高压段的压力值，并查核其对应的饱和温度值。若压力表指示值所对应的饱和温度超过冷凝器冷却水排水（或风冷式冷凝器排风）温度很多时，则说明空气可能还未放净，要继续放。若两温度比较接近（一般高 2～3℃），则说明空气已基本放净。

6. 反旋排气截止阀杆，关闭旁通孔，拆下压力表，旋上螺塞并扳紧，排放空气的操作结束。

（二）全封闭式压缩机系统放气方法

全封闭式蒸汽压缩式系统的放气往往是在充灌制冷剂之后进行的。压缩机工作一段时间后，停车几分钟，将排气（高压）阀打开，空气可从阀孔中排出。开始有少量制冷剂液体排出，然后便是空气排出，手感如发现有凉气排出，须关闭阀。继续开机运转，观察，同时继续充入适当制冷剂，运转十几分钟。按上述方法，持续进行几次，即可放净系统中的空气。修理时如果无法接上排气修理阀，较理想的是全部放掉制冷剂重新进行抽空。如系统较大，制冷剂浪费太多，也可放掉一部分，然后再充灌适量制冷剂进行观察（因放出制冷剂时可带走空气），直至符合要求为止。

二、蒸汽压缩式系统水分的排除

水极难溶于制冷剂，并随制冷剂温度下降，水的溶解度减小。当制冷剂的温度低于0℃时，游离的水分易在机内小孔（如热力膨胀阀出口）内引起冰塞现象，从而影响蒸汽压缩式系统正常工作。蒸汽压缩式系统含有水分会加速金属腐蚀，故应对机组进行干燥除湿处理。机组干燥除湿主要有以下几种方法：

（一）采用干燥过滤器

1. 将输液管段和低压段抽真空，停车，关闭排气截止阀，微开出液阀，使低压段压力升到零或稍高一点的表压。

2. 拆下系统中的过滤器，换上干燥过滤器（事先应准备好）。若没有备用的干燥过滤器，可将拆下的过滤器临时改装成干燥过滤器，装上吸湿剂。

3. 装上干燥过滤器后，再次将输液管和低压段抽真空，然后先开排气截止阀，后开出液阀让压缩机运转。

4. 经过几小时的运转、吸湿后，一般情况下系统就不再发生冻塞现象，若冻塞情况仍没完全消除，还须继续运转，必要时再换上新的吸湿剂，但这种情况是极少的。

5. 吸湿工作结束，拆下干燥过滤器，并将原过滤器装上系统，开机运转。

（二）加热干燥

当制冷管道或设备中出现冰塞现象时，仅仅依靠更换干燥过滤器有时收效甚微。因为干燥剂接触不到制冷剂，无法吸收水分，因此必须考虑其他方法。通常使用氧焊枪、煤油喷灯或电加热器喷烤发生冰塞的管道或蒸发器，把冰融化，使制冷剂带水流通，然后由干燥器吸收水分。

（三）加热抽真空干燥

首先关闭高压贮液器或冷凝器的供液阀，停止供液，启动压缩机把低压系统内的制冷剂抽回冷凝器内，然后在压缩机的吸气阀上接管装上真空泵，同时对发生冰塞的管道或蒸发器进行加热，使冰融化至汽化，开动真空泵将水蒸气抽出。由于在真空条件下，水的沸点大大降低。机组内真空度越低，越有利于水分的蒸发，因此尽可能地提高机组的真空度，会得到显著的干燥除湿效果。

（四）高压氮气除湿

为了排除机组内出现的冰塞，先用压缩机将系统内的制冷剂抽回到冷凝器内，将冰塞的制冷管道或蒸发器加热，使冰融化，然后从蒸发器的较高处加入氮气，使压力达到1.0MPa，从蒸发器最低点排出氮气，水分则被高压氮气带出。如此反复多次，利用气流高速喷射原理产生的真空效应，可将水分大量排出。

三、蒸汽压缩式系统润滑油的添加

在蒸汽压缩式系统正常运转的情况下，压缩机耗油量是很小的。曲轴箱内一部分润滑油虽被高压制冷剂蒸气带出，但绝大部分被油分离器分离出来后又送回曲轴箱，即使无油分离器的小型单级蒸汽压缩式系统，只要蒸发器设计正确，管道安装合理，制冷剂加入量适当，被蒸气带出的绝大部分润滑油仍会被低压制冷剂蒸气带回压缩机的曲轴箱内。若不符合上述要求，则将有相当一部分的润滑油积存在蒸发器内，使曲轴箱内的油面降低。另外，对新安装的系统，在初运转时期，某些部件上会留下一定量的润滑油，也会使曲轴箱油面降低，润滑油量不足。这种情况下必须添加润滑油，但一次加油量不应过多，过多会引起液击，若经常发现润滑油不足（耗油量大），则是系统有弊病或有故障，应及时彻底检查。

向制冷机中充灌冷冻润滑油有两种情况：一种是机组内没有润滑油的首次加油方法；另一种是机组内已有一部分润滑油，需要补充润滑油。

（一）机组内首次充灌润滑油的操作

机组内首次充灌润滑油有三种常用方法：

1. 使用外油泵加油。将所使用的加油泵的油管一端接在机组油粗过滤器前的油阀上，另一端放入盛装润滑油的容器内，同时，将机组的润滑油止回阀和喷油控制阀关闭，打开油冷却器的出口阀和加油阀，然后启动加油泵，使润滑油经加油阀进入机组的油冷却器内，润滑油充满冷却器后，将自动流入油分离器内，达到给机组加油的目的。

2. 使用机组本身油泵加油。操作时，将加油管的一端接在机组的加油阀上，另一端置于盛油容器内，开启加油阀及机组的喷油控制阀、供油止回阀，然后启动机组本身的油泵，将润滑油抽入系统内。

3. 真空加油法。真空加油法就是利用压缩机内的真空度将润滑油吸入机组内。操作时要先将机组抽成一定的真空，将加油管的一端接在机组的加油阀上，另一端置于盛油容器内，然后打开加油阀及喷油控制阀，润滑油在机组内外压差的作用下被吸入机组内。

机组加油结束后，可启动机组的油泵，通过调节油压调节阀来调节油压，使油压维持在 0.3～0.5MPa（表压）范围。开启能量调节装置，检查能量调节在加载和减载时工作能否正常，确认正常后可将能量调节至零位，然后关闭油泵。

（二）机组的补油操作方法

机组在运行过程中，发现润滑油不足时的补油操作方法是：将氟利昂制冷剂全部抽至冷凝器中，使机组内压力与外界压力平衡，此时可采用机组本身油泵加油的操作方法向机组内补充润滑油。同时，应注意观察机组油分离器上的液面计，待油面达到标志线上端的 2.5cm 时，停止补油工作。

应当注意的是，在进行补油操作中，压缩机必须处于停机状态。如果想在机组运行过程中进行补油操作，可将机组上的压力控制器调到抽空位置，用软管连接吸气过滤器上的加油阀，将软管的另一端插入盛油容器的油面以下，但不得插入容器底部。然后关小吸气阀，使吸气压力至真空状态，此时，可将加油阀缓缓打开，使润滑油缓慢地流入机组，达到加油量后关闭加油阀，调节吸气阀使机组进入正常工作状态。

第三节　中央空调冷热源系统的调试

对于大修后的压缩机，在经过拆卸、清洗、检查测量，装配完毕之后，必须进行试运转，以鉴定机器大修后的质量和运转性能。一般压缩机要经过空车、空调负荷和带制冷剂负荷三个阶段的试运转。空车试运转主要检查各运动零部件配合是否良好；润滑油系统是否正常及卸载装置是否灵活准确等。空调负荷试运转是检测制冷压缩机有负荷的运转情况，以鉴定维修装配质量以及密封性能是否良好。带制冷剂负荷的试运转，不论是大修后的压缩机，还是新安装好的制冷装置都应进行，它是在制冷剂充灌好以后进行的，本节着重介绍中央空调冷热源带制冷剂负荷的试运转。

一、压缩机启动前的准备和检查工作

1. 打开冷凝器的冷却水阀门，启动水泵，若是风冷式冷凝器，则启动风机，并检查供水或风量是否正常。

2. 检查和打开压缩机的吸排气截止阀及其他控制阀门（除通大气外）。

3. 检查压缩机曲轴箱内油面高度，一般应保持在油面指示器的水平中心线上。

4. 用手盘动皮带轮或联轴器数圈，或开电源开关试启动一下即关，检听是否有异常杂声和其他意外情况发生，并注意飞轮旋转方向是否正确。

5. 经过仔细检查，确认没有问题后，即可启动压缩机试运转。

二、蒸汽压缩式系统的试运转

在蒸汽压缩式系统调试之前，先进行试运转，在试运转中应注意以下一些问题。

1. 检查电磁阀是否打开（指装有电磁阀系统），可用手摸电磁阀线圈外壳，若感到发热和微小振动，则表明阀已被打开。

2. 检查油泵压力是否正常，它的油压（指油泵出口压力及吸气压力之差值）应是0.075～0.15MPa；对于新系列压缩机使用转子式油泵，有能量调节装置，它的油压应是0.15～0.30MPa。若发现不符要求，应进行调整。对油压继电器的低油压差动作试验，检查油泵系统油压差值低于规定范围时，看油压继电器能否工作。

3. 注意润滑油的温度，一般不能超过60℃（许可条件是≤70℃）。因为油温过高会降低滑油黏度，影响润滑效果，但油温也不宜过低，如低于5℃，黏度太大，也会影响润滑效果。

4. 注意压缩机的排气压力和排气温度。按照规定，排气压力R12不能超过1.18MPa，R22及R717不能超过1.67MPa，排气温度R12不能超过130℃，R22及R717不能超过150℃，对于老系列产品不能超过100℃。排气温度过高会使润滑油结炭，缩短阀片寿命，加快气缸与活塞的磨损。

对于高压继电器的试验：将吸入阀开足，关小冷凝器冷却水阀，使排气压力逐渐升高，看高压继电器动作时的排气压力值是否与要求的压力值相符合。若不相符合，则应进行调整符合要求为止。

5. 氟利昂系统的吸气温度一般不应超过15℃，吸气温度的增高要引起排气温度的升高，油温也会升高。对低压继电器的试验：在压缩运转以后，慢慢关小吸入阀，使吸气压力逐渐下降，检查低压继电器动作时是否与要求的压力值相符。若不相符，则应进行调整，直至与要求值相符为止。

6. 检查分油器的自动回油情况。正常情况下，浮球阀自动地周期性开启、关闭，若用手摸回油管，应该有时热时冷的感觉（当浮球阀开启时，油流回曲轴箱，回油管油就发热，否则就发冷）。若发现回油管长时间不发热，就表示回油管有堵塞或浮球阀搁浅等故障，应及时检查排除。

7. 听压缩机运转的声音。正常运转时，只有进、排气阀片发出的清晰均匀的起落声，气缸、活塞、连杆及轴承等部分不应有敲击声，否则应停机检查，并及时排除故障。

8. 对备有能量调节装置的压缩机，应检查该机构的动作是否正常。

9. 检查整个系统的管路和阀门，是否存在泄漏处。

在运转正常的情况下，即可着手对蒸汽压缩式系统的工作进行调试。

三、蒸汽压缩式系统的调试

蒸汽压缩式系统的调试就是把系统运行参数调控到所要求的范围内工作，从而使蒸汽压缩式系统既能满足设计要求，同时系统的运行参数工作在既安全又经济的范围内。

蒸汽压缩式系统运行的主要参数有：蒸发压力和蒸发温度，冷凝压力和冷凝温度；压缩机的吸气温度和排气温度；膨胀阀（或节流阀）前制冷剂温度、冷却水温度和冷冻水温度等。这些参数在蒸汽压缩式系统运行的过程中不是固定不变的，而是随着外界条件（如冷却水温，环境温度等）的变化而变化的，所以在调试过程中，必须根据外界条件和系统的特点，把各运行参数调整在合理的范围内。

第四节　冷热源设备的运行管理

一、冷热源设备的管理工作

空调冷热源设备的管理是指对相应设备的运行操作、维护修理、更新改造及报废处理全过程的管理。

单位主管部门应在建立健全空调冷热源设备管理机制和管理体系之后，根据设备的规模定员定岗，将一般操作人员、技师、工程师的搭配比例调节合适，以保证设备安全和正常运行的需要。

（一）冷热源设备的管理内容

1. 设备的选型、购置；
2. 设备的使用和维护保养
3. 设备的检修计划；
4. 设备的事故处理预案；
5. 设备的技术改造、更新和报废处置；
6. 设备技术资料的管理。

（二）冷热源设备的管理要求

1. 编制各类计划和规划，主要包括冷热源设备大、中、小检修计划，备品、备件及材料的外购计划、设备的改造或更新计划、职工制冷专业知识和操作技能培训计划及实施方法。

2. 制定科学系统的管理制度。如安全操作规程、定期检查维护保养制度、交接班制度等。

3. 建立设备卡片和技术档案。

4. 制定合理的水、电、油、气、煤等消耗定额。

（三）技术培训

技术培训工作是单位对职工进行安全生产教育的重要组成部分，也是提高操作管理人员素质的重要手段。因此，在用人原则上应遵循先培训、后上岗的用人要求，对新参加工作和转换岗位的职工必须先进行约250课时左右的培训和相应的考试，取得资格证书之后才允许正式上岗，独立操作。冷热源设备管理人员应具备大学专科以上学历，具备与设备相关知识有扎实的基础。对设备的管理者和运行操作者，每年进行一次安全生产技术检查和考核，对合格者颁发任职资格证书或聘书，并记入个人技术档案。

二、运行记录和交接班制度

冷热源设备运行记录记载着每个班组操作管理的基本情况，它是对设备进行经济考核和技术分析的主要依据。因此，要求运行记录填写及时、准确、清楚，并按月汇总装订，作为技术档案妥善保管。

运行记录的主要内容应包括：开机时间、停机时间及工作参数，每班组的水、电、气和制冷剂等的消耗情况，各班组对运行情况的说明和建议以及交接班记事。

操作人员应根据设备的运行记录、观察到的冷热源设备工况参数的变化等情况，及时采取措施，正确调节设备，降低消耗，提高冷热源设备的工作效率，确保设备的安全运行。

交接班制度是现代企业连续性生产的基本管理模式，操作人员应严格遵守。交接班工作的主要内容是：

1. 清楚当班生产任务、设备运行情况和用能部门的要求；

2. 检查运行操作记录是否完整，记录是否清楚；

3. 检查有关工具、用品等是否齐全；

4. 检查工作环境和设备是否清洁，周围有无杂物。

交接班中发现的问题应在当班处理，交班人员在接班人员的协同下负责处理完毕后再离开。

三、空调冷源设备的操作规程

空调冷源设备使用单位应根据所使用的制冷设备特性和实际运行经验，制定本单位的技术规程，加强对设备的管理，提高设备的完好率，确保生产安全。技术规程的制定要科学合理，严格遵守现行规范和制造厂商的使用说明书，语言简明扼要，具有可操作性，以便于贯彻执行。

（一）制冷设备运行操作规程的具体内容

1. 试运行程序。

（1）单机试运行程序。

（2）主机润滑油的充加程序。

（3）制冷设备制冷剂的充加程序。

(4) 制冷设备的启动程序。

(5) 制冷设备运行中的注意事项。

(6) 制冷设备启动及启动运转中的检查，调整内容和方法。

(7) 制冷设备停机及停机后的善后工作。

2. 制冷设备的正常启动程序。

3. 制冷设备正常启动中的注意事项及检查内容和调整方法。

4. 制冷设备正常运行时巡查的内容：正常运行中的调节方法；各部位参数是否在要求的范围内；设备运转时的振动和噪声是否正常。

5. 设备运行中故障的排除预案。

6. 设备正常停机的操作程序。

7. 设备运行中故障停机的操作程序及善后处理。

8. 设备运行中紧急停机的操作程序及善后处理。

9. 设备运行中的安全防护措施。

(二) 制冷设备运行操作中的关键程序

1. 启动前的准备

设备在启动前的准备工作应包括以下内容：

(1) 设备场地周围的环境清扫，以及设备本体和有关附属设备的清洁处理。

(2) 电源电压的检查。

(3) 制冷设备中各种阀门通断情况及阀位的检查。

(4) 能量调节装置应置于最小档位或“0”位，以便于制冷设备空载启动。

(5) 制冷设备的“排空”处理。

(6) 润滑油的补充。

(7) 设备中制冷剂的补充。

(8) 向油冷却器等附属设备中提供冷却水。

2. 制冷设备的启动运行

制冷设备在启动运行中应注意对启动程序、运行巡视检查内容和周期以及运行中的主要调节方法做出明确的规定，以指导正确启动设备和保证设备的正常运行。

(1) 启动程序：

1) 首先应启动冷却水泵、冷却塔风机，使冷凝器的冷却系统投入运行。

2) 启动冷媒水泵，使蒸发器中的冷媒水系统投入运行。

3) 启动制冷压缩机的电动机，待压缩机运行稳定后，进行油压调节。

4) 根据冷负荷的变化情况进行压缩机的能量调节。

(2) 启动过程中应注意的问题：

1) 在设备启动过程中，必须在前一个程序结束，并且运行稳定正常后，方可进行下一个程序。不准在启动过程中，前一个程序还没结束，运行还不稳定的情况下即进行下一个程序的启动，以免发生事故。

2) 在启动过程中要注意机组各部分运行声音是否正常，油压、油温及各部分的油面液位、制冷剂液位是否正常，如有异常情况，应立即停机，检查原因，排除故障后再重新启动。

（3）设备运行中的巡视及注意事项：

1）设备启动完毕投入正常运行以后应加强巡视，以便及时发现问题，及时处理。其巡视的内容主要是：制冷压缩机运行中的油压、油温、轴承温度、油面高度；冷凝器进口处冷却水的温度和蒸发器出口冷媒水的温度；压缩机、冷却水泵、冷媒水泵运行时电动机的运行电流；冷却水、冷媒水的流量；压缩机吸、排气压力值；整个蒸汽压缩式机组运行时的声响、振动等情况。

2）正常运行中的注意事项：

对于离心式压缩机组，在正常运行中导流叶片的开度应避开喘振区。

对于活塞式制冷压缩机组，在正常运行过程中，应注意节流装置的调整，防止发生“液击”事故。同时也要注意运行中不要出现“负压”，以免使空气渗入蒸汽压缩式系统。

（4）运行中的调整：

制冷设备运行操作规程中应详细说明设备在运行中的主要调整方法，如压缩机油压、油温不合适时的调整，吸、排气压力不正常时的调整，冷媒水、冷却水温度不合适时的调节，冷负荷发生变化时的调节等。

（5）运行中的经常性维护：

制冷设备运行操作规程中应具体说明设备在运行中经常性维护的具体操作方法，如运行中冷冻润滑油、制冷剂的补充方法，蒸汽压缩式系统混入空气后的“排空”方法等。

3. 停机程序和注意事项

制冷设备的操作运行规程中应详细说明停机操作程序，其程序的基本内容是：先停制冷压缩机电动机，再停蒸发器的冷媒水系统，最后停冷凝器的冷却水系统。

在制冷设备停机过程中应注意的问题：

（1）停机前应降低压缩机的负荷，使其在低负荷下运行一段时间，以免使低压系统在停机后压力过高。但也不能太低（不能低于大气压），以免空气渗入蒸汽压缩式系统。

（2）在空调系统制冷运行阶段结束后，制冷设备停机后应将冷凝器中的冷却水、蒸发器中的冷媒水、压缩机油冷却器中的冷却水等容器中的积水排干净，以免冬季时冻坏设备。

（3）在停机过程中，为保证设备的安全，应在压缩机停机以后使冷媒水泵和冷却水泵再工作一段时间，以使蒸发器中存留的制冷剂全部气化，冷凝器中的制冷剂全部液化。

4. 故障停机和紧急停机

在制冷设备运行中，遇到因蒸汽压缩式系统发生故障而采取停机称为故障停机；遇到系统突然发生冷却水中断或冷媒水中断，突然停电及发生火警采取的停机称为紧急停机。在操作运行规程中，应明确规定发生故障停机、紧急停机的程序及停机后的善后工作程序。

四、空调热源设备的操作规程

中央空调系统中常用的热源主要包括板式换热器加市政供热管网、热水锅炉、热泵机组三大类，其中板式换热器加市政供热管网的供热模式管理工作较简单，热泵机组的管理操作与冷水机组类似，本节着重于较常用的燃气热水锅炉的管理工作。

（一）燃气锅炉运行操作规程的具体内容

1. 试运行程序：

（1）管路检漏：关闭靠近燃气阀门组前的管路切断阀，对此阀门前的管路充入使用压力下的燃气，维持一段时间后用肥皂水检查可漏之处。务必确保管路密封可靠。

（2）排放空气：新安装完毕或每次供气管道检修后，都需对整个供气管路及阀门组泄露性予以检测。检测气体应通过放散管排入大气，严禁排入炉膛。

（3）如平时使用中仅对阀门组进行了检修，可只打开阀门组电磁阀上的放气螺塞进行放气，闻到有燃气排出后关闭其放气螺塞。

（4）运行前准备锅炉启动前，应执行以下项目：

1）检查各种仪器、仪表是否正常。

2）检查水汽管路上各种压力控制器及燃重油管路上燃油压力控制器、燃油温度控制器等设定值是否正常。

3）水泵、油泵在初次使用前务必放气，以免空转而将泵烧坏。

4）检查燃气压力是否符合要求：检查整个供气管路，确认无泄漏后才可启动锅炉。

5）运行前对燃烧器的程序控制器进行复位。

6）检查锅炉给水是否合格。

7）检查软水装置能否正常工作。

8）检查锅炉房内是否有其他异常情况。

2. 燃气锅炉开机前的检查内容。

3. 燃气锅炉的正常启动程序。

4. 燃气锅炉正常运行时巡查的内容：正常运行中的调节方法；各部位参数是否在要求的范围内；设备运转时的振动和噪声是否正常。

5. 燃气锅炉运行中故障的排除预案。

6. 燃气锅炉正常停机的操作程序。

7. 燃气锅炉运行中故障停机的操作程序及善后处理。

8. 燃气锅炉运行中紧急停机的操作程序及善后处理。

9. 燃气锅炉运行中的安全防护措施。

（二）燃气锅炉运行操作中的关键程序

1. 启动前的准备

燃气锅炉在启动前的准备工作应包括以下内容：

（1）检查燃气压力是否正常，有无泄漏现象，打开燃气阀门；

（2）检查循环水泵运转是否正常；

（3）检查压力表是否正常；

（4）烟道上的调节门必须全部开启；

（5）检查控制柜上的各个旋扭，均应处于正常位置。例如：手动/自动上水旋扭，应放在自动位置；大火/小火位置旋扭，放在小火位置上；燃烧器旋扭放在关的位置上。

2. 燃气锅炉的启动运行

（1）启动程序：

1）打开总电源开关；

2）开启燃烧器旋扭；

3）风机应立即启动吹风清扫。

（2）启动过程中应注意的问题：开机时须烧小火。刚开机时炉子冷，炉水温度也低，要使水循环好，需开小火使炉体受热均匀。

（3）设备运行中的巡视及注意事项：

1）每天要检查的项目：火焰监测的检查；检查设备转动、滑动、凸轮部位，视情况加润滑油，并进行擦拭；检查燃烧器内积炭情况，必要时进行清理。

2）每周要检查的项目：检查超温、超压报警系统；要进行停炉实验，进行模拟缺水停炉；或是排污，来检查超低水位停炉的功能。

3）每月要清洗过滤器、管路上的除污器，燃气管路上的过滤器。

4）每半年要保养，校验压力表及冲洗表弯管。

5）锅炉修理或年检后，要检查人孔，手孔螺母不能松动，要检查电机转向（从风扇端看，为逆时针转动）。

6）每年校验一次安全阀，对锅炉进行一次全面的检修保养。

3. 燃气锅炉运行中的注意事项

（1）为防止燃气爆炸事故，燃气锅炉不仅在启动前需对锅炉炉膛及烟气通道进行吹扫，还需对燃气供气管道进行吹扫。对燃气供气管道吹扫的介质一般采用惰性气体（如氮气、二氧化碳等），而对锅炉炉膛及烟道的吹扫则用一定流量、流速的空气作为吹扫介质。

（2）对于燃气锅炉来说，一次未点着火，则必须对炉膛烟道再进行吹扫后，方可进行第二次点火。

（3）在燃气锅炉燃烧调整过程中，为确保燃烧质量，必须对排烟成分进行检测，以确定过剩空气系数和不完全燃烧情况。一般来说，燃气锅炉在运行过程中，一氧化碳含量应低于 100ppm，且在高负荷运行时，过剩空气系数不应超过 1.1～1.2；在低负荷条件下，过剩空气系数不应超过 1.3。

（4）在锅炉尾部没有采取防腐或凝结水收集等措施的情况下，燃气锅炉应尽量避免在低负荷或低参数情况下长期运行。

（5）对于燃用液态气的燃气锅炉，应特别注意锅炉房的通风条件。因为液态气的密度比空气大，万一发生泄漏极易引起液态气在地面上凝结和扩散，造成恶性爆炸事故。

（6）司炉人员应时刻注意气体阀门的开关情况。气体管路不可漏气，若有异常情况，如锅炉房内有异常气味，不可开启燃烧器，应及时检查通风情况，排除气味，检查阀门，正常后才可投入运行。

（7）气体压力不可过高和过低，应在设定的范围内运行，具体参数由锅炉生产厂家提供。当锅炉运行一段时间，发现气体压力低于设定值时，应及时与燃气公司联系，检查供气压力是否有变化。燃烧器运行一段时间，应及时检查管路中过滤器是否清洁，如气压下降很多，有可能是气体杂质过多，过滤器被堵塞，应拆下清洗，必要时更换滤芯。

（8）在停运一段时间或检查管路后，在重新投入运行时，应打开放空阀，放气一段时间，放气时间应根据管路长短及气体种类来确定。若锅炉停用时间较长，则应切断燃气供应总阀，关闭放空阀。

（9）应遵守国家有关燃气的规定。锅炉房内不可随意用火，严禁在气体管路旁进行电焊、气焊等作业。

（10）应遵守锅炉制造厂家及燃烧器厂家提供的操作说明书，且说明书应摆放在便于取阅的地方，以便查阅。有异常情况，不能解决问题时，应视问题性质及时与锅炉厂或燃气公司联系，维修要由专业维修人员进行。

4. 停炉程序和注意事项

（1）燃气锅炉停炉过程

1）停油、停气

在正常停炉时，要逐个间断关闭喷嘴，停油、停气以缓慢负荷，避免急剧降温。在停止喷油后，应立即关闭油泵或开启回油阀，以免油压升高。然后停止送风，约 3～5min 后将炉膛内油气全部排出，再停引风机。如无引风机的锅炉，在停油熄火后，送风机应延续 5～10min 时间的强吹风。最后关闭炉门和烟道，风道挡板，防止大量冷空气进入炉膛。

2）吹扫

油嘴停止喷油后，应立即用蒸汽吹扫油管道，将存油放回油罐，避免进入炉膛。禁止向无火焰的热炉膛内吹扫存油。每次停炉之后，都应将油嘴拆下用轻油彻底清洗干净。

3）冷却时间

停炉后的冷却时间，应根据锅炉结构确定。因正常停炉后应紧闭炉门和烟道挡板，约 4～6h 后逐步打开烟道挡板通风，并进行少量换水。若必须加速冷却，可启动引风机和及时增加放水与进水次数，加强换水。停炉 8～24h 后，当锅水温度降至 70℃以下时，方可全部放出锅水。

4）检查

在刚停炉的 6～12h 内，应设专人监视各段烟道温度。如发现温度不正常升高或有再燃烧的可能时，应立即采取有效措施，例如用蒸汽喷入烟道降温等。此时严禁启动引风机，防止二次燃烧。

（2）燃油燃气锅炉停炉时的具体操作步骤

1）逐渐减低锅炉的负荷，直至燃烧器处于低火状态，将控制选择开关调至手动。

2）关闭燃烧器开关，然后风机停止转动。

3）关闭电源开关和油泵开关。

4）关闭燃油供应阀或燃气供应阀（防止电磁阀泄漏，把油、气漏进炉膛）。

5）若锅炉内压力下降近零，应打开空气阀，让空气进入锅炉内，以防止锅炉内形成负压。

6）水泵电源开关应常开，以便随时自动补充锅炉内的水量，不致造成缺水事故。

对于自动控制程序较高的锅炉，正常停炉的操作更简单：先按停炉按钮，锅炉即被切断燃料而终止燃烧，吹扫一段时间。此时水泵仍在继续运转供水，当锅炉水位至正常位置时，水泵即可自动停止工作，以后再将总电源切断。必须注意的是，除事故停炉和紧急停炉外，一般不应采取先切断总电源的方法进行停炉。停炉后应及时对锅炉及其附属设备进行一次全面检查，若发现设备有缺陷应做好记录，并利用停炉期间修复。

（3）燃气锅炉停炉的注意事项

1）停风。当停止送风或突然停电时，应将一次风道挡板关闭，以免煤气进入风道造成事故。

2）密封。所有燃气装置都要严格密封，防止燃气泄漏，同时要保持燃气发生室内呈微正压，防止空气入内引发爆炸。

3）停炉。应先停一次风，待存留的燃气燃烧完毕后再停二次风，然后才可打开炉门。

4）燃烧器。燃烧器应根据锅炉型号配制，不得自制。燃气锅炉在运行中，炉膛应设常明灯（火嘴）或熄火保护装置，防止炉膛爆炸。

紧急停炉时，立即停止向燃烧室供油供气，停用燃烧器，关闭锅炉主汽阀。如果汽压升高应适当开启排气阀。除了发生严重缺水和满水事故外，一般应继续向锅炉进水，并注意保持水位正常。打开通风门和炉门进行通风，使锅炉尽快冷却。

第五节　冷热源设备的维护和保养

中央空调用冷热源机组在一年中的连续使用时间较长，为了确保机组在连续使用期内能安全地正常运转，以及长期使用的运转寿命能够延长，对机组经常性的科学维护和保养工作，是非常重要的一环。机组在运行过程中所出现的偏离正常运转状态的故障和问题，都要在故障停车之后，对机组有关零部件进行检修，严格地说，也应属于一种特殊情况下的维护和保养范围。除此之外，还必须特别重视对机组运行或定期检修过程中的日常巡视、检修保养和维护，或称为预防性的维护和保养。对这种预防性的维护和保养，必须根据机组的实际运行情况和结构特点，有针对性地制订机组的年、月、周定期维护、保养计划或规程。机组的操作管理人员不仅应熟悉机组的性能、结构、原理、操作运转和调节方面的基本知识，更有必要熟悉和掌握关于机组各部位的定期和日常的正确维护、保养规则，使机组始终保持良好的运行状况，以延长机组的使用寿命。本节着重于中央空调中常用的冷热源，包括各类蒸汽压缩式冷水及热泵机组和燃气锅炉等设备的维护和保养。

一、活塞式蒸汽压缩式机组的维护和保养

（一）启动前的准备工作

1. 检查压缩机。

（1）检查压缩机曲轴箱的油位是否符合要求，油质是否清洁。

（2）通过贮液器的液面指示器观察制冷剂的液位是否正常，一般要求液面高度应在示液镜的 1/3～1/2 处。

（3）开启压缩机的排气阀及高、低压系统中的有关阀门，但压缩机的吸气阀和贮液器上的出液阀可先暂不开启。

（4）检查制冷压缩机组周围及运转部件附近有无妨碍运转的因素或障碍物。对于开启式压缩机可用手盘动联轴器数圈，检查有无异常。

（5）对具有手动卸载——能量调节的压缩机，应将能量调节阀的控制手柄放在最小能量位置。

（6）接通电源，检查电源电压。

（7）开启冷却水泵（冷凝器冷却水、汽缸冷却水、润滑油冷却水等）。对于风冷式机组，开启风机运行。

（8）调整压缩机高、低压力继电器及温度控制器的设定值，使其指示值在所要求的范围内。压力继电器的压力设定值应根据系统所使用的制冷剂、运转工况和冷却方式而定，一般在使用 R12 时，高压设定范围为 1.3～1.5MPa；使用 R22、R717 时，高压设定范围为 1.5～1.7MPa。

2. 开启冷媒水泵，使蒸发器中的冷媒水循环起来。

3. 检查蒸汽压缩式系统中所有管路系统，确认制冷管道无泄漏。水系统不允许有明显的漏水现象。

（二）活塞式制冷压缩机的开机操作

1. 启动准备工作结束以后，向压缩机电动机瞬时通、断电，点动压缩机运行 2～3 次，观察压缩机、电动机启动状态和转向，确认正常后，重新合闸正式启动压缩机。

2. 压缩机正式启动后逐渐开启压缩机的吸气阀，注意防止出现“液击”的情况。

3. 同时缓慢打开贮液器的出液阀，向系统供液，待压缩机启动过程完毕，运行正常后将出液阀开至最大。

4. 对于没有手动卸载——能量调节机构装置的压缩机，待压缩机运行稳定以后，应逐步调节卸载——能量调节机构，即每隔 15min 左右转换一个档位，直到达到所要求的档位为止。

5. 在压缩机启动过程中应注意观察：压缩机运转时的振动情况是否正常；系统的高、低压及油压是否正常；电磁阀、自动卸载——能量调节阀、膨胀阀等工作是否正常等。待这些项目都正常后，启动工作结束。

（三）活塞式制冷压缩机的停机操作

氟利昂活塞式制冷压缩机的停机操作：对于装有自动控制系统的压缩机由自动控制系统来完成，对于手动控制系统则可按下述程序进行：

1. 在接到停止运行的指令后，首先关闭贮液器或冷凝器的出口阀（即供液阀）。

2. 待压缩机的低压压力表的表压力接近于零，或略高于大气压力时（大约在供液阀关闭 10～30min 后，视蒸汽压缩式系统蒸发器大小而定），关闭吸气阀，停止压缩机运转，同时关闭排气阀。如果由于停机时机掌握不当，而使停机后压缩机的低压压力低于零时，则应适当开启一下吸气阀，使低压压力表的压力上升至零，以避免停机后，由于曲轴箱密封不好而导致外界空气的渗入。

3. 停冷媒水泵、回水泵等，使冷媒水系统停止运行。

4. 在制冷压缩机停止运行 10～30min 后，关闭冷却水系统，冷却水泵、冷却塔风机，使冷却水系统停止运行。

5. 关闭蒸汽压缩式系统上各阀门。

6. 为防止冬季可能产生的冻裂故障，应将系统中残存的水放干净。

（四）制冷设备的紧急停机和事故停机的操作

制冷设备在运行过程中，如遇下述情况，应做紧急停机处理。

1. 突然停电的停机处理。制冷设备在正常运行中，突然停电时，首先应立即关闭系统中的供液阀，停止向蒸发器供液，避免在恢复供电而重新启动压缩机时，造成“液击”故障。接着应迅速关闭压缩机的吸、排气阀。

恢复供电以后，可先保持供液阀为关闭状态，按正常程序启动压缩机，待蒸发压力下降到一定值时（略低于正常运行工况下的蒸发压力），可再打开供液阀，使系统恢复正常运行。

2. 突然冷却水断水的停机处理。蒸汽压缩式系统在正常运行工况条件下，因某种原因，突然造成冷却水供应中断时，应首先切断压缩机电动机的电源，停止压缩机的运行，以避免高温高压状态的制冷剂蒸汽得不到冷却，而使系统管道或阀门出现爆裂事故。之后关闭供液阀、压缩机的吸、排气阀，然后再按正常停机程序关闭各种设备。

在冷却水恢复供应以后，系统重新启动时可按停电后恢复运行时的方法处理。但如果由于停水而使冷凝器上的安全阀动作过，就还须对安全阀进行一次试压。

3. 冷媒水突然断水的停机处理。蒸汽压缩式系统在正常运行工况条件下，因某种原因，突然造成冷媒水供应中断时，应首先关闭供液阀（贮液器或冷凝器的出口控制阀）或节流阀，停止向蒸发器供液态制冷剂。关闭压缩机的吸气阀，使蒸发器内的液态制冷剂不再蒸发，或保持蒸发压力高于0℃时制冷剂相对应的饱和压力。继续开动制冷压缩机使曲轴箱内的压力接近或略高于零时，停止压缩机运行，然后其他操作再按正常停机程序处理。

当冷媒水系统恢复正常工作以后，可按突然停电后又恢复供电时的启动方法处理，恢复冷媒水系统正常运行。

4. 火警时紧急停机。在制冷空调系统正常运行情况下，空调机房或相邻建筑发生火灾危及系统安全时，应首先切断电源，按突然停电的紧急处理措施使系统停止运行。同时向有关部门报警，并协助灭火工作。

当火警解除之后，可按突然停电后又恢复供电时的启动方法处理，恢复系统正常运行。

制冷设备在运行过程中，如遇下述情况，应做故障停机处理。

（1）油压过低或油压升不上去。

（2）油温超过允许温度值。

（3）压缩机气缸中有敲击声。

（4）压缩机轴封处制冷剂泄漏现象严重。

（5）压缩机运行中出现较严重的液击现象。

（6）排气压力和排气温度过高。

（7）压缩机的能量调节机构动作失灵。

（8）冷冻润滑油太脏或出现变质情况。

制冷装置在发生上述故障时，采取何种方式停机，可视具体情况而定，可采用紧急停机处理，或按正常停机方法处理。

（五）活塞式压缩机的正常运行标志

正常运行标志主要指下列内容：

（1）压缩机在运行时其油压应比吸气压力高0.1～0.3MPa。

（2）曲轴箱上若有一个视油孔时，油位不得低于视油孔的1/2；若有两个视油孔时，油位不超过上视孔的1/2，不低于下视孔的1/2。

（3）曲轴箱内的油温仪表应保持在40～60℃，最高不得超过70℃。

（4）压缩机的轴封处的温度不得超过70℃。

（5）压缩机的排气温度，视使用的制冷剂的不同而不同。采用R12制冷剂时不超过130℃，采用R22制冷剂时不超过145℃。

(6) 压缩机的吸气温度比蒸发温度高5～15℃。

(7) 压缩机的运转声音清晰均匀，且有节奏。

(8) 压缩机电动机的运行电流稳定，机温正常。

(9) 装有自动回油装置的油分离器能自动回油。

(六) 蒸汽压缩式机组的日常维护和保养

应定期维护保养蒸汽压缩式机组以保证机组的最佳性能和最大工作效率。维护保养的一个重要内容是正规完成运行记录，它可用于检查并可发现在蒸汽压缩式机组运行工况下的任何问题。

(1) 记录蒸汽压缩式机组的日常工况。

(2) 检查蒸汽压缩式机组压力计的蒸发压力和冷凝压力。

(3) 机组自首次开机30天内，更换干燥过滤器一次，并要确定视液镜中制冷剂干度显示色要正常。

(4) 注意各类管路的漏水现象及补充水箱的补水状况，发现问题及时处理。

(5) 冷冻水管路及冷却水管存在的空气不利于热交换效果，应及时排除。

(6) 在冬季停机时，应清理机身内外，保持机身干爽，将制冷剂回收到冷凝器内，并将制冷剂液体出口截止阀关闭。为防止尘埃等外界环境影响，停机期间将机组遮盖，收紧截止阀上的填料盖。将蒸发器、冷凝器和水管内的水全部排出，防止冬季时水被冻结。最好在管内注入防冻剂。

(七) 活塞式压缩机的定期检修

压缩机在运转过程中，运动机件的磨损或损失是有一定期限和限度的。如果磨损超过一定的限度，不及时检修，发展到一定的程度，压缩机会发生突然故障，迫使进行事故检修，为此对压缩机要实行有计划的检修。

检修一般分为小修、中修、大修三种，它主要是根据运行时间来确定，一般压缩机累计运行时间超过8000h应进行大修，累计运行时间超过3000h应进行中修，累计运行时间在1000h以上应进行小修。活塞式制冷压缩机的具体检修内容见表5-1。

活塞式制冷压缩机的检修内容 **表5-1**

序号	主要部件	小修	中修	大修
1	排气阀组、安全弹簧与阀	检查和清洗阀片、内外阀座，更换已损坏的阀片及弹簧，调整其开启度	检查安全弹簧是否有斑痕或裂纹现象；检查余隙，并进行调整；修理或更换不严密的阀	检查修理和校验控制阀，更换阀的填料，重浇合金阀座或更换塑料密封圈
2	气缸套与活塞	检查汽缸套与吸气阀片接触封面及与阀座面是否良好，检查气缸壁的粗糙度，并清洗污垢	检查活塞环和油环的锁口间隙、环与槽的高度、深度间隙，以及弹力是否符合要求。否则应更换新的。检查活塞销与销座的间隙及磨损情况	测量气缸套与活塞的间隙，以及汽缸套和活塞的磨损情况。若超过极限尺寸，应更换汽缸套和活塞
3	连杆和连杆轴承	检查连杆螺栓和开口销、防松铁丝，有无松脱及折断现象	检查连杆大头轴瓦和小头衬套；测量配合间隙，需要时应进行刮拂修整	依照修复后的连杆轴颈修整连杆轴瓦，或重新浇注轴承合金。检查连杆大小头孔的平行度和连杆本身的弯曲度，加以修复

续表

序号	主要部件	小修	中修	大修
4	曲轴和主轴承		测量各主轴承间隙，需要时应修整	测量曲柄扭摆度、水平度、主轴颈与连杆轴颈的平行度，以及各轴颈的磨损度和裂纹，以便修整或更换曲轴、修整主轴承或重新浇注轴承合金
5	轴封		检查调整轴封各零件的配合情况，若密封性良好，待大修时进行拆卸	检查静环和动环的密封面是否符合要求，内外弹性圈是否老化，弹簧性能是否符合要求，否则应更换新的
6	润滑系统	更换润滑油，清洗曲轴箱和滤油器	检查和清洗三通阀以及润滑系统，检查卸载装置是否良好，否则进行修理或更换新的	检查油泵齿轮的配合间隙或更换齿轮和泵轴轴封；检查和清洗油分配阀，如弹性圈老化，就应更换新的
7	其他	检查卸载装置灵活性，查看油冷却器是否有漏水现象，清除污垢，检查和清洗吸气过滤器	检查电机与压缩机传动装置的倾斜度和轴的同心度；检查压缩机基础螺栓和连轴器的紧固情况	检查和校验压缩机的压力表、控制仪表和安全装置，清洗水套的水垢

二、螺杆式蒸汽压缩机组的日常维护和保养

(一) 螺杆式蒸汽压缩式机组启动前的准备工作

蒸汽压缩式机组的正确调试是保证制冷装置正常运行、节省能耗、延长使用寿命的重要环节。对于现场安装的大、中型蒸汽压缩式系统，调试前首先应按设计图纸要求，熟悉整个系统的布置和连接，了解各个设备的外形结构和部件性能，以及电控系统和供水系统等。为此，调试时应有制冷和水电等工程师参加。用户在调试前应认真阅读厂方提供的产品操作说明书，按操作要求逐步进行。操作人员必须经过厂方的专门培训，获得机组的操作证书才能上岗操作，以免错误操作给机组带来致命的损坏。

1. 调试前的准备

(1) 由于螺杆式冷水机组属于中大型制冷机，所以在调试中需要设计、安装、使用等三方面密切配合。为了保证调试工作有条不紊地进行，有必要由有关方面的人员组成临时的试运转小组，全面指挥调试工作。

(2) 负责调试的人员应全面熟悉机组设备的构造和性能，熟悉制冷机安全技术，明确调试的方法、步骤和应达到的技术要求，制订出详细、具体的调试计划，并使各岗位的调试人员明确自己的任务和要求。

(3) 检查机组的安装是否符合技术要求，机组的地基是否符合要求，连接管路的尺寸、规格、材质是否符合设计要求。

(4) 机组的供电系统应全部安装完毕并通过调试。

(5) 单独对冷水和冷却水系统进行通水试验，冲洗水路系统的污物，水泵应正常工作，循环水量符合工况的要求。

（6）清理调试的环境场地，达到清洁、明亮、畅通。

（7）准备好调试所需的各种通用工具和专用工具。

（8）准备好调试所需的各种压力、温度、流量、质量、时间等测量仪器、仪表。

（9）准备好调试运转时必需的安全保护设备。

2. 机组调试

（1）制冷剂的充注。目前，蒸汽压缩式机组在出厂前一般都按规定充注了制冷剂，现场安装后，经外观检查后如果未发现意外损伤，可直接打开有关阀门（应先阅读厂方的使用说明书，在运输途中，机组上的阀门一般处在关闭状态）开机调试。如果发现制冷剂已经漏完或者不足，应首先找出泄漏点并排除泄漏现象，然后按产品使用说明书要求，加入规定牌号的制冷剂，注意制冷剂充注量应符合技术要求。

有些蒸汽压缩式机组需要在用户现场充注制冷剂，制冷剂的充注量及制冷剂牌号必须按照规定。制冷剂充注量不足，会导致冷量不足。制冷剂充注量过多，不但会增加费用，而且对运行能耗等可能带来不利影响。

在充注制冷剂前，应预先备有足够的制冷剂。充注时，可直接从专用充液阀门充入。由于系统处于真空状态，钢瓶中制冷剂与系统压差较大，当打开阀门时（应先用制冷剂吹出连接管中的空气，以免空气进入机组，影响机组性能），制冷剂迅速由钢瓶流入系统，充注完毕后，应先将充液阀门关闭，再移去连接管。

（2）蒸汽压缩式系统调试。制冷剂充注结束后（如需要充注制冷剂），可以进行负荷调试。由于近年来，螺杆式冷水机组在机组性能和电气控制方面都有了长足的进步，许多机组在正式开机前可以对主要电控系统作模拟动作检测，即机组主机不通电，控制系统通电，然后通过机组内部设定，对机组的电控系统进行检测，看组件是否运行正常。如果电控系统出现什么问题，可以及时解决。最后再通上主机电源，进行调试。在调试过程中，应特别注意以下几点：

1）检查蒸汽压缩式系统中的各处阀门是否处在正常的开启状态，特别是排气截止阀，切勿关闭。

2）打开冷凝器的冷却水阀门和蒸发器的冷水阀门，冷水和冷却水的流量应符合厂方提出的要求。

3）启动前应注意观察机组的供电电压是否正常。

4）按照厂方提供的开机手册，启动机组。

5）当机组启动后，根据厂方提供的开机手册，查看机组的各项参数是否正常。

6）可根据厂方提供的机组运行数据记录表，对机组的各项数据进行记录，特别是一些主要参数一定要记录清楚。

7）在机组运行过程中，应注意压缩机的上、下载机构是否正常工作。

8）应正确使用蒸汽压缩式系统中安装的安全保护装置，如高低压保护装置、冷水和冷却水断水流量开关、安全阀等设备，如有损坏应及时更换。

9）机组如出现异常情况，应立即停机检查。

在蒸汽压缩式系统调试前，一定要做好空调系统内部的清洁和干燥工作。如果前期工作不认真进行，在调试期间将会增加许多工作量，而且会给制冷装置以后的运行带来许多隐患。

(二) 螺杆式蒸汽压缩机组的开机操作

螺杆式制冷压缩机在经过试运转操作，并对发现的问题进行处理后，即可进入正常运转操作程序。其操作方法是：

(1) 确认机组中各有关阀门所处的状态是否符合开机要求。

(2) 向机组电气控制装置供电，并打开电源开关，使电源控制指示灯亮。

(3) 启动冷却水泵、冷却塔风机和冷媒水泵，应能看到三者的运行指示灯亮。

(4) 检测润滑油油温是否达到 30℃。若不到 30℃，就应打开电加热器进行加热，同时可启动油泵，使润滑油循环温度均匀升高。

(5) 油泵启动运行后，将能量调节控制阀处于减载位置，并确定滑阀处于零位。

(6) 调节油压调节阀，使油压达到 0.5～0.6MPa。

(7) 闭合压缩机电源，启动控制开关，打开压缩机吸气阀，经延时后压缩机启动运行，在压缩机运行以后调整润滑油压力，使其高于排气压力 0.15～0.3MPa。

(8) 闭合供液管路中的电磁阀控制电路，启动电磁阀，向蒸发器供液态制冷剂，将能量调节装置置于加载位置，并随着时间的推移，逐级增载。同时观察吸气压力，通过调节膨胀阀，使吸气压力稳定在 0.36～0.56MPa。

(9) 压缩机运行以后，当润滑油温度达到 45℃时断开电加热器的电源，同时打开油冷却器的冷却水的进、出口阀，使压缩机在运行过程中，油温控制在 40～55℃范围内。

(10) 若冷却水温较低，可暂时将冷却塔的风机关闭。

(11) 将喷油阀开启 1/2～1 圈，同时应使吸气阀和机组的出液阀处于全开位置。

(12) 将能量调节装置调节至 100%的位置，同时调节膨胀阀使吸气过热度保持在 6℃以上。

(13) 机组启动运行中的检查。

机组启动完毕投入运行后，应注意对下述内容的检查，确保机组安全运行。

1) 冷媒水泵、冷却水泵、冷却塔风机运行时的声音、振动情况，水泵的出口压力、水温等各项指标是否在正常工作参数范围内。

2) 润滑油的油温是否在 60℃以下，油压是否高于排气压力 0.15～0.3MPa，油位是否正常。

3) 压缩机处于满负荷运行时，吸气压力值是否在 0.36～0.56MPa 范围内。

4) 压缩机的排气压力是否在 1.55MPa 以下，排气温度是否在 100℃以下。

5) 压缩机运行过程中，电机的运行电流是否在规定范围内。若电流过大，就应调节至减载运行，防止电动机由于运行电流过大而烧毁。

6) 压缩机运行时的声音、振动情况是否正常。

上述各项中，若发现有不正常情况时，就应立即停机，查明原因，排除故障后，再重新启动机组。切不可带着问题让机组运行，以免造成重大事故。

(三) 螺杆式压缩机正常运行的标志

螺杆式制冷压缩机正常运行的标志为：

(1) 压缩机排气压力为 1.08～1.47MPa (表压)；

(2) 压缩机排气温度为 45～90℃，最高不得超过 105℃；

(3) 压缩机的油温为 40～55℃左右；

（4）压缩机的油压为 0.2～0.3MPa（表压）；

（5）压缩机运行过程中声音应均匀、平稳，无异常声音；

（6）机组的冷凝温度应比冷却水温度高 3～5℃，冷凝温度一般应控制在 40℃左右，冷凝器进水温度应在 32℃以下；

（7）机组的蒸发温度应比冷媒水的出水温度低 3～4℃，冷媒水出水温度一般为 5～7℃左右。

（四）螺杆式压缩机的停机操作

螺杆式制冷压缩机的停机分为正常停机、紧急停机、自动停机和长期停机等停机方式。

1. 正常停机的操作方法

（1）将手动卸载控制装置置于减载位置。

（2）关闭冷凝器至蒸发器之间的供液管路上的电磁阀、出液阀。

（3）停止压缩机运行，同时关闭其吸气阀。

（4）待能量减载至零后，停止油泵工作。

（5）将能量调节装置置于“停止”位置上。

（6）关闭油冷却器的冷却水进水阀。

（7）停止冷却水泵和冷却塔风机的运行。

（8）停止冷媒水泵的运行。

（9）关闭总电源。

2. 机组的紧急停机

螺杆式制冷压缩机在正常运行过程中，如发现异常现象，为保护机组安全，就应实施紧急停机。其操作方法是：

（1）停止压缩机运行。

（2）关闭压缩机的吸气阀。

（3）关闭机组供液管上的电磁阀及冷凝器的出液阀。

（4）停止油泵工作。

（5）关闭油冷却器的冷却水进水阀。

（6）停止冷媒水泵、冷却水泵和冷却塔风机。

（7）切断总电源。

机组在运行过程中出现停电、停水等故障时的停机方法可参照离心式压缩机紧急停机中的有关内容处理。

机组紧急停机后，应及时查明故障原因，排除故障后，可按正常启动方法重新启动机组。

3. 机组的自动停机

螺杆式制冷压缩机在运行过程中，若机组的压力、温度值超过规定值范围时，机组控制系统中的保护装置会发挥作用，自动停止压缩机工作，这种现象称为机组的自动停机。

机组自动停机时，其机组的电气控制板上相应的故障指示灯会点亮，以指示发生故障的部位。遇到此种情况发生时，主机停机后，其他部分的停机操作可按紧急停机方法处理。在完成停机操作工作后，应对机组进行检查，待排除故障后才可以按正常的启动程序进行重新起动运行。

4. 机组的长期停机

由于用于中央空调冷源的螺杆式制冷压缩机是季节性运行，因此机组的停机时间较长。为保证机组的安全，在季节停机时，可按以下方法进行停机操作。

（1）在机组正常运行时，关闭机组的出液阀，使机组进行减载运行，将机组中的制冷剂全部抽至冷凝器中。为使机组不会因吸气压力过低而停机，可将低压压力继电器的调定值调为 0.15MPa。当吸气压力降至 0.15MPa 左右时，压缩机停机，当压缩机停机后，可将低压压力值再调回。

（2）将停止运行后的油冷却器、冷凝器、蒸发器中的水卸掉，并放干净残存水，以防冬季时冻坏其内部的传热管。

（3）关闭好机组中的有关阀门，检查是否有泄漏现象。

（4）每星期应启动润滑油油泵运行 10～20min，以使润滑油能长期均匀地分布到压缩机内的各个工作面，防止机组因长期停机而引起机件表面缺油，造成重新开机时的困难。

（五）螺杆式冷水机组的维护保养

螺杆式冷水机组维护保养的主要内容，包括日常保养和定期检修。定期的检修保养能保证机组长期正常运行，延长机组的使用寿命，同时也能节省制冷能耗。对于螺杆式冷水机组，应有运行记录，记录下机组的运行情况，而且要建立维修技术档案。完整的技术资料有助于发现故障隐患，及早采取措施，以防故障出现。

1. 螺杆压缩机

螺杆压缩机是机组中非常关键的部件，压缩机的好坏直接关系到机组的稳定性。由于目前螺杆压缩机制造材料和制造工艺的不断提高，许多厂家制造的螺杆压缩机寿命都有了显著的提高。如果压缩机发生故障，由于螺杆压缩机的安装精度要求较高，一般都需要请厂方来进行维修。

2. 冷凝器和蒸发器的清洗

水冷式冷凝器的冷却水由于是开式的循环回路，一般采用的自来水经冷却塔循环使用，或者直接来源于江河湖泊，水质相差较大。当水中的钙盐和镁盐含量较大时，极易分解和沉积在冷却水管上而形成水垢，影响传热。结垢过厚还会使冷却水的流通截面缩小，水量减少，冷凝压力上升。因此，当使用的冷却水的水质较差时，对冷却水管每年至少清洗一次，去除管中的水垢及其他污物。清洗冷凝器水管的方法通常有以下两种：

（1）使用专门的清管枪对管子进行清洗。

（2）使用专门的清洗剂循环冲洗，或充注在冷却水中，待 24h 后再更换溶液，直至洗净为止。

3. 更换润滑油

机组在长期使用后，润滑油的油质变差，油内部的杂质和水分增加，所以要定期的观察和检查油质。一旦发现问题应及时更换，更换的润滑油牌号必须符合技术资料。

4. 干燥过滤器更换

干燥过滤器是保证制冷剂进行正常循环的重要部件。由于水与制冷剂互不相溶，如果系统内含有水分，将大大影响机组的运行效率，因此保持系统内部干燥是十分重要的，干燥过滤器内部的滤芯必须定期更换。

5. 安全阀的校验

螺杆式冷水机组上的冷凝器和蒸发器均属于压力容器，根据规定，要在机组的高压端即冷凝器本体上安装安全阀，一旦机组处于非正常的工作环境下时，安全阀可以自动泄压，以防止高压可能对人体造成的伤害。所以安全阀的定期校验，对于整台机组的安全性是十分重要。

6. 制冷剂的充注

如没有其他特殊的原因，一般机组不会产生大量的泄漏。如果由于使用不当或在维修后，有一定量的制冷剂发生泄漏。就需要重新添加制冷剂。充注制冷剂必须注意机组使用制冷剂的牌号。

（六）运行管理和停机注意事项

1. 螺杆式冷水机组运行管理注意事项

（1）机组的正常开、停机，必须严格按照厂方提供的操作说明书的步骤进行操作。

（2）机组在运行过程中，应及时、正确地做好参数的记录工作。

（3）机组运行中如出现报警停机，应及时通知相关人员对机组进行检查，也可以直接与厂方联系。

（4）机组在运行过程中严禁将水流开关短接，以免冻坏水管。

（5）机房应有专门的工作人员负责，严禁闲杂人员进入机房，操作机组。

（6）机房应配备相应的安全防护设备和维修检测工具，如压力表、温度计等，工具应存放在固定的位置。

2. 螺杆式冷水机组停机注意事项

（1）机组在停机后应切断主电源开关。

（2）如机组处于长期停机状态期间，应将冷水、冷却水系统内部的积水全部放掉，防止产生锈蚀。水室端盖应密封住。

（3）机组在长期停机时，应做好维修保养工作。

（4）在停机期间，应该将机组全部遮盖，防止积灰。

（5）在停机期间，与机组无关的人员不得接触机器。

三、离心式蒸汽压缩机组的维护保养

（一）离心式制冷压缩机启动前的准备工作

1. 压力检漏试验

压力检漏是指将干燥的氮气充入离心式制冷压缩机的系统内，通过对其加压来进行检漏的方法。其具体操作方法是：

（1）充入氮气前关闭所有通向大气的阀门。

（2）打开所有连接管路、压力表、抽气回收装置的阀门。

（3）向系统内充入氮气。充入氮气的过程可以分成两步进行。第一步先充入氮气，至压力为0.05～0.1MPa时停止，检查机组有无大的泄漏。确认无大的泄漏后，再加压。第二步对于使用R12、R22、R134a为制冷剂的机组，可加压至1.2MPa左右。若机组装有防爆片装置的，则氮气压力应小于防爆片的工作压力。

充入氮气工作结束后，可用肥皂水涂抹机组的各接合部位、法兰、填料盖、焊接处，检查有无泄漏，若有泄漏疑点就应做好记号，以便维修时用。对于蒸发器和冷凝器的管板法兰处的检查，应卸下水室端盖进行检查。

在检查中若发现有微漏现象，为确定是否泄漏，可向系统内充入少量氟利昂制冷剂，使氟利昂制冷剂与氮气充分混合后，再用电子检漏仪或卤素检漏灯进行确认性检漏。

在确认机组各检测部位无泄漏以后，应进行保压试漏工作，其要求是：在保压试漏的24h内，前6h机组的压力下降应不超过1%，其余18h应保持压力稳定。若考虑环境温度变化对压力值的影响，可按下式计算压力变化的波动值Δp。

$$\Delta p = p_1 \cdot \frac{t_2 - t_1}{273 + t_1}$$

式中　p_1——试验开始时机组内的压力，Pa；

t_1——试验开始时的环境温度，℃；

t_2——试验结束时的环境温度，℃。

2. 机组的干燥除湿

在压力检漏合格后，下一步工作是对机组进行干燥除湿。干燥除湿的方法有两种：一种为真空干燥法，另一种为干燥气体置换法。

真空干燥法是用高效真空泵将机组内压力抽至666.6～1333.2Pa(5～10mmHg）的绝对压力，此时水的沸点降至10℃以下，使水的沸点远远低于当地温度，造成机组内残留的水分充分汽化，并被真空泵排出。

干燥气体置换法的具体方法是：利用高真空泵将机组内抽成真空状态后，充入干燥氮气，促成机组内残留的水分汽化，通过观察U形水银压力计水银柱高度的增加状况，反复抽真空充氮气2～3次，以达到除湿目的。

3. 真空检漏试验

离心式冷水机组的真空度应保持在1333Pa（10mmHg）的水平。真空检漏试验的操作方法是：将机组内部抽成绝对压力为2666Pa的状态，停止真空泵的工作，关闭机组连通真空泵的波纹管阀，等待1～2h后，若机组内压力回升，可再次启动真空泵抽空至绝对压力2666Pa以下，以除去机组内部残留的水分或制冷剂蒸汽。若如此反复多次后，机组内压力仍然上升，可怀疑机组某处存在泄漏，应重作压力检漏试验。

从停止真空泵最后一次运行开始计时，若24h后机组内压力不再升高，可认为机组基本上无泄漏，可再保持24h。若再保持24h后，机组内真空度的下降总差值不超过1333Pa，就可认为机组真空度合格。若机组内真空度的下降超过1333Pa，则需要继续做压力检验直到合格为止。

4. 充灌冷冻润滑油

离心式制冷压缩机在压力检漏和干燥处理工作程序完成以后，在制冷剂充灌之前进行冷冻润滑油的充灌工作。其操作方法是：

（1）将加油用的软管一端接油泵油箱（或油槽）上的润滑油充灌阀上，另一端的端头上用300目铜丝过滤网包扎好后，浸入油桶（罐）之中。开启充灌阀，靠机组内、外压力差将润滑油吸入机组中。

（2）对使用R11（或R123）的机组，初次充灌的润滑油油位标准是从视油镜上可以看到油面高度为5～10mm的高度。因为当制冷剂充入机组后，制冷剂在一定温度、压力下溶于油中，使油位上升。机组中若油位过高，就会淹没增速箱及齿轮，造成油溅，使油压剧烈波动，进而使机组无法正常运行。而对使用R22的机组，由于润滑油与制冷剂互溶性差，所以可一次注满。

(3) 冷冻润滑油初次充灌工作完成后，应随即接通油槽下部的电加热器，加热油温至50～60℃后，电加热器投入"自动"操作。润滑油被加热以后，溶入油中的制冷剂会逐渐逸出。当制冷剂基本逸出后，油位处于平衡状态时，润滑油的油位应在视镜刻度中线±5mm的位置上。若油量不足，就应再接通油罐，进行补充。

(4) 进行补油操作时，由于机组中已有制冷剂，使机组内压力大于大气压力，此时，可采用润滑油充填泵进行加油操作。

5. 充灌制冷剂

离心式制冷压缩机在完成了充灌冷冻润滑油的工作程序后，下一步应进行制冷剂的充灌操作，其操作方法是：

(1) 用铜管或PVC(聚氯乙烯)管的一端与蒸发器下部的加液阀相连，而另一端与制冷剂贮液罐顶部接头连接，并保证有好的密封性。

(2) 加氟管(铜管或PVC管)中间应加干燥器，以去除制冷剂中的水分。

(3) 充灌制冷剂前应对油槽中的润滑油加温至50～60℃。

(4) 若在制冷压缩机处于停机状态时充灌制冷剂，可启动蒸发器的冷媒水泵(加快充灌速度及防止管内静水结冰)。初灌时，机组内应具有0.866×10^5Pa以上的真空度。

(5) 随着充灌过程的进展，机组内的真空度下降，吸入困难时(当制冷剂已浸没两排传热管以上时)，可启动冷却水泵，按正常启动操作程序运转压缩机(进口导叶开度为15%～25%，避开喘振点，但开度又不宜过大)，使机组内保持0.4×10^5Pa的真空度，继续吸入制冷剂至规定值。

在制冷剂充灌过程中，当机组内真空度减小，吸入困难时，也可采用吊高制冷剂钢瓶，提高液位的办法继续充灌，或用温水加热钢瓶。但切不可用明火对钢瓶进行加热。

(6) 充灌制冷剂过程中应严格控制制冷剂的充灌量。各机组的充灌量均标明在《使用说明书》及《产品样本》上。机组首次充入量应为额定值的50%左右。待机组投入正式运行时，根据制冷剂在蒸发器内的沸腾情况再作补充。

制冷剂一次充灌量过多，会引起压缩机内出现"带液"现象，造成主电动机功率超负荷和压缩机出口温度急剧下降。而机组中制冷剂充灌量不足，在运行中会造成蒸发温度(或冷媒水出口温度)过低而自动停机。

6. 负荷试机

负荷试机的目的主要是检查机组和对其技术性能进行调整。

负荷试机前的检查及准备工作的内容是：

(1) 检查主电源、控制电源、控制柜、启动柜之间的电气线路和控制线路，确认接线正确无误。

(2) 检查控制系统中各调节项目、保护项目、延时项目等的控制设定值，应符合技术说明书上的要求，并且要动作灵活、正确。

(3) 检查机组油槽的油位，油面应处于视镜的中央位置。

(4) 油槽底部的电加热器应处于自动调节油温位置，油温应在50～60℃范围内，点动油泵使润滑油循环，油循环后油温下降应继续加热使其温度保持在50～60℃范围内，应反复点动多次，使系统中的润滑油温超过40℃以上。

(5) 开启油泵后调整油压至0.2～0.3MPa之间。

(6) 检查蒸发器视液镜中的液位，看是否达到规定值。若达不到规定值，就应补充，否则不准开机。

(7) 启动抽气回收装置运行5～10min，并观察其电动机转向。

(8) 检查蒸发器、冷凝器进出水管的连接是否正确，管路是否畅通，冷媒水、冷却水系统中的水是否灌满，冷却塔风机能否正常工作。

(9) 将压缩机的进口导叶调至全闭状态，能量调节阀处于“手动”状态。

(10) 启动蒸发器的冷媒水泵，调整冷媒水系统的水量和排除其中的空气。

(11) 启动冷凝器的冷却水泵，调整冷却水系统的水量和排除其中的空气。

(12) 检查控制柜上各仪表指示值是否正常，指示灯是否亮。

(13) 抽气回收装置未投入运转或机组处于真空状态时，它与蒸发器、冷凝器顶部相通的两个波纹管阀门均应关闭。

(14) 检查润滑油系统，各阀门应处于规定的启闭状态，即高位油箱和油泵油箱的上部与压缩机进口处相通的气相平衡管应处于贯通状态。油引射装置两端波纹管阀应处于暂时关闭状态。

(15) 检查浮球阀是否处于全闭状态。

(16) 检查主电动机冷却供、回液管上的波纹管阀，抽气回收装置中回收冷却供、回液管上波纹管阀等供应制冷剂的各阀门是否处于开启状态。

(17) 检查各引压管线阀门、压缩机及主电动机气封引压阀门等是否处于全开状态。

负荷试机的操作程序：

(1) 启动冷却水泵和冷媒水泵。

(2) 打开主电动机和油冷却水阀，向主电动机冷却水套及油冷却器供水。

(3) 启动油泵，调节油压，使油压（表压）达到2～3MPa以上。

(4) 启动抽气回收装置。

(5) 检查导叶位置及各种仪表。

(6) 启动主电动机，开启导叶，达到正常运行。

在确认机组一切正常后，可停止负荷试机，以便为正式启动运行做准备。其停机程序是：

(1) 停止主电动机工作，待完全停止运转后再停油泵；

(2) 停止冷却水泵和冷媒水泵运行，关闭供水阀；

(3) 根据需要接通油箱的电加热器或使其自动工作，保持油温在50～60℃范围内，以便为正式运行做准备。

(二) 离心式压缩机的开机操作

离心式压缩机的启动运行方式有“全自动”运行方式和“部分自动”即手动启动运行方式两种。

离心式压缩机无论是全自动运行方式还是部分自动——手动运行方式的操作，其启动联锁条件和操作程序都是相同的。蒸汽压缩式机组启动时，若启动联锁回路处于下述任何一项时，即使按下启动按钮，机组也不会启动，例如：导叶没有全部关闭；故障保护电路动作后没有复位；主电动机的启动器不处于启动位置上；按下启动开关后润滑油的压力虽然上升了，但升至正常油压的时间超过了 20s；机组停机后再启动的时间未达到 15min；冷媒水泵或冷却水泵没有运行或水量过少等。

当主机的启动运行方式选择“部分自动”控制时，主要是指冷量调节系统是人为控制的，而一般油温调节系统仍是自动控制，启动运行方式的选择对机组的负荷试机和调整都没有影响。

机组启动方式的选择原则是：新安装的机组及机组大修后进入负荷试机调整阶段，或者蒸发器运行工况需要频繁变化的情况下，常采用主机“部分自动”的运行方式，即相应的冷量调节系统选择“部分自动”的运行方式。

当负荷试机阶段结束，或蒸发器运行的使用工况稳定以后，可选择“全自动”运行方式。

无论选择何种运行方式，机组开始启动时均由操作人员在主电动机启动过程结束达到正常转速后，逐渐开大进口导叶开度，以降低蒸发器出水温度，直到达到要求值，然后将冷量调节系统转入“全自动”程序或仍保持“部分自动”的操作程序。

1. 离心式压缩机启动的操作方法如下：

（1）启动操作。

对就地控制机组（A 型），按下“清除”按钮，检查除“油压过低”指示灯亮外，是否还有其他故障指示灯亮。若有应查明原因，并予以排除。

对集中控制机组（B 型），待“允许启动”指示灯亮时，闭合操作盘上的开关至启动位置。

（2）启动过程监视与操作。

在“全自动”状态下，油泵启动运转延时 20s 后，主电动机应启动。此时应监听压缩机运转中是否有异常情况，如发现有异常情况就应立即进行调整和处理，若不能马上处理和调整就应迅速停机处理后再重新启动。

当主电动机运转电流稳定后，迅速按下“导流叶片开大”按钮。每开启 5%～10%导叶角度，应稳定 3～5min，待供油压力值回升后，再继续开启导叶。待蒸发器出口冷媒水温度接近要求值时，对导叶的手动控制可改为温度自动控制。

2. 在启动过程中应注意监测：

（1）冷凝压力表上读数不允许超过极限值 0.78×10^5 Pa（表压），否则会停机。若压力过高，必要时可用“部分自动”启动方式运转抽气回收装置约 30min 或加大冷却水流量来降低冷凝压力。

（2）压缩机进口导叶由关闭至额定制冷量工况的全开过程，供油压力表上读数约下降 $(0.686\sim1.47)\times10^5$ Pa（表压）。若下降幅度过大，就可在表压为 1.57×10^5 Pa 时稳定 30min，待机组工况平稳后，再将供油压力调至规定值 [$(0.98\sim1.47)\times10^5$ Pa(表压)] 的上限。

要注意观察机组油槽油位的状况，因为过高的供油压力将会造成漏油故障。压缩机运行时，必须保证压缩机出口气压比轴承回油处的油压约高 0.1×10^5 Pa，只有这样才能使压缩机叶轮后充气密封、主电动机充气密封、增速箱箱体与主电动机回液（气）腔之间充气密封起到封油的作用。

（3）油槽油位的高度反映了润滑油系统循环油量的大小。机组启动之前，制冷剂可能较多地溶解于油中，造成油槽视镜中的油位上升。随着进口导叶开度的加大、轴承回油温度上升及油槽油温的稳定，在油槽油面及内部聚集着大量的制冷剂气泡，若此时油压指示值稳定，则这些气泡属于机组启动及运行初期的正常现象。待机组稳定运行3～4h后，气泡即慢慢消失，此时油槽中的油位才是真正的真实油位。

在机组启动时，由于油槽中有大量的气泡产生，供油压力会呈缓慢下降的趋势，此时，应严密监视油压的变化。当油压降到机组最低供油压力值（如表压 0.78×10^5 Pa）时，应做紧急停机处理，以免造成机组的严重损坏。

（4）机组启动及运行过程中油槽中的油温应严格控制在50～60℃。若油槽中油温过高，可切断电加热器或加大油冷却器供液量，使油温下降。

（5）供油油温应严格控制在35～50℃之间，与油槽油温同时调节，方法相同。

（6）机组轴承中，叶轮轴上的推力轴承温度最高，应严格控制各轴承温度不大于65℃。

（7）机组在启动过程中还需注意以下几个问题：1）压缩机进口导叶关至零位。2）油槽中油温需大于或等于40℃。3）供油压力需大于250kPa。4）冷媒水和冷却水供应正常。5）两次开机时间间隔大于20min。

若1）～7）中任何一项不具备，主电动机就不能启动。

3. 确认机组机械部分运转是否正常。

（1）注意监听压缩机转子、齿轮啮合、油泵、主电动机径向轴承等部分，是否有金属撞击声、摩擦声或其他异常声响，并判断压缩机在出现异常声响后是否停机。

（2）监视供油压力表、油槽油位、控制柜上电流表、制冷剂液位等的摆动、波动情况，并判断发生强烈振动的原因，决定是否停机。

（3）若需用“部分自动”方法停机时，应记录（或自动打印出）停机时运行的各主要参数的瞬时读数值，供判断分析故障用。

4. 检查机组外表面是否有过热状况，包括主电动机外壳、蜗壳出气管、供回油管、冷凝器筒体等位置。

5. 冷凝器出水温度一般应在18℃以上。为确保主电动机的冷却效果，冷凝器的进水温度与蒸发器的出水温度之差应大于20℃。

6. 轴承回油温度与供油温度之差应小于20℃，且应在运行过程中保持稳定。

7. 机组运行记录表应妥善保存，以备分析检查之用。

（三）离心式压缩机正常运行的标志

1. 压缩机吸气口温度应比蒸发温度高1～2℃或2～3℃。蒸发温度一般在0～10℃之间，一般机组多控制在0～5℃。

2. 压缩机排气温度一般不超过60～70℃。如果排气温度过高，会引起冷却水水质的变化，杂质分解增多，使设备被腐蚀损坏的可能性增加。

3. 油温应控制在43℃以上，油压差应在0.15～0.2MPa。润滑油泵轴承温度应为60～74℃。如果润滑油泵运转时轴承温度高于83℃，就会引起机组停机。

4. 冷却水通过冷凝器时的压力降低范围应为 0.06～0.07MPa，冷媒水通过蒸发器时的压力降低范围应为 0.05～0.06MPa。如果超出要求的范围，就应通过调节水泵出口阀门及冷凝器、蒸发器的进水阀门进行调整，将压力控制在要求的范围内。

5. 冷凝器下部液体制冷剂的温度，应比冷凝压力对应的饱和温度低 2℃左右。

6. 从电动机的制冷剂冷却管道上的含水量指示器上，应能看到制冷剂液体的流动及干燥情况在合格范围内。

7. 机组的冷凝温度比冷却水的出水温度高 2～4℃，冷凝温度一般控制在 40℃左右，冷凝器进水温度要求在 32℃以下。

8. 机组的蒸发温度比冷媒水出水温度低 1～4℃，冷媒水出水温度一般为 5～7℃。

9. 控制盘上电流表的读数小于或等于规定的额定电流值。

10. 机组运行声音均匀、平稳，听不到喘振现象或其他异常声响。

（四）离心式压缩机的停机操作

1. 正常停机操作

机组在正常运行过程中，因为定期维修或其他非故障性的主动停机方式称为正常停机。正常停机一般采用手动方式，机组的正常停机基本上采用正常启动的逆过程，具体程序如图 5-3 所示。

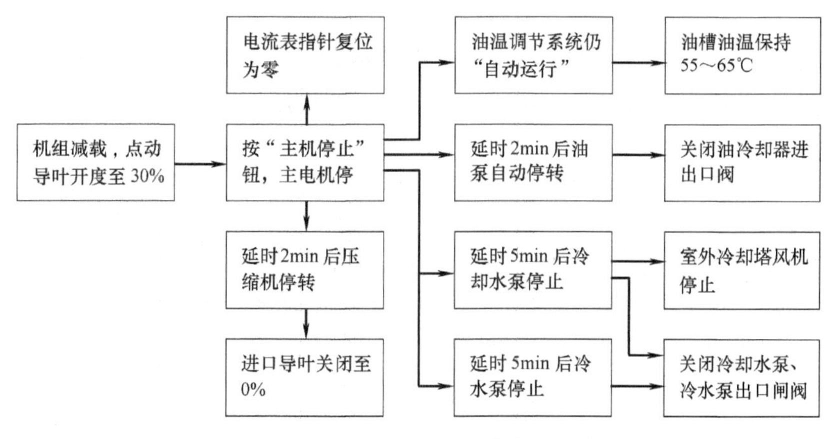

图 5-3　离心式压缩机正常停机程序

机组正常停机过程中应注意以下几个问题：

（1）停机后，油槽油温应继续维持在 50～60℃之间，以防止制冷剂大量溶入冷冻润滑油中。

（2）压缩机停止运转后，冷媒水泵应继续运行一段时间，保持蒸发器中制冷剂的温度在 2℃以上，防止冷媒水产生冻结。

（3）在停机过程中要注意主电动机有无反转现象，以免造成事故。主电动机反转是由于在停机过程中，压缩机的增压作用突然消失，蜗壳及冷凝器中的高压制冷剂气体倒灌所致。因此，压缩机停机前在保证安全的前提下，应尽可能关小导叶角度，降低压缩机出口压力。

（4）停机后，抽气回收装置与冷凝器、蒸发器相通的波纹管阀、小活塞压缩机的加油阀、主电动机、回收冷凝器、油冷却器等的供应制冷剂的液阀，以及抽气装置上的冷却水阀等应全部关闭。

（5）停机后仍应保持主电动机的供油、回油的管路畅通，油路系统中的各阀一律不得关闭。

（6）停机后除向油槽进行加热的供电和控制电路外，机组的其他电路应一律切断，以保证停机安全。

（7）检查蒸发器内制冷剂液位高度，与机组运行前比较，应略低或基本相同。

（8）再检查一下导叶的关闭情况，必须确认处于全关闭状态。

2. 事故停机的操作

事故停机分为故障停机和紧急停机两种情况。

（1）故障停机。机组的故障停机是指机组在运行过程中某部位出现故障，电气控制系统中保护装置动作，实现机组正常自动保护的停机。

故障停机是由机组控制系统自动进行的，与正常停机的不同之处在于，主机停止指令是由电脑控制装置发出的，机组的停止程序与正常停机过程相同。在故障停机时，机组控制装置会有报警（声、光）显示，操作人员可按机组运行说明书中的提示，先消除报警的声响，再按下控制屏上的显示按钮，故障内容会以代码或汉字显示，按照提示，操作人员即可进行故障排除。若停机后按下显示按钮时，控制屏上无显示，则表示故障已被控制系统自动排除，应在机组停机 30min 后再按正常启动程序重新启动机组。

（2）紧急停机。机组的紧急停机是指机组在运行过程中突然停电、冷却水突然中断、冷媒水突然中断和出现火警时突然停机。紧急停机的操作方法和注意事项与活塞式制冷压缩机组的紧急停机内容和方法相同。

3. 离心式压缩机停机后制冷剂的移出方法

由于空调用离心式制冷压缩机大部分为季节运行，在压缩机停运季节或需要进行机组大修时，均应将机组内的制冷剂排出，其操作方法是：

（1）采用铜管或 PVC 管，将排放阀（即充注阀）与置于磅秤上的制冷剂贮液罐相连。从蒸发器或压缩机进气管上的专用接管口处，向机内充入干燥氮气，对机组内的液态制冷剂加压至 $(0.98\sim1.4)\times10^5$ Pa 的压力（表压），利用氮气压力将液态制冷剂从机组内压入到贮液罐或制冷剂钢瓶中。

在排放过程中应通过重量控制或使用一段透明软管，来观测制冷剂的排放过程。当机组内的液态制冷剂全部排完时，迅速关闭排放阀，避免氮气混入贮液罐或制冷剂钢瓶中。

（2）存贮制冷剂用的贮液罐或制冷剂钢瓶，不得充灌得过满，应留有 20%左右的空间。制冷剂钢瓶装入制冷剂后应放在阴凉、干燥的通风处。

（3）机组内液体制冷剂排干净以后，开动抽气回收装置，使机组内残存的制冷剂气体被抽气回收装置中的冷却水液化以后排入到制冷剂钢瓶中。

（4）如果机组内的制冷剂混入了润滑油，并且润滑油又大量地漂浮在制冷剂液体表面时，可在制冷剂液体基本回收完毕时，断开向贮液罐或制冷剂钢瓶的输送，将机组内剩余的制冷剂与润滑油的混合物排入专用的分离罐中，然后再对分离罐进行加热，使油、气分离，对制冷剂进行回收。如果没有专用的分离罐，也可将混入大量润滑油的制冷剂排入污水沟，排放时应严禁烟火，并向室内机械通风。

（5）对于已回收的制冷剂，应取样进行成分分析，以决定能否继续使用。如果制冷剂中含油量大于5%或含水量大于（2.5～3.5）$\times 10^{-5}$g/g，就应进行加热分离后使用。

（五）离心式蒸汽压缩机组的日常维护保养

所谓日常维护保养一般是指机组在运行操作过程中进行的维护和保养。

1. 离心式压缩机的日常维护保养

（1）严格监视油槽油位。机组在运行过程中，若油槽油位下降至最低位以下时，应在油泵和机组不停机的情况下，通过润滑油系统上的加油阀，向系统补充合格的润滑油。若油槽油位一直下降，则应具体分析，停车检查漏油的原因。

（2）严格监视供油压力。正常情况压缩机的油压表指针应无大角度的左右摆动；改变油压调节阀的开度可调节油压的大小。

（3）严格监视油槽油温和各轴承温度。油槽油温一般务必控制在50～60℃之间。正常情况油槽油温与最高轴承温度之差一般控制在2～3℃之间，超过此值，应进行具体分析，看是否有停车检修的必要。

（4）严格监视压缩机和整个机组的振动和异常噪声。在机组运行过程中，一旦出现压缩机剧烈振动，无论何种原因引起，必须断然停车；若出现不致影响机组运行的振动，也应及时进行分析，通过操作、调整参数来消除。

（5）严格监视润滑油的质量和油系统的维护。无特殊情况，润滑油一般应每年全部更换一次。必须按制造厂推荐的油质标准来选用润滑油，切忌使用一般合成润滑油。对新机组，要定期清洗油过滤器。

2. 蒸发器日常维护和保养

（1）严格监视制冷剂液位。

（2）严格监视蒸发器冷水的出水温度。

（3）严格监视冷水出水温度与蒸发温度之差值。

（4）严格监视冷水水量和水质情况。

3. 冷凝器的日常维护和保养

（1）严格监视冷凝压力值。

（2）严格判断冷凝器换热管内结垢和腐蚀程度。

4. 主电动机日常维护和保养

（1）严格监视主电动机电流值的变化。

（2）严格注意主电动机启动过程。

（3）严格监视主电动机冷却状况。

（4）严格注意主电动机绕组温度的变化。

5. 抽气回收装置的日常维护和保养

在空调用离心式压缩机组中，抽气回收装置自成系统，必要时可切断与冷凝器、蒸发器相通的管路阀门，单独维护和保养。

（六）离心式蒸汽压缩机组的停车维护和保养

离心式蒸汽压缩机组优于活塞式机组的重要特点之一，就是机组易损件少，无需常拆、常修、常换，使用维护方便。一般规定使用期限为一年，必须对机组全面检修一次。

1. 安全保护项目的检查

（1）冷水断水保护整定值的检查；

（2）冷却水断水保护整定值的检查；

（3）供油压力过低保护整定值的检查；

（4）蒸发温度过低保护整定值的检查；

（5）冷凝压力过高保护整定值的检查；

（6）抽气回收装置的差压调节器和减压阀整定值的检查。

2. 抽气回收装置的检查

抽气回收装置中的回收冷凝器采用浮球阀式自动排液的机构。打开浮球阀后，注意检查浮球阀机构是否出现卡涩和关不严等故障现象。拆检有关部件（位），并修复装配到抽气回收装置的正常功能状态为止。

3. 油泵和油系统的检查

除机组运行中通过油泵的日常维护和保养过程所发现、确定的故障原因应在油泵的拆检时逐一排除之外，还应着重检查油泵重转子与定子间隙和齿轮对、滑片的磨损状况，并修复或更换。

检查滑片式油泵端部的油压调节阀，拆开后检查阀中弹簧是否失效和阀芯是否处于正常位置。同时应检查和清洗油冷却器内部油程或水程，并对油冷却器进行通水试验，以检查冷却水管是否有泄漏现象。

对润滑油系统还应检查外接油管、阀门、接头、节流圈、油过滤器是否完好畅通。

4. 制冷剂和润滑油的检查

应从本机组排放的制冷剂和润滑油中取样，进行严格的成分和纯度等各项质量指标的全分析化验工作。对制冷剂应着重检查其纯度和含油量、含水量的百分比，以便采取措施提纯净化，达标后方能回用。对于润滑油，应着重检查其运动黏度和酸值不得大于0.1，以便决定是否换新。一般一年必须更换一次新油。

5. 离心式制冷压缩机的检查

每一年定期停机期间，都应对压缩机进行较彻底地解体检查、清洗和易损件更换。

（1）气密性的保养。对进气管、蜗壳、机壳、连接筒体、出气管等连接部位的石棉橡胶垫片或O形密封圈等密封元件必须更换；注意检查进气管上的防爆薄膜片和观察视镜有否破损或老化现象，决定是否更换。

（2）压缩机转子平衡和振动的保养。拆机后，检查叶轮流道和进口导叶表面积垢状况。积垢是机器内部不清洁、漏油、制冷剂不纯等因素造成的，它对压缩机转子的平衡是极大威胁，应在分析的基础上逐一采取措施和对策。

检查叶轮和蜗壳有无摩擦痕迹。

检查叶轮与主轴连接的三螺钉是否完好或松动，有无扭伤和裂纹。

（3）径向滑动轴承与推力轴承的间隙检查。轻微的推力磨损可采用人工刮削或研磨方法，消除压伤、线痕或凹点。根据轴承磨损情况决定是否换件。

（4）齿轮啮合状况检查。

（5）叶轮轮盖气封、各充气密封、各油封的检查。

（6）压缩机流道积油状况检查。

（7）进口能量调节机构的保养。对该机构的导叶转轴、转动部位、铰链等加润滑油脂，手动检查进口导叶由全闭至全开过程是否同步、灵活。各部位检查完毕，将机构装配还原并手动检查导叶角度是否与驱动机构指针同步，并靠可调长拉杆与调节连杆来调整好。

6. 蒸发器、冷凝器的检查和保养

对蒸发器、冷凝器的检查项目主要有：

(1) 换热管是否泄漏。在停机期间对换热管泄漏的检查方法有：

1) 单独对蒸发器或冷凝器的管程做水压试验，根据压力表读数的下降可以判断是冷凝器还是蒸发器管程的泄漏。

2) 对整体蒸发器—冷凝器做气压试验，视压力表读数下降情况而定。

(2) 水室内流程是否短路。拆开水室检查水室隔板是否损缺；水室橡胶垫片是否失效。

(3) 浮球阀浮降机构是否卡涩。拆开浮球室前盖，检查和洗净过滤网，或更换过滤网，清洗浮球室内部。

(4) 冷水侧和冷却水侧是否腐蚀。对冷水侧和冷却水侧腐蚀的检查方法除一般采用目测管口部分外，还需采用管内窥镜或涡流探伤仪对管子抽查。

(5) 制冷剂侧是否腐蚀。制冷剂侧腐蚀的主要原因在于制冷剂本身的质量是否达标。若锈蚀大量存在，则证明有大量空气和水分渗入机组内部，必须严格检查机组的气密性或对机组进行全面干燥处理。

(6) 各供制冷剂液体管路、引压管、蒸发器底部扰动喷嘴等是否堵塞。可在拆卸后采用氮气或干燥空气吹通的检查方法。

对蒸发器、冷凝器的保养项目主要有：

(1) 排尽冷水和冷却水，防止万一冻结和漏水。

(2) 排尽制冷剂。

(3) 对整个机组进行干燥去湿处理。

(4) 对换热管内部进行清洗。一般常采用两种清洗方法，即管刷清洗法和化学清洗法。对换热管清洗完毕后，还应检查管子是否有泄漏现象。

7. 主电动机的检查和保养

对于采用制冷剂喷液冷却的封闭型异步电动机，其保养的主要内容如下：

(1) 测定绝缘电阻。

(2) 检查绕组的清洁程度。

(3) 检查端子接头及接线部件是否松动。

(4) 清洗制冷剂喷嘴及供液管。

(5) 检查径向滑动轴承及充气气封磨损情况。

(6) 检查转子与定子间的径向间隙和轴的最大轴向间隙。

(7) 检查轴承供回油孔是否畅通。

(8) 主电动机绕组吸湿处理。

(9) 更换润滑油。

8. 配电盘的检查和保养

主电动机采用的高压开关、启动柜和制冷机的控制柜均属于配电盘之类。

(1) 测量油泵电动机、压缩机电动机的绝缘电阻值，判断是否受潮并除湿。

(2) 清除配电盘内部的灰尘，保持良好的清洁度。

(3) 检查高压开关的断路器和电磁开关的机械结构部分，如生锈、磨损、弹簧或连杆折断部分等故障，及时发现和处理。检查熔断器有无断线。

(4) 检查接触器触点的粗糙度，使接触正常。

(5) 检查弹簧与缓冲器是否动作正常。

(6) 检查并清除磁铁上的脏污。

(7) 检查各个螺钉是否松动。

(8) 检查和校准电流表、电压表等仪表，每年必须进行一次。

(9) 检查接地线路情况。

(10) 检查保护继电器的防尘和防潮。

(11) 检查测温电阻管内部是否结露和受潮，否则会使冷水出口温度的调节作用失常。

(12) 注意事项：必须先断开断路器，再将配电盘拆开检查。

9. 机组拆卸保养和装配还原后，在重新投入运转季节之前应做的保养和准备工作

(1) 在每年的停机期间，润滑油可在更换后不排出，以确保盘动或点动压缩机时其轴承部位的润滑。

(2) 在排尽机组内部制冷剂和确保气密性的前提下，对机组进行抽真空试验，保持标准规定的真空度，然后充以 0.3～0.5bar 的干燥氮气，随时观察机组氮气压力下降情况，再补充干燥氮气至规定压力值。

(3) 将油槽底部电加热器投入自动调节运转，确保油槽油温为 50～60℃。

(4) 定期运转油泵，使油路循环并观察油位状况。

(5) 机组周围的环境应尽可能地保持清洁干燥，通风良好。

(6) 注意机组内部的防湿除湿问题。

10. 机组保养期间的注意事项

(1) 机组保养过程中所拆检的部件应清洗干净、统一存放、防尘防湿。

(2) 机组内润滑油必须每年至少更换一次。不同牌号的制冷机油不能混用。

(3) 机组的备件每年检修一次。如发现锈蚀、缺损或失效情况，应向供货方提供详细清单并购置。

(4) 空调系统的其他配套设备如水泵、风机、冷却塔、风管、水路系统的保养工作也应与压缩式机组同时进行。

四、溴化锂吸收式机组的维护保养

(一) 机组运行前的准备工作

溴化锂制冷机运行前的准备工作主要包括以下内容。

1. 机组的密封性检查

溴化锂吸收式机组无论新机组还是已使用过的旧机组，在每次运行前都应该进行密封性检查。密封性检查的工作程序是：正压找漏→补漏→正压检漏→负压检漏……直至机组气密性合格为止。

机组气密性检查的主要方法是：向机组的真空系统内充入 0.08～0.1MPa（表压）的氮气或干燥的压缩空气，然后在机组的各个焊缝、法兰等连接处涂抹肥皂水，并进行仔细

检查。若发现有肥皂泡连续出现的地方，即为泄漏点，发现泄漏点后就要做好记号，待将机组中试漏气体放出后，再做维修。

补漏的方法是：焊接处有砂眼、裂缝时可用焊接方法修补；传热管胀口泄漏，可采取重新扩胀口进行维修；管壁破裂可焊补或更换；真空隔膜阀的胶垫或阀体泄漏则应更换。

对于视镜法兰的衬垫，如因发生断裂、破损而造成泄漏时，就应采用与原衬垫相同材料的衬垫进行更换。在更换衬垫时可在其表面涂真空脂，然后再与设备压紧，即可不再泄漏。更换时所使用的衬垫材料一般有耐热橡胶、高温石棉纸、聚四氟乙烯等。

若机组有的位置的裂痕或砂眼不太好进行焊接时，就使用铁粉与 102 胶粘剂进行混合后涂抹到裂痕处即可。

机组在修补后应重做压力试验，直到确认无泄漏时为止。

为检验机组的密封性能，可在确认无泄漏后进行保压 24h 的试验。考虑到环境因素，一般要求 24h 后机组压降不得大于 66.67Pa（0.5mmHg）。

通过上述试验确认机组无泄漏以后，放掉试漏用的气体后再做真空检漏试验。在进行真空检漏试验时，可采用真空泵对机组进行抽真空。抽真空操作时应注意：为防止真空泵因长时间工作造成泵体内温度过高而影响其工作性能，可采取间歇抽空操作。当真空泵过热时，应及时更换机体内已经乳化了的泵油，并注意真空泵体表面不应出现凝露现象，若有凝露现象应使用热气将其除去。

当机组内压力达到 67Pa 以下，保压 24h 后，其压力回升值在 5～10Pa 范围内为合格。否则，应继续进行检漏、修补和真空试验，直到合格为止。

进行真空检漏时，常用的真空测量仪表有 U 形管绝对压力计和旋转式真空计等（见图 5-4 和图 5-5）。这两种测量仪表均可直接读出机内的绝对压力。

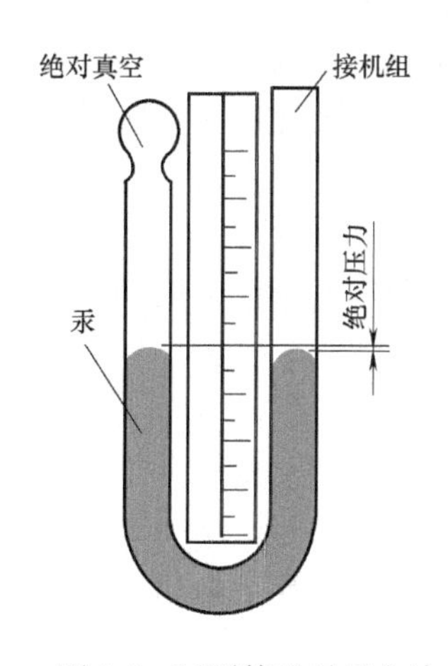

图 5-4　U 形管绝对压力计

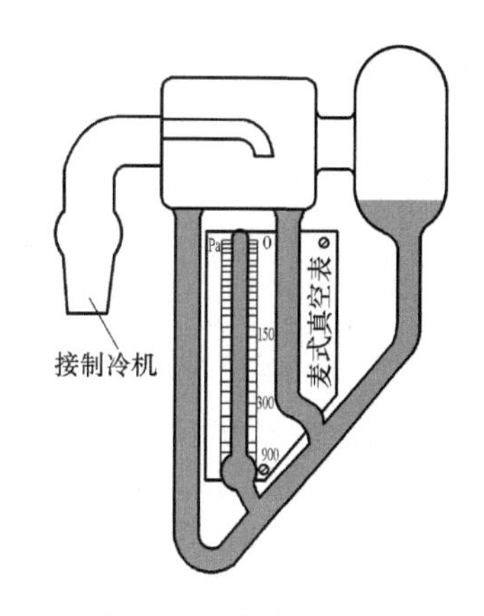

图 5-5　旋转真空计

绝对压力值与测量时的温度有关。考虑温度对绝对压力的影响时，机组内绝对压力升高值 Δp 应按下式计算：

$$\Delta p = p_2 - p_1 \times \frac{273 + t_2}{273 + t_1}$$

式中　p_1、t_1——开始试验时机内的绝对压力，Pa，温度，℃；

p_2、t_2——试验结束时机内的绝对压力，Pa，温度，℃。

2. 其他方面的检查

(1) 电器、仪表的检查。检查的内容包括电源供电电压是否正常，控制箱动作是否可靠，温度与压力继电器的指示值是否符合要求，调节阀的设定值是否正确、动作是否灵敏，流量计与温度计等测量仪表是否达到精度要求。

(2) 检查各阀门位置是否符合要求。

(3) 检查真空泵油位与动作。真空泵油位应在视油镜中部。观察泵润滑油的颜色，若呈乳白色，则应更换新油。用手转动带盘，检查转动是否灵活，转向是否正确。

(4) 检查屏蔽泵电动机的绝缘电阻值是否符合要求。

(5) 检查蒸汽凝结水系统、冷却水系统和冷媒水系统的管路。若冷却水和冷媒水系统均为循环水时，还要检查水池水位。水位不足时，要添加补充水。

3. 机组的清洗

开机前的溴化锂机组在经过严格的气密性检验后，必须进行清洗，清洗的目的：一是检查屏蔽泵的转向和运转性能；二是清洗内部系统中的污垢；三是检查冷剂和溶液循环管路是否畅通。

清洗时最好选用蒸馏水。若没有蒸馏水，也可以使用软化水。清洗的操作方法是：

(1) 将蒸馏水或软化水充入机组内，充灌量可略大于机组所需的溴化锂溶液量。

(2) 分别启动发生器泵和吸收器泵，并注意观察运行电流是否正常，泵内有无“喀喀”声。若有“喀喀”声则说明泵的转向接反了，应及时调整。

(3) 启动冷却水泵和冷媒水泵。

(4) 向机组内送入表压为 0.1～0.3MPa 的蒸汽，连续运转 30min 左右。

(5) 观察蒸发器视孔有无积水产生，如有积水产生就可启动蒸发器泵，间断地将蒸发器内的水旁通至吸收器内；若无积水产生就说明管道有堵塞，应及时处理。

(6) 清洗后将所有对外的阀门打开放气、放水。如果机体内过脏时，应反复进行上述过程，直至放出的水透明度良好时为止。

(7) 清洗工作结束后，可向机组内充入氮气，将机组内的存水压出、吹净。

(8) 完成以上各项操作后，启动真空泵运行，抽气至相应温度下水的饱和蒸汽压力状态。

4. 灌注溴化锂溶液

国产溴化锂溶液分为白液（不含铬酸锂）和黑液（加铬酸锂）两种。用户一般订购的是黄液。注液前应尽可能复核溴化锂溶液的主要指标是否达到国家标准，以免引起后患。进液前应先管口向上将输液管中充满溴化锂溶液或蒸馏水，一端用手掌堵上，一端与机组进液口相接，将手掌堵住的这一端浸入容器内溶液的液面下，打开进液阀，容器内的溶液将自动吸入机体。按设计要求注够液量。

溴化锂溶液灌注完毕后，应立即启动溶液泵，调整液位，以吸收器底部的视液镜见到液位为准。启动真空泵，抽出水洗中残余的空气，即可进行运转状态的调试。

(二) 溴化锂机组的开机操作

溴化锂制冷机在完成了开机前的准备工作后，就可转入启动运行了。现以蒸汽双效溴化锂机为例，分析溴化锂制冷机的开机操作方法。

机组的启动有手动和自动两种方式。一般机组在启动时，为保证安全，多采用手动的方式启动，待机组运行正常后再转入自动控制。

手动开车程序（供参考）：

1. 启动冷却水泵和冷媒水泵，慢慢地打开两泵的排出阀，并逐步调整流量至规定值，通水前应将封头箱上的放气旋塞打开，以排除空气。

2. 启动发生器泵，调节送往发生器的两阀门的开度，分别调节送往高压发生器、低压发生器中的溴化锂溶液的流量，使高、低压发生器的液位保持一定。在采用混合溶液喷淋的两泵系统中，可调节送往引射器的溶液量，引射由溶液热交换器出来的浓溶液，使喷淋在吸收器管簇上的溶液具有良好的喷淋效果。

3. 在专设吸收器溶液泵的系统中，启动吸收器泵，打开泵的出口阀门，使溶液喷淋在吸收器的管簇上。根据喷淋情况，调整吸收器的喷淋溶液量（采用浓溶液直接喷淋的系统，可省掉这一调节步骤）。

4. 打开加热蒸汽阀时，应先打开凝结水放泄阀，排除蒸汽管道中的凝结水，然后再慢慢地打开蒸汽截止阀，向高压发生器供汽。对装有调节阀的机组，缓慢打开调节阀，按0.05、0.1、0.125MPa（表压）的递增顺序提高压力至规定值。在初始运行的20～30min内，蒸汽压力部不超过0.2～0.3MPa（表压），以免引起严重的汽水冲击。

5. 当蒸发器中液囊中的冷剂水位达到规定值（一般以蒸发器视镜浸没且上升水位速度较快为准）时，启动冷剂泵（蒸发器泵），调整泵出口的喷淋阀门，使被吸收掉的蒸汽与从冷凝器流下来的冷剂水相平衡，机组至此完成了启动过程，逐渐转入正常运转状态。

6. 机组进入正常运行后，可在工作蒸汽压力为0.2～0.3MPa（表压）的工况下，启动真空泵，抽出机组中残余的不凝性气体。抽气工作可分若干次进行，每次5～10min。

（三）机组的正常运转操作

1. 做好运转记录，分析机组运行是否正常。

2. 观察高、低压发生器、吸收器和蒸发器液位，防止高压发生器液位过低而损坏传热管，防止蒸发器液位过低而引起蒸发泵气蚀。

3. 监视屏蔽泵运行情况，测定工作电流及电机温升，当电机外壳温度高于80℃时，应停止运转，并查找引起温升的原因。

4. 如机组制冷效果不佳，可按下列程序分析：

（1）测量冷剂水密度≥1.04，否则应进行再生。

（2）监测机组内绝对压力，如高于当时溶液浓度与温度相对应的饱和蒸汽压力，应启动真空泵，抽除机内不凝性气体。

（3）根据防晶管发热程度，判断是否出现溶液结晶故障。

（4）如冷却水温度偏高或冷却水量偏少，应及时进行调节。

（5）出现下列任一情况时，应立即关闭加热蒸汽：

1）断水或冷剂水温度低于4℃，保护装置动作（铃响、灯亮）。

2）任一屏蔽泵故障。

3）严重漏气。

4）液位异常升高。

5）断电。

（四）溴化锂机组的停机程序

溴化锂制冷机的停机操作有手动停机和自动停机两种操作方式。

1. 手动停机通常按下列程序进行：

（1）关闭加热蒸汽截止阀，停止对发生器或高压发生器供应蒸汽。

（2）关闭加热蒸汽后，让溶液泵、冷却水泵、冷媒水泵再继续运行一段时间，使稀溶液和浓溶液充分混合 15～20min 后，再依次停止溶液泵、发生器、冷却水泵、冷媒水泵和冷却塔风机的运行。若停机时外界温度较低，而测得的溶液浓度较高时，为防止停机后结晶，就应打开冷剂水旁通阀，把一部分冷剂水通入吸收器，使溶液充分稀释后再停机。

（3）当停机时间较长或环境温度较低时，一般应将蒸发器中的冷剂水全部旁通入吸收器中，使溶液经过充分混合、稀释，确定溶液不会在停机期间结晶后方可停泵。

（4）停止各泵运行后，切断电源总开关。

（5）检查机组各阀门的密封情况，防止停机期间空气漏入机组内。

（6）停机期间，若外界温度低于 0℃，就应将高压发生器、吸收器、冷凝器和蒸发器传热管及封头内的积水排除干净，以防冻裂。

（7）在长期停机期间，每天应派人专职检查机组的真空情况，保证机组的真空度。有自动抽气装置的机组可不派人专职管理，但不能切断机组和真空泵的电源，以保证真空泵的自动运行。

2. 溴化锂吸收式制冷机自动停机的操作方法

（1）通知锅炉房停止送气。

（2）按下“停止”按钮，机组控制机构自动切断蒸汽调节阀，机组转入自动稀释运行。

（3）发生泵、溶液泵以及冷剂水泵稀释运行大约 15min 之后，其温度继电器动作，溶液泵、发生泵和冷剂泵自动停止。

（4）切断电气开关箱上的电源开关，切断冷却水泵、冷媒水泵、冷却塔风机的电源，记录下蒸发器与吸收器液面高度，记录下停机时间，但应注意，不能切断真空泵自动启停的电源。

（5）若需要长期停机，在按“停止”按钮之前，就应打开冷剂水再生阀，让冷剂水全部导向吸收器，使溶液全部稀释。并将机组内的残存冷却水、冷媒水放净，防止冬季冻裂管道。

（五）溴化锂机组的维护保养

溴化锂吸收式制冷机能否长期稳定运行，性能能否长期保持不变，取决于严格的操作程序和良好的保养。否则会使机组制冷效果变差，事故频率高，甚至在 3～5 年内将机组报废。因此，除了要正确地掌握操作技能外，机组操作人员还应熟悉机组的维护保养知识，以便保证机组安全、高效地运行。

溴化锂机组的保养分为停机时的保养、定期检查保养和状态保养几种。

1. 机组停机时的保养

溴化锂吸收式机组停机时的保养又分为短期停机保养和长期停机保养两种。

（1）短期停机保养。所谓短期停机，是指停机时间不超过 1～2 周。此时的保养要做两项工作：一是要将机组内的溴化锂溶液充分稀释；二是要保持机组内的真空度，应每天早晚两次监测其真空度。为了准确起见，在观测压力仪表之前应把发生器泵和吸收器泵启动运行 10min，再观察仪表读数，并和前一次做比较。若漏入空气，则应启动真空泵运行，将机组内部空气抽除。抽空时要注意必须把冷凝器、蒸发器抽气阀打开。

在短期停机保养时，如需检修屏蔽泵、清洗喷淋管或更换真空膜阀片等，应事先做好充分准备，工作时一次性完成。切忌使机组内部零部件长时间暴露在大气中，一次检修机组内部接触大气的时间最长不要超过 6h。要尽快完成检修工作，工作结束后，及时将机内抽至规定的真空度，以免机内产生锈蚀。

(2) 长期停机保养。所谓长期停机，是指机组停机时间超过两周以上或整个冬季都处于停机状态。长期停机时应将蒸发器中的冷剂水全部旁通到吸收器，与溴化锂溶液充分混合，均匀稀释，以防止在环境温度下结晶。在冬季，如果溶液浓度小于 60%，室温保持在 20℃以上时即无结晶危险。为了减少溶液对机组的腐蚀，在长期停机期间，最好将机组内的溶液排放至另设的贮液器中，然后向机组内充 0.02～0.03MPa(表压) 的氮气。若无另设的贮液器，也可把溶液储存在机组内，在这种情况下，应将机组的绝对压力抽至 66.7Pa，再向机组内充灌氮气。向机组内充入氮气的目的是为了防止机组因万一有渗漏处而使空气进入机组。

另外，长期停机时还应把发生器、冷凝器、蒸发器和吸收器封头箱水室内的积水排净、有条件时最好用压缩空气或氮气吹干，然后把封头盖好。

2. 机组的定期检查和保养

(1) 定期检查。在溴化锂吸收式机组运行期间，为确保机组安全运行，应进行定期检查。定期检查的项目见表 5-2。

溴化锂吸收式机组定期检查项目 **表 5-2**

项目	检查内容	检查周期				备注
		每日	每周	每月	每年	
溴化锂溶液	溶液的浓度		√		√	
	溶液的 pH 值			√		9～11
	溶液的铬酸锂含量			√		0.2%～0.3%
	溶液的清洁程度,决定是否需要再生				√	
冷剂水	测定冷剂水比重,观察是否污染,是否需要再生		√			
屏蔽泵	运转声音是否正常	√				
	电动机电流是否超过正常值	√				
	电动机的绝缘性能				√	
	泵体温度是否正常	√				不大于 70℃
	叶轮拆卸和过滤网的情况				√	
	石墨轴承磨损程度的检查				√	
真空泵	润滑油是否在油面中心	√				
	运行中是否有异常声	√				
	运转时电动机的电流	√				

续表

项目	检查内容	检查周期				备注
		每日	每周	每月	每年	
真空泵	运转时泵体的温度	√				不大于 70℃
	润滑油的污染和乳化	√	√			
	传动皮带是否松动		√			
	带放气电磁阀动作是否可靠					
	电动机的绝缘性能				√	
	真空管路泄漏的检查				√	无泄漏,24h 压力回升不超过 66.7Pa
	真空泵抽气性能的测定			√	√	
隔膜式真空阀	密封性				√	
	橡皮隔膜的老化程度				√	
传热管	管内壁的腐蚀情况				√	
	管内壁的结垢情况				√	
机组的密封性	运行中不凝性气体	√				
	真空度的回升值	√				
带放气真空电磁阀	密封面的清洁度			√		
	电磁阀动作可靠性		√			
冷媒水、冷却水、蒸汽管路	各阀门、法兰是否有漏水、漏汽现象		√			
	管道保温情况是否良好				√	
电控设备、计量设备	电器的绝缘性能				√	
	电器装置的动作的可靠性				√	
	仪器仪表调定点的准确度				√	
	计量仪表指示值准确度校验				√	
报警装置	机组开车前一定要调整各控制器的可靠性				√	
水泵	泵体、电动机温度是否正常	√				
	运转声音是否正常	√				
	电动机电流是否超过正常值	√				
	电动机绝缘性能				√	
	叶轮拆检、套筒损伤程度检查				√	
	轴承磨损程度的检查				√	
	水泵的漏水情况		√			
	底脚螺栓及联轴器情况是否完好				√	
冷却塔	喷淋头的检查				√	
	点波片的检查					√
	点波框、挡水板的清洁					√
	冷却水水质的测量			√		

(2) 定期保养。为保证溴化锂吸收式机组安全运行，除做好定期检查外，还要做好定期保养。

定期保养又可分为日保养、小修保养和大修保养三种形式。

日保养又分为班前保养和班后保养。班前保养的内容是检查真空泵的润滑油油位是否合适，按要求注入润滑油；检查机组内溴化锂溶液液面是否合乎运行要求；检查巡回水池液位及水管管路是否畅通；检查机组外部连接部位的紧固情况；检查机组的真空情况。班后保养的内容是擦洗机组表面，保持机组清洁，清扫机组周围场地，保持机房清洁等。

小修保养周期可视机组运行情况而定，可一周一次，也可一月一次。小修保养的内容是检查机组的真空度、机组内溴化锂溶液的浓度、缓蚀剂铬酸锂的含量、pH 值及清洁度；检查各台水泵的联轴器橡皮的磨损程度、法兰的漏水情况；检查各循环系统管路的连接法兰、阀门，确定不漏水、不漏气；检查全部电器设备是否处于正常状态，并对电器设备和电动机进行清洁。

大修保养周期一般为一年一次。大修保养的内容有清洗蒸汽压缩式机组传热管内壁的污垢（包括蒸汽管道和冷剂水管道）；用油漆涂刷机组表面；检查视镜的完好情况和清晰度；检查隔膜或真空泵的密封，以及橡皮隔膜的老化程度；测定溴化锂溶液的浓度，铬酸锂的含量，并检查溶液的 pH 值和浑浊程度；检查机组的真空度；检查屏蔽泵的磨损情况，重点检查叶轮和石墨轴承的磨损情况；检查屏蔽套磨损情况及机组冷却管路是否堵塞等。

机组大修保养的操作：

1）传热管水侧的清洗。

溴化锂运行一段时间后，水侧传热管如冷凝器、蒸发器和吸收器内的管道内壁会沉积一些泥沙、菌藻等污垢，甚至会出现水垢层，使其传热效率下降，引起能耗增大，制冷量减小，因此，在大修保养中必须对其进行清洗。清洗的方法有两种：一是物理清洗。用于只有沉积性污垢的清洗。方法是用压力为 0.7～0.8MPa 的压缩空气将管道内的沉积性污垢吹除一遍，然后用特制的一头装橡皮头，另一头装有气堵的尼龙刷进行清洗。清洗时，将装有橡皮头和气堵的尼龙刷插入管口，用大于 0.7MPa 压力的压缩空气把刷子打向传热管的另一端，反复 2～3 次，即可将管内的沉积性污垢全部排出，然后再用 0.3MPa 压力的清水将每根管子冲洗 3～4s，然后再用压力为 0.7MPa 的高压空气吹净管内的积水，最后用干净棉球吹擦两次。清洗后的传热管内壁要光亮、干燥无水分。二是化学清洗。对于水垢性污垢可采用化学清洗。方法是：在酸洗箱内分批配置 81-A 型酸洗剂，其溶液浓度以 10%为宜，然后将溶液用酸洗泵送入被清洗的传热管内。为了增强溶垢能力，缩短酸洗时间，可将酸洗溶液加热至 50℃，并在整个清洗过程中始终保持 50℃左右的温度。酸洗泵的循环时间，一般为 4～5h 为宜。为防止酸洗过程中，由于化学反应，酸洗液中产生大量泡沫溢出酸洗箱，可向酸洗液中加入 50～100ml 柠檬酸三酊酯。

酸洗结束后，应立即用清水冲洗。方法是：放掉酸洗液，仍然使用酸洗循环装置用清水进行清洗循环，每次循环 20min，然后换水，再次清洗。然后再向酸洗部位充满清水，并加入 0.2%的 Na_2CO_3 溶液进行中和，使清洗泵运行 20min 后放掉。当清洗水中的 pH 值达到 7 时，即为合格。最后用压缩空气或氮气将管内积水吹净，再用棉球吹擦两次，以保持干燥。

2）机组的清洗。

在溴化锂机组进行大修保养时，还应对机组进行清洗。可用吸收器泵进行循环清洗，其方法是：清洗前先将机组内的溶液排干净，然后拆下吸收器泵，将机体管口法兰用胶垫盲板封上，将吸收器泵的进口倒过来接在吸收器喷淋管口上（即把泵的进口倒过来接在出口管上），取下高压发生器的视镜，往机组内注入纯水或蒸馏水（其液位应到蒸发器的液盘上），再把视镜装回原来的位置上，启动发生器泵运行 1～2h，让杂质尽量沉积在吸收器内。再往机组内充入压力为 0.1～0.2MPa 的氮气，然后再启动吸收器泵，将水从吸收器喷淋管中倒抽出来，以除去喷淋管中的沉积物，直到水位低于喷嘴抽不出来时为止，最后将吸收器内剩下的水由进口管全部放出，此时可将沉积物随水排出。

3）水泵的保养。

机组大修保养中对水泵的保养内容为：检查水泵填料、水泵轴承、水泵轴承套的磨损情况；检查弹性联轴器的磨损情况，重新校正电动机与水泵的同心度；检查水泵、电动机座脚螺栓紧固情况，清洗泵体并重新油漆。

电动机与水泵同心度的校正方法是：用平尺沿轴向紧靠联轴器依次测量出上、下、左、右四点的间隙量，然后调整水泵或电动机，使平尺贴靠联轴器的任何位置都平直，即为合格。电动机与水泵的不同心度允许差值为 0.1～0.2mm。联轴器的轴向间隔：小型水泵为 2～3mm，中型水泵为 3～5mm，大型水泵为 4～6mm。两个联轴器切不可密合在一起，以防电动机启动时轴向窜动造成巨大推力。

水泵大修后应达到的合格标准是：盘绠套部滴水每分钟应在 10 滴之内，其温升不超过 70℃；进行试运行时的允许运行电流比额定值偏高 3%～4%，正式运行时的电流应为额定值的 75%～85%。

4）真空泵的保养。

机组大修保养中对真空泵的保养内容为：检查各运动部件的磨损情况；检查真空泵阻油器及润滑油的情况；检查过滤网是否污堵；更换各部件之间的密封圈，更换皮带圈；对于带放气电磁阀的真空泵，应清洗电磁阀的活动部件，检查电磁阀弹簧的弹性，更换各部件之间的密封圈。

检修后的真空泵应达到：阻油器清洁，润滑油清洁，放气电磁阀动作灵活。座脚固定稳固。

5）冷却塔的检修。

机组大修时对冷却塔的检修内容包括检查并清洁喷淋头，清洗风扇电动机的叶轮、叶片，整理填料等。

冷却塔喷淋头的检修清洗方法有两种。一种为手工清洗，其方法是：将喷嘴拆开，把卡在喷嘴芯里的杂物取出来，用清水洗刷后再组装成套。在操作中要小心，不要损伤丝扣。第二种方法是化学清洗，其方法是：将喷嘴浸入浓度为 20%～30%的硫酸水溶液中，浸泡 60min，喷嘴中的水垢和污垢可全部清除。然后再用清水对喷嘴清洗两次，直到清水的 pH 值为 7 时为止，以防冷却水将喷嘴中的酸性物质带入系统而造成管道的腐蚀加剧。

化学清洗后的酸液不可直接排入地沟，应向废溶液中加入碳酸钠进行中和，使其 pH 值接近 6.5～7.5 时再进行排放。

在清洗、检修喷嘴的同时，也应同时进行喷淋管的清洁和防腐处理，其方法是：每年停机后应立即对其进行防锈刷漆，尤其对装配喷嘴的丝头，可采用明汞漆涂刷，不能用油脂，以防油脂污染冷却水。在每年的维修保养中，切不可忽视对喷嘴丝头的防腐处理，否则，一两年以后，在运行期间会发生喷嘴脱落，使喷淋水呈柱状倾泄而下，会把填料砸成碎片，落入冷却水中，严重时会堵塞冷却水道。

由于冷却塔风机叶轮、叶片长期工作在高温高湿环境下，因此，其金属片腐蚀严重。为了减缓腐蚀，每年停机后，应立即将叶轮拆下，彻底清除腐蚀物，并做静平衡校验后，均匀涂刷防锈漆和酚醛漆各一次。检修后应将叶轮装回原位，以防变形。

在机组停机期间冷却塔风机的大直径玻璃钢叶片很容易变形，尤其是在冬季，大量积雪会使叶片变形严重。解决这个问题的方法是：停机后将叶片旋转 90°，使叶片垂直于地面。若将叶片拆下分解保存，应分成单片平放，不可堆置。

6）停机后的压力监测。

溴化锂吸收式制冷机维修保养的另一个主要工作是做好停机后的压力监测工作。通过定时监测，随时发现泄漏，随时加以处理。以防造成腐蚀，降低机组效率，缩短机组寿命。压力监测应由专人负责，并将监测结果填入表 5-3 中。

溴化锂机组停机压力监测表 **表 5-3**

记录时间		环境温度	大气压		机内压力变化			
日期	时刻	℃	mbar	mmHg	正压(充氮)		负压(真空)	
					mmHg	比差	mmHg	比差
1日	8:00							
	16:00							
2日	8:00							
	16:00							
⋮	8:00							
	16:00							

表 5-3 中，比差是指前一次监测和后一次监测的数值之差。比差越大，说明机组泄漏越严重。但在测定时应考虑环境温度对比差的影响。

五、燃气锅炉的维护保养

（一）燃气锅炉启动前的准备工作

1. 按照燃烧器说明书规定进行燃气、供气压力检查。

2. 检查软水箱的水位，确保能至少用 2h 以上。

3. 检查电源电压是否正常，满足所用电动机的要求。

4. 检查各气路、水路、汽路的阀门状态。

（1）气路，所有截止阀应处于开通状态。

（2）水路，所有截止阀应处于开通状态。

（3）汽路，主汽阀关闭，疏水阀开通，空气阀打开。

5. 检查烟道门的状态，防爆门是否正常。

6. 检查转动机械的转向，如风机、水泵。

7. 检查锅筒水位计：

（1）水位计清晰；

（2）汽、水阀开关灵活；

（3）水位标尺在高水位报警和极低水位报警处红线清晰；

（4）水位计照明充足。

8. 检查压力表：

（1）表盘清晰，蒸汽压力表应有工作压力红线；

（2）指针在零点；

（3）照明充足。

9. 检查安全阀：

（1）检查锅炉底架上的膨胀位置是否通畅；

（2）检查电控箱面板上的指示灯、仪表是否完好；

（3）检查现场照明；

（4）上述检查完毕后应有记录。

（二）点火

确认上述检查符合要求后，按下启动按钮，锅炉即进入启动点火状态（所有点火程序都将由程序自动控制）。如点火连续3次失败，则要停炉检查。

（三）锅炉升压过程

1. 点火成功后，一般把负荷选择开关置“手动”、“小火”状态约10min。（热态炉除外）。

2. 当汽压升至0.05～0.1MPa时，应当冲洗锅炉的压力表及水位计，以保持其工作正常。

3. 当锅炉汽压升至0.15～0.2MPa时，关闭空气阀并检查安全阀是否泄漏。

4. 当锅炉汽压升到0.2～0.25MPa时，对锅炉进行一次排污，排污时锅炉的水位应在最高处，排污后要检查排污阀是否关严。

5. 当汽压升到0.3MPa时，要全机检查锅炉受压元件的紧固件，如人孔、头孔、手孔和各个法兰的螺栓是否松动，并进行一次热拧紧（不准使用加长套筒的扳手）。

（四）送汽

1. 当达到送汽压力时，观察燃烧机是否自动转为小火。

2. 开启汽阀，注意要动作缓慢，并注意疏水和暖管，以防“击水”。

3. 送汽阀开尽后应回转一圈。

（五）正常运行的监测

1. 锅炉的水位

虽然WNS系列锅炉对水位都设有自动报警装置，但监测水位计的工作不能放松。水位计必须保持清晰可见，并每班冲洗一次。特殊情况下，如发现汽水共腾，水处理设备故障时，要加强冲洗。当水位计的水位置不见时，一定要查清原因，严禁盲目进水或放水。

每班要进行一次高低水位报警器的功能检测，手动进水至报警水位，观察报警是否动作，然后消音复位；接着，手动排污（先开快速排污阀再开慢开阀，关闭时顺序相反）至报警水位线，观察报警器是否工作。试验完毕，应将所有开关置“自动”位置。

2. 锅炉汽压

锅炉升压时，汽压与负荷的变化有很大的关系，负荷突然增加，汽压立即下降；负荷突然减小，汽压立即上升。WNS系列锅炉都设有压力控制装置，根据燃烧器控制方法的不同，用有级调节或比例调节的方式控制燃烧器出力，以满足外界负荷（压力变化）的需要。尽管如此，还要监测锅筒上的蒸汽压力表和蒸汽分汽缸上的压力表，并定期冲洗压力表的存水弯管，以保证压力表读数的正确性。

3. 锅炉给水及炉水的监测

对于WNS系列锅炉的给水和锅水，其水质应符合《工业锅炉水质》GB 1576—2008的规定，每2h取样化验一次，锅炉给水测定悬浮物、硬度、pH值，锅水测定碱度、氯化物含量、pH值，并填写蒸汽锅炉水质处理及分析记录。由化验人员确定排污的数量及次数。

4. 转动机械的监测

对于水泵、燃烧机、油泵等要采用一看、二听、三摸的方法进行监视。发现异常现象，应采取办法处理，必要时要停炉检修，切不可大意。

5. 软水箱的水位控制

一般采用自动控制。

6. 水处理备的运行状态

要定期检查水处理设备中的离子交换剂是否失效，或定期进行反洗。

7. 排烟温度监测

正常情况下新的锅炉排烟温度一般较低，随着运行时间的增加会逐渐上升。如果发现这个变化太大，并超过了20℃（指差值），就应选择适当时间停炉清灰。这种现象如果发生得很频繁，则要检查燃烧系统是否正常了。

8. 蒸汽品质监测

当蒸汽品质要求较高时，应注意定期对蒸汽进行检测。但不论怎样，一般要控制其带水量，如果太高，对锅炉的效率会有影响，对生产也有影响。带水严重时，一般是由于汽水共腾或高水位引起的。发生这类情况时，应减少对锅炉的加药，或降低水位运行。

（六）排污

一般给水内含有或多或少的矿物质，给水进入锅炉汽化后，矿物质留在锅内，浓缩到一定程度后，便在锅内沉淀下来，蒸发量越大，运行时间越长，沉淀物就越多。为了防止由于水垢、水渣而引起的锅炉烧坏，必须保证炉水质量，炉水碱度不超过20毫克当量/l，超过了上述范围时应对炉水排污。

排污时应注意下列事项：

1. 如果两台或两台以上锅炉使用同一排污总管，排污时应注意：禁止两台锅炉同时排污。

如一台锅炉正在检修，则排污前必须将检修中的锅炉与排污管路隔分开。

2. 排污应在低负荷、高水位时进行，在排污时应密切注意炉内的水位，每次排污降低锅炉内水位25～50mm范围为宜。

3. 排污时具体操作：每台锅炉排污时微开排污阀，以便预热管道，待管道预热后，再缓缓开大排污阀，排污完毕后关闭排污阀。如发现排污管道内有冲出声，应将排污阀关小直至冲出声消失为止，然后再缓缓开大，排污不宜连续长时间进行，以免影响水循环。

4. 排污完毕关闭排污阀后，应检查排污阀是否严密。检查方法是关闭排污阀过一些时间后，在离开排污阀的管道上用手试摸是否冷却，如不冷却，则排污阀必有渗漏。

（七）停炉

1. 自动停炉。如果负荷很小，即汽压高到第一超压值或油温不够时，燃烧器即自动关闭。这时锅炉还处于运行状态，仍会自动启动。

如果由于事故停炉，如熄火、极低水位、第二超压等，燃烧器也会自动停炉，但燃烧器不会自动启动，须按复位键才行。

2. 手动停炉。如果发现一些不能自动停炉的故障时，就要手动停炉。停炉的顺序是“手动”、“小火”、“停炉”。

3. 停炉后不可急剧放水，应冷却一段时间后或一边少量排污一边进水，来降低锅筒内的水温，当炉水温度降至70℃左右时，可将水放尽。

（八）维护保养方法

1. 锅炉正常运行中的维护保养：

（1）定期检查水位指示器阀门、管道、法兰等是否渗漏。

（2）保持燃烧器清洁，调节系统灵活。

（3）定期清除锅炉筒体内部水垢，并用清水清洗。

（4）对锅炉内外进行检查，如受压部分的焊缝、钢板内外有无腐蚀现象，若发现有严重缺陷及早修理，如缺陷并不严重，亦可留得下次停炉时修理，如发现可疑之处，但并不影响安全生产时，应作出记录以便日后参考。

（5）必要时将外面罩壳、保温层等卸下，以便彻底检查，如发现严重损坏部分，必须修妥后方可继续使用，同时将检查及修理情况填入锅炉安全技术登记簿。

2. 锅炉长期不用的保养方法，分干法和湿法两种。停炉一个月以上应采用干保养法，停炉一个月以下可采用湿保养法。

（1）干保养法。锅炉停炉后放掉炉水，将内部污垢彻底清除，冲洗干净，然后用冷风（压缩空气）吹干，再将10～30mm块状的生石灰分盘装好，放置在锅筒内，不使生石灰与金属接触，生石灰的重量以锅筒容积每立方米8kg计算，最后将所有人孔、手孔、管道阀门关闭，每3个月检查一次，如生石灰碎成粉状，应立即更换，锅炉重新运行时应将生石灰盘取出。

（2）湿保养法。锅炉停炉后放掉炉水，将内部污垢彻底清除，冲洗干净，重新注入已处理的水至全满，将炉水加热至100℃，使水中的气体排出炉外，然后关闭所有阀门，气候寒冷的地方不可采用此法，以免炉水结冻损坏锅炉。

（九）受压元件的检验和水压试验

1. 锅炉如有下列情况之一时，就应对受压元件进行检查和水压试验：

（1）新装、改装和移装后；

（2）停止运行一年以上，需要恢复运行时；

(3) 受压元件经重大修理后；

(4) 根据锅炉运行情况，对设备状态有怀疑必须进行检验时。

2. 检验前应使锅炉完全停炉，彻底清除内部水垢、外部烟灰，必要时撤除炉墙外面罩壳和保温材料，检查要点如下：

(1) 锅筒内各处撑钢拉撑件焊缝有无裂缝。

(2) 锅筒的各处角焊缝有无裂缝，有无渗漏现象。

(3) 锅炉钢板内外有无腐蚀、起槽、变形等现象。

(4) 烟管有无弯曲，烟管管端与管板胀接处有无裂纹。

(5) 给水管，排污管与锅筒连接处有无缺陷

(6) 前后管板有无严重的磨损现象，不得用水压试验的方法确定锅炉的工作压力，如腐蚀严重，做超压试验前还应做强度核算。

3. 水压试验压力：当锅炉体体工作压力 $P<0.8$MPa 时，试验压力为 $1.5P$ 但不小于 0.2MPa；当锅炉本体工作压力 P 为 0.8～1.6MPa 时，试验压力为 $P+0.4$MPa。

4. 水压试验步骤：

(1) 水压试验时，进水温度应保持在 20～50℃，温度过低，易使锅炉外壁凝有露水与发生渗漏等不严密情况会混淆不清，增加检查困难。温度过高，则易引起不均匀的胀缩而使胀口松弛，且外表温度太高会使水滴蒸发致使渗漏处不易发现。

(2) 水进满后，水压缓慢上升，速度为每分钟不超过 0.015MPa，当压力到达工作压力时应进行一次严密性检查，必要时可降压至常压后拧紧一次螺栓，然后再升压到试验压力保持 20min，若压力无下降即降到工作压力时进行检查。

(3) 水压试验时发现的任何渗漏都应做上标记，放完水返修，并作好记录。

(4) 降压速度应缓慢，每分钟不超过 0.3MPa。

(5) 安全措施及注意事项：

1) 严格禁止压力超过 0.4MPa 时紧法兰螺栓。

2) 在水压试验时应有特别标记，避免人多嘈杂的情况下发生危险。

3) 有压力时不得站在焊口法兰及阀门的正前面。

4) 禁止锅炉在试验压力下，维护时间超过 20min。

(6) 水压试验符合下列情况，可认为合格：

1) 受压元件金属壁和焊缝上没有任何水珠和水雾。

2) 水压试验后用肉眼观察没有发现残余变形。

3) 附件密封处在压力降到工作压力后应无漏水现象。

第六节　冷热源设备的故障分析及处理

一、活塞式蒸汽压缩机组常见故障分析及处理

活塞式蒸汽压缩机组常见故障分析及处理见表 5-4。

活塞式蒸汽压缩机组常见故障分析及处理 **表 5-4**

故障现象	故障原因分析	排除方法
压缩机不启动,也无异常声音	电源有问题	查明电源问题的原因
	热继电器动作	检查压缩机超载原因,手动复位后再次启动
	油压保护、高低压保护、防冻开关、流量开关及压缩机电机过热保护器等动作	检查保护器动作的原因,手动复位
	接线松动	查明松动原因,修复之
压缩机开停频繁	制冷剂过多或不足,致使压力保护开关动作	观察视液镜确定制冷剂是否合适。多则排出,不足则查明原因,加足制冷剂
	冷却水不足或水温过高	加大冷却水流量供应,降低水温
	膨胀阀失灵或系统电磁阀开启不足	检查或调整膨胀阀的开启度,若不能调节,则应更换。检查电磁阀电路或零件,若有故障,则应予以更换
	干燥过滤器堵塞	调换干燥过滤器
压缩机噪声大或振动	液体制冷剂回入压缩机	检查膨胀阀的开启度,如果制冷剂过多,则可排放多余制冷剂
	压缩机内部零件有损坏或间隙不当,减振不当	传动部分有磨损,阀片间隙进行调整或更换,检查减振器
	缺油或过载	检查压缩机油面并加油,检查负载情况
压缩机排气压力过高	冷却水量过小,水温过高	增加供水量,调整供水阀门,降低冷却水温度
	制冷剂系统制冷剂过多或存有不凝性气体	排除过多制冷剂,排除存在的不凝性气体
	排气三通阀开量不足	进行检查,全部打开三通阀
压缩机排气压力过低	冷却水量不当或过多	检查冷却水量,调整冷凝器进口水阀
	制冷剂不足	加注制冷剂
	活塞环磨损(往复型)	更换活塞环
	压缩机卸载工作	检查其卸载原因
压缩机吸气压力过高	热负荷过大	降低负荷量或增加设备
	膨胀阀开启太大	检查感温包,调整阀的开度
	活塞环磨损。回流阀环磨损或破裂(往复型)	进行检修或更换
压缩机吸气压力过低	制冷剂不足	检查是否有泄漏点
	液体管路或干燥过滤器堵塞	清洁管路,调换过滤器
	蒸发器水温过低	调整水量调节阀或检查负载
	膨胀阀堵塞或调节失灵	重新调节,进行清洁处理或更换
压缩机无法卸载	容量电磁阀故障	检查电磁阀和卸载毛细管有无损坏
	容量控制孔堵塞	清洗
	容量控制器损坏	更换或请专业人员维修
	油压与低压压差不对	调整检修

续表

故障现象	故障原因分析	排除方法
压缩机运转时间过长或不停机	负荷量过大	检查负荷过大原因。如超过设计负荷，需追加容量
	温度调节过低	检查调整温度设定
	制冷剂过多或过少	排出制冷剂或加注制冷剂
	控制零件触点不分离、失灵或故障	检修控制零件或进行更换
压缩机超载，继电器保护脱开	电压过高或过低	检查电压与机组额定值是否一致（误差在正负 10%以内）。更正相位不平衡。（一定要在额定值的正负 3%以内）
	排气压力高	检查排气压力和确定高排气压力原因
	回水温过高	检查高回水温度原因
	过载元件故障	检查压缩机电流
	电机或接线短路	检查电机接线座与地线之间电阻
	压缩机卡死	检查修理压缩机
	电源三相电电压不平衡	检查供电相电压，未调整好不可开启压缩机
压缩机因高压过高而停机	冷却水不足	检查水闸阀
	冷凝器阻塞，入水口闸阀关闭	检查冷凝器铜管和水闸阀
	高压保护设定值不正确	检查高低压开关及保护设定值
	制冷剂灌注过量	检查制冷剂充灌量
压缩机因电机内温感器断开而停止	电压过高或过低	检查电压与机组额定值是否一致（误差在±10%以内）。更正相位不平衡（一定要在额定值的±3%以内）
	排气压力高	检查排气压力和确定排气压力高原因
	冷冻水回水温度高	检查冷冻水回水温度高的原因
	电机绕组温感器元件故障	检查压缩机温感器接线座上的元件触点，检查应在已冷却的状况下进行（压缩机已停止 10min 以上）
	系统内制冷剂不足	检查制冷剂泄漏
压缩机低压保护开关断开而停机	制冷剂液体管过滤器堵塞	检查和修理过滤网或更换过滤器
	膨胀阀故障	检查膨胀阀
	制冷剂灌注不足	加注制冷剂
	冷凝器液体出口阀未关闭	打开阀门

二、螺杆式蒸汽压缩式机组的故障分析及处理

螺杆式蒸汽压缩式机组的故障分析及处理见表 5-5。

螺杆式蒸汽压缩式机组的故障分析及处理　　表 5-5

启动负荷大，不能启动或启动后立即停车	能量调节未至零位	减载至零位
	压缩机与电机不同轴度过大	重新校正同轴度
	压缩机内充满油或液体制冷剂	盘动压缩机联轴节，将机腔内积液排出
	压缩机内磨损烧伤	拆卸检修
	电源断电或电压过低(低于额定值10%以上)	排除电路故障，按要求正常供电
	压力控制器或温度控制器调节不当，使触头常开	按要求调整触头
	压差控制器或热继电器断开后未复位	按下复位键
	电动机绕组烧毁或短路	检修
	变位器、接触器、中间继电器线圈烧毁或触头接触不良	拆卸检查，修复
	温度控制器调整不当或出故障不能打开电磁阀	调整温度控制器的调定值或更换温控器
	电控柜或仪表箱电路接线有误	检查，改正
压缩机在运转中突然停车	吸气压力低于低压继电器调定值	查明原因，排除故障
	排气压力过高，使高压继电器工作	查明原因，排除故障
	温度控制器调得过小或失灵	调大控制范围，更换温控器
	电动机超载使热继电器动作或保险丝烧毁	排除故障，更换保险丝
	油压过低使压差控制器动作	查明原因，排除故障
	油过滤器压差控制器动作或压差控制器失灵	拆洗精过滤器、压差继电器，调到规定值，更换压差控制器
	控制电路故障	检查原因，排除故障
	仪表箱接线松动，接触不良	查明后上紧
	油温过高，油温继电器工作	增加油冷却器冷却水量
机组振动过大	机组地脚螺栓未紧固	塞紧调整垫铁，拧紧地脚螺栓
	压缩机与电动机不同轴度过大	重新校正同轴度
	机组与管道固有振动频率相近而共振	改变管道支撑点位置
	吸入过量的润滑油	停机，盘动联轴节将液体放出
运行中有异常声音	压缩机内有异物	检修压缩机及吸气过滤器
	止推轴承磨损破裂	更换
	滑动轴承磨损，转子与机壳摩擦	更换滑动轴承，检修
	联轴节的键松动	紧固螺栓或更换键
排气温度过高	冷凝器冷却水量不足	增加冷却水量
	冷却水温过高	开启冷却塔
	制冷剂充灌量过多	适量放出制冷剂
	膨胀阀开启过小	适当调节
	系统中存有空气(压力表指针明显跳动)	排放空气
	冷凝器内传热管上有水垢	清除水垢

续表

排气温度过高	冷凝器内传热管上有油膜	回收冷冻机油
	机内喷油量不足	调整喷油量
	蒸发器配用过小	更换
	热负荷过大	减小热负荷
	油温过高	增加油冷却器冷却水量
	吸气过热度过大	适当开打供液阀，增加供液量
压缩机本体温度过高	吸气温度过高	适当调大节流阀
	部件磨损造成摩擦部位发热	停车检查
	压力比过大	降低排气压力
	油冷却器能力不足	增加冷却水量，降低油温
	喷油量不足	增加喷油量
	由于杂质等原因造成压缩机烧伤	停车检查
蒸发温度过低	制冷剂不足	添加制冷剂到规定量
	节流阀开启过小	适当调节
	节流阀出现脏堵或冰堵	清洗、修理
	干燥过滤器堵塞	清洗、更换
	电磁阀未全打开或失灵	开启、更换
	蒸发器结霜太厚	关小膨胀阀
油压过低	油压调节阀开启过大	适当调节
	油量不足(未达到规定油位)	添加冷冻机油到规定值
	油路管道或油过滤器堵塞	清洗
	油泵故障	检查、修理
	油泵转子磨损	检修、更换
	油压表损坏、指示错误	检修、更换
油压过高	油压调节阀开启过小	适当增大开启度
	油压表损坏，指示错误	检修、更换
	油泵排出管堵塞	检修
油温过高	油冷却器效果下降	清除油冷却器传热面上的污垢，降低冷却水温或增大水量
冷凝压力过高	冷凝器冷却水量不足	加大冷却水量
	冷凝器传热面结垢	清洗
	系统中空气含量过多	排放空气
	冷却水温过高	开启冷却塔
润滑油消耗量过大	加油过多	放油到规定值
	奔油	查明原因，进行处理
	油分离器效果不佳	检修
油位上升	制冷剂溶于油内	关小节流阀，提高油温

续表

吸气压力过高	节流阀开启过大或感温包未扎紧	关小节流阀，正确捆扎
	制冷剂充灌过多	放出多余制冷剂
	系统中有空气	排放空气
制冷量不足	吸气过滤器堵塞	清洗
	压缩机磨损后间隙过大	更换
	冷却水量不足或水温过高	调整水量，开启冷却塔
	蒸发器配用过小	减小热负荷或更换蒸发器
	蒸发器结霜太厚	定期融霜
	膨胀阀开得过大	按工况要求调整阀门开度
	干燥过滤器堵塞	清洗
	节流阀脏堵或冰堵	清洗
	系统内有较多空气	排放空气
	制冷剂充灌量不足	添加至规定值
	蒸发器内有大量润滑油	回收冷冻机油
	电磁阀损坏	修复或更换
	膨胀阀感温包内充灌剂泄漏	修复或更换
	冷凝器或贮液器的出液阀未开启或开启度过小	开启出液阀到适当
	制冷剂泄漏过多	查出漏处，检修后添加制冷剂
	能量调节指示不正确	检修
	喷油量不足	检修油路、油泵、提高油量
压缩机结霜严重或机体温度过低	热力膨胀阀开启过大	适当关小阀门
	系统制冷剂充灌量过多	排出多余的制冷剂
	热负荷过小	增加热负荷或减小冷量
	热力膨胀阀感温包未扎紧	按要求重新捆扎
	供油温度过低	减小油冷却器冷却水量
压缩机能量调节机构不动作	四通阀不通	检修或更换
	油管路或接头处堵塞	减小、清洗
	油活塞间隙大	检修或更换
	滑阀或油活塞卡住	拆卸检修
	指示器故障	检修
	油压过低	调节油压调节阀
压缩机轴封漏油（允许值为6滴/每分钟）	轴封磨损过量	更换
	动环、静环平面度过大或擦伤	研磨、更换
	密封圈、O形环过松、过紧或变形	更换
	弹簧座、推环销钉装配不当	重新装配
	轴封弹簧弹力不足	更换
	轴封压盖处纸垫破损	更换
	压缩机与电动机不同轴度过大引起较大振动	重新校正同轴度

续表

压缩机运行中油压表指针振动	油量不足	补充油
	精过滤器堵塞	清洗
	油泵故障	检修或更换
	油温过低	提高油温
	油泵吸入气体	查明原因进行处理
	油压调节阀动作不良	调整或拆修
停机时压缩机反转不停(反转几圈属正常)	吸气止回阀故障(如止回阀卡住,弹簧弹性不足或止回阀损坏)	检修或更换
蒸发器压力和压缩机吸气压力不等	吸气过滤器堵塞	清洗过滤器
	压力表故障	检修、更换
	压力传感元件故障	更换
	阀的操作失误	检查吸入系统
	管道堵塞	检查、清理
机组奔油	在正常情况下发生奔油主要是操作不当引起的	注意操作
	油温过低	提高油温
	供液量过大	关小节流阀
	增载过快	分几次增载
	加油过多	放油到适量
	热负荷减小	增大热负荷或减小冷量
润滑油进入蒸发器和冷凝器	吸气带液	关小冷凝器出液阀
	油温低于 20℃	将油温升至 30℃以上
	停机时,吸气止回阀卡住	检修吸气止回阀
制冷剂大量泄漏	蒸发器传热管冻裂	更换冻裂的传热管
	传热管与管板胀管处未胀紧	将蒸发器、冷凝器端盖拆下检查胀管处,有泄漏重新胀管
	机体的铸件由于型砂质量较差或铸造工艺不合理而形成砂眼和裂纹	修补
	密封件磨损或破裂,如吸、排气阀杆和阀体O形环老化、磨损导致泄漏	更换密封件
石墨环炸裂	由于冷却水系统中混入空气或循环不畅,冷凝器内制冷剂冷凝困难,压缩机排气压力上升,轴端动、静环密封油膜冲破,出现半干或干摩擦,在摩擦热应力作用下石墨环产生炸裂	停机更换,排除冷却水系统中的空气,降低排气压力
	压缩机启动时增载过快,高压突然增大使石墨环炸裂	更换,压缩机启动时应缓慢增载
	轴封的弹簧及压盖安装不当使石墨环受力不均造成破裂	停机更换,注意更换时使其受力均匀
	轴封润滑油的压力和黏度影响密封动压油膜的形成而造成石墨环炸裂	停机更换,注意油压,黏度过低时应更换符合质量标准的润滑油

三、离心式蒸汽压缩机组的故障分析及处理

由于离心式压缩机是以机组形式工作的，因此在运行过程中压缩机、冷凝器、蒸发器等各个部件都会出现一些常见故障。机组的常见故障见表5-6～表5-9。

离心式蒸汽压缩机组常见故障及排除方法　　表5-6

故障名称	现象	故障原因	排除方法
压缩机振动噪声过大	压缩机振动值超差,甚至转子件破坏	转子动平衡精度未达到标准及转子件材质内部缺陷	复核转子动平衡或更换转子件
		运行中转子叶轮动平衡破坏: (1)机组内部清洁度差。 (2)叶轮与主轴防转螺丝钉或花键强度不够或松动脱位。 (3)转子叶轮端头螺母松动脱位,导致动平衡破坏 (4)小齿轮先于叶轮破坏而造成转子不平衡。 (5)主轴变形	(1)停机检查机组内部清洁度。 (2)更换键、防转螺钉。 (3)检查防转垫片是否焊牢,螺母、螺纹方向是否正确 (4)检查大小齿轮状态,决定是否能用。 (5)校正或更换主轴
		推力块磨损,转子轴向窜动	停机,更换推力轴承
		压缩机与主电动机轴承不同心	停机调整同轴度
		滑动轴承间隙过大或轴承盖过盈太小	更换滑动轴承轴瓦,调整轴承盖过盈
		密封齿轮与转子件碰擦	调整或更换密封
		压缩机吸入大量制冷剂液	抽出制冷剂液,降低液位
		进出气管扭曲,造成轴中心线歪斜	调整进出气管
		润滑油中溶入大量制冷剂,轴承油膜不稳定	调整油温,加热使油中制冷剂蒸发排出
		机组基础防振措施失败	恢复基础防振措施
	喘振、强烈而有节奏的噪声及翁鸣声,电流表指针大幅度摆动	冷凝压力过高	见表5-8中的分析
		蒸发压力过低	见表5-8中的分析
		导叶开度过小	增大导叶开度
轴承温度过高	轴承温度逐渐升高,无法稳定	轴承装配间隙或泄(回)油孔径过小	调整轴承间隙加大泄(回)油孔径
		供油温度过高: (1)油冷却器水量或制冷剂流量不足。 (2)冷却水温或冷却用制冷剂温度过高。 (3)油冷却器冷却水管结垢严重。 (4)油冷却器冷却水量不足。 (5)螺旋冷却管与缸体间隙过小,油短路	(1)增加冷却介质流量。 (2)降低冷却介质温度。 (3)清洗冷却水管。 (4)更换或改造油冷却器。 (5)调整螺旋冷却管与缸体间隙
		供油压力不足,油量小: (1)油泵选型太小。 (2)油泵内部堵塞,滑片与泵体径向间隙过小。 (3)油过滤器堵塞。 (4)油系统油管或接头堵塞	(1)换上大型号油泵。 (2)清洗油泵、油过滤器、油管。 (3)清洗或拆换滤芯。 (4)疏通管路

续表

故障名称	现象	故障原因	排除方法
轴承温度过高	轴承温度逐渐升高，无法稳定	机壳顶部油—气分离器中过滤网层过多	减少滤网层数
		润滑油油质不纯或变质： (1)供货不纯。 (2)油桶与空气直接接触。 (3)油系统未清洗干净。 (4)油中溶入过多的制冷剂。 (5)未定期换油	(1)更换润滑油。 (2)改善油桶保管条件。 (3)清洗油系统。 (4)维持油温，加热逸出制冷剂。 (5)定期更换油
		开机前充灌制冷机油量不足	不停机充灌足制冷机油
	轴承油温骤然升高	供回油管路严重堵塞或突然断油	清洗供回油管路，恢复供油
		油质严重不纯： (1)油中混入大量颗粒状杂物，在油过滤网破裂后带入轴承内。 (2)油中溶入大量制冷剂、水分、空气等	换上干净的制冷机油
		轴承(尤其是推力轴承)巴氏合金严重磨损货烧熔	拆机更换轴承
压缩机不能启动	启动准备工作已经完成，压缩机不能启动	主电动机的电源事故	检查电源，使之供电
		进口导叶不能全关	检查导叶开闭是否与执行机构同步
		控制线路熔断器断线	检查熔断器，断线的更换
		过载继电器工作	检查继电器的设定电流值
	油泵不能启动	防止频繁启动的定时器动作	等过了设定时间再启动
		磁开关不能合闸	按下过载继电器复位按钮，检查熔断器是否断线

主电动机的故障分析及排除方法　　表 5-7

故障名称	原因	排除方法
轴承温度过高	轴弯曲	校正主电动机轴或更换轴
	联结不对中	重新调整对中及大小齿轮平行度
	轴承供油路堵塞	拆开油路，清洗油路并换新油
	油的黏度过高或过低	换用适当黏度的润滑油
	油槽油位过低，油量不足	补充油至标定线位
	轴向推力过大	消除来自被驱动小齿轮的轴向推力
	轴承磨损	更换轴承
主电动机肮脏	绕组端全部附着灰尘与绒毛	拆开电动机，清洗绕组等部件
	转子绕组粘结着油和灰尘	擦洗或切割，清洗后涂好绝缘漆
	轴承腔、刷架腔内表面都粘附灰尘	用清洗剂洗净
主电动机受潮	绕组表面有水滴	擦干水份，用热风吹干或作低压干燥
	漏水	以热风吹干并加防漏盖，防止热损失
	浸水	送制造厂拆洗并作干燥处理

续表

故障名称	原因	排除方法
主电动机不能启动	负荷过大	减小负荷
	电压过低	升高电压
	线路断开	检查熔断器、过负荷继电器、启动柜及按钮，更换破损的电阻片
	程序有错误，接线不对	
	绕线电动机的电阻器故障	检查修理电路，更换电阻片
电源线良好，但主电动机不能启动	一相断路	检修断相部位
	主电动机过载	减少负荷
	转子破损	检修转子的导条与断环
	定子绕组接线不全	拆主电动机的刷架盖，查出该位置
启动完毕后停转	电源方面的故障	检查接线柱、熔断器、控制线路连接处是否松动
主电动机达不到规定转速	采用了不适当的电动机和启动器	检查原始设计，采用适当的电动机及启动器
	线路电压降过大、电压过低	提高变压器的抽头，升高电压或减小负荷
	绕线电动机的二次电阻的控制动作不良	检查控制动作，使之能正确作用
	启动负荷过大	检查进口导叶是否全关
	同步电动机启动转矩过小	更改转子的启动电阻或修改转子的设计
	滑环与电刷接触不良	调整电刷的接触能力
	转子导条破损	检查靠近端环处有无龟裂，必要时转子换新
	一次电路有故障	用万用电表查出故障部位，进行修理
启动时间过长	启动负荷过大	减小负荷，检查进口导叶叶片是否全关
	压缩机入口带液	抽出过量的制冷剂
	笼型电动机转子破损	更改转子
	接线电压降过大	修正接线直径
	变压器容量过小，电压降低	加大变压器容量
	电压低	提高变压器抽头，升高电压
主电动机运转中绕组温度过高或过热	过负荷	检查进口导叶开度及制冷剂充注量
	一相断路	检修断相部位
	端电压不平衡	检修导线、接线和变压器
	定子绕组短路	检修、检修功率表读数
	电压过高、过低	用电压表测定电动机接线柱上的线电压
	转子与定子接触	检修轴承
	制冷剂喷液量不足； 供制冷剂液的过滤器脏污堵塞；	清洗过滤器滤芯或更换滤网； 检修供液阀或更换；

续表

故障名称	原因	排除方法
主电动机运转中绕组温度过高或过热	供液阀开关失灵； 主电动机内喷制冷剂喷嘴堵塞或不足； 供制冷剂液的压力过低	疏通喷嘴或增加喷嘴； 检查冷凝器与蒸发器压差，调整工况
	绕组线圈表面防腐涂料脱落、失效、绝缘性能下降	检查绕组线圈绝缘性能，分析制冷剂中含水量
电流不平衡	电压不平衡	检查导线与连接
	单相运转	检查接线柱的断路情况
	绕线电动机二次电阻连接不好	查出接线错误，改正连接
	绕线电动机的电刷不好	调整接触情况或更换
电刷不好	电刷偏离中心	调整电刷位置或予以更换
	滑环起毛	修理或更换
振动大	电动机对中不好	调整对中
	基础薄弱或支撑松动	加强基础，紧固支撑
	联轴器不平衡	调整平衡情况
	小齿轮转子不平衡	调整小齿轮转子平衡情况
	轴承破损	更换轴承
	轴承中心线与轴心线不一致	调整对中
	平衡调整重块脱落	调整电动机转子动平衡
	单相运转	检查线路断开情况
	端部摆动过大	调整与压缩机连接法兰螺栓
金属声响	开式电动机的风扇与机壳接触	消除接触
	开式电动机的风扇与绝缘物接触	
	底脚紧固螺栓松脱	拧紧螺栓
	喷嘴与电动机轴接触	调整喷嘴位置
	轴瓦或气封齿碰轴	拆检轴承和气封
磁噪声	气隙不等	调整轴承，使气隙相等
	轴承间隙过大	更换轴承
	转子不平衡	调整转子平衡

冷凝器的故障及处理方法 **表 5-8**

名称	现象	原因	排除方法
冷凝压力过高	冷却水出水温度过高	水泵运转不正常或选型容量过小	检查或更换水泵
		冷却水回路上各阀未全部开启	检查水阀并开启
		冷却水回路上水外溢或冷却水池水位过低	检漏并提高水位
		水路上过滤网堵塞	清洗水过滤网
		冷凝器传热管结垢	传热管除垢，检查水质
	冷却水进出水温差和阻力损失减小	水室垫片移位或隔板穿漏	消除水室穿漏

续表

名称	现象	原因	排除方法
冷凝压力过高	冷却水进水温度过高	冷却塔的风扇不转动	检查风扇
		冷却水补给水量不足	加足补给水
		淋水嘴堵塞	拆洗喷嘴
	制冷剂液温度过高	冷凝器内积存大量空气等不凝性气体	抽尽空气等不凝性气体
	冷凝压力过高	浮球未浮起或浮球阀上有漏孔或浮球室过滤网堵塞	检查浮球或清洗过滤网
冷凝压力过低	制冷剂冷却的主电动机绕组温度上升	冷却水量过大	减少水量至正确值
		冷却水进水温度过低	提高冷却水进水温度
	冷凝压力指示值低于冷却水温度相应值	压力表接管内有制冷剂凝结	不能有管子过长和中途冷却的现象，修正管子的弯圈，防止凝结

蒸发器的故障及处理方法 **表 5-9**

名称	现象	原因	排除方法
蒸发压力偏低	蒸发温度和载冷剂出口温度之差增大，压缩机进口过热度增大，造成冷凝温度高	制冷剂充注量不足(液位下降)	补加制冷剂
		机组内大量制冷剂泄漏	机组检漏
		浮球阀动作失灵，制冷剂液不能流入蒸发器	修复浮球阀
		蒸发器中漏入载冷剂	堵管或换管
		蒸发器水室断路	检修水室
		水泵吸入口有空气混入参加循环	检修载冷剂(冷水)泵
	蒸发温度偏低，但冷凝温度正常	蒸发器传热管污垢或部分管子堵塞	清洗传热管，修堵管子
		制冷剂不纯或有污脏	提纯或更换制冷剂
	载冷剂(冷水)出口温度偏低	制冷量大于外界热负荷(进口导叶关闭不够)	检查导叶位置及操作是否正常
		载冷剂(冷水)温度调节器上对出口温度的限定值过低	调整载冷剂(冷水)出口温度
		外界冷负荷太小	减少运转台数或停开机组
蒸发压力偏高	载冷剂(冷水)出口温度偏高	进口导叶卡死，无法开启	检修进口导叶机构
		进口导叶手动与自动均失灵	检查导叶自动切换开关是否失灵
		载冷剂(冷水)出口温度整定值过高	调整温度调节器的设定值
		测温电阻结露	干燥后将电阻丝密封
		制冷量小于冷负荷	检查导叶开度位置及操作是否正常，机组选型是否偏小

四、溴化锂吸收式机组的故障分析及处理

溴化锂吸收式机组常见故障的原因很多，故障及其处理方法见表 5-10

溴化锂吸收式机组常见故障及其排除方法　　表 5-10

序号	故障现象	原因及分析	排除方法
1	启动运转时，发生器液面波动，偏高或偏低；吸收器液面随之而偏高或偏低（有时产生气蚀）	溶液调节阀开度不当，使溶液循环量偏小或偏大	调整送往高低压发生器的溶液循环量
		加热蒸汽压力不当，偏高或偏低	调整加热蒸汽的压力
		冷却水温低或高时，水量偏大或偏小	调整冷却水温或水量
		机器内有不凝性气体，真空度未达到要求	启动真空泵，排除不凝性气体，使之达到真空度要求
2	制冷量低于设计值	送往发生器的溶液循环量不当	调整送往溶液发生器的溶液循环量，满足工况要求
		机器密封性不良，有空气漏入	运转真空泵，并排除泄漏
		真空泵抽气不良	测定真空泵的抽气性能，并排除故障
		喷淋管喷嘴堵塞	冲洗喷淋管喷嘴
		传热管结垢	清洗传热管内的污垢和杂质
		冷剂水中溴化锂含量超过预定标准	测定冷剂水相对密度，超过 1.04 时进行再生
		蒸汽压力过低	调整蒸汽压力
		冷剂水和溶液充注量不足	添加适量的冷剂水和溶液
		溶液泵和冷剂泵有故障	测量泵的电流，注意运转声音，检查故障，注意排除
		冷却水进口温度过高	检查冷却系统，降低冷却水量
		冷却水量或冷媒水量过小	适当加大冷却水量和冷媒水量
		阻汽排水器故障	检修阻汽排水器
		结晶	排除结晶
3	结晶	蒸汽压力高，浓溶液温度高	降低加热蒸汽压力
		溶液循环量不足，浓溶液浓度高	加大送往循环发生器的溶液循环量
		漏入空气，制冷量降低	运转真空泵，抽除不凝性气体，并消除泄漏
		冷却水温急剧下降	提高冷却水温或减少冷却水量，并检查冷却塔及冷却水循环系统
		安全保护继电器有故障	检查溶液高温，冷剂水防冻结等安全保护继电器，并调整至给定值
		运转结束后，稀释不充分	延长稀释循环时间，检查并调整时间继电器的给定数值，在稀释运转的同时，通以冷却水
4	冷剂水里含有溴化锂溶液	送往发生器的溶液循环量过大，或发生器中液位过高	调节溶液循环量，降低发生器液位
		加热蒸汽压力过高	降低加热蒸汽压力
		冷却水温过低或水量调节阀有故障	提高冷却水温并检修水量调节阀
		运转中由冷凝器抽气	停止从冷凝器抽气
5	浓溶液温度高	蒸汽压力过高	调整减压阀，压力维持在定值
		机内漏入空气	运转真空泵并排除泄漏
		溶液循环量少	加大溶液循环量

续表

序号	故障现象	原因及分析	排除方法
6	冷剂水温度低	低负荷时，蒸汽阀开度值比规定大	关小蒸汽阀并检查蒸汽阀开度大的原因
		冷却水温过低或水量调节阀有故障	提高冷却水温，并检修水量调节阀
		冷媒水量不足	检查冷媒水量和冷媒水系统
7	冷媒水出口温度越来越高	外界负荷大于制冷能力	适当降低外界负荷
		机组制冷能力降低	见序号2
		冷媒水量过大	适当降低冷媒水量
8	运转中突然停机	断电	检查电源、排除故障
		溶液泵或冷剂泵出现故障	检查屏蔽电机是否烧毁，若烧毁应立即更换
		冷却水与冷媒水断水	检查冷媒水与冷却水系统，恢复供水
		防冻结的低温继电器工作	检查低温继电器刻度，调整至适当位置
9	抽气能力下降	真空泵有故障： 排气阀损坏； 旋片弹簧失去弹性，旋片弹簧不能紧密接触，定子内腔旋转时有撞击声； 泵内腔及抽气系统内部严重污染	检查真空泵运转情况，拆开真空泵： 更换排气阀； 更换弹簧； 拆开清洗
		真空泵油中混入大量制冷剂蒸汽，油呈乳白色，黏度下降，抽气效果降低： 抽气管位置布置不当； 冷剂分离器中喷嘴堵塞或冷却水中断	更换真空泵油： 更改抽气管位置，应在吸收器液管簇下方抽气； 清洗喷嘴，检查冷却水系统
		冷剂分离器中结晶	消除结晶

五、燃气锅炉的故障分析及处理

燃气锅炉常见故障的原因分析及其处理方法见表5-11。

燃气锅炉常见故障及其排除方法　　表5-11

序号	故障现象	原因及分析	排除方法
1	接通电源，按启动、电机不转	气压不足锁定	调整气压至规定值
		电磁阀不严，接头处漏气，检查锁定	清理或修理电磁阀管道接头
		热继电器开路	按复位检查元件是否损坏以及电机电流
		条件回路至少有一个不成立（水位、压力、温度以及程控器是否通电启动）	检查水位、压力、温度是否超限
2	启动后前吹扫正常，但点不着火	电火气量不足	检查线路并修复
		电磁阀不工作（主阀、点火阀）	换新
		电磁阀烧坏	调整气压至规定值
		气压不稳定	减小配风，减小风门开度
		风量太大	

续表

序号	故障现象	原因及分析	排除方法
3	点不着火,气压正常,电有不打火	点火变压器烧坏	换新
		高压线损坏或脱落	重新安装或换新
		间隙过大或过小,点火棒位置相对尺寸	重新调整
		电极破裂或与地短路	重新安装或换新
		间距不合适	重新调整
4	点着后5S后熄火	气压不足,压降太大,供气流量偏小	重新调整气压,清理滤网
		风量太小,燃烧不充分,烟色较浓	重新调整风量
		风量太大,出现白气	重新调整风量
5	冒白烟	风量太小	调小风门
		空气湿度太大	适当减小风量,提高进风温度
		排烟温度较低	采取措施,提高排烟温度
6	烟囱滴水	环境温度较低	减小配风量
		小火燃烧过程较多	降低烟囱高度
		燃气含氢量高,过氧量大生成水	提高炉温
		烟囱较长	排烟温度较低 风门在控制状态下停机风门位置开关信号没有反馈到程序信号检查风门接线是否松动或开关是否失灵
7	燃烧器发动机不转	没有电压	接上电路
		保险丝损坏	更换
		发动机失灵	修理
		控制电路中断	寻找断开点,接触或断开调节器或监控器
		燃气输送中断	打开球阀,在长时间燃气量不足的情况下,通知燃气管理机构
		控制失灵	更换
		接触器不动作	手动复位检验
		热继电器损坏	更换热继电器
8	燃烧器发动机运转,但在预吹扫后停机燃烧器发动机运转,但大约20s后停机(只对带有密封检验装置的设备而言)	空气压力开关失灵	更换
		压力开关受污,管道阻塞	清洁
		电磁阀不密封	排除不密封的情况
9	燃烧器发动机运转,但在10s后在预吹扫状态中停机	压力开关触点没有接在运转位置(空气压力太小)	正确调节压力开关,如果需要,进行更换
		鼓风机受污,热继动作	清洁
		燃烧器发动机旋转方向错误	电源换极

第六章　中央空调水质指标

第一节　水中杂质及水质指标

一、水中杂质存在的形式与水质指标

自然界中没有绝对纯净的天然水，其中必含有一定的杂质，这些杂质主要按下列三种形式存在。

（一）粗分散杂质

它是较大颗粒状悬浮在水中的物质，故又称“悬浮物”，主要是黏土、砂粒、植物遗体或油，其颗粒大小为 0.1μm 以上，大的可用肉眼分辨出来，小的可用显微镜看到。当水静止时大的颗粒可自行下沉，小的颗粒悬浮于水中，成为“悬浮物”。粗分散杂质不能通过滤纸，不稳定，在水中分布不均匀。

（二）胶体物质

在水中呈很小的微粒状态，颗粒大小在 0.1～0.001μm 之间，它们不是分子状态，而是许多分子集合成的个体，也就是所谓“胶体”。胶体微粒不会自行沉淀，较为稳定，可以穿过滤纸，用特别的显微镜可以看到。胶体物质主要是元素铁（Fe）、铝（A1）、硅（Si）、铬（Cr）等的化合物及一些有机物，在水中分布比粗分散杂质均匀些。

（三）真溶液物质

杂质的分子（其大小在 0.001μm 以下），与水分子均匀混合，极稳定，必须用化学方法将它们转变成另一种难以溶解的化合物，才能除去。

溶解物质主要是钙、镁、钾、钠等盐类以及气体（主要是氧气、二氧化碳及氮气等），有时也有些酸、碱及有机物。

物质的水溶液具有导电的性能时，此种物质称为“电解质”。酸、碱与盐都属于电解质，而溶于水的有机物就是非电解质。电解质在溶液中可电离为两个带电荷的部分，称为“离子”，带正电荷的离子叫做“阳离子”，带负电荷的叫做“阴离子”。盐类中的金属原子都形成阳离子，而酸根都形成阴离子。如 Ca^{2+}，Mg^{2+}，Na^{+}，K^{+}，$NH_4{}^{+}$ 等是水中常见的阳离子，Cl^{-}，SO_4^{2-}，NO_3^{-}，CO_3^{2-} 及 HCO_3^{-} 等是水中常见的阴离子。

表示水中各种或各类物质含量的项目称为水质指标，同一项指标常有几种不同的名称。

二、水质的单一指标和技术指标

凡表示水中某一种单独物质或离子含量的水质指标常称为单一指标。这种指标所指物

质或离子是哪一种，概念明确。除含油量、pH 及各种溶解气体的含量外，单一指标主要是指盐类溶在水中的各种阳离子或阴离子含量。水中含有的阳离子及阴离子的种类很多，除特殊水质外，一般研究水质及水处理工艺时，常视为水中阳离子仅有 Ca^{2+}、Mg^{2+} 及 Na^{+}（或 $Na^{+}+K^{+}$）存在，水中阴离子仅有 Cl^{-}、SO_4^{2-} 及 HCO_3^{-} 存在。

水的 pH，即氢离子浓度，表示水的酸碱性，在化学上 pH＝7 的水为中性，按下述 pH 值的范围来区别水的酸碱性：

酸性水	弱酸性水	中性水	弱碱性水	碱性水
pH<5.5	pH＝5.5～6.5	pH＝6.5～7.5	pH＝7.5～10	pH>10

主要技术指标有下述七种：

（一）悬浮物

表示悬浮状态的粗分散杂质的含量，常用过滤方法将水样过滤干燥后称重，以确定其含量。

透明度及浑浊度都是间接表示悬浮物含量的。

纯粹的水是无色透明也不浑浊的。但是水中若存在各种溶解物质或不溶于水的悬浮物时，将使水浑浊，透明度降低。透明度是指水样的澄清程度，即以开始能清楚见到放置在水层底部的 5 号铅字时的水层高度（cm）表示其度数。浊度是将一定粒度的白陶土 1mg 放入 1L 水中时所产生的浑浊定为 1 度，将水样与基准水样比较以确定其浊度。很显然，这两种表示方法都是间接表示悬浮物的方法，当水源水质无色或色度很低时，可以以它们作为相对比较的指标。若水样中存在溶解物质而不是无色，有显著的色度时，其结果用来表示悬浮物就不确切。

（二）耗氧量

耗氧量是用以鉴定水中有机物含量的指标，以氧化水中有机物所耗氧量来间接表示。采用氧化剂的氧化性强弱不同，则其测定结果会有较大的差异。例如，重铬酸钾（$K_2Cr_2O_7$）测得的耗氧量，比用高锰酸钾（$KMnO_4$）测得的耗氧量大 1～1.5 倍。这是因为高锰酸钾的氧化性不强，不能使水中所有有机物充分氧化。但采用强氧化剂时，易使低价铁与亚硝酸盐等无机物氧化。给出耗氧量测定数值时，最好注明所用氧化剂名称。

灼烧减量是将水中悬浮物过滤掉以后，进行干燥，所剩物质应为含盐量及有机物。将残留物质在 800℃下灼烧至变白色，所残留的物质近似为含盐量称为灼烧余量，而失重即为有机物含量。由于灼烧余量不能准确地表示含盐量，因而灼烧减量也不能准确地表示有机物。

（三）硬度

硬度是指能够结垢的两种主要盐类，即钙盐及镁盐的含量。钙、镁的盐类很多，水中的钙、镁盐主要分两种形式存在：

1. 钙、镁的碳酸盐或重碳酸盐。它主要是碳酸镁（$MgCO_3$）、重碳酸钙 [$Ca(HCO_3)_2$]、重碳酸镁 [$Mg(HCO_3)_2$]。这些盐形成的硬度叫做碳酸盐硬度，或称暂时硬度。这些盐类煮沸后就分解形成沉淀，暂时硬度就大部分消除。

2. 除碳酸盐和重碳酸盐以外的钙、镁等其他盐类。主要是硫酸钙（$CaSO_4$）、硫酸镁（$MgSO_4$）、氯化钙（$CaCl_2$）、氯化镁（$MgCl_2$）、硅酸钙（$CaSiO_3$）等。这些盐形成的硬度叫非碳酸盐硬度，或称永久硬度。

（四）碱度

金属与氢氧根的化合物是碱，某些金属与弱酸的盐，也呈碱性。因而形成碱度的物质，主要是氢氧根离子（OH^-）以及含碳酸根（CO_3^{2-}）和重碳酸根（HCO_3^-）等的盐类，总碱度就是表示这些离子总和的数量。所以，碱度又可分为：

1. 氢氧根碱度，又称苛性碱度，常以 MHO^- 表示。

2. 碳酸根碱度，常以 MCO_3^{2-} 表示。

3. 重碳酸根碱度，常以 $MHCO_3^-$ 表示。

磷酸根离子（PO_4^{3-}）及硅酸根离子（SiO_3^{2-}）等的盐类也呈碱性，但是一般水质其含量很少。因此，一般研究水质及水处理工艺时，这两种离子的盐类略而不计。

（五）含盐量

含盐量是指水中各种盐类的总和，即水中全部阴离子与阳离子的总和。这样进行全分析工作量过于繁重，故有时采用近似指标。

灼烧余量是近似表示含盐量的一个指标。如前所述，将水中悬浮物过滤后在 800℃下灼烧，其失重称为灼烧减量，近似表示有机物含量；剩余物质含量即为灼烧余量。800℃时有机物质的碳素开始炭化，一部分氯化物挥发，部分碳酸盐分解，有时部分硫酸盐被还原。故灼烧余量不能精确地表示含盐量，而灼烧减量也不能精确地表示有机物。灼烧余量有时也称为灼烧残渣。

矿质残渣是指包括胶体物质铁、铝、硅、铬等化合物的含盐量，也是近似表示含盐量的指标。硫酸盐残渣是指试样经过热蒸馏水、盐酸、硫酸连续处理后灼烧的残渣。此时钙、镁和钠等阳离子形成硫酸盐，并生成部分硅酸盐而使结果不精确。矿质残渣及硫酸盐残渣指标已很少采用。

电导率或称电导度是用于近似表示含盐量常用的指标。水溶液的电阻随着溶解离子量的增加而下降。电导是电阻的倒数，因此电阻的减小意味着电导的增大。当水中溶解物质较少时，其电导与溶解物质含量大致成比例的变化，因此测定电导，可于短时间内推断总溶解物质的大致含量。

（六）溶解固形物

又称蒸发残渣，或称干燥余量。它是取滤过的澄清水样，在水浴上蒸干后在 105℃烘箱中干燥后的残留物。溶解固形物是含盐量及有机物的含量，与含盐量稍有出入，一般水中有机物较少，就可以用溶解固形物来代替含盐量。溶解固形物包含了有机物等胶体物质，而胶体物质不是真溶液，因此，严格来说将其称为溶解固形物不够确切。

（七）全固形物

全固形物是水不经过滤而测得的蒸发残渣，也就是说全固形物为含盐量、有机物、悬浮物等的总和。全固形物又称总蒸发残渣，而溶解固形物则称为溶解性蒸发残渣。

三、水质指标的单位

（一）用每升水含杂质毫克数表示的单位

用每升水含某种杂质多少毫克，即表示的单位 mg/L，是水质指标的基本单位，除少数指标外一般都用 mg/L 为单位。用重量法测定的杂质含量，其测定数值可直接用 mg/L

表示。用容量法测定杂质含量时，常把标准溶液配制成每毫升相当于多少毫克的被测物质；用比色法测定杂质含量时，常把比色液配制成相当于水样中这种物质含量 mg/L 数，都是为了便于计算测定结果。

（二）用每升水含杂质毫摩尔数表示的单位

物质 B 的物质的量 n_B，是从粒子数 N_B这个角度出发，用来表示物质多少的物理量，它与系统中单元 B 的数目 N_B成正比，即：

$$n_B \propto N_B$$

或

$$n_B = \frac{1}{N_A} N_B$$

也就是说物质的量 N_B是以阿伏伽德罗常数 N_A为计数单位，表示物质指定的基本单位是多少的一个物理量。

基本单位可以是原子、分子、离子、电子及其他粒子，或是这些粒子的特定组合。特定组合并不是只限于已知或想象存在的独立单元，或含整数原子数的组合。

摩尔是物质系统的量的单位，国际符号为“mol ”，系统中所含基本单元数与 0.012kg 的 C-12 的原子数目相等。使用摩尔时，应同时指明基本单元，否则，所说的摩尔就没有其明确的意义。经实验测定阿伏伽德罗常数 N_A大约为 6.022045×10^{23}，若物质所含的基本单元数量等于 N_A时，则该物质系统的量即为 1mol。例如：

1mol O_2，表示有 N_A个氧分子；

1mol O，表示有 N_A个氧原子；

1mol$\left(\frac{1}{2}O_2\right)$，表示有 N_A个$\left(\frac{1}{2}O_2\right)$，即有 $N_A/2$ 个氧分子。

在水处理的应用中，摩尔这个单位太大，因此经常采用毫摩尔，符号为 mmol，1mol=1000mmol。溶液的浓度则常以每升溶液含有多少毫摩尔溶质来表示，即 mmol/L。由于浓度是含有物质的量的导出量，所以用 mmol/L 为水质指标的单位时，必须指明基本单元。

在水处理中，常用 mmol/L 为硬度和碱度的单位，并规定：硬度的基本单元为 C$\left(\frac{1}{2}Ca^{2+}、\frac{1}{2}Mg^{2+}\right)$；碱度的基本单元为 C$\left(OH^-、HCO_3^-、\frac{1}{2}CO_3^{2-}\right)$。本书中凡以 mmol/L 为单位时，其基本单元一律采用上述规定，而将其基本单元忽略。采用上述规定后，过去沿用现已废除的单位“毫克当量/升”，即 me/L，与 mmol/L 有以下关系：1mmol/L=1me/L。因此，以往标准、计算公式或资料中，凡以 me/L 为单位的硬度和碱度的量，其数值不变，只要把单位由 me/L 改为 mmol/L 即可。若以 mmol/L 为单位表示硬度和碱度以外的其他溶液的浓度时，本书仍按规定同时给出其基本单元。

（三）德国度及百分率

除 mg/L 及 mmol/L 以外，表示硬度和碱度含量的单位过去常用且现仍有应用的单位，还有“德国度”和“百万分单位（ppm)”，现分述于下。

1. 德国度

1L 水中含有硬度或碱度物质，其总量相当于 10mg 氧化钙时，称为 1 个德国度，简称 1 度。各国表示硬度或碱度的“度”其定义不同，其他国家的度不常采用，而过去国际通用的是德国度，简称为度。若采用其他国家的度为单位时，必须冠以这个国家的名称，凡单写度而不写国家名称的，均为德国度。

1mmol/L（1/2CaO）的氧化钙为28mg，故1mmol/L CaO，即硬度为1mmol/L时为$\frac{28}{10}$=2.8度，所以mmol/L与度是2.8倍的关系，即硬度或碱度：

$$1mmol/L=2.8度$$

2. 百万分率

符号为ppm（即parts per million的缩写），是常用于表示水质指标的单位。表示溶液浓度时是指按重量计，一百万份溶液中有一份某种溶质，就称为含有这种物质1ppm。计算时，一般都把水的比重视为1。表示微量成分的溶液时，也可以采用十亿分率，符号为ppb（即parts per billion的缩写），1ppm=1000ppb。

德国度表示硬度或碱度时，是一种“代用单位”，它是将形成硬度或碱度物质的量折算成相当于这个mmol/L的CaO的量来求得。以ppm为单位表示硬度或碱度时，也是采用“代用单位”，是把形成硬度或碱度物质的量，折算成相当于这个mmol/L的$CaCO_3$的量来计算。基本单位都为（$1/2Ca^{2+}$）时，同为1mmol/L的$CaCO_3$和CaO其重量的比为$\frac{50}{28}$，而1度是1升水中相当于10mg的CaO，故：

$$1度=10\times\frac{50}{28}=17.9ppm$$

ppm除用以表示硬度碱度外，也常用以表示其他水质指标。表示其他（硬度或碱度以外的）水质指标时不是“代用单位”。此时

$$1ppm=\frac{溶质毫克数}{溶液毫克数}\times10^6=\frac{溶液毫克数}{溶液升数}=1mg/L$$

两者不应混淆。在溶质浓度很大的情况下，由于溶液的比重不等于1，则ppm与mg/L略有差别。为了区别ppm是否为代用单位，本书凡是采用代用单位时均以“ppm（$CaCO_3$）”表示。

第二节　硬度及碱度

一、酚酞碱度和全碱度

碱度可分为酚酞碱度和全碱度两种。测定碱度时是用已知浓度的酸去滴定，加入指示剂，当指示剂变色指示达到终点时，按消耗的酸量来计算碱度大小。以酚酞作指示剂，当酚酞滴入后水呈红色，用酸滴定至水无色时为终点，此时消耗酸量计算出来的碱度称为酚酞碱度，其终点的pH值为8.3。测定酚酞碱度后的水，再加入甲基橙指示剂，水呈黄色，再用酸液滴定至水呈红色，就达到终点，其pH值为4.2。以两次滴定所消耗酸的总量而计算出来的碱度称为全碱度。也可以不测酚酞碱度，而直接用甲基橙为指示剂测出其全碱度，故全碱度又常称为甲基橙碱度。

经酚酞碱度测定，水中的碱度物质发生以下变化：

$$OH^-+H^+\rightarrow H_2O$$

$$CO_3^{2-}+H^+\rightarrow HCO_3^-$$

测定酚酞碱度后的水中仅有重碳酸根碱度 $MHCO_3^-$（水中原有的 HCO_3^-，及酚酞碱度滴定时由 CO_3^{2-} 转换来的 HCO_3^-），加甲基橙后滴定的反应式：

$$HCO_3^- + H^+ \rightarrow CO_2 + H_2O$$

若测得的酚酞碱度为 P，全碱度为 M，单位均为 mmol/L，基本单位为 C（OH^-、HCO_3^-、$1/2CO_3^{2-}$）。则可按表 6-1 求得碱度中 MOH^-、MCO_3^{2-}、$MHCO_3$ 的含量（均以 mg/L 为单位）：

由滴定结果计算各种碱度含量 表 6-1

滴定结果	$P=0$	$P=M$	$M=2P$	$P>(M-P)$	$P<(M-P)$
氢氧根碱度（MOH^-）	0	$P\times17$	0	$(2P-M)\times17$	0
碳酸根碱度（MCO_3^{2-}）	0	0	$M\times30$	$2(M-P)\times30$	$2P\times30$
重碳酸根碱度（$MHCO_3^-$）	$M\times61$	0	0	0	$(M\text{-}2P)\times61$

水中氢氧根碱度（MOH^-）与重碳酸根碱度（$MHCO_3^-$）不能同时存在，因为它们能产生如下反应：

$$HCO_3^- + OH^- \rightarrow H_2O + CO_3^{2-}$$

二、钙镁盐碱度与钠盐碱度

水中形成碱度的物质，主要是 OH^-、CO_3^{2-} 及 HCO_3^- 的盐类。一般水中主要阳离子是 Ca^{2+}、Mg^{2+} 及 Na^+。OH^-、CO_3^{2-} 及 HCO_3^- 与 Na^+ 形成的碱度称为钠盐碱度，与 Ca^{2+} 及 Mg^{2+} 形成的碱度称为钙镁盐碱度，则：

总碱度＝钙镁盐碱度＋钠盐碱度

Ca^{2+} 及 Mg^{2+} 与 CO_3^{2-} 及 OH^- 形成的物质，都易形成沉淀而从水中分离出来，因此一般水中钙镁盐碱度只可能是钙镁与重碳酸根的盐类，即：$Ca(HCO_3)_2$ 及 $Mg(HCO_3)_2$。而钠盐碱度则可能是 $NaHCO_3$、Na_2CO_3 或 $NaOH$。

三、硬度与碱度的关系

水中的暂时硬度，即碳酸盐硬度，其成分也是 $Ca(HCO_3)_2$ 及 $Mg(HCO_3)_2$，所以，暂时硬度就是钙镁盐硬度。也就是说暂时硬度既是形成硬度的物质，也是形成碱度的物质。

水中的永久硬度与钠盐碱度能发生反应而产生沉淀，因此它们不能在水中同时存在。例如：

$$CaSO_4 + Na_2CO_3 \rightarrow CaCO_3\downarrow + Na_2SO_4$$

$$CaCl_2 + Na_2CO_3 \rightarrow CaCO_3\downarrow + 2NaCl$$

钠盐碱度有消除永久硬度的能力，又称“负硬度”。

综上所述，水中的硬度与碱度，必定遵从以下三条规律：

1. 暂时硬度就是钙镁盐碱度；
2. 氢氧根碱度与重碳酸根碱度不能同时存在；
3. 永久硬度与钠盐碱度不能同时存在。

只要知道总硬度和总碱度的分析结果，就可按这三条规律推论出计算暂时硬度、永久硬度及负硬度的方法，如表 6-2 所示。表中 H 表示总硬度，M 表示总碱度。

若以“永久硬度＝总硬度—总碱度”作为计算永久硬度的通式，则 $H>M$ 时永久硬度为正值；$H=M$ 时永久硬度为零；$H<M$ 时永久硬度为负值，故称“负硬度”，而负硬度的绝对值为 $M-H$。

$M>H$ 的水中，必定有钠盐碱度，永久硬度也就必定为零。其总硬度 H 全部都为暂时硬度亦即钙镁盐碱度，故 $M-H$ 即为钠盐碱度。因此，负硬度就是钠盐碱度。只有碱度大于总硬度的水才会出现负硬度，这种水称为“负硬水”。

硬度与碱度的关系 **表 6-2**

硬度 / 分析结果	暂时硬度	永久硬度	负硬度
$H>M$	M	$H-M$	0
$H=M$	M	0	0
$H<M$	H	0	$M-H$

第三节　水中污垢的危害

一、污垢及危害

（一）污垢

中央空调的水系统在运行过程中，会有各种物质沉积在换热器的传热管表面，这些物质统称为污垢，分为水垢（硬垢）和污泥（软垢）两类。污垢一般是由颗粒细小的泥沙、尘土、不溶性盐类的泥状物、胶类氢氧化物、杂质碎屑、油污、细菌、藻类的尸体及黏性分泌物等组成。这些物质本身不会形成污垢，但它们在冷却水中起到了 $CaCO_3$ 微结晶的晶核作用，这就加速了 $CaCO_3$ 结晶析出的过程。当这样水质的水流流经换热器表面时，容易形成污垢沉积物，特别是流速较慢的位置，污垢沉积越多。

污垢的形成主要存在三个方面的影响因素，包括运行参数、换热器参数和流体性质参数。

1. 运行参数

运行参数主要包括流体速率和换热面温度、流体温度、流体—污垢界面温度等。

（1）流体速率　流体速率对污垢的影响是由对污垢沉积（输运、附着）的影响和对污垢剥蚀的影响构成的。研究表明，对所有各类的污垢，污垢增长率随流体速率增大而减小。

（2）温度　对于化学反应污垢和析晶污垢，表面温度对化学反应速率和反向溶解度盐的晶体化有着重要作用。一般来说，表面温度升高会导致污垢沉积物强度增加，流体温度的增加会促进污垢增长率的增大。

2. 换热器参数

换热器的某些参数，比如：换热面状态、换热面材料、换热面的形状、结构以及几何尺寸。

3. 流体性质参数

流体性质包括流体本身的性质和被流体携带的、不溶于流体的物质的特性对污垢形成的影响。水质的特性（pH 值、含盐成分和浓度）对污垢的形成有直接的作用。

（二）污垢的危害

污垢附着累积在换热器表面，这就是通常所说的结垢，结垢会影响换热器的传热，降低换热器效率；严重时会造成管路阻塞，增大系统阻力，增加系统的能耗；污垢的累积引起垢下腐蚀，减少机组和管道的使用寿命，对中央空调运行产生极大的危害。

1. 换热器传热受阻　污垢附着在换热器铜管上，使得热阻增大，换热效率明显降低，影响传热。

2. 循环水量减少　日积月累的污垢在一段时间内如果不能及时清除，容易堵塞换热器管路，缩小管道的过流断面，使通水量减少，系统阻力增大，水泵和冷却塔的效率也会随之降低，整个中央空调系统的总能耗增加。

3. 加速腐蚀　供水管中污垢的存在会加剧管道腐蚀，加速污垢沉积，降低设备以及管路的使用寿命。污垢对金属的腐蚀主要有两个方面的作用：一是传热热阻增大，冷却水管温度升高，加快了金属腐蚀的速率；二是软垢引发垢下腐蚀，甚至引发点蚀和坑蚀，换热器腐蚀穿孔导致泄露。

4. 降低水处理药剂的使用效果　污垢附着在金属表面，阻止了水中投放的缓蚀剂、阻垢剂和杀生剂在金属表面发挥缓释、阻垢、杀菌的作用，降低了水处理药剂的使用效果。

5. 增加运行费用　中央空调系统结垢必然会使换热效率降低，一般为保证正常换热量，必然会采取诸如补水以增大水流量等措施；同时对于污垢累积的管路和换热器的清理以及腐蚀设备的维修，都会大大增加中央空调系统的运行成本。

因此，结垢对于中央空调系统的正常运行和维护保养至关重要，定期清除换热器及管路中的污垢，不仅可以提高系统效率，还可以延长设备的使用寿命，减少运行费用。

二、腐蚀危害

（一）腐蚀

在中央空调水系统中，设备以及管道大多数都是金属制品。对于铜、碳钢以及镀锌的设备，长时间运行，冷却水和冷冻水在设备及管路中循环，会发生腐蚀，导致穿孔而泄露。

产生腐蚀的原因有以下几种。

1. 保护膜或防腐涂料脱落，金属暴露发生氧化，或成为阳极，受到腐蚀。

2. 金属表面有缝隙、缺陷或应力集中区域，电位低，极易成为阳极受到腐蚀。

3. 金属表面接触的水溶液中，由于氧的浓度不同，形成氧的浓差电池，金属缺氧部分则成为阳极而腐蚀。

4. 金属表面的碳酸钙水垢可以抑制碳钢腐蚀，但当水垢局部剥落后，暴露的金属就成为阳极，产生腐蚀。

5. 金属表面局部附着沙粒、氧化膜、沉积物等，由于缺氧成为阳极，干净的表面成为阴极，杂质下形成裂缝腐蚀。

（二）腐蚀分类

总的来说，金属腐蚀分为两类：全面腐蚀和局部腐蚀。

1. 全面腐蚀　腐蚀分布于整个金属表面上，可以是均匀的，也可以是不均匀的。微阳极和阴极大量分布在金属的表面上，形成了无数个微小的腐蚀电池，形成了全面腐蚀，但由于这些阴阳极在碳钢组织中排列紧密，阴阳极不分离，所以电位差极小，近似为零。因其阴阳极面积基本相等，且又覆盖在金属的整个表面上，所以虽有腐蚀，但相对较为均匀，腐蚀产物均匀覆盖在整个金属表面上，对金属又有一定的保护作用，减缓腐蚀速度。

2. 局部腐蚀　在金属的某些部位发生的腐蚀，称为局部腐蚀。局部腐蚀较全面腐蚀的腐蚀速度要快，危害性也较大，短期内能使金属龟裂或穿孔，造成泄露。

按照金属腐蚀的原理，金属腐蚀可分为两类：化学腐蚀和电化学腐蚀。

1. 化学腐蚀　活泼金属表面与气体或非电解质液体等介质因发生化学反应而引起的腐蚀，成为化学腐蚀。化学腐蚀作用时无电流产生。

2. 电化学腐蚀　金属表面与潮湿空气或电解质溶液等介质由于形成化学电池，电化学作用下金属作为阳极发生氧化反应而造成的金属腐蚀叫做电化学腐蚀。通常是两种电化学势能差很大的金属相互接触，通过潮湿空气或电解质溶液连接，产生电流回路，阳极金属发生氧化反应而加速腐蚀。

按照氧化还原反应，可分为吸氧腐蚀和析氢腐蚀。

1. 吸氧腐蚀　金属在弱酸性或中性溶液中，空气中氧气溶解于金属表面水膜中而发生的电化学腐蚀，叫吸氧腐蚀。

2. 析氢腐蚀　在酸性较强的溶液中发生电化学腐蚀，同时反应放出氢气，这种腐蚀称之为析氢腐蚀。钢铁制品一般都含碳，潮湿空气中，钢铁制品附近会形成一层薄薄的水膜，空气中的二氧化碳溶于水膜后成为酸性电解质溶液，构成了无数个以铁为负极，碳为正极，酸性水膜为电解质溶液的微小原电池，其发生的氧化还原反应如下：

负极：$Fe-2e=Fe^{2+}$

正极：$2H^{2+}+2e=H_2\uparrow$

由以上化学反应方程式可以看出，氢气在碳表面放出，所以称这种腐蚀叫做析氢腐蚀。

按腐蚀形态可以分为锈蚀、点蚀、缝隙腐蚀和应力腐蚀开裂。

1. 锈蚀　金属表面十分均匀地失去光泽，形成一层干涉膜。通常是金属表面轻微的颜色变化和一定光泽的损失。正常情况下，通过清洗金属表面可以得到一定的改善。

2. 点蚀　点蚀又叫孔蚀或坑蚀，是明显腐蚀的常见形式，也是中央空调冷却水循环系统破坏性和危害性最大的腐蚀形式。主要特征是金属表面产生点状或孔状的局部腐蚀。蚀孔大小不一，一般来说，点蚀表面直径小于或等于其深度，只有十几微米，分散或密集分布在金属表面上，孔口通常被腐蚀产物覆盖，少数暴露在外面。点蚀形成的孔的形状各异，通常有图 6-1 中七种形态。

点蚀是这几种腐蚀形态中最具有危害的腐蚀，它会使设备和管道穿孔，但由于孔口小且常常被腐蚀产物或污垢所覆盖，因此点蚀的检查和发现比较困难，点蚀严重的设备会导致泄露发生非正常停产。普通碳钢要比不锈钢耐点蚀。

3. 缝隙腐蚀　浸泡在冷却水中的金属表面，缝隙处常发生剧烈的局部腐蚀称为缝隙

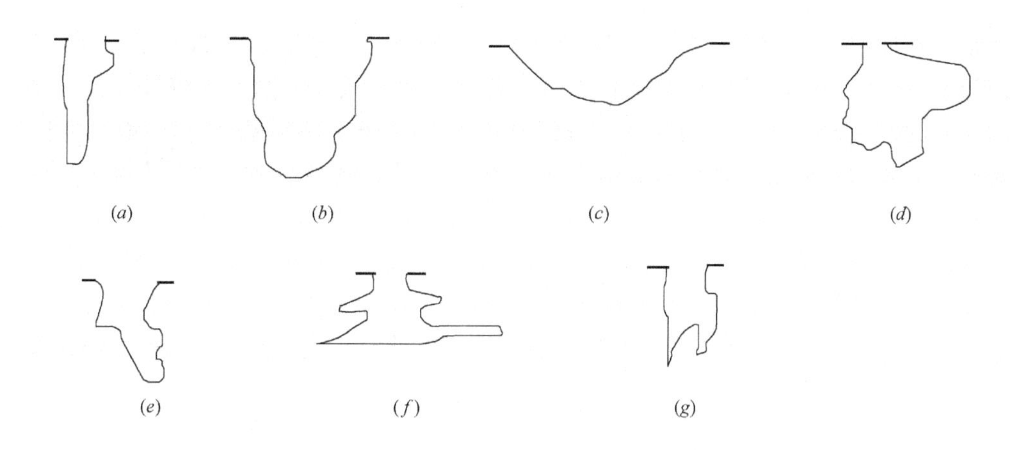

图 6-1　点蚀的七种形态

(*a*) 窄深；(*b*) 椭圆形；(*c*) 宽浅；(*d*) 在表面下面；(*e*) 底切形；(*f*) 水平形；(*g*) 垂直形

腐蚀。缝隙腐蚀常发生在氧气不足的情况下，发生的部位有垫片底部、搭接缝、表面沉积物下、螺帽及铆钉下的缝隙内。低合金钢较容易出现这种腐蚀形式。

4. 应力腐蚀开裂　指在应力和特定腐蚀介质的共同作用下对金属的腐蚀破坏，是机械作用和电化学作用的综合结果。应力腐蚀开裂往往是从点蚀、缝隙或腐蚀沟槽上开始，在腐蚀的起点产生应力集中，使钝化膜破坏，腐蚀不断加深，直至金属呈枝状裂纹而破坏。温度较高的设备和管道易发生应力腐蚀开裂。多见于奥氏体不锈钢，也见于钛合金和铝合金。

（三）腐蚀的危害

1. 管道堵塞　腐蚀产生的腐蚀产物如锈渣等脱离金属表面，进入水系统中，容易造成换热器或管路堵塞，影响中央空调系统的正常运行。

2. 换热器或管道穿孔　点蚀的腐蚀速率极快，会使设备穿孔，严重时会造成大量的油、水、气等泄露，甚至会发生严重的危险事故。

3. 设备寿命缩短　腐蚀造成的设备磨损和损坏，以及腐蚀产物对换热器传热的影响，会使设备寿命大大缩短。

三、微生物的危害

微生物包括细菌、真菌以及一些小型的原生生物、显微藻类等在内的一大类生物群体以及病毒。在中央空调循环冷却水工作温度下，微生物繁殖很快，而且冷却水中的污泥、阻垢剂等常常是微生物的温床和营养源。微生物产生的污垢和腐蚀是冷却水和低温换热器的危害之一。有些细菌例如军团菌也是隐藏在制冷空调装置中的健康杀手。

（一）微生物来源

冷却水中微生物的主要来源：空气及携带的灰尘等杂物、补充水、其他途径。

1. 空气及携带的灰尘等杂物　灰尘中粘附着大量的微生物及其孢子，冷却水与空气在冷却塔中换热时，极易将这些灰尘带入水中，进入中央空调系统。

2. 补充水　在对中央空调系统进行补水的过程中，补充水往往会带有一定量的微生物，这些微生物随着补水过程进入冷却水中。

3. 其他途径　工厂的污染和泄露、雨水等也会将微生物带入冷却水。进入中央空调冷却水系统的微生物的繁殖和生长受到多种因素的影响，如温度、氧气、营养条件、pH 值、光照等条件的影响。有些微生物在相应的环境下不断增殖，有些因为不适应环境而死亡，有的变成孢子潜伏在冷却水系统中，因此这些微生物种类不同，带来的危害也各异。

（二）微生物的危害

冷却水系统中的微生物主要包括细菌、真菌以及显微藻类。

冷却水系统中有害的细菌主要有产黏泥细菌、铁细菌、硫酸盐还原菌和产酸细菌等。它们对中央空调系统的危害各有不同。

1. 产黏泥细菌　产黏泥细菌在冷却水系统中会产生黏泥状的沉积物，这种沉积物附着力很强，可以阻止冷却水中的缓蚀剂到达金属表面，从而降低了药物的使用效果，并造成垢下腐蚀，但它本身并不能直接引起金属腐蚀。

2. 铁细菌　铁细菌是一种好氧菌，在含铁的水中生长。它能将亚铁离子转变为不溶于水的三氧化二铁的水合物，而且这种红棕色的黏性沉积物覆盖在金属表面，不仅使腐蚀的速度加快，还能使缓蚀剂难以到达金属表面生成保护膜。

3. 硫酸盐还原菌　硫酸盐还原菌是一种厌氧菌，它能将水中的硫酸盐还原成硫化氢，故称为硫酸盐还原菌。还原产生的硫化氢对碳钢、不锈钢、镍合金、铜合金都具有腐蚀性。硫酸盐还原菌中的梭菌不仅可以产生硫化氢，还能产生烷，从而为其他微生物提供营养。硫酸盐还原菌引起的腐蚀速率非常快，普通加氯的微生物控制方案对这种微生物的控制效果甚微，因为硫酸盐还原菌往往被污泥覆盖，氯气难以到达污泥深处。另外，硫酸盐还原菌周围硫化氢还原性的环境会将氯还原，失去杀菌能力。

4. 产酸细菌　硝化细菌是一种常见的化学能自养型产酸细菌，它能将水中的氨转化成硝酸，故冷却水的 pH 值下降，从而腐蚀一些诸如碳钢、铜、铝等在低 pH 的环境下易受腐蚀的金属。

5. 真菌　真菌是以孢子进行繁殖的，孢子可随空气和水流进行传播，其种类众多，中央空调冷却水系统中常见的有半知菌类、子囊菌类和担子菌类。

（1）真菌的大量繁殖会发生黏泥危害。例如地霉和水霉的菌落，为棉絮状，易附着在粗糙面上，粘附泥沙，影响通水，降低传热效率，严重时堵塞管道。、

（2）某些真菌利用木材的纤维素作为碳源，将其转变为纤维二糖和葡萄糖，破坏冷却塔中的木结构。

（3）真菌还可以参与进行硝化、氨化、反硝化作用，引起化学和电化学腐蚀。

6. 藻类　藻类是光能自养微生物，也是一种低等植物。藻类是以细胞分裂和孢子的形式进行繁殖。光照对藻类的生长影响最大，另外还有空气、营养和水等因素。所以藻类一般生长在冷却塔、水池、进出水总管处等一些能接受光照和得到反射光照的地方。

大部分藻类外面成分是果胶，因此，藻类大量繁殖之后形成了黏泥。藻类不断繁殖后脱落，脱落的藻类成为冷却水系统的悬浮物和沉积物，堵塞管道，影响通水，降低换热器的传热能力。藻类死亡腐化后使水质变坏，发生臭味，为细菌等微生物提供养料。一般来

说藻类本身并不直接引起腐蚀，但它们生成的沉积物所覆盖的金属表面，则容易形成差异腐蚀电池而常会发生沉淀下的腐蚀。中央空调冷却水系统中常见的藻类是蓝藻、绿藻和硅藻。不同种类藻类对中央空调系统的影响如下：

（1）蓝藻　在冷却塔壁上形成厚的覆盖物，由于细胞中产生恶臭的油类和甲醇类死亡后释放而使水恶臭，引起过滤网堵塞，减少通风，形成污泥等。

（2）绿藻　常在冷却塔内蔓延滋生，或附着在壁上，或浮在水中，引起配水装置和过滤网堵塞，减少通风，形成污泥等。

（3）硅藻　形成水花（含棕色颜料），形成污垢。

第四节　中央空调水质标准

中央空调水系统根据其类型不同，其要求的水质标准也不同。根据我国国家标准《采暖空调系统水质》GB/T 29044—2012 的要求，集中空调间接供冷开式循环冷却水系统水质要求见表 6-3。

集中空调间接供冷开式循环冷却水系统水质要求　　表 6-3

检测项	单位	补充水	循环水
pH(25℃)		6.5～8.5	7.5～9.5
浊度	NTU	≤10	≤20 ≤10 （当换热设备为板式、翅片管式、螺旋板式）
电导率(25℃)	μS/cm	≤600	≤2300
钙硬度(以 $CaCO_3$ 计)	mg/L	≤120	—
总碱度(以 $CaCO_3$ 计)	mg/L	≤200	≤600
钙硬度＋总碱度(以 $CaCO_3$ 计)	mg/L	—	≤1100
Cl^-	mg/L	≤100	≤500
总铁	mg/L	≤0.3	≤1.0
NH_3-N①	mg/L	≤5	≤10
游离氯	mg/L	0.05～0.2 (管网末梢)	0.05～1.0(循环回水总管处)
COD_{cr}	mg/L	≤30	≤100
异养菌总数	个/mL	—	$\leq 1\times10^5$
有机磷(以 P 计)	mg/L	—	≤0.5

① 当补充水水源为地表水、地下水或再生水回用时，应对本指标项进行检测与控制。

当补充水水质超过上述标准时，补充水应做相应的水质处理。集中空调间接供冷开式循环冷却水系统应设置相应的循环水水质控制装置。

集中空调循环冷水系统水质应符合表 6-4 的规定。当补充水水质超过该标准时，补充水应做相应的水质处理。集中空调循环冷水系统应设置相应的循环水水质控制装置。

集中空调循环冷水系统水质要求　　表 6-4

检测项	单位	补充水	循环水
pH(25℃)		7.5～9.5	7.5～10
浊度	NTU	≤5	≤10
电导率(25℃)	μS/cm	≤600	≤2000
Cl^-	mg/L	≤250	≤250
总铁	mg/L	≤0.3	≤1.0
钙硬度(以 $CaCO_3$ 计)	mg/L	≤300	≤300
总碱度(以 $CaCO_3$ 计)	mg/L	≤200	≤500
溶解氧	mg/L	—	≤0.1
有机磷(以 P 计)	mg/L	—	≤0.5

集中空调间接供冷闭式循环冷却水系统循环水及补充水水质要求见表 6-5。当补充水水质超过该标准时，补充水应做相应的水质处理。集中空调间接供冷闭式循环冷却水系统应设置相应的循环水水质控制装置。

集中空调间接供冷闭式循环冷却水系统循环水及补充水水质要求　　表 6-5

检测项	单位	补充水	循环水
pH(25℃)		7.5～9.5	7.5～10
浊度	NTU	≤5	≤10
电导率(25℃)	μS/cm	≤600	≤2000
Cl^-	mg/L	≤250	≤250
总铁	mg/L	≤0.3	≤1.0
钙硬度(以 $CaCO_3$ 计)	mg/L	≤300	≤300
总碱度(以 $CaCO_3$ 计)	mg/L	≤200	≤500
溶解氧	mg/L	—	≤0.1
有机磷(以 P 计)	mg/L	—	≤0.5

对蒸发式循环冷却水系统，水质应满足表 6-6 要求。当补充水水质超过该标准时，补充水应做相应的水质处理。蒸发式循环冷却水系统应设置相应的循环水水质控制装置。

蒸发式循环冷却水系统水质要求　　表 6-6

检测项	单位	直接蒸发		间接蒸发	
		补充水	循环水	补充水	循环水
pH(25℃)		6.5～8.5	7.0～9.5	6.5～8.5	7.0～9.5
浊度	NTU	≤3	≤3	≤3	≤5
电导率(25℃)	μS/cm	≤400	≤800	≤400	≤800
钙硬度(以 $CaCO_3$ 计)	mg/L	≤80	≤160	≤100	≤200
总碱度(以 $CaCO_3$ 计)	mg/L	≤150	≤300	≤200	≤400
Cl^-	mg/L	≤100	≤200	≤150	≤300
总铁	mg/L	≤0.3	≤1.0	≤0.3	≤1.0

续表

检测项	单位	直接蒸发		间接蒸发	
		补充水	循环水	补充水	循环水
硫酸根离子(以 SO_4^{2-} 计)	mg/L	≤250	≤500	≤250	≤500
NH_3^--N①	mg/L	≤0.5	≤1.0	≤5	≤10
COD_{cr}①	mg/L	≤3	≤5	≤30	≤60
菌落总数	CFU/mL	≤100	≤100	—	—
异养菌总数	个/mL	—	—	—	≤1×10^5
有机磷(以 P 计)	mg/L	—	—	—	≤0.5

① 当补充水水源为地表水、地下水或再生水回用时应对本指标项进行检测与控制。

采用散热器的集中供暖系统水质要求见表 6-7。当补充水水质超过该标准时，补充水应做相应的水质处理。采用散热器的集中供暖系统应设置相应的循环水水质控制装置。

采用散热器的集中供暖系统水质要求　　表 6-7

检测项	单位	补充水	循环水	
pH(25℃)		7.5～12.0	钢制散热器	9.5～12.0
		8.0～10.0	铜制散热器	8.0～10.0
		6.5～8.5	铝制散热器	6.5～8.5
浊度	NTU	≤3	≤10	
电导率(25℃)	μS/cm	≤600	≤800	
Cl^-	mg/L	≤250	钢制散热器	≤250
		≤80(≤40[a])	AISI 304 不锈钢散热器	≤80(≤40①)
		≤250	AISI 316 不锈钢散热器	≤250
		≤100	铜制散热器	≤100
		≤30	铝制散热器	≤30
总铁	mg/L	≤0.3	≤1.0	
总铜	mg/L	—	≤0.1	
钙硬度(以 $CaCO_3$ 计)	mg/L	≤80	≤80	
溶解氧	mg/L	—	≤0.1(钢制散热器)	
有机磷(以 P 计)	mg/L	—	≤0.5	

① 当水温大于 80℃时，AISI 304 不锈钢材质散热器系统的循环水及补充水的氯离子浓度不宜大于 40mg/L。

采用风机盘管的集中供暖系统水质应符合表 6-8 的规定。当补充水水质超过该标准时，补充水应做相应的水质处理。采用风机盘管的集中供暖系统应设置相应的循环水水质控制装置。

采用风机盘管的集中供暖水质要求　　表 6-8

检测项	单位	补充水	循环水
pH(25℃)		7.5～9.5	7.5～10
浊度	NTU	≤5	≤10

续表

检测项	单位	补充水	循环水
电导率(25℃)	μS/cm	≤600	≤2000
Cl^-	mg/L	≤250	≤250
总铁	mg/L	≤0.3	≤1.0
钙硬度(以 $CaCO_3$ 计)	mg/L	≤80	≤80
钙硬度(以 $CaCO_3$ 计)	mg/L	≤300	≤300
总碱度(以 $CaCO_3$ 计)	mg/L	≤200	≤500
溶解氧	mg/L	—	≤0.1
有机磷(以 P 计)	mg/L	—	≤0.5

集中式直接供暖系统的循环水应符合现行国家标准 GB/T 1576 的要求，补充水水质应符合 CJJ 34—2010 中第 4.3.1 条要求。当补充水水质超过上述标准时，补充水应做相应的水质处理。集中式直接供暖系统的循环水应设置相应的循环水水质控制装置。

水质的检测方法宜选用表 6-9 中规定的方法，也可采用 ISO 方法体系等其他检测方法，但应进行适应性检验。

水质检测项目和检测方法　　表 6-9

序号	检测项目	检测方法	操作方法参考标准
1	pH(25℃)	电位法	GB/T 6904
2	钙硬度	离子色谱法	GB/T 15454
3	总碱度	滴定法	GB/T 15451
4	浊度	散射光法	GB/T 15893.1
5	电导率(25℃)	电极法	GB/T 6908
6	Cl^-	滴定法	GB/T 15453
7	硫酸根离子	重量法	GB/T 11899
8	总铁	1,10-菲罗啉分光光度法	GB/T 14427
		火焰原子吸收分光光度法	GB/T 11911
9	总铜	二乙基二硫代氨基甲酸钠分光光度法	GB/T 13689
10	NH_3-N	水杨酸分光光度法	HJ 536
11	游离氯	*N*,*N*-二乙基-1,4-苯二胺滴定法	HJ 585
		N,*N*-二乙基-1,4-苯二胺分光光度法	HJ 586
12	溶解氧	碘量法	GB/T 12157
13	COD_{Cr}	重铬酸盐法	GB/T 11914
14	菌落总数	平板菌落计数法	GB/T 5750.2
15	异养菌总数	平皿计数法	GB/T 14643.1
16	有机磷	气相色谱法	GB/T 13192

第七章　中央空调的水系统及主要设备

第一节　中央空调水系统的类型及特点

中央空调的水系统一般分为冷冻水系统和冷却水系统两个部分，根据不同情况可以设计成不同的形式，将各种类型水系统的特征及特点汇编于表 7-1 中。

水系统的类型及特点　　　　**表 7-1**

类型	特征	优点	缺点
闭式	管路系统不与大气相接触，仅在系统最高点设置膨胀水箱	管道与设备的腐蚀机会少； 不需克服静水压力，水泵扬程、功率均低	水系统连接稍复杂
开式	管路系统与大气相通	水系统连接比较简单	水中含氧量高，管路与设备的腐蚀机会多； 需要增加克服静水压力的额外能量； 输送能耗大
同程式	供、回水干管的水流方向相同；经过每一环路的管路长度相等	水量分配、调节方便； 便于水力平衡	需设回程管，管道长度增加； 初投资稍高
异程式	供、回水干管的水流方向相反；经过每一环路的管路长度不等	不需回程管，管路长度稍短，管路简单； 初投资稍低	水量分配、调节较难； 不便于水力平衡
两管制	供冷、供热合用同一管路	管路系统简单； 初投资省	无法同时满足供冷、供热的需要
三管制	分别设置供冷、供热管道与换热器，但冷、热回水的管道共用	能同时满足供冷、供热的需要； 管路系统较四管制简单	有冷、热混合损失； 投资高于两管制； 管路布置较复杂
四管制	供冷、供热的供、回水管分开设置，具有两套独立的系统	能灵活实现同时供冷和供热； 没有冷、热混合损失	管路系统复杂； 投资高； 占用建筑空间大
定流量	系统中的循环水量恒定，负荷变化时，通过改变供水或回水温度来匹配	系统简单，调节方便； 不需要复杂的自控设备	配管设计时，不能考虑同时使用系数； 输送能耗始终处于设计的最大值
变流量	系统中的供、回水温度保持定值，负荷改变时，通过供水量的变化来适应	输送能耗随负荷的减少而降低； 配管设计时，可以考虑同时使用系数，管径相应减小； 水泵容量、电耗也相应减少	系统较复杂； 必须配套自控设备
单式泵	冷、热源侧与负荷侧合用一组循环水泵	系统简单； 初投资少	不能调节水泵流量； 难以节省输送能耗； 不能适应供水分区不同压降较悬殊的情况
复式泵	冷、热源侧与负荷侧分别配备循环水泵	可以实现水泵变流量； 能节省输送能耗； 能适应供水分区不同压降； 系统总压力低	系统较复杂； 初投资稍高

第二节　冷却水系统及设备

一、冷却水系统

空调冷却水系统一般分为两类，即直流式供水系统和循环式供水系统。前者适用于水源水量特别充足的地区，例如以江、河、湖、海的水源作为冷却水。城市自来水则不应选用，而且它一般用于采用立式冷凝器的供冷系统。循环式供水系统是将来自冷凝器的冷却水通过冷却塔或冷却水池冷却后循环使用。在使用过程中，只需要少量的补充水，但需增设冷却塔和水泵等。供水系统比较复杂，常在水源水量较小、水温较高时采用，它在目前空调系统中应用最多。常用冷却水系统分类见表 7-2。

常用冷却水系统分类　　表 7-2

类别		水源	适用条件
直流式系统	河水冷却系统	地表水(河、湖等)	地面水源充足,大型冷冻站用水量大,设计循环冷却水系统不经济时采用
	井水冷却系统	地下水(深井水)	附近地下水源丰富,水温较低(15℃以下)
	自来水冷却系统	自来水	冷却水用量小,用水点分散
循环式系统	自然通风循环冷却系统(冷却塔或冷却水池)	自来水补充	当地下水源水量不足且气候条件适宜,采用循环冷却系统比较经济时
	机械循环冷却系统(机械通风冷却塔)	自来水补充	当地下水源水量不足,气温较高,湿度较大,自然通风冷却不能达到要求时

二、冷却塔

冷却塔的作用就是通过接触散热、辐射热交换以及蒸发散热而降低水温。

(一) 冷却塔的分类

根据通风方式有自然通风式、机械通风式、机械和自然联合式；自然通风式主要利用风和局部自然对流来散热，因此它的冷却能力受到气候条件的限制。空调中常用的是机械通风冷却塔，它是利用风机造成空气快速流动而达到降低水温的目的。根据水流和空气的流动方式可分为错流式、逆流式、顺流式；根据散热方式可分为湿式、蒸发冷却式、干式、湿干混合式；根据冷却过程中水的形态可分为水膜式、水滴式、喷雾式；根据形状分，冷却塔有圆形和方形（参见图 7-1）。

(二) 冷却塔的结构

冷却塔主要由塔体、填料、进风窗、布水器、引风设备等构成。

1. 塔体。塔体由上塔体和下塔体组成。塔体用于连接及支撑冷却塔内的各个部件。为降低噪声，在上塔体出口安装有带吸声材料的吸声隔栅，在下塔体进风口安装有带吸声材料的屏蔽。塔体材料一般采用聚酯玻璃钢。

2. 填料。填料采用改性 PVC 材料或聚丙烯材料制成，作用是将进入冷却塔的水分溅

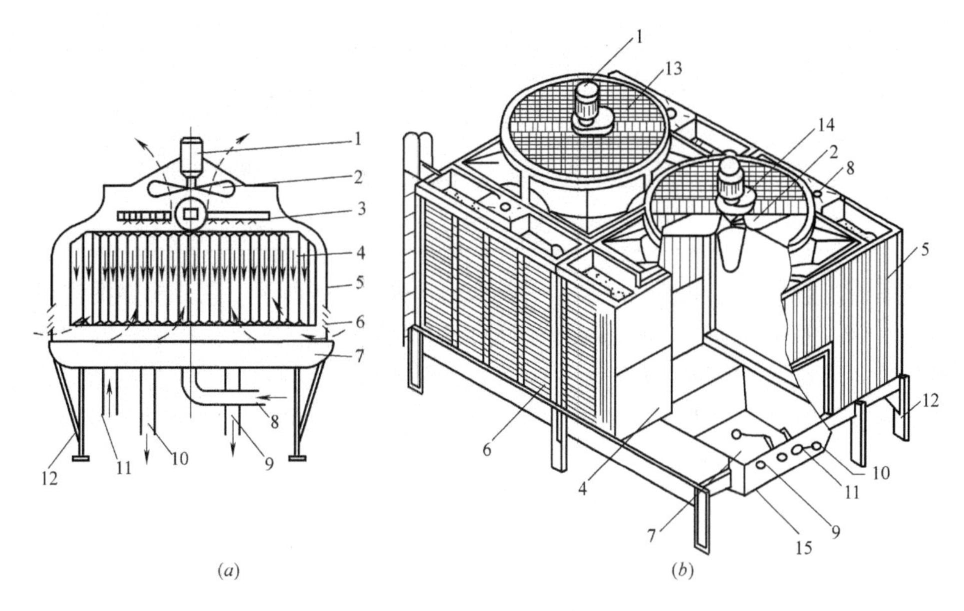

图 7-1 冷却塔结构简图

（a）圆形冷却塔；（b）方形冷却塔

1—电动机；2—风机；3—布水器；4—填料；5—塔体；6—进风百叶；7—水槽水盘；8—进水管；9—溢水管；10—出水管；11—补水管；12—支架；13—出风口网罩；14—风叶减速器；15—排水管

散成水扇或形成水膜，增加水与空气的接触时间及面积，使水得到较好的冷却。

3. 进风窗。进风窗由百叶窗和导风板组成，目的是使空气均匀分布于冷却塔的整个截面上。

4. 布水器。布水器的目的是使热水均匀洒在冷却塔的填料上。

5. 引风设备。在强制通风冷却塔中一般安装有引风设备。引风设备是一种低噪声铝合金宽叶轴流风扇，风量大，效率高。

在塔体最下部布有水槽，汇集由填料落下的冷却水，用来储存及调节水量，水槽下部有排污管，水槽上部有补水管和溢流管。

三、冷却水循环泵

用于空调水系统的水泵，一般多为离心水泵和管道泵。

（一）离心水泵的类型和主要部件

离心水泵是叶片式泵，按轴的位置不同，分卧式与立式两大类，根据泵的机壳形式、吸入方式和叶轮级数，又可分成若干种类，详见表 7-3。

离心水泵的类型 **表 7-3**

泵轴位置	机壳形式	吸入方式	叶轮级数	泵类举例
卧式	卧壳式	单吸	单级	单吸单级泵、屏蔽泵、自吸泵、水轮泵
			多级	卧壳式多级泵、两级悬臂泵
		双吸	单级	双吸单级泵
			多级	高速大型多级泵（第一级双吸）
	导叶式	单吸	多级	分段多级泵
		双吸	多级	高速大型多级泵（第一级双吸）

续表

泵轴位置	机壳形式	吸入方式	叶轮级数	泵类举例
立式	卧壳式	单吸	单级	屏蔽泵、水轮泵、大型立式泵
			多级	立式船用泵
		双吸	单级	双吸单级涡轮泵
	导叶式	单吸	单级	作业面潜水泵
			多级	深井泵、潜水电泵

最常见的离心水泵是单吸单级泵，其典型结构如图 7-2 所示。它能提供的流量范围为 $4.5\sim900m^3/h$，扬程范围为 $8\sim150m$。这种泵的泵轴水平地支承在托架内的轴承上，泵轴的另一端为悬臂端，端部装有叶轮。为了减少泵内高压液体的外泄及空气渗入，悬臂端的泵轴上还装有填料密封机构。另外，叶轮上一般开有平衡孔，以平衡轴向推力。这种泵结构简单、工作可靠、部件较少。

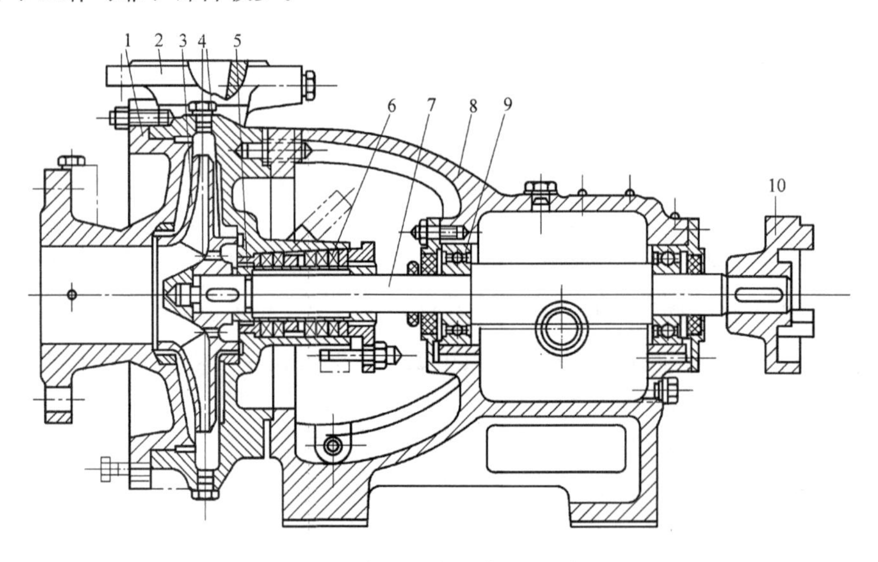

图 7-2 典型的单吸单级泵结构

1—泵盖；2—泵体；3—叶轮；4—密封环；5—轴套；6—填料密封机构；7—泵轴；8—托架；9—轴承；10—联轴器

尽管离心水泵的类型较多，但它们的作用原理却基本相同，因而它们的主要部件也大体相同。

1. 叶轮。它是泵的主要部件，分为开式叶轮、半开式叶轮和闭式叶轮。开式叶轮多用于输送含有杂质的液体，如污水泵。清水泵都采用闭式叶轮，且多为后向叶型。

2. 吸入室。吸入室的作用是使液体进入泵体的流动损失最小。吸入室的结构形状对泵的吸入性能影响较大，通常采用的吸入室形式有锥体管式和圆环形式。锥体管式的较为普遍，其锥度约为 $7°\sim18°$。

3. 机壳。机壳用于收集来自叶轮的液体，并使部分流体的动能转换为压力能，最后将流体均匀地导向排出口。单吸单级离心泵的泵壳，大都为螺旋形蜗壳式，有的还在机壳内设置了固定的导叶。

4. 密封环。为了减少机壳内高压区的泄漏到低压区的液体量，通常在泵体和叶轮上分别安设密封环（又称减漏装置）。由于密封环的动环与定环间的间隙较小，容易磨损，使泵的效率降低，故应定期检查或更换。

5. 轴封。泵轴伸出泵体外，在旋转的泵轴与固定的泵体间设置轴封，以减少泵内压强较高的流体渗漏到泵体外，并防止空气侵入泵内。常用的轴封有填料轴封、骨架橡胶轴封、机械轴封与浮动环轴封等多种。常用的填料为浸透石墨或黄油的棉织物（或石棉），也有用金属箔包石棉芯的填料。填料应用压盖调节松紧度，不得压得太紧或过松，应以压盖调节到有液体成水滴状自填料以每分钟 20～50 滴的速率向外渗漏为宜。

6. 轴向力平衡装置。单吸单级泵和某些多级泵的叶轴，均有轴向推力存在。产生原因主要是作用在叶轮两侧的流体压强不平衡所致。如不采取措施予以消除，将会导致泵轴及叶轮的窜动，并由于受力引起相互摩擦而损伤部件。一般采取设置平衡管或在后盘上开设平衡孔，同时采用推力轴承以平衡剩余压力。

离心水泵除上述主要部件外，还有泵轴、托架、联轴器、轴承等，本书因篇幅所限从略。

（二）管道泵

管道泵的结构如图 7-3 所示，它是适用于空调水系统的另一种水泵。与离心水泵相比，具有以下特点：

1. 泵的体积小，重量轻，进出水口口径相同，并在同一直线上，可以直接安装在管路的任何位置及任何方向。泵体下部设有安装底脚，方便泵的安装和固定。

2. 采用机械密封，密封性能好，泵运转时不会渗漏水。

3. 泵的效率高、耗电省、噪声低。泵轴的同心度高，叶轮的动静平衡好，保证了高速运行时无振动。

4. 占地面积和占用空间小，缩小了泵房面积，节省了建设投资。

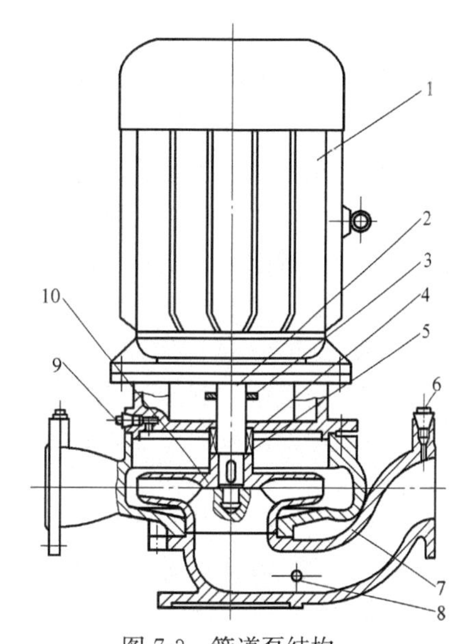

图 7-3　管道泵结构

1—电动机；2—泵轴；3—挡水圈；4—泵盖；5—机械密封；6—取压塞；（安装压力表）；7—泵体；8—放水塞；9—放气塞；10—叶轮

国产小型管道泵流量为 1.1～40m³/h，扬程为 4～30m，电动机功率为 0.18～5.5kW。中、大型管道泵流量为 40～1080m³/h，扬程为 8～125m，电动机功率为 2.2～160kW。

四、循环水处理设备

中央空调冷却水循环系统除了投加化学药剂外，一般还设有水处理设备，如循环水处理器、电子或静电水处理器、臭氧发生器等。

近年来，人们开发了一些物理方法进行冷却水处理，其中以静电水处理和电子水处理较为成功。现对它们作一扼要的介绍。

（一）循环水处理器

循环水处理器是通过循环水将化学药剂带入系统内对水质进行处理的一种方式。它适用于海水冷却水系统、空调冷却水系统及低温热水供暖系统。它的主要作用是防垢、阻垢、防腐、防锈及防藻类等。

循环水处理器由加药器和除垢器两部分组成。目前冷却水系统常用的药剂（即缓蚀剂）有铬酸盐、钼酸盐、聚磷酸盐、硅酸盐等被膜水处理剂。使用铬酸盐的最主要问题是环境污染，目前各国已经逐渐淘汰。钼酸盐的毒性较低，对环境的污染也比铬酸盐小，但需要的药量较大，在国内应用不多。聚磷酸盐常和硅酸盐混合使用，形成复方硅酸盐缓蚀剂，提高缓蚀效果。复方硅酸盐缓蚀剂无毒、无害、价格便宜，处理的水可以饮用，对海水的缓蚀效果更好，目前在循环冷却水系统中应用最广。下面主要介绍复方硅酸盐缓蚀剂的防腐、除垢机理。

1. 硅酸盐被膜水处理剂的防腐、除垢原理

硅酸盐被膜剂的构成物质中，含有对金属表面有强亲和力的成分。当药剂溶于水后，会在金属表面形成一层构造细密、坚韧的硅铁稳定膜。膜层一旦形成，金属与腐蚀环境被隔绝开来，腐蚀也就停止。从而可有效地防止金属的氧化和电化学腐蚀。

缓蚀剂溶于水后，形成胶态负离子。以胶态负离子为核心，吸附水中带正电的离子构成固定层。它再向外扩散并吸附较多的带异性电荷的离子构成扩散层，在固定层和扩散层的界面处产生一个动电位。这个动电位使被包围在扩散层的难溶物质过饱和度加大，不易形成晶核，从而抑制了结垢的可能。

胶态负离子中的羟基与金属氧化物有很强的亲和力，即使有旧的水垢和腐蚀产物的隔绝，它也会穿透渗入到金属表面，与表面的金属氧化物结合而生成膜层，取代了原有的垢或腐蚀产物层，使之松动、剥落。这就是使老垢、老锈脱落的机理。

2. 水处理的影响因素

硅酸盐被膜缓蚀剂的使用效果与药剂浓度、水温、水质、水流速度、材质等因素有关。随着缓蚀剂浓度的增加，其缓蚀率也提高，但当达到一定浓度后，浓度再增加，其缓蚀率增加很少，因此存在一个经济的浓度值。另外，随着水温的提高，缓蚀率下降。与普通水质相比，对海水的缓蚀作用效果明显，这对在以海水为冷却水的场合，使用被膜剂十分有利。此外，在流动水中的缓蚀率大于静止水；对钢铁和黄铜的缓蚀作用优于紫铜。

3. 提高使用被膜缓蚀剂效果的措施

要使被膜缓蚀剂使用效果良好稳定，必须有合理的控制指标。目前我国绝大多数单位均以循环水的 pH 值作为控制指标，建议控制循环水的 pH 值在 8.5～9 为宜。提高被膜缓蚀剂应用效果的措施如下：

（1）要保证加药装置中的水温。被膜缓蚀剂的溶解有一定的温度要求。水温过低，药物不能溶解，在水中浓度过低，不能取得良好的效果，甚至有害。因为被膜缓蚀剂一般都属于阳极型缓蚀剂，加药量不足不能使阳极的局部表面成膜，电流反而集中通过未成膜的表面，而使这个部位的腐蚀加剧。为此，应将加药器装设在循环冷却水的供水（或回水）管上，而不是补给水管路上，这样就不会出现以上问题。

（2）要加强排污。使用被膜缓蚀剂可以缓蚀也可以阻垢，但并不能将水中的污垢除去。水中的被膜剂胶态负离子一方面吸附悬浮水中的钙、镁离子形成水渣，另一方面可使碳酸钙变形，阻止晶体生长，并分散于水中。对此若不及时排除，也有生成二次水垢的可能，甚至堵塞管道，因此应定期进行排污。

（3）定期冲洗循环水处理器中加药器的药剂表面。在加药器中被膜剂表面因吸附钙镁离子或杂质出现白色附着物。若不冲洗，就会被全部覆盖影响药剂的溶解而降低效果。而且表面上还可能形成黏性物质，此黏性物质被带入系统容易造成堵管，因此，加药器投入

使用后，每 20～30 天就要打开加药器冲洗药剂一次。

（4）不要与除氧剂混合使用。两种缓蚀剂混合使用，或缓蚀剂与其他药剂混合使用常能提高使用效果。但是硅酸盐被膜缓蚀剂不应与除氧剂或含有除氧剂的缓蚀剂混合使用，否则会降低被膜剂的作用。

（5）被膜剂要连续使用。被膜剂使用不能间断，否则已形成的被膜可能脱落。循环水系统停止运行后，若将系统中水放空后，要另外采用停机防腐措施。被膜剂主要防止电化学腐蚀，停机放水后，膜会自行脱落，不起任何防腐作用。

（二）静电水处理器

1. 静电水处理器概况

静电水处理法又称高压静电法，它的核心部分是一台静电水处理器（又称静电水垢控制器、静电水发生装置），其结构如图 7-4 所示。

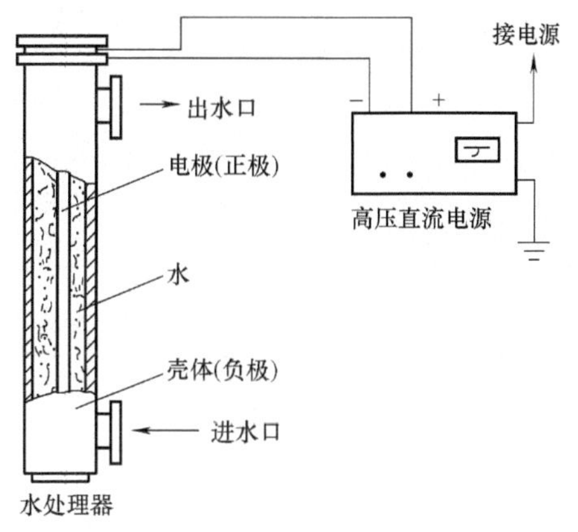

图 7-4　静电水处理器结构示意图

静电水处理器由两部分组成：一是供给高电压、用于产生强电场的高压直流电源；二是使水静电化的装置。静电水处理器是将一根绝缘良好的铁锌置于聚四氟乙烯圆筒内作正极，将镀锌无缝钢管制成的壳体作负极。在正、负极上施加高电压（大于 3400V），正、负极之间则保持一定距离，以便要进行处理的水能从正、负极之间的腔体内流过。水在腔体内经受强电场处理后，再进入用水设备。静电水处理的外加静电压通常为 3400～6000V。

2. 静电水处理器的技术参数

现以 ESC-100 型静电水处理器为例，介绍有关的技术参数，如表 7-4 所示。

ESC-100 型静电水处理器技术参数　　　　**表 7-4**

输入电压(交流)(V)	220	抗拉强度(MPa)	19.6
输出电压(直流)(kV)	4～5	进水口(mm)	∅76.2
电耗(W)	15	出水口(mm)	∅101.6
运行方式	连续	最大流量(t/h)	100
水处理器外管内径(mm)	150	水温(℃)	<90
水处理器外管长度(m)	1.2	外形尺寸(mm)	1200×280×450
击穿电压(kV)	10		

3. 静电水处理的阻垢试验

徐延飚等曾用静电水处理器进行了阻垢试验，具体情况如下：

（1）试验水质。水中的 Ca^{2+} 浓度（$CaCO_3$ 计）为 590mg/L，碱度（$CaCO_3$ 计）为 488mg/L，水的结垢倾向大。

（2）试验装置。用自行试制的静电水处理器和有传热面的动态结构装置。为了排除腐蚀因素，试验选用了铜头作传热面。铜头由电热丝加热，铜头表面温度由调变压器控制。试验中用铜头上结垢后的增重值作为阻垢效果好坏的判据。

（3）试验条件。水温为50℃，铜头表面温度约为100℃，静电水处理器的静电压为5kV。

试验结果如表7-5和表7-6中所示。

加与不加高压静电场时的结垢对比试验　　表7-5

试验条件	铜头增重(mg)	铜头平均增重(mg)	铜头表面颜色	试验条件	铜头增重(mg)	铜头平均增重(mg)	铜头表面颜色
空白试验1	29.3		略带淡黄的灰白色	5kV静电压1	0.0		古铜色
空白试验2	29.3	29.2	略带淡黄的灰白色	5kV静电压2	0.0	0.2	古铜色
空白试验3	29.0		略带淡黄的灰白色	5kV静电压3	0.5		古铜色

静电水处理时各个时间铜头上的垢重　　表7-6

试验条件	铜头增重(mg)	铜头表面颜色
6h	0.0	古铜色
12h	0.0	古铜色
24h	0.0	古铜色

（4）试验结论

静电水处理有明显的阻垢作用。

4. 静电水处理的杀菌灭藻试验

曾昭琪等曾用静电水处理器进行了杀菌试验和灭藻试验。

（1）杀菌试验

1）试验菌种。试验菌种采用埃希氏大肠杆菌。这是一种常见的革兰氏染色反应为阴性的细菌，在工业循环冷却水中，它和其他种类的好气异养菌群以及其他一些腐蚀性的自养菌群共同作用后，对工业设备有一定的促进腐蚀作用。

2）试验步骤。试验步骤包括：①菌种活化；②扩大培养；③用离心机收集菌体；④用pH值为7的磷酸盐缓冲溶液制备菌悬液；⑤用静电水处理进行处理；⑥用平皿计数法计活菌数。

3）试验结果。静电水处理前的活菌数为2.41×10^{6}个/mL，静电水处理后的细菌存活数为0.17×10^{6}个/mL。处理后的细菌存活率为7.1%，故静电水处理的杀菌率为92.9%。

（2）灭藻试验

1）试验藻种。采用经常出现于各大化肥厂和钢铁厂循环冷却水中的绿藻中的一种——斜生栅列藻。

2）试验结果。初始接种的藻液为深绿色，细胞生长正常，形态规则。群体与单个细胞之间相比，常常为菌体多于单个细胞。但到静电水处理的后期，藻类的群体完全消失。

试验中测得的藻类细胞的形态、颜色和细胞数的变化如表7-7所示。与试验中的对照组相比（5.8×10^{3}个/mL），开始的3～4天，静电水处理组的细胞数略有增加，但随后便急速下降，直到藻类细胞完全破碎为止。

静电水处理期间水中栅列藻细胞数的变化 **表 7-7**

日期	水温(℃)	栅列藻细胞形态与颜色	细胞数(个/mL)	日期	水温(℃)	栅列藻细胞形态与颜色	细胞数(个/mL)
4.29	25	绿色	7.6×10^3	5.6	25	细胞破裂残白色出现	3.0×10^3
4.30	24	淡绿色	8.2×10^3	5.7	25	破碎者多，白色多	2.0×10^3
5.1	24	淡绿色	9.2×10^3	5.8	27	叶绿素破坏，白色	1.4×10^3
5.2	26	淡绿色	8.0×10^3	5.9	29	细胞破碎，白色	0.6×10^3
5.3	24	淡绿色	7.8×10^3	5.10	32	细胞破碎乳绿色	0.6×10^3
5.4	23	细胞破裂淡绿色	5.6×10^3	5.11	27	细胞破碎混绿色	已无完整细胞
5.5	25	细胞破裂淡绿色	6.0×10^3	5.12	27	混浊略具绿色	0

(3) 杀菌灭藻试验的结论

从获得的试验结果不难看出，静电水处理对细菌和藻类均有明显的杀灭作用。

5. 静电水处理的阻垢机理

目前认为，水是一种偶极分子。在强的静电场作用下，水分子的偶极矩增大，并按正、负次序整齐排列。此时，溶解在水中的盐类的正、负离子周围被数个偶极水分子包围。于是这些正、负离子也以正、负次序进入偶极水分子群中。这样一来，它们的运动速度和彼此间的有效碰撞就大为减少，从而使器壁上的水垢不易生成。另一方面，在强静电场作用下，水分子的偶极矩增大，它与盐类的正、负离子的水合作用和水合能力也就随之增大。其结果是加大了水垢的溶解度，加快了水垢的溶解速度，从而具有了阻垢和溶垢的作用。

据制造静电水处理的厂商宣称，静电水处理器的阻垢率可达 95%以上，杀菌率可达 92%以上，灭藻率可达 98%以上，适用水质的总硬度不大于 700mg/L（以 $CaCO_3$ 计）。

6. 静电水处理的特点

静电水处理法有以下特点：(1) 既可以防（水）垢除（水）垢，又可灭菌杀藻；(2) 体积小；(3) 效果好；(4) 能耗小；(5) 设备经久耐用；(6) 管理方便，节约人力、物力和财力；(7) 不污染环境。不足是：(1) 对水中金属的腐蚀没有明显的抑制作用；(2) 对水中污垢的沉积也没有明显的抑制作用。

(三) 电子水处理器

电子水处理法的设备与静电水处理的相似，由直流电源和水处理两部分组成，其不同点为：

1. 静电水处理器采用的是高压直流电源；而电子水处理器采用的是低压稳压电源。

2. 静电水处理器采用的正电极是一个芯棒，芯棒外面套有聚四氟乙烯管；而电子水处理器中间的正极则是一条金属电极，它的外面并没有套上聚四氟乙烯套，而是与水直接接触。

3. 最高的工作水温，电子水处理器可达 105℃，而静电水处理器为 80℃。

4. 运行一段时间后，电子水处理器中生成一定数量的钙、镁盐类的结晶沉淀，而静电水处理器对此作用不明显。

5. 由于电子水处理器中的正极直接与水接触，当水中固体颗粒或悬浮物含量较高时，正极易被磨损或易粘附杂质，影响使用效果；而静电水处理器则不存在此类问题。

6. 在一般情况下，两种水处理器都要垂直放置，以免壳内产生泥沙或杂质淤积。在特殊情况下需要水平安装时，应采用静电水处理器。

7. 电子水处理器法适应的水质范围为总硬度不大于 550mg/L（$CaCO_3$计），而静电水处理法适应的水质范围为总硬度不大于 700mg/L，甚至可高达 800mg/L（$CaCO_3$计）。

8. 绝缘的要求不同。静电水处理器与外接管路之间为绝缘连接，其壳体也必然要求与大地绝缘；而电子水处理器与外接管路之间则为非绝缘连接，其壳体必须良好接地。

静电水处理器和电子水处理器都应安装在水泵出口之后，并尽量靠近需要防垢、除垢的管段和用水设备。如果水泵也需要防垢、除垢，则最好在水泵之前，另外安装一台水处理器。

（四）离子棒静电水处理器

目前，高压静电以其简便、效果好、无二次污染等优点正逐渐用于水处理中。离子棒静电水处理器是一种利用高压静电作用的新型水处理设备。1978 年由加拿大设计并正式投入市场，20 世纪 90 年代初引进我国。离子棒具有一定的防垢、除垢、缓蚀及杀菌灭藻性能。

离子棒静电水处理器的性能指标为：

工作电压：220V、50Hz、单相交流电；

工作温度范围：1～99℃；

最大工作压力：1725kPa；

耗电量：10W；

处理水量：170～340m^3/h。

（五）臭氧发生器

从 20 世纪 80 年代起，臭氧法处理冷却水技术在欧美等一些发达国家兴起，大量应用于实际工程中，下面就其机理及在空调中的使用方法加以阐述。

1. 臭氧的理化性质

臭氧是由 3 个氧原子组成的氧的同素异构体。在常态下是淡蓝色气体，具有特殊气味。臭氧在水中的溶解度很高，大约是氧气的 10 倍。臭氧具有极强的氧化能力。

2. 臭氧的杀菌灭藻机理及影响因素

臭氧杀菌主要是靠其分解后产生的新生氧的氧化能力。臭氧首先与细胞壁的脂类的双键起反应，穿破胞壁进入细胞内，作用于外壳脂蛋白和内面的脂多糖，使细胞的通透性发生改变，最后导致细胞融解、死亡。

臭氧杀菌灭藻受臭氧浓度、水温、pH、水的浊度等因素影响。一般来说，臭氧浓度越高，杀菌作用越强。随着水温的增加，臭氧的杀菌效果也加强。但和其他消毒剂相比，臭氧的消毒效果受温度影响较小。若水温在 4～6℃时臭氧的杀菌作用为 1，则在 8～21℃时为 1.6，在 36～38℃时为 3.2。当水的 pH 值高时，杀菌效果不好，应增加臭氧投放量，水的浊度对臭氧杀菌有一定的影响，浊度在 5mg/L 以下，则影响不大。

3. 臭氧在冷却水中缓蚀与阻垢机理

（1）臭氧防腐机理

冷却水系统腐蚀主要是由于水中存在的溶解氧与金属反应形成的化学和电化学腐蚀。实验表明，臭氧是一种强氧化剂，其抑制腐蚀的机理与铬酸盐缓蚀剂的作用大致相似，主要原因是由于冷却水中活泼的氧原子与亚铁离子反应后，在阳极表面形成一层含 γ-Fe_2O_3 的氧化物钝化膜。这种膜薄、密实且与金属结合牢固，能阻碍水中的溶解氧扩散到金属表面，从而抑制腐蚀反应的进行。同时，由于这种氧化膜的产生，使金属的腐蚀电位向正方向移动，迅速降低了腐蚀速率。

另一方面，臭氧法水处理不需向水中投加药剂，使排污量减少，盐分的浓缩倍数高，循环水的 pH 值维持在 8～9 之间，属弱碱性，减轻了腐蚀作用。

（2）臭氧阻垢机理

臭氧与水分子接触后，会立即发生还原反应，产生单原子氧（O）和羟基（OH）：

$$O_3 \rightarrow O_2 + (O)$$

$$(O) + H_2O \rightarrow 2OH$$

羟基（OH）是一种引发剂，能引发有机物发生连锁反应：

$$OH + RH \rightarrow R \cdot + H_2O$$

$$R \cdot + O_2 \rightarrow RO_2.$$

$$RO_2 \cdot + RH \rightarrow ROOH + R$$

$$ROOH \rightarrow CO_2$$

因此，臭氧的强氧化性有效地控制了循环水中微生物的生长，减轻了生物污垢及其引起的垢下腐蚀。臭氧不能直接氧化钙、镁盐类的水垢成分，只能氧化垢层基质中有机物成分，使垢层变松脱落，从而起到阻垢的作用。

4. 臭氧发生器在空调冷却水系统中的应用

空调冷却水系统一般连续投加臭氧，臭氧发生器可与循环水泵联动。连续投加的臭氧量非常小，$1m^3/h$ 的冷却水中加入 0.1g/h 的臭氧即可。由于空调冷却水在循环回路中每循环一次，一般为几分钟，不会超过 60min，根据经验可只有一个臭氧注入点。投加点可设在循环水泵的出口或冷却塔水盘中。

（1）投加点设在循环水泵出口（见图 7-5）

臭氧发生器设在机房内，不需要特别保护，但由于设置了引射水泵，增加了水泵耗电量。引射水泵及文丘里臭氧注射器的选择需要进行计算。一般情况下，引射水泵及文丘里臭氧注射器由臭氧发生器制造商配套供应，设计人员只需按循环水流量 Q 选择臭氧发生器的产气量（$0.1Q$）即可。

（2）投加点设在冷却塔水盘中（见图 7-6）

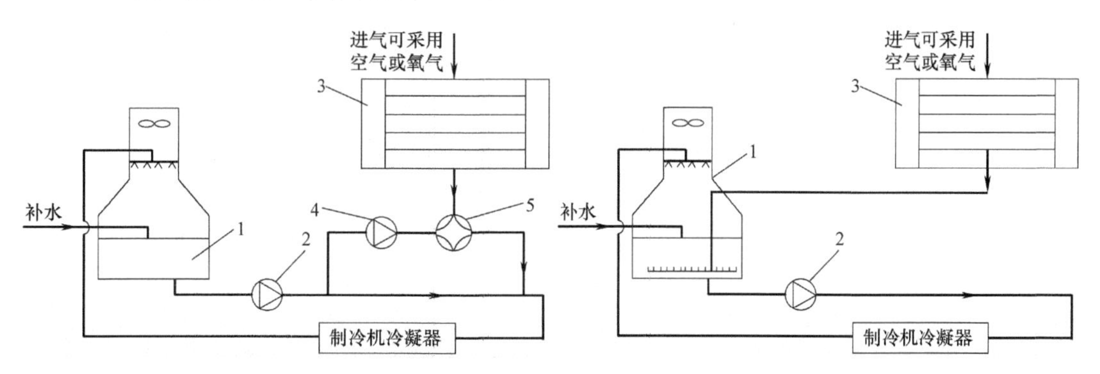

图 7-5　臭氧发生器设在水泵出口

1—冷却塔；2—冷却水循环水泵；3—臭氧发生器；4—引射水泵；5—文丘里臭氧注射器

图 7-6　臭氧发生器设在冷却塔中

1—冷却塔；2—冷却水循环水泵；3—臭氧发生器

这种投加方式设计、安装十分简便，运行费用低，不需要设引射水泵及臭氧注射器，但臭氧发生器需要靠近冷却塔设置，需要加设防雨措施。臭氧发生器的产生量按 0.1Q 选取，Q 为循环水泵流量。

臭氧法水处理作为单一使用的水处理方法，应用于空调冷却水循环中，具有良好的杀菌、防腐、阻垢功能，它既能减轻由于腐蚀、污垢造成的能源浪费，又能消除军团病菌。因此，在空调冷却水系统中，具有很好的应用前景。

第三节　冷冻水系统及设备

经制冷机（或换热器）制得的冷冻水（或热水）由水泵送到空调系统，放出冷量（或热量）后，再回到制冷机（或换热器）中进行制冷（或制热），如此循环便是冷冻水系统的工作过程。

一、冷冻水系统形式

冷冻水系统根据不同情况可分为不同形式，其形式及特点见表 7-1。最常见的中央空调冷冻水系统是闭式循环系统。

二、软化水设备

为了防止系统及设备结垢，通常冷冻水采用软化水。软化处理最常用的方法是阳离子交换法，而又以钠离子交换最为常用。

（一）钠离子交换原理

在离子交换器中装有钠型树脂，硬水流过树脂层后，水中的 Ca^{2+}，Mg^{2+} 被树脂中的 Na^{+} 置换而软化。离子交换剂往往都是很复杂的化合物，常以 R^{-} 表示离子交换剂中的复杂成分，那么，作 Na^{+} 交换用的钠型树脂的分子式，可用 NaR 表示。钠离子交换软化的化学反应式可写为：

$$Ca(HCO_3)_2+2NaR \rightarrow CaR_2+2NaHCO_3$$

$$Mg(HCO_3)_2+2NaR \rightarrow MgR_2+2NaHCO_3$$

$$CaSO_4+2NaR \rightarrow CaR_2+Na_2SO_4$$

$$CaCl_2+2NaR \rightarrow CaR_2+2NaCl$$

$$MgSO_4+2NaR \rightarrow MgR_2+Na_2SO_4$$

$$MgCl_2+2NaR \rightarrow MgR_2+NaCl$$

从以上反应式可以看出，水中 Ca^{2+}，Mg^{2+} 被 Na^{+} 置换出来以后，就存留在交换剂中，而交换剂就由 NaR 变成 CaR_2 或 MgR_2。当钠离子交换剂中的 Na^{+} 全部被 Ca^{2+}，Mg^{2+} 置换后（即离子交换剂都变成 CaR_2 或 MgR_2 后），交换剂就失效，不再起软化作用，这时就要用食盐水进行还原。即再用 Na^{+} 把交换剂中的 Ca^{2+}，Mg^{2+} 置换出来：

$$CaR_2+2NaCl \rightarrow 2NaR+CaCl_2$$

$$MgR_2+2NaCl \rightarrow 2NaR+MgCl_2$$

经还原以后，离子交换剂又成为 NaR，则可恢复其置换 Ca^{2+}，Mg^{2+} 的能力，而重新起软化水的作用。

经 Na^{+} 交换的水，暂时硬度（碳酸盐）都变成 $NaHCO_3$ 等钠的碳酸盐。原来暂时硬度是碱，经钠离子交换后仍是碱。所以，钠离子交换只能软化水，但不能除碱，即经钠离子交换前后水的碱度没有变化。

（二）钠离子交换器的构造

钠离子交换器的构造如图 7-7 所示，生水管引入后，在交换器的顶部有水的分配漏斗 1，使水分配均匀。盐水密度大，同时送入的速度较小，故不能用分配漏斗分配盐液，否则盐液便形成一股液流，交换剂层有的部位就不能还原。盐液送入后进入一环形管 2，在环形管上装有很多使盐液喷散用的喷嘴 3。4 为离子交换剂层，5 为砂层，砂层下为泄水装置 6，泄水装置以下为混凝土层 7。为了排除空气，在交换器顶部有排气管 8。

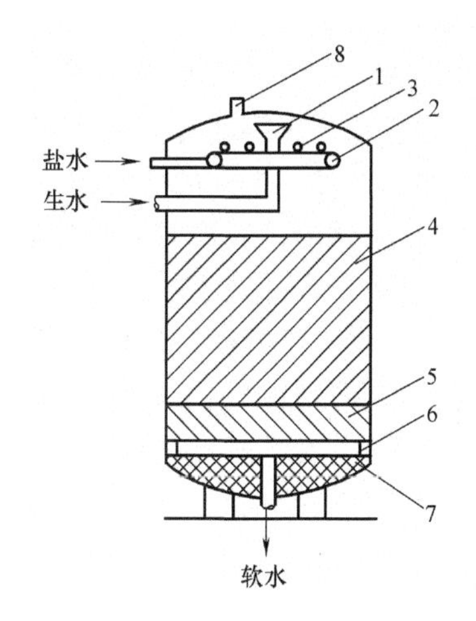

图 7-7　离子交换器的构造

1—分配漏斗；2—环形管；3—喷嘴；4—交换剂层；5—砂层；6—泄水装置；7—混凝土层；8—排气管

泄水装置包括集水管，由集水管向两边引出很多平行的泄水管，泄水管的管端封闭。泄水管上部均匀分布地焊着许多支管头，在支管头上用螺丝拧紧由塑料做成的泄水罩（常称水帽）。

泄水罩上有很多缝隙或小孔，水可以从缝隙或小孔流入泄水管，但砂粒则不能通过。用缝隙式泄水罩时，交换器内可不设砂层。软水由集水管从交换器底部引出。

水的分配漏斗最大截面积应为交换器截面积的 2%～4%；漏斗上口至交换器封头顶的距离为 100～150mm。有的交换器盐水的环形管上没有喷嘴，而只是钻有孔眼，孔径一般为 10～20mm，孔的总面积应使盐水流速控制在 1～1.5m/s。环形管上孔眼的喷射力不能过强，其距软化剂表面的距离也不可太近，否则都易使软化剂表面冲成凹凸不平，影响软化及还原效果，故有的交换器的环形管的孔眼做成向上喷射，但这样做，反冲时杂质又易堵塞孔眼。环形管中心圆的直径可采取软化器直径的一半。交换器的直径在 1m 左右的，环形管直径采用 25～40mm 的管子；交换器直径大的软化器可用 50mm 的管子。

离子交换器常用规格有 $\Phi500$、$\Phi750$、$\Phi1000$、$\Phi1500$、$\Phi2000$ 及 $\Phi2500$。交换剂层高度有 1.5m、2m 及 2.5m。

钢质离子交换器，用树脂为交换剂时，交换器的内壁必须采取防腐措施，以防树脂“中毒”及罐体腐蚀。防腐常用的方法有：

1. 橡胶衬里，就是将天然橡胶敷设于交换器的内壁上做成衬里。这种防腐方法效果好，但不是一般单位都能自行敷设，并且费用较高。

2. 涂以环氧树脂涂料，这种涂料配方很多，现举一例说明其配方及配料顺序。配方如下：

6101 环氧树脂	50g
邻苯二甲酸二丁酯	5g
乙二胺	3g

配料顺序：先将邻苯二甲酸二丁酯加入 6101 环氧树脂中，边滴边拌均匀。然后再加入乙二胺搅拌成糊状待用。

3. 涂以聚氨树脂涂料，其配方也很多。现以某厂的配方为例：基本配方为聚氨基甲 64%和聚氨基乙 36%，分 3 次涂，每次间隔 2～4h，每次涂时除上述基本配方外，并掺入其他材料：第一次涂掺 100%的红丹；第二次涂掺 50%的红丹和 10%～15%二甲苯；第三次涂掺 25%～30%的二甲苯。

衬胶或涂涂料前必须将交换器内壁的铁锈彻底清除干净，涂料要涂均匀，在涂涂料时要防水、防油。上述的防腐措施，同样适用于水处理车间的管道防腐。

（三）钠离子交换器的操作运行

1. 反洗（或称逆洗）

离子交换器的运行是按：反洗、还原、正洗、软化四个步骤，周期性地运行的。现按其运行次序进行讨论，先讨论关于反洗问题。

当离子交换剂失效后，就停止软化工作，由下而上进行反洗，反洗的目的是：

（1）使交换剂层翻松，为还原创造良好条件；

（2）将交换剂层表面的泥渣等污物及破碎的交换剂细小颗粒冲出。

若设有反洗水箱时，开始反洗是利用上一次还原时收集在反洗水箱中的正洗水，待正洗水耗尽后再用自来水进行反洗，以节约用水及充分利用食盐。反洗时一定要把交换剂搅松，使混浊物冲洗出来，一般反洗强度在 3～5L/(s·m^3)（相当于空罐流速 11～18m/h）。如冲洗不出混浊物，则反洗强度应加强，但反洗时发现有沉淀非常快的交换剂冲出来时，应降低反洗强度。反洗强度随交换剂的密度不同，也应有所不同。反洗要求一定的强度，若反洗水压过低，水量过小，则反洗不完全，会使交换剂的工作交换能力大为降低，或增加盐耗率。反洗强度也不可太大，否则交换剂易在反洗时流失。反洗系统出水要均匀，否则反洗强度大的地方交换剂层低，水流阻力小；反洗强度小的地方，交换剂层高，水流阻力大，造成水流短路而影响软化效果。反洗时间一般为 10～20min，正常情况反洗用水每立方米交换剂约为 2.5～3t。

若生水悬浮物很少，是特别净洁的自来水，盐水又经过机械过滤十分干净，也可不用每次还原前都反洗，而是每隔一次或两次还原进行一次反洗。并且利用反洗水箱，将前两次或三次还原后正洗时的后半段正洗水加以积存，则可节约大量自来水。

2. 还原（又称再生）

（1）还原的目的及操作。还原的目的就是使失效的离子交换剂恢复其软化能力。还原的操作方法基本上可归纳为两种：1）流动还原，即盐液以一定的速度流过交换剂层；2）浸泡还原，即将盐液加入交换器中，使交换剂层在静止的盐液中浸泡，浸泡时间各有不同，差别也很大。

根据化学的分配定律，当还原用盐浓度一定时，被还原而存在于盐液中的钙、镁离子含量，与交换剂中残存的钙、镁离子含量，有一个固定不变的平衡常数。浸泡还原达到平衡后，离子交换剂中的钙、镁离子，就不能再被盐液还原。达到平衡后，再增长浸泡时间也就没有什么意义了。而流动还原，总是由基本不含钙、镁离子的新盐液与交换剂接触，能不断地置换出交换剂中的钙、镁离子。因此，流动还原比浸泡还原的再生度高，食盐能较充分地被利用。流动还原要经过调试，确定合适的流速及盐液浓度，否则，若流速过快或过慢，盐液都不能充分被利用。

在特殊的情况下，浸泡还原的效果也可能比流动还原好。例如：流动还原调节不当时；或交换器盐液分布不好，产生偏流，采用流动还原时仅一部分失效的交换剂得到还原，总的再生度较低，采用浸泡还原再生度反而高些。但这不是流动还原本身的缺点，而是调试不当，或设备上存在缺陷。

有的单位将盐液分两次还原，第一次盐液浓度较小，第二次盐液浓度加大，这样可以提高再生度。有的单位先用废盐液还原，然后再用新盐液还原，以节约食盐。但需注意，收集废盐液时，必须把前次还原开始的废盐液排掉，只收“尾液”，因为开始时的废盐液中含钙、镁离子较多，不宜收集使用。

还原时必须注意避免交换器下部被抽空，而使空气漏入离子交换剂层之间。为此，有的在操作规程中规定：还原开始时，先打开交换器的放气阀门及排水阀门，待上部水流尽后，关闭排水阀门，打开盐水阀门，启动盐水泵。至放气阀门溢水时，关闭放气阀门，打开下端排水阀进行还原。

还原前必须检查运行中的交换器的盐水阀门是否关闭，避免盐水流入正在运行的离子交换器中，而使软水中含盐量和 Cl^- 大量增加，造成事故。

(2) 还原盐水浓度。还原用盐为工业用盐，其硬度不能过大，将食盐溶成 10%浓度溶液，其硬度应小于 40mmol/L，不溶物的量小于 2%。

钠离子交换，按理论计算食盐的单位耗量为 58.5g/mol，但实际耗量比理论耗量要大 3.5～4 倍，还原才能完全。

盐水浓度对还原效果也有影响，太稀不能还原完全，太浓又浪费食盐。常用浓度为 5%～10%，以 5%～8%为宜。若采用分段还原，即先用 3%～5%盐水还原，然后用 8%～12%盐水还原，可以提高还原效率。

3. 正洗

正洗的目的是清除残余的还原剂及还原时的生成物（$CaCl_2$ 及 $MgCl_2$ 等）。钠离子交换器，正洗速度约为 6～8m/h 左右，正洗时间为 30～40min，每立方米交换剂正洗用水约为 5m^3。

停止正洗的标准：一般规定为正洗水的残留硬度<0.15 度或<0.05mmol/L，氯根不超过原水中氯根含量。

如正洗后不立即投入运行，最好不要还原后立即正洗，或先用 20%～30%的正洗水量稍正洗一下，使交换剂浸在稀盐溶液中，停 1～2h 后再正洗；或投入运行前再正洗。

若正洗水要存集于反洗水箱中时，正洗初期的正洗水排至排水沟中。当后半段正洗水的水样中加入几滴 10%纯碱溶液（$NaCO_3$）不再混浊时，就将正洗水送入反洗水箱。

4. 软化

工作正常的离子交换器，不论进入交换器的生水硬度如何变化，其出水（软水）的残留硬度都不受影响，交换器开始运行时，软水残留硬度稍高，此情况很短时间就消失，这种现象是正常的。然后软水的残留硬度就很小，并保持平稳，直到快失效前残留硬度又稍有上升。当交换剂失效后，残留硬度迅速增高。

软化过程希望连续运行，如中断时间稍长，再进行软化，在继续软化开始时也会产生软水的残留硬度稍为升高的现象。

交换器开始运行时软水碱度和氯根都稍为升高，这与硬度的变化规律相同。开始运行的一定时间内，碱度及氯根都有波动，性能越不好的交换器波动越厉害。

软化的效果与过滤速度及交换剂的状况有关，其关系如下：

（1）过滤速度：软化时过滤速度是个很重要的因素，钠离子交换，以阳树脂为交换剂时，推荐的过滤速度如表 7-8 所示。

推荐的过滤速度 **表 7-8**

生水含盐量(mmol/L)	生水总硬度(mmol/L)	采用流速(m/h)
3	2.5	25
6	5.3	20
10.5	8.9	15
21	14.5	10

（2）交换剂及石英砂颗粒的均匀性：有时交换器内石英砂及交换剂颗粒不均匀，是使交换剂工作交换能力降低的一个原因。装石英砂时应筛分，使每层砂粒都均匀；装交换剂时应使 0.25mm 以下粉粒不超过 5%，每装 750～1000mm 高时，用水自下而上翻松，洗去粉状细粒，直到冲洗水澄清为止。然后继续装料，直至比设计高度高出 70～100mm。全部装好后再进行翻松，经过 20～25min 后慢慢停止。这叫水力分类，即最终使粗的交换剂在最下部，细的颗粒在交换剂表面，然后把最上层 50mm 左右最细的交换剂除去。

（3）软化剂“中毒”：即生水中 Al^{3+}、Fe^{3+} 等阳离子量多，这些离子电荷量最大，与软化剂化合力最强，离子交换剂吸收这些阳离子后有部分是不可逆的，化合后难再分离，而使这部分交换剂失去软化、还原作用。“中毒”后必须用 1%～2%的酸冲洗，用 H^{+} 才能置换掉 Al^{3+}、Fe^{3+}。

软化时必须进行化验控制。在软化前，进行 2～3min 的校核性正洗，使 Cl^{-} 达到标准再投入运行，这种做法是较好的。软化时软水的氯根及碱度可以每班分析一次。生水的氯根、硬度、碱度最好每班也分析一次。软水的硬度要经常化验。

三、定压装置

（一）开式高位膨胀水箱

适用于中小型低温水供暖及空调系统，膨胀水箱规格见表 7-9，其构造见相关国家标准图。

膨胀水箱设计安装要点：

1. 膨胀水箱安装位置，应考虑防止水箱内水的冻结。若水箱安装在非供暖的房间内时，应考虑保温。

2. 膨胀管在机械循环系统中接至系统定压点，一般接至水泵入口前。循环管接至系统定压点前的水平回水干管上，该点与定压点之间应保持不小于 1.5～3m 的距离。

3. 膨胀管、溢流管和循环管上严禁安装阀门，而排水管和信号管上应设置阀门。

4. 设在非供暖房间的膨胀管、信号管和循环管均应保温。

膨胀水箱规格表 **表 7-9**

型号	方形					圆形			
	公称容积（m^3）	有效容积（m^3）	外形尺寸(mm)			公称容积（m^3）	有效容积（m^3）	筒体(mm)	
			长	宽	高			内径	高度
1	0.5	0.61	900	900	900	0.3	0.35	900	700
2	0.5	0.63	1200	700	900	0.3	0.33	800	800
3	1.0	1.15	1100	1100	1100	0.5	0.54	900	1000
4	1.0	1.20	1400	900	1100	0.5	0.59	1000	900
5	2.0	2.27	1800	1200	1200	0.8	0.83	1000	1200
6	2.0	2.06	1400	1400	1200	0.8	0.81	1100	1000
7	3.0	3.50	2000	1400	1400	1.0	1.1	1100	1300
8	3.0	3.20	1600	1600	1400	1.0	1.2	1200	1200
9	4.0	4.32	2000	1600	1500	2.0	2.1	1400	1500
10	4.0	4.37	1800	1800	1500	2.0	2.0	1500	1300
11	5.0	5.18	2400	1600	1500	3.0	3.3	1600	1800
12	5.0	5.35	2200	1800	1500	3.0	3.4	1800	1500
13						4.0	4.2	1800	1800
14						4.0	4.6	2000	1600
15						5.0	5.2	1800	2200
16						5.0	5.2	2000	1800

（二）闭式低位膨胀水箱

当建筑物顶部安装开式高位膨胀水箱有困难时，可采用气压罐方式。采用这种方式时，不仅能解决系统中水的膨胀问题，而且可与系统的补水和稳压结合起来。气压罐一般安装在空调机房内，工作原理见图 7-8。

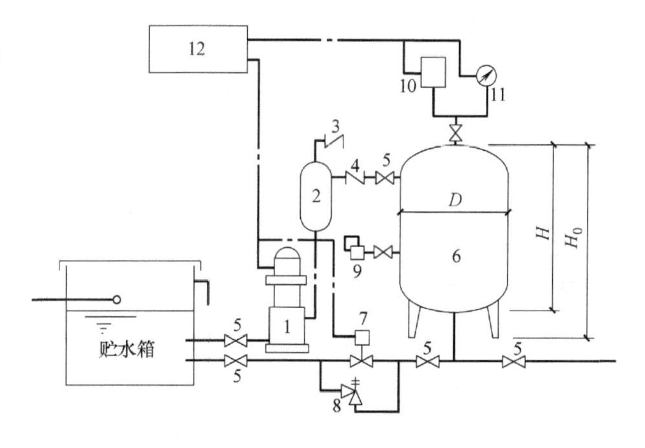

图 7-8 气压罐工作原理图

1—补给水泵；2—补气罐；3—吸气阀；4—止回阀；5—闸阀；6—气压罐；7—泄水电磁阀；8—安全阀；9—自动排气阀；10—压力控制器；11—电接点压力表；12—电控箱

气压罐工作原理：

1. 自动补水。按系统循环稳压要求，在压力控制器 10 内设定气压罐 6 的上限压力 P_2 和下限压力 P_1，一般 $P_1=P_2-(0.03\sim0.05)$ MPa。当需给系统补水时，气压罐 6 的气枕压力 P 随水位下降，当 P 下降到下限压力 P_1 时接通电机，启动水泵，把贮水箱内的水压入补气罐 2，使罐内的水位和压力上升，压力上升到上限压力 P_2 时，切断水泵电源，停止补水。此时补气罐 2 内的水位下降吸开吸气阀 3，使外界空气进入补气罐 2。在如此循环工作中，不断给系统补充所需的水量。

2. 自动排气。由于水泵每工作一次，给气压罐补气一次，罐内的气枕容积逐步扩大，水位亦逐步下降，当下降到自动排气阀 9 限定的水位时，排出多余的气体，恢复正常水位。

3. 自动泄水。当系统的热水膨胀，使热水倒流到气压罐 6 内，其水位上升时，罐内压力 P 亦上升。当压力超过静压 0.01～0.02MPa，即达到电接点压力表 11 所设定上限压力 P_4时，接通并打开泄水电磁阀 7，把气压罐内的水泄回到贮水箱。泄水到电接点压力表 11 所设定下限压力 P_3，一般取 $P_3=P_4-(0.02\sim0.04)$MPa。

4. 自动过压保护。当气压罐内的压力超过电接点压力表 11 所设定上限压力 P_4时，自动打开安全阀 8，和电磁阀 7 一同快速泄水，迅速降低气压罐压力，达到保护系统的目的，安全阀 8 的设定压力 P_5，一般 $P_5=P_4+(0.01\sim0.02)$MPa。

5. 气压罐选用。用气压罐方式代替高位膨胀水箱时，气压罐的选用应以系统补水量为主要参数选取，一般系统的补水量可取总容水量的 4%计算。

气压罐的性能规格见表 7-10。

LDP 系列气压供水设备性能表 **表 7-10**

序　号	规　格	补水量（m^3/h）	气压罐安装尺寸(mm)			可供空调面积（m^2）
			D	H	H_0	
1	LDP-1.0	1.0	800	2000	2400	15000
2	LDP-1.5	1.5	1000	2000	2400	20000
3	LDP-2.0	2.0	1200	2000	2400	25000
4	LDP-3.0	3.0	1400	2400	2800	40000
5	LDP-4.0	4.0	1600	2400	2800	50000
6	LDP-5.0	5.0	1600	2800	3200	60000
7	LDP-6.5	6.5	2000	2400	2900	70000
8	LDP-7.5	7.5	2000	2700	3200	100000
9	LDP-10	10	2000	3500	4000	120000

四、冷冻水循环泵

冷冻水循环泵同冷却水循环泵一样，一般也采用离心水泵或管道泵，请参阅本章第二节的冷却水泵部分。

第八章　中央空调的水质处理

第一节　中央空调冷冻水的水质处理

空调冷冻水通常是闭式循环系统，系统内的水一般经软化处理，又由于空调水温不是太高，因此结垢的问题相对不是太突出。但由于系统的不严密及停运时的管理不善，往往会造成管路的腐蚀。腐蚀产物有的进入水中，有的粘附在设备上，时间一长，影响了冷冻水系统的正常运行。所以，冷冻水有必要进行水质处理，以抑制和减缓问题的产生。

空调冷冻水的水质处理，除了采用软化水外，一般投加缓蚀剂或复合水处理剂。

一、缓蚀剂

（一）缓蚀剂和缓蚀率

缓蚀剂又叫腐蚀抑制剂，是一种用于腐蚀介质（例如水）中通过干扰腐蚀电化学作用从而抑制金属腐蚀的添加剂。对于一定的金属腐蚀介质体系，只要在腐蚀介质中加入少量的缓蚀剂，就能有效地降低该金属的腐蚀速度。缓蚀剂的使用浓度一般很低，冷却水中添加的缓蚀剂的浓度一般为 1～100mg/L，故添加缓蚀剂后除了其腐蚀性外腐蚀介质基本性质不发生明显变化。缓蚀剂的使用不需要特殊的附加设备，也不需要改变金属设备或构件的材质或进行表面处理，它能在金属表面形成一层连续的致密的保护膜，将金属与腐蚀介质隔绝，防止腐蚀。因此，使用缓蚀剂是一种经济效益较高且适应性较强的金属防护措施。

通常用 ε 表示缓蚀剂抑制金属腐蚀的效率——缓蚀率。缓蚀率的定义是：

$$\varepsilon=\frac{v_0-v}{v_0}\times 100$$

式中　ε——缓蚀剂的缓蚀率，%；

v——有缓蚀剂时金属的腐蚀速度；

v_0——无缓蚀剂（空白）时金属的腐蚀速度。

式中 v 和 v_0 的单位必须一致。

缓蚀率的物理意义是：与无缓蚀剂（空白）时相比，添加缓蚀剂后金属腐蚀速度降低的百分率。

（二）缓蚀剂的分类

人们常常从不同角度对缓蚀剂进行分类

1. 根据所抑制的电极过程分类

缓蚀剂的用量很少，显然它不会改变金属在介质中的腐蚀倾向，而只能减缓金属的腐蚀速度。前面已经指出，金属腐蚀是一对共轭反应——阳极反应和阴极反应。在腐蚀过程中，如果该腐蚀剂抑制了共轭反应中的阳极反应，使伊文思极化图中的阳极化曲线的斜率增大，那它就是阳极型缓蚀剂［见图 8-1（*a*）］；如果该缓蚀剂抑制了共轭反应中的阴极反应，使伊文思极化曲线的阴极斜率增加，那它就是阴极型缓蚀剂［见图 8-1（*b*）］；如果该腐蚀剂能同时抑制共轭反应中的阳极反应和阴极反应，使伊文思极化图中的阳极极化曲线和阴极极化曲线的斜率同时增大，那它就是混合型缓蚀剂［见图 8-1（*c*）］。

一般来说，阳极型缓蚀剂使金属电位 E_c 向正的方向移动［见图 8-1（*a*）］；阴极型缓蚀剂使金属的腐蚀电位 E_c 向负的方向移动［见图 8-1（*b*）］；而混合型缓蚀剂则对腐蚀电位 E_c 的影响较小，故腐蚀电位的移动很小或没有移动［见图 8-1（*c*）］。

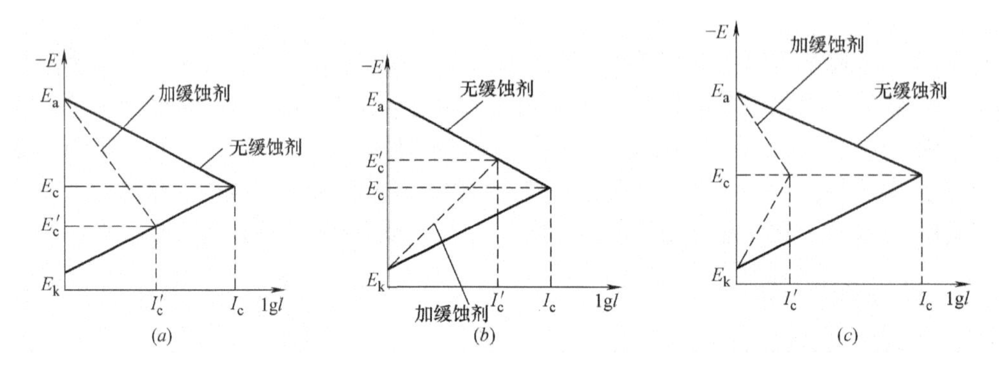

图 8-1　缓蚀剂抑制电极过程的三种类型

（*a*）阳极型缓蚀剂；（*b*）阴极型缓蚀剂；（*c*）混合型缓蚀剂

2. 根据生成保护膜的类型分类

根据缓蚀剂在保护金属过程中形成的保护膜的类型，缓蚀剂可以分为氧化膜型缓蚀剂、沉淀膜型缓蚀剂和吸附膜型缓蚀剂。各类型缓蚀剂的分类、特点及举例，如表 8-1 所示。

按形成不同的保护膜的缓蚀剂分类　　**表 8-1**

缓蚀剂分类		缓蚀剂举例	保护膜特点	形成的保护膜
氧化膜型		铬酸盐、钼酸盐、钨酸盐、亚硝酸盐	致密、膜较薄（3～20nm），与金属结合紧密	
沉淀膜型	水中离子型	聚磷酸盐、锌盐、硅酸盐、磷酸盐、有机磷酸盐、苯甲酸盐	多孔、膜厚、与金属结合不太紧密	
	金属离子型	巯基苯并噻唑、苯丙三氮唑、甲基苯丙三氮唑	比较致密、膜较薄	
吸附膜型		硫醇类有机胺类、木质素类化合物、葡萄糖酸钠、其他表面活性剂	在非清洁表面上吸附性差，成膜效果不良	

氧化膜型缓蚀剂可以使钢铁表面氧化，生成主要成分为 $\gamma\text{-}Fe_2O_3$ 的保护膜，其厚度通常为几十埃（Å，$1Å=10^{-10}m$，下同），从而抑制了钢铁的腐蚀。由于它们具有钝化作

用，能使钢铁钝化，故又称为钝化剂。氧化膜型缓蚀剂的防腐效果很好，但是如果添加量不足，无法使阳极完全钝化，则腐蚀会发生在未钝化的部位，从而引起点蚀，因此此类缓蚀剂用量较多，当水中含有还原性物质时，要消耗更多的缓蚀剂。

沉淀膜型缓蚀剂能与介质中的有关离子反应，并在金属表面上沉淀形成防腐蚀的沉淀物或表面络合物，阻止金属继续腐蚀。沉淀膜的厚度一般都比钝化膜厚，约为几百到一千埃，且其致密性和附着力比钝化膜差，所以其保护效果比氧化膜要差一些。

吸附膜型缓蚀剂都是有机化合物，其分子结构中有可吸附在金属表面的亲水基团和遮蔽金属表面的疏水基团。亲水基团能吸附在金属表面，而疏水基团阻止水和溶解氧向金属扩散，从而形成一层屏蔽层或阻挡层，抑制了金属的腐蚀。吸附膜的厚度是分子级的厚度，它比氧化膜更薄。此类缓蚀剂在循环冷却水系统中并不常见，在酸性溶液例如酸洗溶液中得到广泛应用。

3. 根据其他分类

按用途的不同，可以把缓蚀剂分为冷却水缓蚀剂、油气井缓蚀剂、酸洗缓蚀剂、锅炉水缓蚀剂等。

按药剂的化学组成，可把缓蚀剂分为有机缓蚀剂和无机缓蚀剂。

按使用时的相态，可把缓蚀剂分为气相缓蚀剂、液相缓蚀剂和固相缓蚀剂。

按被保护材质的种类，可把缓蚀剂分为钢铁缓蚀剂、铜及铜合金缓蚀剂、铝及铝合金缓蚀剂、钛缓蚀剂、水泥浆（混凝土）缓蚀剂等。例如，用缓蚀剂控制冷却水中金属的腐蚀时，应该根据冷却水系统中换热器的材质选用相应金属的缓蚀剂作为冷却水缓蚀剂。

按照保护系统的不同，可把缓蚀剂分为冷却水缓蚀剂、锅炉缓蚀剂、饮用水缓蚀剂、酸洗缓蚀剂、盐水缓蚀剂、油田（注水）缓蚀剂。

按使用的腐蚀介质的 pH 值，可以把缓蚀剂分为酸性介质用的缓蚀剂、中性介质用的缓蚀剂和碱性介质用的缓蚀剂。冷却水的运行 pH 值通常在 6.0～9.5 之间，基本上属于中性，故冷却水缓蚀剂属于中性介质用的缓蚀剂。

二、复合水处理剂

目前，人们常把具有缓释和阻垢作用的两种或两种以上的药剂复配混合后的药剂称为复合水处理剂，用来同时控制系统中的腐蚀和沉积物。

（一）复合水处理剂的优点

与单一水处理药剂相比，复合水处理药剂具有很多优点：其中的缓蚀剂与缓蚀剂、缓蚀剂与阻垢剂之间往往存在协同作用或增效作用；可用于同时控制多种金属材质的腐蚀及污垢的产生；可用于简化加药的手续。

（二）典型的复合水处理剂

这里仅介绍国内外使用过或推荐使用的控制循环水系统中腐蚀与结垢的复合水处理药剂。

1. 磷系复合药剂

（1）聚磷酸盐＋锌盐。聚磷酸盐＋锌盐复合水处理剂是一种阴极型缓蚀剂。使用时水的 pH 值应控制在 6.8～7.2。该配方的特点是同时具有聚磷酸盐成膜牢固和锌盐成膜快的特点，适用于腐蚀性水质。

(2) 聚磷酸盐＋锌盐＋唑类化合物。掺加唑类化合物是为了保护铜及铜合金，同时防止产生坑蚀，常用的唑类化合物为苯并三氮唑和巯基苯并噻唑，这两种都是有效的铜缓蚀剂，运行 pH 值为 5.5～10。

(3) 聚磷酸盐＋聚丙烯酸。主要用于处理结垢趋势不大的循环水。

(4) 六偏磷酸钠＋钼酸钠。可以形成阴极和阳极共用的防护膜，大大提高了缓蚀效果，防止点蚀的产生。钼酸盐的毒性小，不会污染环境。该配方在温度高于 70℃，pH 值在 9 以上的水中效果最好。

(5) 聚磷酸盐＋磷酸盐＋聚羧酸盐。这种水处理剂可以在较宽的范围内使用，尤其在碱性条件下，能有效阻止碳酸钙和磷酸钙的沉淀。

(6) 锌盐＋磷酸盐。锌盐＋磷酸盐所适用的 pH 值范围较宽，上限可达 9.0。它对碳钢有很好的保护，同时有低浓度阻垢作用。

2. 有机膦系复合药剂

(1) 有机膦酸盐＋锌盐。35～40mg/L 的有机膦酸盐与 10mg/L 的锌盐配伍，在 pH 值为 6.5～7.0 的条件下可以有效控制金属腐蚀。需要注意的是：pH 值必须小于 8.5，材料是合金时，不能大于 6.5；不宜在腐蚀性严重的冷却水系统中应用；不适用于封闭的冷却水系统；水温不宜大于 40℃。

(2) 巯基苯并噻唑＋有机膦酸盐＋锌盐＋聚丙烯酸盐。适用于钙硬度不大于 400 mg/L 的冷却水系统中。巯基苯并噻唑推荐使用浓度为 1～2mg/L，有机膦酸盐 8～10mg/L，锌盐 3～5mg/L，聚丙烯酸盐 3～5mg/L。

3. 其他复合药剂

(1) 铬酸盐＋锌盐。这种复合水处理药剂除了能保护碳钢外，还能保护铜合金、铝合金和镀锌钢材。它可用来降低多金属系统的均匀腐蚀和电偶腐蚀，在较高温度下也可使用。

铬酸盐＋锌盐用于处理 pH 值为 5.5～7.0 范围内的水质，其推荐的控制条件如表 8-2 所示。

铬酸盐＋锌盐复合水处理剂控制条件 **表 8-2**

pH 值	[Zn^{2+}]	[CrO_4^{2-}]	钙硬度
7.0～7.5	3.0～3.5mg/L	20～25mg/L	≤800mg/L

(2) 铬酸盐＋锌盐＋磷酸盐。铬酸盐＋锌盐＋磷酸盐复合水处理剂可以提高水中锌的稳定性，可使 pH 值范围扩展到 9.0，可以减轻微生物引起的腐蚀和黏泥。

(3) 多元醇膦酸酯＋锌盐＋木质素磺酸盐。此复合药剂适用于产生大量污泥的循环水系统，使用浓度为 40～50mg/L，pH 值可提高到 8 左右。

(4) 亚硝酸钠＋硼酸盐＋有机物。该药剂主要用于闭式循环冷却水系统中，pH 值范围为 8.5～10。

(5) 有机聚合物＋硅酸盐。这种复合药剂对杀生剂无影响，适用于 pH 值为 7.5～9.5 的冷却水系统，高温 70～80℃和低流速运行条件下也不会发生结垢现象。

(6) 锌盐＋水解聚马来酸酐。水解聚马来酸酐是一种有效的阻垢剂，主要用于结垢严重的冷却水循环系统，运行 pH 值控制在 8.5 以下，不宜用于硬度偏低且具有腐蚀趋势的冷却水系统。

(7) 羟基亚乙基二膦酸钠+水解聚马来酸酐。缓蚀阻垢效果好，加药量少，成本低，药效稳定且停留作用时间长，不会引起菌藻问题。

(8) 钼酸盐+葡萄糖酸盐+锌盐+聚丙烯酸盐。对不同水质适应性强，缓蚀阻垢效果较好，耐热性好，克服了单独使用聚磷酸盐产生的菌藻繁殖问题。适用的 pH 值范围为 8~8.5，水中所含氯离子和硫酸根离子的总浓度不大于 400mg/L。

(9) 硅酸钠+聚丙烯酸钠。对环境产生的污染小，成本低。

(10) 钼酸盐+聚磷酸盐+聚丙烯酸盐+苯并三氮唑。对不同水质适应性较强，操作简单，成本低。

(三) 复合药剂选用规则

用于中央空调水处理的化学药剂种类繁杂，作用效果也各不相同。针对不同的中央空调水系统，选择合适的药剂，要遵循以下几个原则。

1. 根据水质特性，先进行模拟试验筛选合适的复合药剂，在实际添加过程中，再考虑实际运行情况，视药剂的效果对组分配比和投入量进行调整。

2. 注意组分之间的协同效应，优先采用具有增效作用的配方，以增加药效，降低药剂损耗。

3. 考虑复合药剂的使用成本。

4. 注意复合药剂组分之间以及与杀生剂之间是否相容。

5. 复合水处理剂的使用不会造成换热表面换热系数降低。

6. 含有复合水处理剂的冷却水在排放后是否符合环保规定，是否对环境造成污染。

第二节 空调冷却水中的沉积物及其控制

一、循环冷却水系统中的沉积物

循环冷却水系统在运行过程中，会有各种物质沉积在换热器的传热管表面。这些物质统称为表面沉积物，它们主要由水垢、淤泥、腐蚀产物和生物沉积物构成。通常，人们把淤泥、腐蚀产物和生物沉积物三者统称为污垢。

(一) 水垢

天然水中溶解有各种盐类，如重碳酸盐、硫酸盐、氯化物、硅酸盐等。其中以溶解的重碳酸盐［如 $Ca(HCO_3)_2$、$Mg(HCO_3)_2$］为最多，也最不稳定，而且容易分解生成碳酸盐。因此，如果使用含重碳酸盐较多的水作为冷却水，当它通过换热器传热表面时，会受热分解。

$$Ca(HCO_3)_2 = CaCO_3\downarrow + H_2O + CO_2\uparrow$$

冷却水中通过冷却塔相当于一个曝气过程，溶解在水中的 CO_2 会逸出，因此，水的 pH 值会升高。此时，重碳酸盐在碱性条件下也会发生如下反应：

$$Ca(HCO_3)_2 + 2OH^- = CaCO_3\downarrow + 2H_2O + CO_3^{2-}$$

当水中溶有氯化钙时，还会产生如下反应：

$$CaCl_2 + CO_3^{2-} = CaCO_3 \downarrow + 2Cl^-$$

如水中溶有适量的磷酸盐时，磷酸根将与钙离子生成磷酸钙，其反应为：

$$2PO_4^{3-} + 3Ca^{2+} = Ca_3(PO_4)_2 \downarrow$$

上述一系列反应中生成的碳酸钙和磷酸钙均属微溶性盐，它们的溶解度比氯化钙和重碳酸钙要小得多。在20℃时，氯化钙的溶解度只有37700mg/L，在0℃时，重碳酸钙的溶解度是2630mg/L，而碳酸钙的溶解度只有20mg/L，磷酸钙的溶解度更小，是0.1mg/L。此外，碳酸钙和磷酸钙的溶解度与一般盐类不同，它们不是随着温度的升高而升高，而是随着温度的升高而降低。因此，在换热器的换热表面上，这些微溶性盐很容易达到过饱和状态而从水中结晶析出。当水流速度比较小或传热面比较粗糙时，这些结晶沉积物就容易沉积在传热表面上。

此外，水中溶解的硫酸钙、硅酸钙、硅酸镁等，当其阴阳离子浓度的乘积超过其本身溶度积时，也会生成沉淀沉积在传热表面上。

这类沉积物通常被称为水垢。因为这些水垢都是由无机盐组成，故又称为无机垢；由于这些水垢结晶致密，比较坚硬，故还称为硬垢。它们通常牢固地附着在换热器表面上，不易被水冲洗掉。

大多数情况下，换热器传热表面上形成的水垢是以碳酸钙为主的。这是因为硫酸钙的溶解度远远大于碳酸钙。例如在0℃时，硫酸钙的溶解度是1800mg/L，比碳酸钙约大90倍，所以碳酸钙比硫酸钙更易析出。同时天然水中溶解的磷酸盐较少，因此，除非向水中投加过量的磷酸钙，否则磷酸钙水垢将较少出现。

（二）污垢

污垢一般是颗粒细小的泥砂、尘土、不溶性盐类的泥状物、胶状氢氧化物、杂物碎屑、腐蚀产物、油污，特别是菌藻的尸体及其黏性分泌物等。水处理控制不当，补充水浊度过高，细微泥砂、胶状物质等带入冷却水系统，或者菌藻杀灭不及时，或腐蚀严重、腐蚀产物多以及操作不慎，油污、工艺产物等泄漏入冷却水中，都会加剧污垢的形成。当这样的水质流经换热器表面时，容易形成污垢沉积物，特别是当水走壳层，流速较慢的部位污垢沉积更多。由于这种污垢体积较大、质地疏松稀软，故又称为软垢。它们是引起垢下腐蚀的主要原因，也是某种细菌如厌氧菌生存和繁殖的温床。

由于污垢的质地松散稀软，所以它们在传热表面上粘附不紧，容易清洗，有时只需用水冲洗即可除去。但在运行中，污垢和水垢一样，也会影响换热器的传热效率。

当防腐措施不当时，换热器的换热管表面经常会有锈瘤附着，其外壳坚硬，但内部疏松多孔，而且分布不均。它们常与水垢、微生物黏泥等一起沉积在换热器的传热表面。这类锈瘤状的腐蚀产物形成的沉积物除了影响传热外，更严重的是将助长某些细菌如铁细菌的繁殖，最终导致管壁腐蚀穿孔而泄漏。

二、循环冷却水中沉积物的控制

（一）水垢的控制

前面已经讨论过，冷却水中如无过量的PO_4^{3-}或SiO_2，则磷酸钙垢和硅酸盐垢是不容易生成的。循环冷却水系统中最易生成的水垢是碳酸钙垢，因此在谈到水垢控制时，主要是指如何防止碳酸盐水垢的析出。

考虑控制方案时要结合循环水量大小、要求如何、药剂来源等，因地制宜地选择控制方案。

控制水垢析出的方法大致有以下几类。

1. 从冷却水中除去成垢离子

水中 Ca^{2+} 和 CO_3^{2-} 两种离子的存在是形成碳酸钙垢的主要原因，如使水软化，从水中除去 Ca^{2+} 和 CO_3^{2-}，则碳酸钙就无法结晶析出，也就形不成水垢。从水中除去钙离子的方法主要有以下两种：

（1）离子交换树脂法

离子交换树脂法就是让水通过离子交换树脂，将 Ca^{2+}、Mg^{2+} 从水中置换出来并结合在树脂上，达到从水中除去 Ca^{2+}、Mg^{2+} 的目的。软化时采用的树脂是钠型阳离子交换树脂。有关离子交换的基本原理，已在本书第六章中作专门的讨论，这里不再赘述。这种方法成本高，一般只用在补充水量较小的循环冷却水系统中。

（2）石灰软化法

补充水未进入循环冷却水系统之前，在预处理时就投加适当的石灰，让水中的碳酸氢钙与石灰在澄清池中预先反应，生成碳酸钙沉淀析出，从而除去水中的钙离子。

投加石灰所耗的成本低。原水钙含量高而补水量又较大的循环冷却水系统常采用这种方法。但投加石灰时灰尘较大，劳动条件差。如能从设计上改进石灰投加法，此法是值得采用的，尤其对暂时硬度大的结垢型原水更适用。

2. 投加阻垢剂

从水中析出碳酸钙等水垢的过程，就是微溶性盐从溶液中结晶沉淀的一种过程。按结晶动力学观点，结晶的过程首先是生成晶核，形成少量的微晶粒，然后这种微小的晶体在溶液中由于热运动（布朗运动）不断地相互碰撞，和金属器壁也不断地进行碰撞，碰撞的结果就提供了晶体生长的机会，使小晶体变成了大晶体，也就是说形成了覆盖传热面的垢层，如图 8-2 所示。

从 $CaCO_3$ 的结晶过程看，如能投加某些药剂，破坏其晶体生长，就可以达到控制水垢形成的目的。目前使用的各种阻垢剂有聚磷酸盐、有机多元膦酸、有机磷酸酯、聚丙烯酸盐等。

3. 加酸或通 CO_2

加酸或通 CO_2 的原理都是为了降低循环水的 pH 值，稳定碳酸氢盐，防止产生水垢。加酸，通常是加硫酸，加盐酸会带入 Cl^-，增大水的腐蚀性，加硝酸会促进硝化细菌的繁殖，这对循环冷却水来说都是不利的。若加酸过多，则会加速腐蚀，因此，如果采用加酸的方法控制水垢，应配备自动加酸、控制 pH 值的设备或仪表。通 CO_2 也可以稳定碳酸氢盐，但是冷却水通过冷却塔时往往有 CO_2 逸出，碳酸钙垢在冷却塔中析出，阻塞冷却塔填料之间的空隙，这种现象叫钙垢转移。根据多年实践经验，适时适量地向原水塔中补充 CO_2，并控制适当的 pH 值，可以消除钙垢转移。

（二）污垢的控制

前面已提及过，污垢的形成主要是由尘土、杂物碎屑、菌藻尸体及其分泌物和细微水垢、腐蚀产物等构成。因此，要控制好污垢，必须做到以下几点：

1. 降低补充水浊度

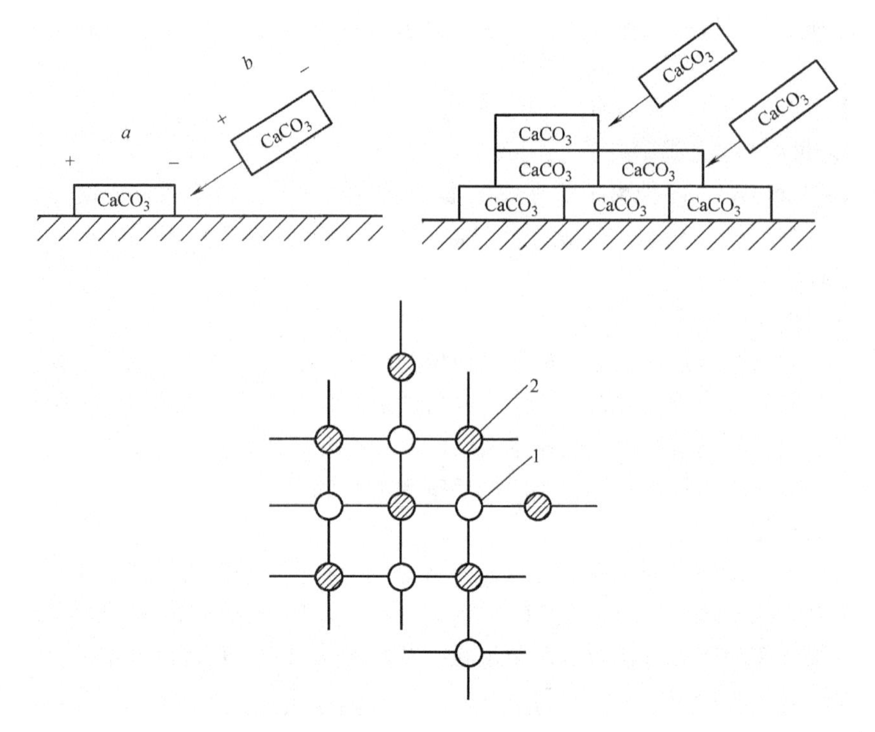

图 8-2　$CaCO_3$ 的结晶过程示意图

1—Ca^{2+}；2—CO_3^{2-}

天然水中尤其是地面水中总夹杂有许多泥砂、腐殖质以及各种悬浮物和胶体物，它们构成了水的浊度。作为循环水系统的补充水，其浊度越低，带入系统中可形成污垢的杂质就越少。干净的循环水不易形成污垢。当补充水浊度低于 5mg/L 以下时，如城镇自来水、井水等，可以不经过预处理直接进入系统。当补充水浊度高时，必须进行预先处理，使其浊度降低。为此《工业循环冷却水处理设计规范》中规定，循环冷却水中悬浮物浓度不宜大于 20mg/L。当换热器的形式为板式、翅片管式和螺旋板式时，不宜大于 10mg/L。

2. 做好循环水水质处理

冷却水在循环使用过程中，如不进行水质处理，必然会产生水垢或对设备腐蚀，生成腐蚀产物。同时，必然会有大量菌藻滋生，从而形成污垢。如果对循环水进行了水处理，但处理得不太好时，就会使原来形成的水垢因阻垢剂的加入而变的松软，再加上腐蚀产物和菌藻繁殖分泌的黏性物，它们就会粘合在一起，形成污垢。因此，做好水质处理是减少系统产生污垢的好方法。

3. 投加分散剂

在进行阻垢、防腐和杀生水质处理时，投加一定量的分散剂，也是控制污垢的好方法。分散剂能将粘合在一起的泥团杂质等分散成微粒使之悬浮于水中，随着水流流动而不在传热表面上沉积，从而减少污垢对传热的影响。同时，部分悬浮物还可随排污水排出循环水系统。

4. 增加过滤设备

即使在水质处理较好、补充水浊度也较低的情况下，循环水系统中的浊度仍会不断升高，从而加重污垢的形成。循环水系统在稳定操作情况下浊度会升高的原因是由于冷却水经过冷却塔与空气接触时，空气中的灰尘被洗入水中，特别是所在地理环境干燥、灰尘飞扬时更是明显。

第三节　空调冷却水中的金属腐蚀及其控制

从化学热力学的理论可知，几种常用金属——碳钢、铜及铜合金、铝和不锈钢在冷却水中是不稳定的。它们最终将通过腐蚀到达各自的稳定状态——腐蚀产物。为此，需要讨论循环冷却水系统中这些金属材料的腐蚀速度表示方法、腐蚀机理、腐蚀形态、腐蚀的影响因素以及腐蚀控制的指标和方法。

一、冷却水中金属腐蚀速度的表示方法

腐蚀速度又称为腐蚀速率或腐蚀率，文献中有各种腐蚀速度的表示方法和单位。

（一）腐蚀深度表示法

用单位时间内的腐蚀深度来表示金属的腐蚀速度。过去工业冷却水处理的文献中广泛使用 mpy（密耳/年）作为腐蚀速度的单位。其中的 m 代表 mil（密耳），是千分之一英寸（inch），y 则代表 year（年），故 mpy 这一单位的物理意义是：如果金属表面各处的腐蚀是均匀的，则金属表面每年的腐蚀深度将是多少 mil。

近年来随着 SI 制（国际单位制）的推广，工业冷却水处理的文献中已经采用 SI 制的 mm/a（毫米/年）和 μm/a（微米/年）作为腐蚀速度的单位。它们的物理意义是：如果金属表面各处的腐蚀是均匀的，则金属表面每年的腐蚀深度是多少 mm（毫米）或 μm（微米）。它们与 mpy 之间的换算关系如下：

$$1\text{mpy}=0.025\text{mm/a}=25\mu\text{m/a}$$

（二）质量变化表示法

用单位时间单位面积上质量的变化来表示，常用的单位是 mg/(dm^2·d)［毫克/(分米^2·天)］，简写为 mmd；有时也用 g/(m^2·h)［克/(米^2·时)］或 g/(m^2·d)［克/(米^2·天)］来表示。

（三）机械强度表示法

适用于对某些特殊腐蚀类型的表示，如气蚀和应力腐蚀开裂等，前两种方法不能确切反映的，可用机械强度的变化来表示。这些特殊类型的腐蚀往往伴随着机械强度的降低，因此可以测试腐蚀前后机械强度的变化，如张力、压力、弯曲或冲击等极限值的降低率来表示腐蚀速度。

（四）腐蚀电流密度表示法

通过电化学测试方法采用腐蚀电流密度来表示腐蚀速度。常用的单位有 μA/cm^2（微安/厘米^2）。与毫米/年的换算关系如下：

$$1\mu\text{A/cm}^2=0.0117\text{mm/a}$$

上述四种腐蚀速度的表示方法中，一般常用的是腐蚀深度法和质量变化法两种。

二、冷却水中金属腐蚀的机理

工业冷却水系统中大多数的换热器是由碳钢制造的，因此以碳钢作为金属的代表讨论金属在水中的腐蚀机理。

由于种种原因，碳钢的金属表面并不是均匀的。当它与冷却水接触时会形成许多微小的腐蚀电池（微电池）。其中活泼的部位成为阳极，腐蚀学上把它称为阳极区；而不活泼的部位则称为阴极，腐蚀学上把它称为阴极区。

在阳极区碳钢氧化生成亚铁离子进入水中，并在碳钢的金属基体上留下两个电子。与此同时，水中的溶解氧则在阴极区接受从阳极区流过来的两个电子，还原为 OH^-。这两个电极反应可以表示为：

在阳极区 $$Fe \rightarrow Fe^{2+} + 2e$$

在阴极区 $$\frac{1}{2}O_2 + H_2O + 2e \rightarrow 2OH^-$$

当亚铁离子和氢氧根离子在水中相遇时，就会生成 $Fe(OH)_2$ 沉淀。

$$Fe^{2+} + 2OH^- \rightarrow Fe(OH)_2 \downarrow$$

图 8-3 为碳钢在含氧中性水中腐蚀机理的示意图。

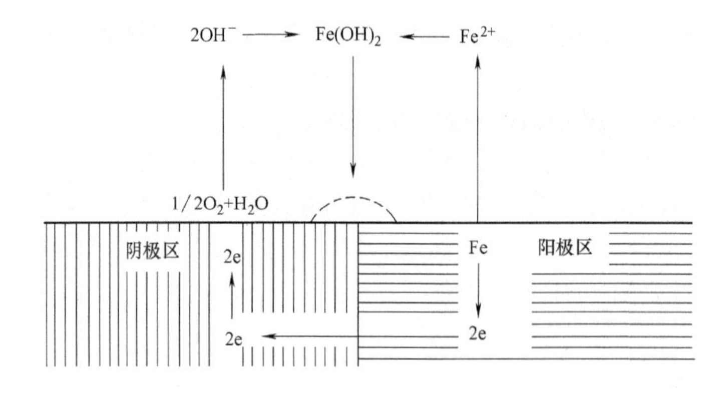

图 8-3　碳钢在含氧中性水中的腐蚀机理

阳极反应　$Fe \rightarrow Fe^{2+} + 2e$

阴极反应　$1/2O_2 + H_2O + 2e \rightarrow 2OH^-$

沉淀反应　$Fe^{2+} + 2OH^- \rightarrow Fe(OH)_2 \downarrow$

总反应　$Fe + 1/2O_2 + H_2O \rightarrow Fe(OH)_2 \downarrow$

如果水中的溶解氧比较充足，则 $Fe(OH)_2$ 会进一步氧化，生成黄色的锈 $Fe_2O_3 \cdot H_2O$，而不是 $Fe(OH)_3$。如果水中的氧不足，则 $Fe(OH)_2$ 进一步氧化为绿色的水合四氧化三铁或黑色的无水四氧化三铁。

由以上的金属腐蚀机理可知，造成金属腐蚀的是金属的阳极溶解反应。因此，金属的腐蚀破坏仅出现在腐蚀电池中的阳极区，而腐蚀电池的阴极区是不腐蚀的。

孤立的金属腐蚀时，在金属表面上同时以相等速度进行者一个阳极反应和一个阴极反应的现象称为电极反应的耦合。互相耦合的反应称为共轭反应，而相应的腐蚀体系则称为共轭体系。在共轭体系中，总的阳极反应速度与总的阴极反应速度相等。此时，阳极反应释放出的电子恰好为阴极反应所消耗，金属表面没有电荷的积累，故其电极电位也不随时间而变化。金属腐蚀时的电极电位称为腐蚀电位。

从以上的讨论可以看到，在腐蚀控制中只要控制腐蚀过程中的阳极反应和阴极反应两者中的任意一个电极反应的速度，则另一个电极反应的速度也会随之而受到控制，从而使整个腐蚀过程的速度受到控制。

三、冷却水中金属腐蚀的影响因素

不同冷却水系统中金属的腐蚀形态和腐蚀速度是不同的。为此，需要了解冷却水系统中影响腐蚀的各种因素，知道哪些因素是促进腐蚀的，哪些因素是可以抑制腐蚀的，从而设法避开不利的因素，利用有利的因素，以减轻和防止冷却水中金属设备的腐蚀。

冷却水中金属换热设备腐蚀的影响因素很多，概括起来可以分为化学因素、物理因素和微生物因素。本节仅讨论其中的一些化学因素和物理因素，微生物方面的因素则在下一节中进行讨论。

（一）pH 值

冷却水的 pH 值对于金属腐蚀速度的影响往往取决于该金属的氧化物在水中的溶解度对 pH 值的依赖关系。因为金属的耐腐蚀性能与其表面上的氧化膜的性能密切相关。

如果该金属的氧化物溶于酸性水溶液而不溶于碱性水溶液，例如镍、铁、镁等，则该金属在低 pH 值时就腐蚀得快一些，而在高 pH 值时就腐蚀得慢一些。必须指出的是，将铁列入这一类金属是有条件的，因为 pH 值在 4～10 之间，腐蚀速率基本不变，pH 大于 10 时，铁表面钝化，腐蚀速度降低。而在 pH 小于 4 时，铁表面保护膜溶解发生析氢反应，腐蚀加剧。图 8-4 中示出了充气软水的 pH 值对铁的腐蚀速度影响的情况。

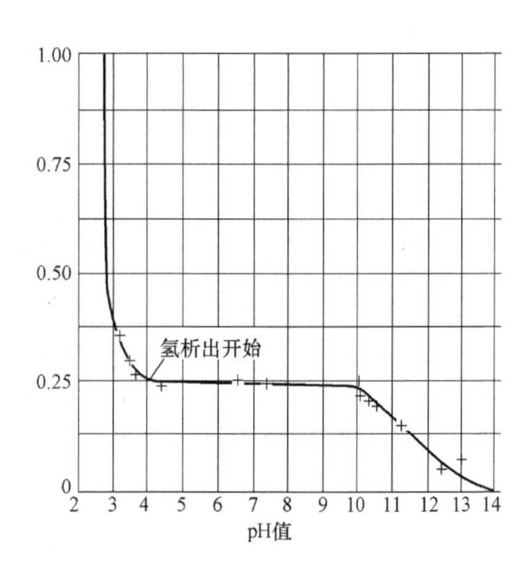

图 8-4　软水的 pH 值对铁腐蚀速度的影响

有些金属的氧化物既溶于酸性水溶液中，又溶于碱性水溶液中。这些氧化物被称为两性氧化物，而这些金属则被称为两性金属，例如铝、锌、铅和锡。这些金属在中间的 pH 值范围内具有最高的腐蚀稳定性。图 8-5 中示出的水溶液的 pH 值对铝腐蚀速度的影响，可以作为水的 pH 值对两性金属腐蚀速度影响的一个例子。

（二）阴离子

金属的腐蚀速度与水中阴离子的种类有密切关系。水中不同的阴离子在增加金属腐蚀速度方面具有以下的顺序：

$$NO_3^- < CH_3COO^- < SO_4^{2-} < Cl^- < ClO_4^-$$

冷却水中的 Cl^-、Br^-、I^-、SO_4^{2-} 等活性离子能破坏碳钢、不锈钢和铝等金属或合金表面的钝化膜，增加其腐蚀反应的阳极过程速度，引起金属的局部腐蚀。特别是 Cl^-，不仅会对不锈钢造成应力腐蚀，还会破坏金属表面的氧化膜，它是造成点蚀的主要原因。

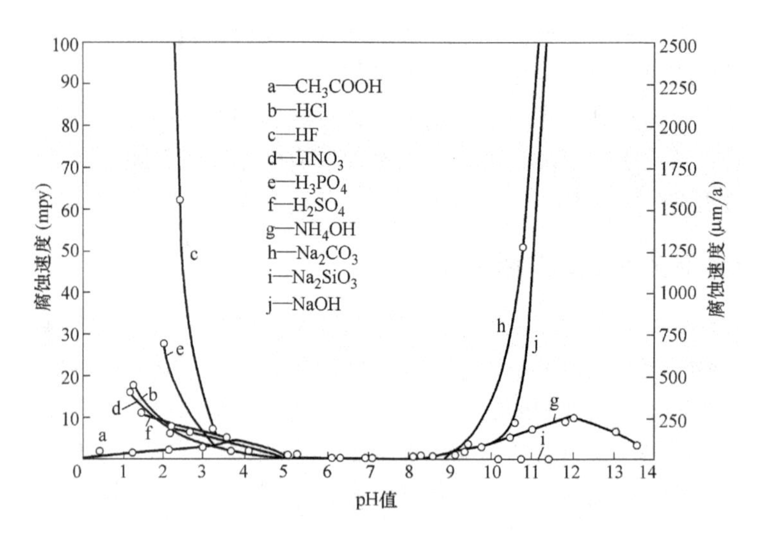

图 8-5　铝的腐蚀速度与 pH 值的关系

1mpy=0.025mm/a

水中的铬酸根、亚硝酸根、钼酸根、硅酸根和磷酸根等阴离子能钝化钢铁或生成难溶的沉淀物，对钢铁有缓蚀作用，其盐类是一些常用的冷却水缓蚀剂。

（三）络合剂

络合剂又称配体。冷却水中常遇到的络合剂有：NH_3、CN^-、EDTA 和 ATMP 等。它们能与水中的金属离子（例如铜离子）生成可溶性络离子（配离子），使水中金属离子的游离浓度降低，金属的电极电位降低（向负极方向移动），从而使金属的腐蚀速度增加。例如，冷却水中有氨存在时，由于它能与铜离子生成稳定的四氨合铜络离子 $Cu(NH3)_4^{2+}$ 而使铜加速溶解。

（四）硬度

水中钙离子浓度和镁离子浓度之和为水的硬度。钙、镁离子浓度过高时，则会与水中的碳酸根、磷酸根或硅酸根作用，生成碳酸钙、磷酸钙和硅酸镁垢，引起垢下腐蚀。

（五）金属离子

冷却水中的金属离子对腐蚀的影响大致有以下几种情况。

冷却水中的碱离子，例如钠离子和钾离子，对金属和合金的腐蚀速度没有明显或直接的影响。

铜、银、铅等重金属离子在冷却水中对钢、铝、镁、锌这几种常用金属起有害作用。水中的这些重金属离子通过置换作用，以一个个小阴极的形式析出，在比它们活泼的基体金属（钢、铝、镁、锌等）的表面，形成一个个微电池而引起基体金属的腐蚀。

在酸性溶液中，Fe^{3+} 是一种阴极反应加速剂，对阴极有着去极化的作用。某些矿物水具有强烈的腐蚀性，其原因就在于此。在中性溶液中，Fe^{2+} 却可以抑制铜和铜合金的腐蚀。

钙、锌、二价铁离子在冷却水中对钢有缓蚀作用，它们能与阴极产物 OH^- 结合产生沉淀覆盖在钢铁表面阻碍腐蚀作用，其中锌盐被广泛用作冷却水缓蚀剂。

（六）溶解的气体

1. 溶解氧

冷却水中含有丰富的溶解氧，一般情况下，O_2含量为 6～10mL/L。氧在中性水（其中包括工业冷却水）中是加速金属腐蚀的重要因素。在腐蚀着的金属表面上，它起着阴极去极化剂的作用，促进金属的腐蚀。除去氧后，水就没有腐蚀性了。

在某些情况下氧又是一种氧化性钝化剂，它能使金属钝化，生成氧化膜，免于腐蚀。

氧对水腐蚀性的影响随金属种类而变化。

（1）钢铁。在水对钢铁的腐蚀过程中，溶解氧的浓度是腐蚀速度的控制因素。图 8-6 示出了淡水中低碳钢的腐蚀速度与氧含量和温度间的关系。由图中可知，在实验的温度和氧含量的范围内，低碳钢的腐蚀速度随氧含量的增加而增加。

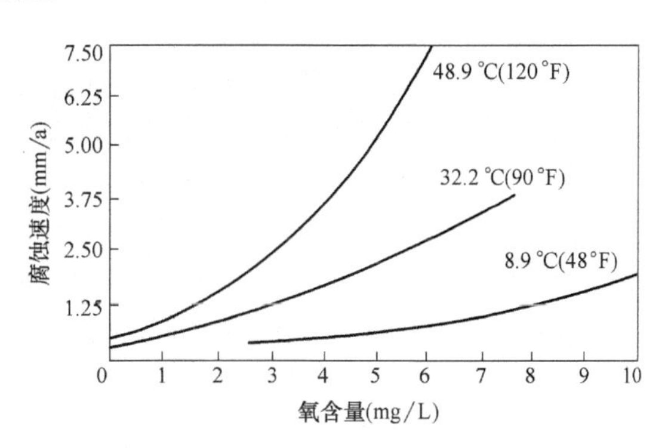

图 8-6　淡水中低碳钢的腐蚀速度与氧含量和温度的关系

腐蚀速度并不是一直随着氧浓度的增加而增加的，到达一定值后，腐蚀速度开始下降，此时溶解氧的浓度称为临界点值。腐蚀速度下降的原因主要是因为此时氧使金属表面生成了氧化膜，抑制了腐蚀作用。临界点值与水的 pH 值密切相关，水的 pH 值为 6 时，不会形成氧化膜，因此溶解氧浓度越高，腐蚀速度越快。当 pH 值为 7 时，溶解氧临界点值是 20mL/L，pH 值为 8 时，其值为 16mL/L。因此，在微碱性或中性的水中，腐蚀速度先随着氧浓度的增加而增大，过了临界点后，腐蚀速度慢慢降低。由此可见，碳钢在碱性水中的腐蚀速度要比在酸性水中低。

（2）铜和铜合金。用铜合金管制造的凝汽器广泛应用于淡水冷却水中，其腐蚀速度较低。在很软的水中，氧和二氧化碳含量高时，能使铜的腐蚀速度增加。

（3）铝。铝的表面在水中有生成氧化膜的倾向，甚至在没有溶解氧的存在时也是如此。氧化膜的生长有助于防止腐蚀。在铝的腐蚀过程中水中的氧并不是一种腐蚀促进剂。

2. 二氧化碳

二氧化碳溶于冷却水中，生成碳酸或碳酸氢盐，使水的 pH 值下降。水的酸性增加，将有助于氢的析出和金属表面膜的溶解破坏。

没有氧的存在时，溶解状态二氧化碳的存在会引起钢和铜的腐蚀，但不会引起铝的腐蚀。

3. 氨

氨往往在工艺系统泄漏时进入冷却水中。当冷却水中存在氧化剂时，氨会选择性地腐蚀铜，生成可溶性的四氨合铜络离子 $Cu(NH_3)_4^{2+}$。

4. 硫化氢

硫化氢是能进入冷却水系统中的最有害的气体之一。它是由于工艺过程污染、大气污染、有机体污染而进入的，或是由于硫酸盐还原菌还原水中的硫酸盐后生成的。

硫化氢会加速铜、钢和合金钢的腐蚀，尤其是加速凝汽器铜合金的点蚀，但硫化氢对铝没有腐蚀性。

5. 二氧化硫

循环冷却水系统中的喷淋式冷却塔在运行过程中，会收集工业性大气中的二氧化硫。溶解在水中的二氧化硫会降低循环冷却水的 pH 值，增加它对金属的腐蚀。

6. 氯

氯是控制冷却水中微生物生长最常用的杀生剂。氯进入水中后，水解生成盐酸和次氯酸，反应方程式如下：

$$Cl_2 + H_2O = HCl + HClO$$

其中的次氯酸是一种弱酸，在水中它将进行电离：

$$HClO = H^+ + ClO^-$$

当水中的 pH＝7.5 时，水中的 HClO 和 ClO^- 的浓度相等；当 pH＜7.5 时，HClO 的数量占优势；当 pH＞7.5 时，则 ClO^- 的数量占优势。

在水中，对于一些金属和有机化和物而言，氯是一种非常强的氧化剂。它与水中的亚铁离子相遇时，会发生下面的反应而使亚铁离子氧化成高价铁的氢氧化物而析出：

$$HClO + 2Fe^{2+} + 5H_2O \rightarrow 2Fe(OH)_2 \downarrow + Cl^- + 5H^+$$

这些氢氧化铁通常会沉积在管壁上形成污垢。与此同时，水的 pH 值将下降，水的加氯量将增加。此外，氯还会氧化水中的二价锰离子。

与水中的一些金属离子反应后，剩下的氯还会与水中的氨和有机化合物反应，生成氯胺和含氯有机化合物。

7. 悬浮固体

冷却水中往往存在由泥土、砂粒、尘埃、腐蚀产物、水垢、微生物黏泥等不溶性物质组成的悬浮物。这些悬浮物或是从空气进入的，或是由补充水带入的，也可能是在运行中生成的。当冷却水的流速降低时，这些悬浮物容易在换热器部件的表面生成疏松的沉积物，引起垢下腐蚀。当冷却水的流速过高时，这些悬浮物的颗粒容易对硬度较低的金属或合金（例如凝汽器中的黄铜管）产生破损腐蚀。

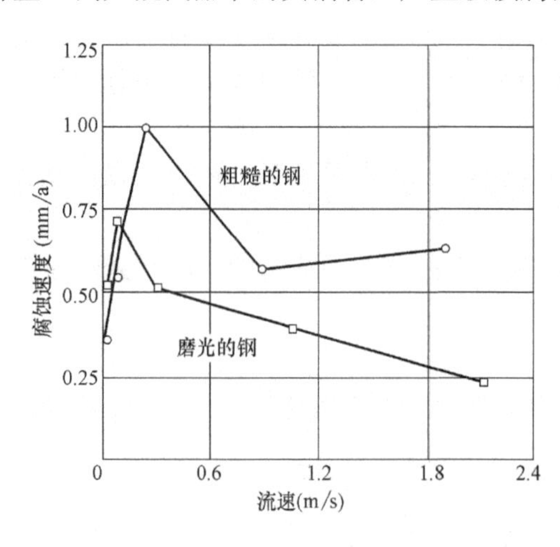

图 8-7　淡水的流速对碳钢腐蚀速度的影响

8. 流速

碳钢在冷却水中被腐蚀的原因在于氧的去极化作用，氧的扩散速度决定了腐蚀速度。流速的增大使得金属表面和介质接触面的层流层变薄从而利于氧扩散到金属表面，同时较大的流速会将金属表面的沉积物冲走，更有利于溶解氧到达金属表面，导致腐蚀加剧。因此在流速较低的时候，金属的腐蚀速度随水流速的增加而增加。当水的流速足够高时，足量的氧到达金属表面使金属部分或全部钝化。如果钝化发生，金属的腐蚀速度将下降。这种情况如图 8-7 中所示。

如果水的流速继续增加到大于 20m/s，这时水对金属表面上钝化膜的冲击腐蚀将使金属的腐蚀速度重新增大，对机械造成破坏。

超高速的流体设备中，例如离心泵的叶轮，还会引起空泡腐蚀。

9. 电偶

在冷却水系统中，不同金属或合金材料间的接触或连接常常是不可避免的，尤其是在复杂的设备或成套的装置中。

发生连接的两种（或两种以上）的金属或合金，如果彼此的腐蚀电位相差较大，它们再与冷却水相接触，就形成一个电偶，而发生电偶腐蚀。

10. 温度

一般地讲，金属的腐蚀速度随温度的增加而增加。一般情况下，水温每升高10℃，钢铁的腐蚀速率增加 30%。

温度升高，水中物质的扩散系数增大，而电极反应的过电位和溶液的黏度减小。扩散系数增大，能使更多的溶解氧扩散到腐蚀金属表面的阴极区。过电位的降低可以使氧或氢离子的阴极还原过程和金属的阳极溶解过程加速。这些都使金属的腐蚀速度增加。另一方面，温度升高会使氧在水中的溶解度降低从而使金属的腐蚀速度降低。

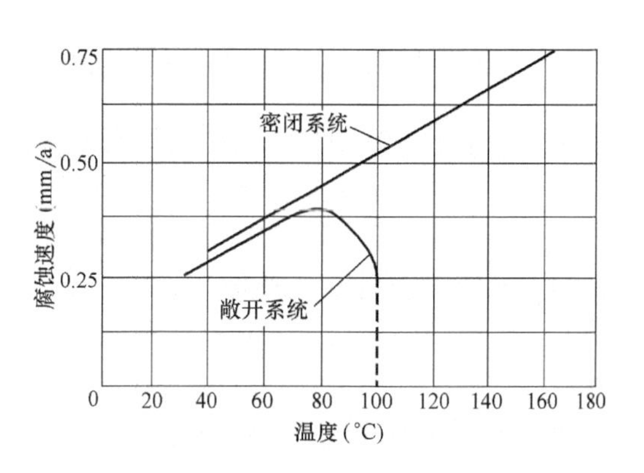

图 8-8　含溶解氧的淡水中温度对铁腐蚀速度的影响

在敞开式循环冷却水中，在温度较低的区间内，金属的腐蚀速度随温度的升高而加快。此时，虽然氧在水中的溶解度随温度的升高而下降，但这时氧扩散速度的增加起着主导作用，因而到达金属表面的氧的流量增加。这一倾向一直延续到 77℃。之后，金属的腐蚀速度随温度的升高而下降。此时，氧在水中的溶解度的降低起主导作用（见图 8-8）。

在密闭式循环冷却水中，金属的腐蚀速度随温度的升高而加快。这是因为在密闭系统中，氧在有压力的状态下溶在水中而不逸出。温度升高，扩散系数增大，氧扩散到金属表面的流量增大（见图 8-8）。

如果在同一金属或合金上存在温度差，则温度高的那一部分将会成为腐蚀电池的阳极而腐蚀，温度低的那一部分则成为腐蚀电池的阴极。这些情况常发生在已经结垢的换热器中。

在温度升高的过程中，某些金属或合金之间的相对电位会发生明显的电位极性逆转。例如，当水的温度升高到大约 65℃时，镀锌钢板上的锌镀层将由阳极变为阴极。此时，锌镀层对钢板就不再有保护作用了。

冷却水中如果含有侵蚀性离子 Cl^- 时，温度升高对奥氏体不锈钢的腐蚀性急剧增大，也大大增加了奥氏体不锈钢应力开裂的危险。

四、冷却水中金属腐蚀的控制指标

工业冷却水系统中的金属设备有各种换热器（水冷器、冷凝器、凝汽器等）、泵、管道、阀门等。由于换热器腐蚀后更换的费用较大，更重要的是由于换热器管壁腐蚀穿孔和泄漏造成的经济损失更大，因此冷却水系统中的腐蚀控制主要是各种换热器或换热设备的腐蚀控制。

《工业循环冷却水处理设计规范》GB 50050—2007 中对循环冷却水系统中腐蚀控制的指标规定：碳钢换热器管壁的腐蚀速度宜小于 0.125mm/a(5mpy)；铜、铜合金和不锈钢换热器管壁的腐蚀速度宜小于 0.005mm/a(0.2mpy)。由此可见，对冷却水系统中金属腐蚀的控制并不是要求金属绝对不发生腐蚀（即腐蚀速度为零），而是要求把金属的腐蚀速度控制在一定范围，从而把换热器的使用寿命控制在一定的范围内，因为要满足前一种要求所需的代价太大。

五、冷却水中金属腐蚀的控制方法

循环冷却水系统中金属腐蚀的控制方法甚多，常用的主要有四种：添加缓蚀剂；

提高冷却水的 pH 值；选用耐蚀材料的换热器；用防腐阻垢涂料涂覆。

这些腐蚀控制方法各有其优缺点和适应条件，可根据具体情况灵活应用。一般地讲，缓蚀剂主要使用于循环冷却水系统中，而较少使用于直流式冷却水系统中。涂料涂覆则主要应用于控制敞开式循环冷却水系统和直流冷却水系统中碳钢换热器的腐蚀。是否采用耐蚀材料换热器，则往往同时取决于工艺介质和冷却水两者的腐蚀性。在工业介质腐蚀性很强的情况下，采用氟塑料换热器或聚丙烯换热器不但可以解决工艺介质一侧的腐蚀问题，还可以解决冷却水一侧的腐蚀问题。这是冷却水系统中腐蚀控制一个新的发展方向。但是这些塑料换热器一般仅适应于一般换热条件（例如温度和压力）不太苛刻的场合。提高冷却水 pH 值的腐蚀控制方案，则主要适用于循环冷却水系统中的碳钢换热器，而不宜用于直流冷却水系统中。

下面对循环冷却水系统中常采用的添加缓蚀剂、提高冷却水的 pH 值和用防腐阻垢涂料涂覆的方法进行介绍，并以添加缓蚀剂作为介绍的重点。

（一）添加缓蚀剂

1. 常用冷却水缓蚀剂

实际上，可供冷却水系统采用的缓蚀剂并不很多。现将敞开式和密闭式循环冷却水系统中几种常用的缓蚀剂扼要介绍如下。

（1）铬酸盐

最常用作冷却水缓蚀剂的铬酸盐是 $Na_2CrO_4 \cdot 4H_2O$。铬酸盐是目前可用于循环冷却水系统中最有效的一种缓蚀剂。它是一种阳极型、氧化膜型缓蚀剂。加入水中的反应化学方程式如下：

$$CrO_4^{2-}+3Fe(OH)_2+4H_2O \rightarrow Cr(OH)_3+3Fe(OH)_3+2OH^-$$

首先生成的两种水合氧化物 $Cr(OH)_3$ 和 $Fe(OH)_3$，随后脱水生成一层连续而致密的含有 γ-Fe_2O_3 和 Cr_2O_3 的钝化膜（其中主要是 γ-Fe_2O_3）附着在阳极金属表面，膜的外层主要是高价铁的氧化物，内层是高价铁和低价铁的氧化物。在钝化膜的生长过程中，铬酸盐被还原为 Cr_2O_3。

铬酸盐有一个临界浓度。当冷却水中铬酸盐的使用浓度高于其临界浓度时，碳钢得到保护；当使用浓度低于其临界浓度时，则碳钢发生腐蚀，主要表现为点蚀。这是使用铬酸盐时遇到的主要问题。

在敞开式循环冷却水系统中，单独使用铬酸盐的起始浓度为 500～1000mg/L，随后可逐渐降低到维持浓度 200～250mg/L。无论从经济上还是从环保上考虑，这样高的浓度往往是不能接受的。因此，在实际应用时，铬酸盐通常以较低的剂量与其他缓蚀剂（例如锌盐、聚磷酸盐、有机膦酸盐等）复配成复合缓蚀剂使用。

铬酸盐遇到的最大问题是它的毒性引起的环境污染。铬酸盐属于第一类污染物，它能在环境中或动植物体内蓄积，对人体健康产生长远的不利影响。我国污水综合排放指标中对其最高容许排放浓度有严格的规定：总铬浓度≤1.5mg/L，六价铬浓度≤0.5mg/L。因此，虽然铬酸盐缓蚀剂缓蚀效果好且不易滋生菌藻，但国内的一些敞开式循环冷却水系统中，并不使用铬酸盐作冷却水缓蚀剂或复合缓蚀剂。目前，铬酸盐被应用于密闭式循环冷却水系统中，但不使用于直流式冷却水系统中。

铬酸盐的优点是：1）它不仅对钢铁，而且对铜、锌、铝及其合金都有良好的保护作用；2）适用的 pH 值范围很宽（pH＝6～9.5），但在碱性的水中成膜较好，故推荐 pH 值为 7.5～8.5；3）缓蚀效果较好，使用铬酸盐作缓蚀剂时，碳钢的腐蚀速度可低于 0.025mm/a（1mpy）。

铬酸盐的缺点是：1）毒性大，环境保护部门对铬酸盐的排放有很严格的要求；2）容易被还原而失效，不宜用于有还原性物质（例如硫化氢）泄漏的冷却水系统中。

（2）亚硝酸盐

亚硝酸盐也是一种阳极型、氧化膜型缓蚀剂，常用的是亚硝酸钠或亚硝酸铵。以亚硝酸盐作为缓释剂，可以再碳钢的表面形成一层极薄的 γ-Fe_2O_3 钝化膜，保护碳钢免于腐蚀。

碱性环境下，亚硝酸盐对碳钢的缓蚀有效，但是对非铁金属如铜及铜合金无效，因为亚硝酸根在钝化过程中转化为铵，会腐蚀非铁金属。在保护碳钢时，亚硝酸盐也有一个临界浓度，它取决于溶液中侵蚀性离子（氯离子、硫酸根离子）的浓度。冷却水中亚硝酸盐的使用浓度通常为 300～500mg/L，这个浓度对于敞开式循环冷却水系统来说是不够经济的。微生物能分解亚硝酸盐，并且亚硝酸根对氧化性杀生剂的杀菌有影响，再加上它有毒，故亚硝酸盐很少用于敞开式循环冷却水系统和直流式冷却水系统，而被广泛用于冷却设备酸洗后的钝化剂和密闭式循环水系统中的非铬酸盐系缓蚀剂。

亚硝酸盐的缺点是：1）使用浓度太高；2）容易促进冷却水中微生物生长；3）可能被还原为氨，易使铜和铜合金产生腐蚀；4）亚硝酸盐有毒。

（3）硅酸盐

作为冷却水缓蚀剂用的硅酸盐主要是水玻璃（俗称泡花碱），分子式为 $Na_2O \cdot mSiO_2$。通常使用的是 SiO_2 与 Na_2O 之比 m（即模数）为 2.5～3.0 的水玻璃。如系控制非铁合金的腐蚀，则常需要模数较高的水玻璃。

硅酸盐缓蚀剂溶于水后，具有强亲和力的成分在金属表面形成一层坚韧、细密的硅铁稳定膜，使阳极金属与腐蚀环境隔绝开来，有效地防止金属腐蚀，另外，形成的胶态负离子吸附水中带正电的离子，构成固定层，并向外扩散构成扩散层，两界面处产生的动电位使包括在扩散层中的难溶物质过饱和度增大，不易形成晶核，抑制了结垢

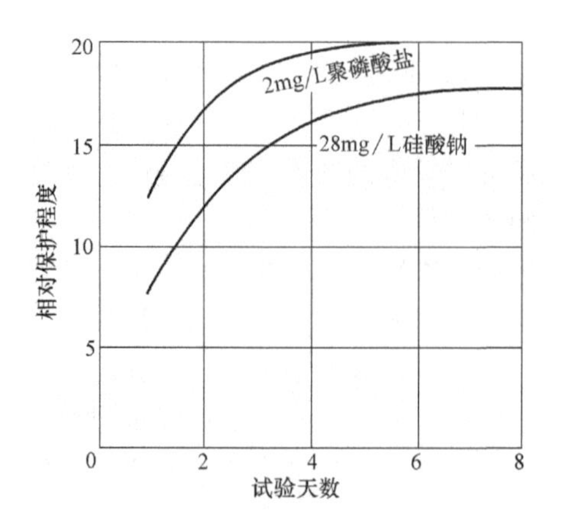

图 8-9 硅酸盐和聚磷酸盐缓蚀性能的比较

的可能。因此，硅酸盐属于沉淀膜型缓蚀剂，腐蚀产物 Fe^{2+} 是生成保护膜不可缺少的条件，所以既可在清洁的表面上，也可在有锈的金属表面上生成保护膜，但这些保护膜是多孔性的，成膜过程中必先腐蚀后成膜。当硅酸盐中浓度低时，金属有形成点蚀的倾向。用硅酸盐作缓蚀剂时，冷却水中必须有氧，金属才能得到有效的保护。

硅酸盐常被用作直流冷却水的缓蚀剂，使用浓度为 8～20mg/L（以 SiO_2 计）。在循环冷却水中，则使用浓度为 40～60mg/L，最低为 25mg/L。

硅酸盐不但可以控制冷却水中钢铁的腐蚀，还可以抑制非铁金属——铝和铜及其合金、铅、镀锌层的腐蚀，特别适宜于控制黄铜的脱锌。

硅酸盐控制腐蚀的最佳 pH 值范围是 8.0～9.5，在 pH 值过高或镁硬度高的水中不宜使用硅酸盐。

硅酸盐对碳钢的缓蚀效果远不及聚磷酸盐，更不及铬酸盐。图 8-9 中示出了硅酸盐和聚磷酸盐的缓蚀性能的对比。从图中可以看到，28mg/L 硅酸钠的保护作用还不及 2mg/L 聚磷酸钠的保护作用。

硅酸盐的优点是：1）无毒；2）成本较低；3）对几种常用金属——碳钢、铜、铝及其合金都有一定的保护作用。它的缺点是：1）建立保护作用的时间太长，一般要在 3～4 周左右；2）缓蚀效果不理想；3）在镁硬度高的水中，容易产生硅酸镁垢。

（4）钼酸盐

与铬酸盐不同，钼酸盐是低毒的。由于 Mo 和 Cr 都属于元素周期表中的ⅥB 族（铬族）元素，人们很自然地想到开发钼酸盐去取代铬酸盐作为冷却水缓蚀剂。

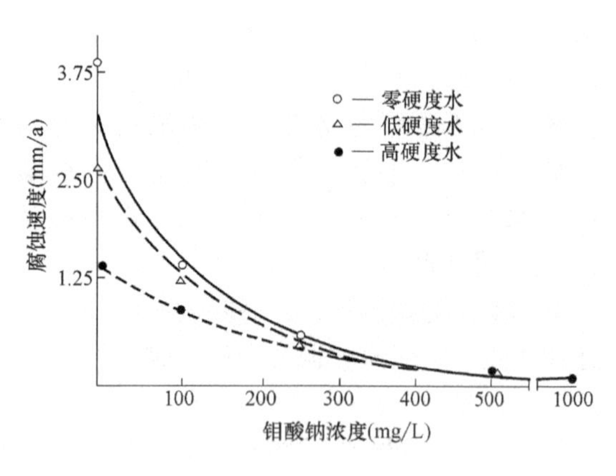

图 8-10 不同硬度的水中碳钢的腐蚀速度与钼酸盐浓度的关系

和铬酸盐相反，钼酸盐（常用 $Na_2MoO_4 \cdot 2H_2O$）在冷却水中是一种非氧化性或弱氧化性缓蚀剂。因此，它需要合适的氧化剂去帮助它在金属表面产生一层保护膜（氧化膜）。在敞开式循环冷却水中，现成而又丰富的氧化剂是水中的溶解氧；在密闭式循环冷却水中，则需要诸如亚硝酸一类的氧化性盐。俄歇能谱的研究结果表明，碳钢在钼酸钠溶液中生成的保护膜基本上由 Fe_2O_3 组成的，在保护膜的大部分剖面上仅能检测到少量的钼。

使用单一的钼酸盐作缓蚀剂时，要使冷却水中的碳钢的腐蚀速度达到《工业循环冷却水处理设计规范》(GB 50050—2007)要求的低于 0.125mm/a(5mpy),钼酸盐的浓度约为 400～500mg/L,如图 8-10 所示。显然,这个浓度比其他几种常用缓蚀剂的使用浓度要高得多。

钼酸盐单独使用需要投入较大的剂量才能保证缓蚀效果,因此为了减少钼酸盐的使用剂量、增加缓蚀效果和降低处理费用,往往与其他药剂如锌盐、聚磷酸盐或葡萄糖酸盐复合使用。

钼酸盐的优点是:1)毒性低、对环境的污染很小;2)热稳定性高,可用于局部过热或热流密度大的系统;3)不会产生钼酸钙沉淀;4)对大部分的金属都有缓蚀作用,如碳钢、铝、黄铜和紫铜等。缺点是它的缓蚀效果不如铬酸盐,使用剂量大,成本太高。

(5)锌盐

在冷却水处理的专著和文献中,通常把锌盐简称为锌。最常用的锌盐是硫酸锌和氯化锌。

一般认为,锌盐是一种阴极性缓蚀剂。由于金属表面腐蚀微电池中阳极区附近溶液中的局部 pH 值升高,锌离子与氢氧离子生成氢氧化锌沉积在阴极区,抑制了腐蚀过程的阴极反应而起缓蚀作用。锌盐在冷却水中能迅速地对金属建立起保护作用。

锌盐是一种安全但低效的缓蚀剂。单独使用时,其缓蚀效果不太好,最好与其他缓蚀剂复合使用。当锌盐与其他缓蚀剂(例如铬酸盐、聚磷酸盐、磷酸酯、有机膦酸盐等)联合使用时,它往往是相当有效的。污水综合排放标准中对锌盐排放有严格的规定(一级标准:锌含量≤2.0mg/L)。

锌盐的优点是:1)能迅速生成保护膜;2)成本低;3)与其他缓蚀剂联合使用时的效果好。锌盐的缺点是:1)单独使用时,缓蚀作用很差;2)对水生生物有毒性;3)在 pH>8.0 时,若单独使用锌盐,则锌离子易从水中析出以致降低或失去缓蚀作用。为此,要同时使用能将锌离子稳定在水中的药剂——锌离子的稳定剂。

最近,吴宇峰、唐同庆、梁劲翌研究了一些常用的水处理剂对锌离子的稳定作用。添加 20mg/L 水处理剂后水中 Zn^{2+} 的稳定浓度和各种水处理剂的稳 Zn^{2+} 率如表 8-3 所示。

一些水处理剂的稳 Zn^{2+} 率 **表 8-3**

水处理剂		Zn^{2+} 稳定浓度(mg/L)	稳 Zn^{2+} 率(%)
HPA	(羟基膦酰基乙酸)	2.06	41.1
PBTCA	(2-膦酸丁烷-1,2,4-三羧酸)	1.78	35.6
DETPMP	(二乙烯三胺五亚甲基膦酸)	1.56	31.2
EDTMP	(乙二胺四亚甲基膦酸)	0.57	11.4
PAPE	(多元醇磷酸酯)	0.85	17.0
PSA	(膦磺酸)	0.64	12.8
HEDP	(羟基亚乙基二膦酸)	1.42	28.3
ATMP	(氨基三亚甲基膦酸)	1.93	38.5
PAA	(聚丙烯酸)	1.70	33.9
HPMA	(水解聚马来酸酐)	0	0
MA/AA	(马来酸酐/丙烯酸共聚物)	0	0
T-225	(丙烯酸/丙烯酸羟丙酯共聚物)	1.53	30.6
AA/AMPS	(丙烯酸/2-丙烯酰胺基-2-甲基丙基磺酸共聚物)	3.06	61.2
BAA	(丙烯酸/丙烯酸酯类磺酸盐)	2.82	56.4
NDA	(一种含 N 多元羧酸)	3.7	74

注:实验条件:自来水,80℃,浓缩倍数 1.5,试验时间 10h,添加的水处理剂浓度均为 20mg/L,锌离子的初始浓度为 5.0mg/L。

从表 8-3 可见，有机膦酸（盐）都有一定的稳定 Zn^{2+} 的作用，含磺酸基团的共聚物具有更明显的稳定 Zn^{2+} 的作用，其中以 NDA 和 AA/AMPS 最为突出。

（6）磷酸盐

磷酸盐是一种阳极型缓蚀剂，常用的是磷酸三钠（$Na_3PO_4 \cdot 12H_2O$）。在中性和碱性环境中，磷酸盐对碳钢的缓蚀作用主要是依靠水中的溶解氧。溶解氧与钢反应，生成一层薄的 γ-Fe_2O_3氧化膜。这种氧化膜的生长并不能迅速完成，而是需要相当长的时间。在这段时间内，在氧化膜的间隙处电化学腐蚀继续进行。这些间隙既可被连续生长的氧化铁所封闭，也可以由不溶性的磷酸铁所堵塞，使碳钢得到保护。

由于磷酸盐易与水中的钙离子生成溶度积很小的磷酸钙垢，所以过去很少单独把磷酸盐用作冷却水缓蚀剂。同理，人们还把聚磷酸盐水解生成的正磷酸盐作为需要严格控制的组分来对待，虽然它也有一定的缓蚀作用。

近年来，由于开发出了一系列对磷酸钙垢有较高抑制能力的共聚物，例如丙烯酸和丙烯酸羟丙酯的共聚物，人们才开始使用磷酸盐作冷却水缓蚀剂，但它需要与上述共聚物联合使用，有效地控制了磷酸钙的沉积，继铬酸盐后成为了国内外广泛使用的最重要的缓蚀剂。

近数十年对磷酸盐的应用中，常常采用正磷酸盐、膦酸盐、锌盐和对磷酸钙、悬浮物、锌沉积物、氧化铁有良好分散能力的聚合物配伍使用，配合使用的优点是适用的水质范围较广、容易调控、缓蚀效果好，符合国内外大多数的环保要求。

磷酸盐的优点是：1）没有毒性；2）价格较便宜。它的缺点是：1）容易沉积，需要与专用的共聚物联合使用；2）缓蚀作用不是太强；3）容易促进冷却水中藻类的生长。

（7）聚磷酸盐

聚磷酸盐是目前使用最广泛而且最经济的冷却水缓蚀剂之一。最常用的聚磷酸盐是六偏磷酸钠和三聚磷酸钠。它们都是一些线性无机聚合物，其通式为：

$$NaO-\overset{\overset{O}{\|}}{\underset{\underset{ONa}{|}}{P}}-\left[O-\overset{\overset{O}{\|}}{\underset{\underset{ONa}{|}}{P}}\right]_n-ONa$$

工业用的聚磷酸盐往往是一些 n 值在某一范围内的聚磷酸盐的混合物。

要使聚磷酸盐能有效地保护碳钢，冷却水既需要有溶解氧，又需要有适量的钙离子。

除了具有缓蚀作用外，聚磷酸盐还有阻止冷却水中碳酸钙和硫酸钙结垢的低浓度阻垢作用。

使用聚磷酸盐的关键是尽可能避免其水解成正磷酸盐以及生成溶度积很小的磷酸钙垢。

单独使用时，在敞开式循环冷却水系统中聚磷酸盐的使用浓度通常为 20～25mg/L，pH＝6.5～7.0。为了提高其缓蚀效果，聚磷酸盐通常与铬酸盐、锌盐、钼酸盐、有机膦酸盐等缓蚀剂联合使用。

聚磷酸盐的优点是：1）缓蚀效果好（见图 8-9）；2）用量较小，成本较低；3）除有缓蚀作用外，还兼有阻垢作用；4）冷却水中的还原性物质不影响其腐蚀效果；5）没有毒性。它的缺点是：1）易于水解，水解后与水中的钙离子生成磷酸钙垢；2）易促进藻类的生长；3）对铜及铜合金有侵蚀性。

(8) 有机膦酸

有机膦酸是指分子中的膦酸基团直接与碳原子相连的化合物。其中最常用的有 ATMP（氨基三亚甲基膦酸）、HEDP（羟基亚乙基二膦酸）、EDTMP（乙二胺四亚甲基膦酸）、PBTCA（2-膦酸丁烷-1,2,4-三羧酸）和 HPA（羟基膦酰基乙酸）等。

有机膦酸及其盐类与聚磷酸盐有许多方面是相似的。它们都有低浓度阻垢作用，对钢铁都有缓蚀作用。但是，有机膦酸及其盐类并不像聚磷酸盐那样容易水解为正磷酸盐，这是它们的一个很突出的优点。现在有机膦酸及其盐类已被成功地用于硬度、温度和 pH 值较高的冷却水系统的腐蚀和结垢的控制中，故有机膦酸是一类阻垢缓蚀剂。

Starostina 等曾对六偏磷酸钠、ATMP、HEDP、和 PBTCA 四种含磷阻垢缓蚀剂的热稳定性进行了实验比较。这些含磷阻垢缓蚀剂受热后发生降解的特征是在水中生成磷酸根 PO_4^{3-}。他们在 4 个水样中依次分别加入六偏磷酸钠、ATMP、HEDP 和 PBTCA，其浓度均为 50mg/L。然后先将各水样加热到 50℃，之后每小时测定一次水中 PO_4^{3-} 的浓度。如果 30 天后水中仍不出现 PO_4^{3-}，则把水温升到 80℃，并保持在此温度下 24h，之后再每小时测定一次水中 PO_4^{3-} 的浓度。如果在 24h 内还不出现 PO_4^{3-}，则把此水样煮沸，并继续保持在此沸腾状态下，之后再每小时测定一次水中 PO_4^{3-} 浓度，直到水中出现 PO_4^{3-} 为止。得到的结果如表 8-4 所示。

添加不同含磷阻垢缓蚀剂后水中出现磷酸根离子的温度和时间　　表 8-4

含磷阻垢缓蚀剂	温度(℃)			含磷阻垢缓蚀剂	温度(℃)		
	50	80	100		50	80	100
六偏磷酸钠	1h	—	—	HEDP	30d 后仍无 PO_4^{3-}	1.5h	—
ATMP	24h	—	—	PBTCA	30d 后仍无 PO_4^{3-}	24h 后仍无 PO_4^{3-}	3h

注：表中各磷酸阻垢缓蚀剂在水中的初始浓度都是 50mg/L。

由上述试验结果可以看到，上述四种含磷阻垢缓蚀剂热稳定性好坏的次序可以排列如下：

PBTCA＞HEDP＞ATMP＞六偏磷酸钠

Bohnsack 等人曾分别用 HEDP 和 PBTCA 作缓蚀剂在一个中间试验用的小型循环冷却水系统中进行试验，得到了如表 8-5 所示的结果。

小型循环冷却水系统中使用 HEDP 和 PBTCA 的试验结果　　表 8-5

药剂	药剂浓度(PO_4计)(mg/L)	碳钢的腐蚀速率		碳钢表面的沉积量/(mg)	沉积物组成(%)		
		mm/a	mpy		Fe_2O_3	P_2O_5	CaO
全有机配方	6.0	0.033	1.3	223	90	3	4
HEDP	6.0	0.058	2.3	510	66	16	10
PBTCA	6.0	0.105	4.2	930	92	3	1
HEDP-聚合物	6.0	0.053	2.1	384	90	3	3
PBTCA-聚合物	6.0	0.063	2.5	494	94	2	1

由表 8-5 的数据可见：1）在适当的水质和运行条件下，用 HEDP 或 PBTCA 作冷却水缓蚀剂时碳钢的腐蚀速率均可被控制在 0.125mm/a（5mpy）以下；2）HEDP 的缓蚀性能优于 PBTCA。

索振莉曾对几种有机膦酸和聚合物对 $CaCO_3$ 的阻垢作用进行了对比研究。她用含有

250mg/L $CaCO_3$的过饱和溶液作介质，在50℃的温度下，测定了HEDP、ATMP、EDTMP和常用的均聚物、二元聚合物以及含磺酸基的聚合物在相同的使用浓度下对$CaCO_3$过饱和溶液的稳定作用。得到的结果如表8-6所示。

由表8-6可见，上述三种有机膦酸中以ATMP对$CaCO_3$的阻垢作用为好，EDTMP较差，HEDP则接近ATMP。有机膦酸对$CaCO_3$的阻垢作用比聚合物好得多，但从析出的$CaCO_3$颗粒来看，有机膦酸的分散作用则不如聚合物。

几种有机膦酸和聚合物的稳定作用（50℃） **表8-6**

药　剂	HEDP	ATMP	EDTMP	均聚物	二元共聚物	含磺酸基聚合物
稳定作用(%)	79.9	81.0	75.5	50.0	46.9	45.7

有机膦酸及其盐类常常与铬酸盐、锌盐、钼酸盐或聚磷酸盐等缓蚀剂联合使用。其单独作缓蚀剂使用时的浓度为15～20mg/L，在复合缓蚀剂中，浓度还可以降低。

在保护钢铁时，有机膦酸及其盐类是一种混合型缓蚀剂。

有机膦酸及其盐类的优点是：1）不易水解，特别适用于高硬度、高pH值和高温下运行的冷却水系统；2）同时具有缓蚀作用和阻垢作用；3）能使锌盐稳定在水中。它的缺点是：1）对铜及其合金有较强的侵蚀性；2）价格较贵。

（9）硫酸亚铁

硫酸亚铁是目前铜管凝汽器的冷却水系统中广泛采用的一种缓蚀剂。加有硫酸亚铁的冷却水通过凝汽器铜管时，使铜管内壁生成一层含有铁化合物的保护膜，从而防止冷却水对铜管的侵蚀。人们把它称为硫酸亚铁造膜处理。在大多数情况下，硫酸亚铁造膜处理对于防止凝汽器铜管的冲刷腐蚀、脱锌腐蚀和应力腐蚀均有明显的效果，而且对已发生腐蚀的铜管，也有一定的保护和堵漏作用。但也有的凝汽器铜管经硫酸亚铁造膜处理后仍然腐蚀，所以目前尚有待于进一步研究。

用硫酸亚铁造成的膜呈棕色或黑色，膜的形成过程还不完全清楚。经较长时间添加硫酸亚铁后，凝汽器铜管上保护膜的金相断面是双层的。以Fe_2O_3为主的氧化亚铁保护膜紧密地结合在Cu_2O保护膜上，从而防止了铜管的脱锌和冲刷腐蚀。

硫酸亚铁的优点是：1）价格便宜，用量小；2）污染较轻。它的缺点是：1）造膜技术较为复杂；2）冷却水中含有硫化氢或还原性物质，且污染很严重时，硫酸亚铁造膜无效。

（10）钨酸盐

钨酸盐缓蚀剂是一种近年来主要由我国研制开发的新型非铬非磷缓蚀阻垢剂，主要是钨酸钠（$Na_2WO_4 \cdot 2H_2O$），其性能类似钼酸盐，也是一种阳极型的缓蚀剂。它的作用机理是与二价铁离子形成保护性络合物附着于金属表面，二价铁被溶解氧氧化成三价铁，从而使这种络合物转化为钨酸铁，形成一层钝化膜保护金属不受腐蚀。

单独使用钨酸盐作为缓蚀剂，需要投入的浓度在200mg/L以上，成本高，因此关键是要开发复合钨系配方，以降低成本。

近年，有一些复合配方试验成功并投入使用。钨酸钠与葡萄糖酸钠系列的复合剂缓蚀阻垢效果较好，这种配方使得钨酸钠的用量减少，但日常运行不宜低于20mg/L，预膜剂中浓度在150mg/L左右。实际工程证明钨酸盐与有机酸有协同效应，与磷酸盐复合使用效果也较好。

钨酸盐的优点：1）无污染；2）缓蚀性能较好，可在碱性环境下运行，对大多数金属均有缓释作用；3）对防止氯离子对碳钢和不锈钢的应力腐蚀有良好的作用效果。缺点：单独使用，加药量大，成本高。

2. 缓蚀剂的选用原则

（1）尽量选用无色、无臭、低泡性的缓蚀剂。

（2）在保证缓蚀效果的基础上，选择添加量少、与介质相容性好、化学反应性低、消耗量少的缓蚀剂。

（3）经济实用，成本低。

（4）缓蚀剂本身无毒或微毒，对设备无害，并且飞溅、泄露和排放符合环保要求。

（5）与冷却循环水中其他药剂或物质相容，如杀生剂、阻垢剂等。

（6）进行挂片试验，得到试验数据，确定缓蚀剂的作用效果。

（二）提高冷却水的 pH 值

1. pH 值对腐蚀的影响

由金属腐蚀的理论可知，随着水的 pH 值增加，水中氢离子的浓度降低，金属腐蚀过程中氢离子去极化的阴极反应受到抑制，碳钢表面生成氧化性保护膜的倾向增大，故冷却水对碳钢的腐蚀性随其 pH 值的增加而降低。这种情况可以用图 8-11 中碳钢腐蚀速度与 pH 值的关系图线（实线）来说明。

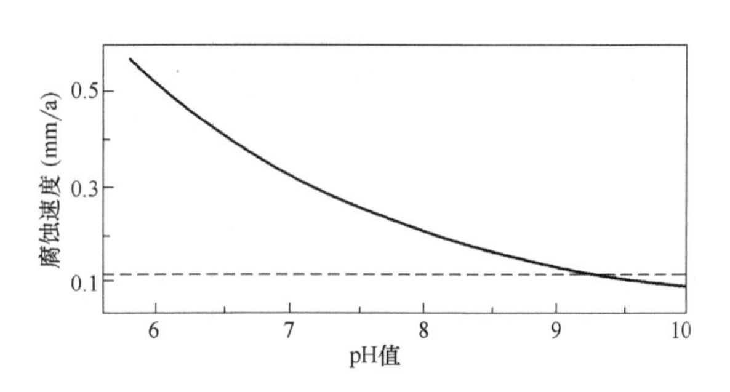

图 8-11 冷却水的 pH 值对碳钢腐蚀速度的影响

——未保护碳钢的腐蚀作用

-----碳钢管壁腐蚀速度容许值的上限

由图 8-11 可见，碳钢在冷却水中的腐蚀速度随水 pH 值的升高而降低。当冷却水的 pH 值升高到 8.0～9.5 时，碳钢的腐蚀速度将降低到 0.200～0.125mm/a（8～5mpy），接近于循环冷却水腐蚀控制的指标：腐蚀速度<0.125mm/a（5mpy）（图 8-11 中的虚线）。这是因为当 pH 值大于 8.0 后，溶解氧在碳钢表面生成了钝化膜（γ-Fe_2O_3）。

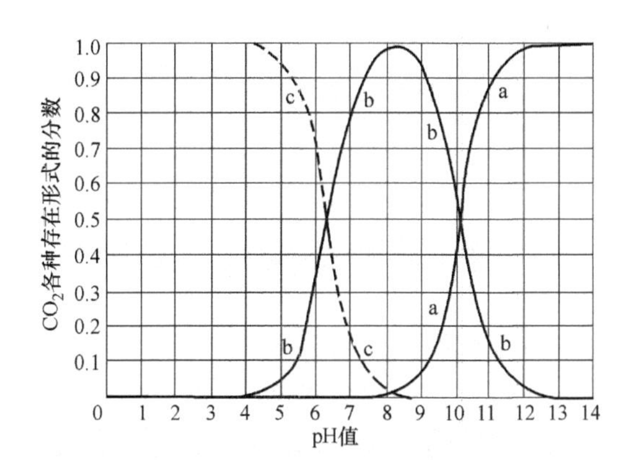

图 8-12 不同 pH 值时水中 CO_2 的各种存在形式

a—CO_3^{2-} 或结合的 CO_2

b—HCO_3^- 或半结合的 CO_2

c—H_2CO_3 或游离的 CO_2

2. 提高冷却水 pH 值的方法

开式循环冷却水系统是通过水在冷却塔内的曝气过程而提高其 pH 值的。

开式循环冷却水在换热器中换热后，回到冷却塔顶部，在布水器中喷淋下来进入集水池。空气则在风扇或自然对流作用的驱动下，由冷却塔底部逆流而上，冷却水与空气在塔内相遇进行换热（热交换）。这个换热过程同时也是冷却水放出其中游离的CO_2的过程。这个过程将一直进行下去，直到水中的CO_2与空气中的CO_2达到平衡为止。

$$CO_2(aq)=CO_2(atm)$$

$$2HCO_3^-(aq)=CO_3^{2-}+H_2O+CO_2(aq)$$

图8-12中示出了不同pH值时，水中CO_2的各种存在形式的参数；而图8-13中示出了水的酸度和各种碱度与其pH值的关系。由图8-12和图8-13中可以看到，当水中有游离CO_2存在时，水的pH值在4.5～8.5之间。随着水中游离CO_2浓度的逐步降低，水的pH值逐步升高。当水中游离CO_2浓度降到很低，水中的CO_2不再逸入大气，达到其自然平衡时，水的pH值大约升高到8.5，相当于图8-13中的P线。因此，循环冷却水在冷却塔内的喷淋曝气过程，既是一个冷却水与空气间的换热过程，又是一个提高其pH值的过程。

这种通过曝气去提高冷却水pH值的途径有两个优点：

(1) 不需要添加药剂或增加设备。

(2) 不需要人工去控制冷却水的pH值，而是通过化学平衡的规律自动去控制，故在充分曝气的条件下，循环冷却水的pH值能较可靠的保持在8.0～9.5的范围内。

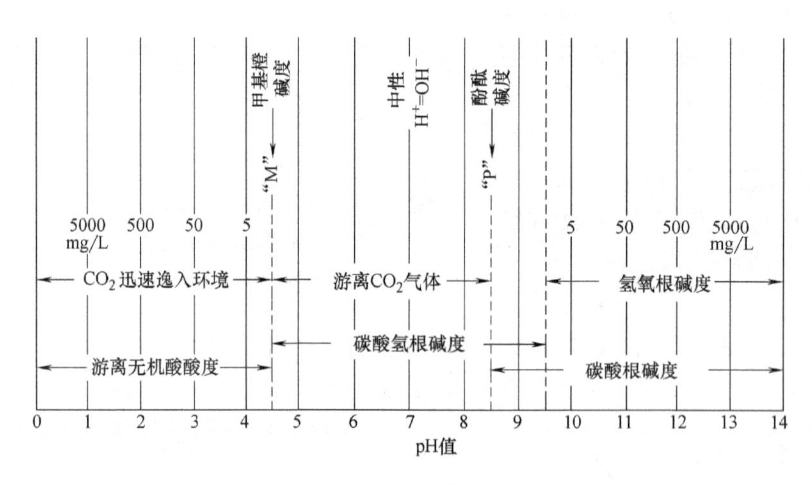

图8-13 水的酸度和各种碱度及其pH值范围

(三) 用防腐阻垢涂料涂覆的方法

1. 防腐阻垢涂料的作用机理

通常环境下，钢材质必须采用防护措施，最常用的方法就是使用防腐、防锈类的涂层防护。这种方法的作用机理有两方面：

(1) 隔离环境　涂料在金属表面形成完整的有机膜层，将一些介质（水、氧、酸、碱、盐等）隔离，消除腐蚀电池产生的条件，防止水垢沉积在钢铁表面，保护钢铁不受腐蚀。这是一种物理方法，并不完全可靠，这取决于膜体的材料和施工的工艺等，有机膜层并不能完全隔离环境，总是会有介质能够渗透到钢铁表面。

(2) 加入防腐成分　在成膜物质中加入一定量的缓蚀剂，这是防腐、防锈类涂料的独有特点，即使介质穿过有机膜层的隔离到达金属表面，甚至形成了腐蚀电池，缓蚀剂仍能有效地阻止、减缓钢铁的腐蚀，在物理隔离的基础上达到更有效的防护。

2. 防腐阻垢涂料的选用原则

由于被保护对象的多样性、防腐涂料品种各异、使用条件也不同，所以选择涂料要从以下几个方面入手。

（1）耐腐蚀性能好　与腐蚀介质接触时，物理化学性质稳定，不易被腐蚀介质溶解、分解和破坏，不与腐蚀介质发生有害的化学反应。

（2）透气性和渗水性小　涂层一般都会有一定的透气性和渗水性，所以必须选用透气性和渗水性小的成膜物质，加强隔离屏蔽作用。

（3）要有良好的附着力和一定的机械强度　涂层所成的有机膜层是否能够牢固地附着在金属表面，是防腐阻垢涂料发挥防腐阻垢作用的关键。此外，固化涂膜还应能承受一定的工作应力，具有一定的机械强度。

（4）涂装成本低　一般情况下，涂装保护费用要低于其他保护方法。

第四节　空调冷却水中的微生物及其控制

一、冷却水系统中引起故障的微生物

并不是冷却水系统中所有的微生物都会引起故障，但在工业冷却水系统运时，常会遇到一些引起故障的微生物。它们是细菌、真菌和藻类，现分别对它们一一作说明。

（一）细菌

与藻类和霉菌相比，细菌显得微小。除非有大的菌落存在。否则就要借助显微镜才能观察或鉴别。下面主要介绍三种与冷却水系统中金属腐蚀或黏泥形成有关的细菌：产黏泥细菌、铁细菌和硫酸盐还原菌。

1. 产黏泥细菌

产黏泥细菌又称黏液形成菌、黏液异养菌等，是冷却水系统中数量最多的一类有害细菌。它们既可以是有芽孢细菌，也可以是无芽孢细菌。在冷却水中，它们产生一种胶状的、黏性的或黏泥状的、附着力很强的沉积物。这种沉积物覆盖在金属的表面上，降低冷却水的冷却效果，阻止冷却水中的缓蚀剂、阻垢剂和杀生剂到达金属表面发生缓蚀、阻垢和杀生作用，并使金属表面形成差异腐蚀电池而发生沉积物下腐蚀（垢下腐蚀）。但是，这些细菌本身并不直接引起腐蚀。

2. 铁细菌

人们常把铁沉积细菌简称为铁细菌。铁细菌包括：嘉氏铁杆菌、球衣细菌、鞘铁细菌和泉发菌等。

铁细菌有以下特点：

（1）在含铁的细菌中生长；

（2）通常被包裹在铁的化合物中；

（3）生成体积很大的红棕色的黏性沉积物；

（4）铁细菌是好氧菌，但也可以在氧含量小于 0.5mg/L 的水中生长。

铁细菌能在冷却水系统中产生大量氧化铁沉淀是由于它们能把可溶于水中的亚铁离子

转变为不溶于水的三氧化二铁的水合物作为其代谢作用的一部分：

$$2Fe^{2+}+1.5O_2+xH_2O \rightarrow Fe_2O_3 \cdot xH_2O$$

在冷却水系统中有时可以看到由于铁细菌的大量生长和锈瘤而引起的管道被堵塞的情况。

铁细菌的锈瘤遮盖了钢铁表面，形成氧浓差电池，并使冷却水中的缓蚀剂难于与金属表面作用生成保护膜。铁细菌还从钢铁表面的阳极区除去亚铁离子（腐蚀产物），从而使钢的腐蚀速度增加。图 8-14 示出了铁细菌通过锈瘤建立氧浓差腐蚀电池从而引起钢铁腐蚀的示意图。

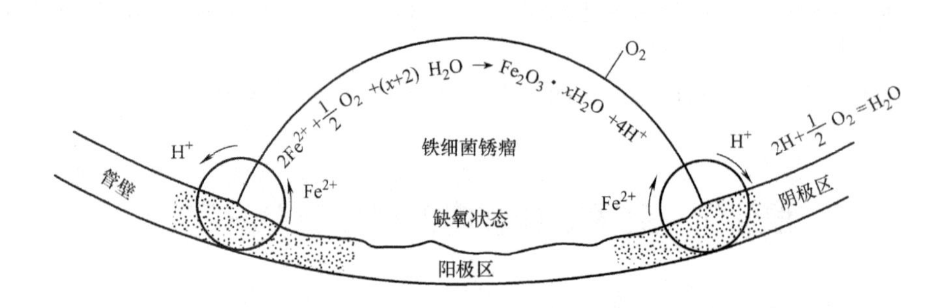

图 8-14　铁细菌通过锈瘤建立氧浓差腐蚀电池引起钢腐蚀的示意图

冷却水中有铁细菌繁殖时，常出现浑浊度和色度增加，pH 值也会发生变化，有异臭产生，铁含量增加，溶解氧减少，水管中有棕色沉淀物质，水的流量减少。铁细菌是循环冷却水中重要的危害微生物之一，也是水处理监控的重要对象，监控指标是每毫升小于100 个。

冷却水中的铁细菌很容易用加氯或加非氧化性杀虫剂（例如季铵盐）的方法来控制。

3. 硫酸盐还原菌

硫酸盐还原菌又称产硫化物细菌。

硫酸盐还原菌是在无氧或缺氧状态下用硫酸盐中的氧进行氧化反应得到能量的细菌群。它们广泛存在于水田、湖泊、沼泽、河川底泥、石油矿床以及下水、河口、内湾等厌氧性有机物聚集的地方。

硫酸盐还原菌能把水溶性的硫酸盐还原为硫化氢，故被称为硫酸盐还原菌。冷却水中的硫酸根既可以是天然存在的，也可以是由于加硫酸控制冷却水 pH 值时引入的。硫酸盐还原菌使硫酸盐变为硫化氢，从而创造了一个没有氧的还原性环境，并生活于其中。

硫酸盐还原菌是厌氧的微生物。冷却水系统中黏泥下面缺氧，故硫酸盐还原菌常在那里生长繁殖。这种菌最适宜的生长温度是 25～35℃，甚至可在高达 55～75℃的高温环境下存活，生存的 pH 值范围是 5.5～9.0，最适宜的范围是 7.0～7.5，又由于冷却水中含有一定的硫酸盐，因此硫酸盐还原菌非常适合在冷却水系统中繁殖生长。常见的有硫酸盐还原作用的菌是脱硫弧菌和梭菌。

硫酸盐还原菌产生的硫化氢对一些金属有腐蚀性。这些金属主要是碳钢，但也包括不锈钢、铜合金、镍合金以及在低 pH 值和硫化物或还原性条件下能腐蚀的金属。

在循环冷却水系统中，硫酸盐还原菌引起的腐蚀速度是相当惊人的。0.44mm

(16mil) 厚的碳钢腐蚀试样，曾在 60d 内被腐蚀穿孔。孔内的腐蚀速度达 24mm/a (96mpy)。在不锈钢、镍或其他合金的换热器遭到硫酸盐还原菌腐蚀时，曾在 60～90d 内发生腐蚀事故。硫酸盐还原菌引起的孔蚀的穿透速度约为 1.25～5.0mm/a（50～200mpy），其大小往往取决于硫酸盐还原菌的污染程度和生长速度。即使循环冷却水系统有良好的 pH 值控制和用铬酸盐一锌盐作复合缓蚀剂，硫酸盐还原菌仍能使金属迅速穿孔。

在冷却水中，硫酸盐还原菌产生的硫化氢与铬酸盐和锌盐反应，使这些缓蚀剂从水中沉淀出来，生成的沉淀则沉积在金属表面形成污垢。

只用加氯的微生物控制方案难于控制硫酸盐还原菌的生长。这是因为：(1) 硫酸盐还原菌通常为黏泥所覆盖，水中的活性氯不容易到达这些微生物生长的深层；(2) 硫酸盐还原菌周围硫化氢的还原性环境使氯还原生成氯化物，从而使氯失去了杀菌能力。理论上需要 8.5 份的氯才能使 1 份硫化氢还原完全。实验室的试验表明，在硫酸盐还原菌菌落的周围出现低 pH 值和高浓度的硫化氢。

硫酸盐还原菌中的菌不但能产生硫化氢气体，而且还能产生甲烷，从而为硫酸盐还原菌周围的产黏泥细菌提供营养。产黏泥细菌很难用杀虫剂进行控制，因为它们周围有一层气体保护着，阻碍了氯的进入。

长链的脂肪酸胺盐对控制硫酸盐还原菌是很有效的。其他的非氧化性杀虫剂，例如有机硫化物（二硫氰基甲烷），对硫酸盐还原菌的杀灭也是很有效的。

循环冷却水系统中一些主要的腐蚀性细菌及其作用见表 8-7。

循环冷却水系统中一些主要的腐蚀性细菌及其作用　　表 8-7

微　生　物	作　　用	引起的问题
脱硫弧菌(Desulfovibrio) 梭菌(Clostridium)	产生硫化氢 还原硫酸盐	腐蚀金属，破坏氯 还原铬酸盐 沉淀锌盐
硫杆菌(Thiobaccillus)	产生硫酸	腐蚀金属
硝化细菌(Nitrobacteria) 亚硝化单胞菌(Nitrosomonas)	产生硝酸	腐蚀金属
嘉氏铁杆菌(Gallionella) 球衣细菌(Sphaerotilus) 泉发菌(Crenothirix) 鞘铁细菌(Siderocapsa)	将可溶性亚铁离子转变为不溶性的高铁化合物	产生氧化铁沉积促进腐蚀

(二) 真菌

冷却水系统中的真菌包括霉菌和酵母两类。它们往往生长在冷却塔的木质构件上、水池壁上和换热器中。

真菌破坏木材中的纤维素，使冷却塔的木质构件朽蚀。

真菌引起的木材朽蚀可以用有毒盐类（例如铜盐）溶液浸渍木材的方法来防护。但用铜盐浸渍过的木材安装在冷却水系统中之前需要除去多余的铜盐，否则冷却水将把铜盐带到冷却水系统的各处，结果铜离子被还原为铜，析出在金属（例如碳钢或铝）的表面，引起电偶腐蚀。

真菌的生长能产生黏泥而沉积覆盖在换热器中换热管的表面上，降低冷却水的冷却作用。

一般来讲，真菌对冷却水系统中的金属并没有直接的腐蚀性，但它们产生的黏状沉积物会在金属表面建立差异腐蚀电池而引起金属的腐蚀。黏状沉积物覆盖在金属表面，使冷却水中的缓蚀剂不能到达发挥防护作用。

冷却水系统中的真菌可以用杀真菌的药剂，例如五氯酚或三丁基锡的化合物等来控制。氯对于真菌不是很有效。

（三）藻类

冷却水中的藻类主要有蓝藻、绿藻和硅藻。这些藻类的颜色是由于它们体内有进行光合作用的叶绿素和其他色素存在，所以藻类的生长需要阳光。通常在湖泊或河流中见到的漂浮在水面上的藻类进入冷却水系统中后会引起沉积，它们常常停留在阳光和水分充足的地方。

用挡板、盖板、百叶窗等遮盖冷却塔和水池，阻止阳光进入冷却水系统，可以控制藻类的生长。向冷却水中添加氯以及非氧化性杀虫剂，特别是季铵盐，对于控制藻类的生长十分有利。

死亡的藻类会变成冷却水系统中的悬浮物和沉积物。在换热器中，它们将成为捕集冷却水中有机体的过滤器，为细菌和霉菌提供食物。藻类形成的团块进入换热器中后，会堵塞换热器中的管路，降低冷却水的流量，从而降低其冷却作用。

一般认为，藻类本身并不直接引起腐蚀，但它们生成的沉积物所覆盖的金属表面则由于形成差异腐蚀电池而常会发生沉积物下腐蚀。藻类对循环冷却水的危害如下：

1. 冷却塔是藻类理想的生长环境，塔壁、水槽、配水池都常会有藻类繁殖生长，通过碳的同化作用，借助阳光和水中的 CO_2、HCO_3^- 进行光合作用，放出大量的氧，使水中溶解氧的浓度增大，有利于氧的去极化作用，使水的腐蚀性增大。

2. 许多藻类的细胞中会产生大量的油类和环醇类物质，发出恶臭，其本身的死亡也会成为污泥产生臭味，并使水变色，影响水质。

3. 冷却塔的配水槽和喷嘴上，常有藻类繁殖发生阻塞，影响配水的均匀性，降低冷却塔的冷却效率。塔壁上藻类的大量脱落也会造成滤网和系统堵塞。

4. 由于硅藻细胞壁上充满着聚合的二氧化硅，会引起硅污染。

二、冷却水系统中金属的微生物腐蚀

冷却水系统中金属微生物腐蚀的形态可以是严重的均匀腐蚀，也可以是缝隙腐蚀和应力腐蚀破裂，但主要是点蚀。

（一）铁和低碳钢

铁细菌是好氧菌，一般喜欢生活在含氧少但溶有较多铁质和二氧化碳的弱酸性（pH=6～7）的水中，它们可以将二价铁氧化为三价铁，使之以鞘的形式沉淀下来，同时还产生大量黏液，构成锈瘤。由于它们耗氧，而生成的锈瘤又阻碍氧的扩散，锈瘤下面的金属表面常常处于缺氧状态，从而构成氧浓差电池，引起钢的腐蚀。铁细菌产生的锈瘤除了会引起腐蚀穿孔外，还会产生大量的棕色黏泥，堵塞供水管道，降低管道中水的流速，从而降低冷却水的冷却效果。

硫酸盐还原菌能使碳钢和低合金钢产生点蚀，生成黑色的硫化铁沉积物。

硫氧化菌能把元素硫或其他还原态的硫化物氧化为硫酸，使介质的 pH 值降低。例如排硫杆菌和氧化硫硫杆菌可分别使水的 pH 值降低到 4.73 和 1.35，因此具有强的腐蚀性。

其他好氧菌因产生有机酸，故也具有不同的腐蚀作用。

据报道，铁细菌和硫酸盐还原菌等微生物曾使一个钢锭浇铸装置的密闭式循环冷却水系统中的碳钢设备发生严重的腐蚀，设备的冷却效率急剧下降，冷却水的 pH 值有时可以降低到 6.0～6.5。

（二）不锈钢

不锈钢，即使含钼量达 4.5％的奥氏体不锈钢也会发生微生物腐蚀。

不锈钢微生物腐蚀的特征是点蚀，最常遇到的则是在不锈钢的焊件上。有时微生物可使不锈钢先以晶间腐蚀开始，最终成为氯化物的应力腐蚀开裂。蚀孔和裂纹主要发生在焊缝的热影响区和应力区。

除嘉氏铁杆菌外，从失效的不锈钢管上含腐蚀产物的黏泥中已分离出气杆菌、梭菌、黄杆菌、芽孢杆菌、脱硫弧菌和腊肠形脱硫弧菌。

在有硫酸盐还原菌活动的厌氧介质中，不锈钢的微生物腐蚀形态主要是点蚀和晶间腐蚀。冷却水系统中若有大量的硫酸盐还原菌繁殖生长时，这种菌类还原生成的 H_2S 会使钢铁严重腐蚀，并生成黑色硫化铁沉积物，沉积物的附着进一步引发更为严重的垢下腐蚀和电偶腐蚀。硫酸盐还原菌曾使 904L 奥氏体不锈钢（20％Cr，25％Ni，4.5％Mo，1.5％Cu，0.02％max.C，其余为 Fe）制造的海水换热器中的水室法兰处发生缝隙腐蚀和点蚀。蚀孔呈“墨水瓶”状。

铁细菌曾使井水试压后未排放干净的、壁厚为 3mm 的 304L 和 316L 不锈钢管道在试压 1 个月后发生点蚀穿孔。此时，蚀孔上覆盖有大量的红棕色沉积物。

（三）铜和铜合金

铜腐蚀后生成的铜离子或铜盐对微生物具有一定的毒性，但也存在着耐铜离子的细菌。例如，氧化硫硫杆菌能在铜离子浓度高达 2％的溶液中生长。

假单细胞菌可使铜合金在海水中的腐蚀速度增大约 20 倍。

硫酸盐还原菌也会腐蚀铜或铜合金。硫酸盐还原菌曾使海水管道系统中铜镍合金的焊接区和热影响区发生孔蚀和选择性腐蚀。

（四）镍和镍合金

镍合金耐微生物腐蚀的能力很强，但也能产生严重的点蚀。例如嗜热菌可使 Ni201 受到严重腐蚀。

在用河水作直流冷却水的系统中，用镍管制作的换热器曾发生由硫酸盐还原菌引起的腐蚀穿孔。穿孔的镍在冷水中一侧的管壁上有无数的蚀孔。在该冷却水系统中，一些由镍铜合金管和镍钼合金管制成的换热器的管壁也曾发生微生物引起的孔蚀，但孔蚀的程度比镍管要轻一些。

在含有假单胞菌的冷却水中，由蒙乃尔合金制造的换热器曾发生严重的点蚀。对蒙乃尔合金管（壁厚 1.2mm）进行水压试验，发现其管壁上有许多泄漏处，蚀孔的平均深度为管壁厚的 75％。金相检验发现，蒙乃尔合金管上有明显的晶间腐蚀。此外，在蒙乃尔合金的有些部位还发生选择性腐蚀。合金中的镍被优选浸出而剩下海绵状的富铜物质。

（五）钛和钛合金

由上述介绍可知，大多数常用的耐蚀合金都会遭受微生物腐蚀。十分有趣的是，不论在现场的应用中还是在实验室的试验中，钛合金是所有常用耐蚀金属中唯一已知有耐微生物腐蚀能力的合金。

虽然过去的 30 年中，钛合金在列管式换热器、容器、泵、阀门、管道系统以及冷却水系统中得到了广泛的应用，但是无论从文献的报道或者从现场的经验中，都尚未发现钛合金构件的事故与微生物腐蚀有关。

把钛合金试样放在海洋中进行的长达 20 年的各种暴露试验表明，即使海洋中的微生物的大多数生物在钛合金表面生长，但钛合金对这些生物也是耐腐蚀的。此外，钛合金对控制微生物及其黏泥用的各种杀虫剂也是耐蚀的。

钛合金耐微生物腐蚀的优异性是由于在它的表面上能生成一层高度稳定的、致密的和与基体金属结合力很强的保护性氧化膜。这层膜的厚度一般为 50～200Å，其主要成分是金红石或锐铁矿结构的二氧化钛。由于金属钛很活泼，它和氧有很强的亲合势，钛合金的新鲜金属表面只要遇到足量的氧或水分时，就会自动和迅速地生成上述保护性氧化膜。

（六）非金属材料

一些专门“食”烃类或有机涂料的微生物能损坏有机涂层。例如假单胞菌可以破坏含氧化亚铜和三丁基锡化合物的涂料而使基体金属腐蚀。

由于能产生硫酸，硫氧化菌可以使混凝土迅速破坏。

真菌可将木材的纤维素转化为葡萄糖而损坏冷却水中的木质构件。

文献中有关冷却水系统中微生物腐蚀的详细报道并不太多，现把一些有代表性的微生物腐蚀事例列于表 8-8 中。

冷却水系统中微生物腐蚀的事例 **表 8-8**

金属材料	设备与介质	微生物	情况	处理方法
碳钢	连续铸钢装置的密闭式循环冷却水系统； 软化了的井水和废水作补充水	嘉氏铁杆菌、球衣菌、硫杆菌、脱硫弧菌	腐蚀速率上升，换热效率剧降； 腐蚀产物形成大量污垢； 异氧菌数很高； 水的值下降到 6.0～6.5	改换缓蚀剂； 改换杀生剂
镀锌钢	空调器的冷却塔	硫氧化菌、硫酸盐还原菌	蚀孔呈球形，孔内有少许松散的棕黑色沉积物	涂敷环氧涂料
304L、316L 不锈钢	贮罐和管道试压用水井	铁细菌	点蚀引起穿孔，蚀孔上覆盖有大量红棕色沉积物	改用去离子水试压，试压后立即将水放干
904L 奥氏体不锈钢	海水换热器的水室	硫酸盐还原菌	“墨水瓶”状蚀孔、法兰处有缝隙腐蚀	控制氯气浓度适中
铜镍合金	海水管道系统；焊接区和热影响区	硫酸盐还原菌	选择性腐蚀	—
镍铜合金 镍钼合金	换热器； 河水作直流冷却水	硫酸盐还原菌	使用 18～24 个月后发现少数镍合金管开始泄漏； 水侧黏泥沉积物下金属表面有许多蚀孔	降低水的浊度，改用双层金属管（水侧为 90～10 铜镍合金，另一侧为镍铜合金 400）。
蒙乃尔合金	换热器	假单细胞	穿孔	—

由表 8-8 可见，在冷却水系统的碳钢、镀锌钢、不锈钢、铜镍合金、蒙乃尔合金、镍铜合金和镍钼合金设备，都可能发生微生物腐蚀。

三、冷却水系统中的微生物黏泥

微生物黏泥（简称黏泥）是指水中溶解的营养源而引起的细菌、丝状菌（霉菌）、藻类等微生物群的增殖，并以这些微生物为主体，混有泥砂、无机物和尘土等，形成附着的或堆积的软泥性沉积物。冷却水系统中的微生物黏泥不仅会降低换热器和冷却塔的冷却作用、恶化水质，而且还会引起冷却水系统中设备的腐蚀和降低水质稳定剂的缓蚀、阻垢和杀生作用。

（一）微生物黏泥的组成

微生物黏泥是以微生物菌体及其粘结在一起的黏性物质（多糖类、蛋白质等）为主体组成的。表 8-9 示出了附着在换热器上的黏泥的组成。为了对比，表 8-9 还列出了淤泥的组成。

在一般情况下黏泥的灼烧减量超过 25%，且含有大量的有机物（以微生物为主体）；而淤泥的灼烧减量则在 25%以下，且微生物含有率也小，但泥砂等无机物成分增多。

因为在灼烧减量中还包括微生物以外的有机物量，所以要提高黏泥判断的精度，还需要测定黏泥中所含的蛋白质量。

换热器上的黏泥和淤泥的化学分析结果（%） 表 8-9

分析项目	附着在热交换器管上的黏泥(A)	附着在热交换器管上的黏泥(B)	热交换器隔板上的淤泥(C)	冷却塔水池上的淤泥(D)
氧化钙(CaO)	4.7	6.0	4.9	0.8
氧化镁(MgO)	1.6	0.9	1.5	1.2
氧化铁(Fe_2O_3)	6.5	5.7	8.6	11.3
氧化铝(Al_2O_3)	13.7	微量	7.6	10.7
磷酸酐(P_2O_5)	0.7	4.4	0.4	2.6
酸不溶物	37.0	16.6	50.8	45.1
灼烧减量[(600±25)℃]	25.4	58.9	19.6	25.0

（二）黏泥微生物的种类和特点

在确定黏泥的处理方法时，必须了解构成黏泥的微生物种类、性质和特点。表 8-10 示出了组成黏泥微生物的种类和特点。

在开式循环冷却水系统中，由产黏泥细菌引起的故障最多，其次则是由藻类、霉菌（丝状菌）、球衣细菌（丝状细菌）引起的故障。

需要说明的是，微生物在黏泥中的分布不一定是均匀的。例如，以好氧性细菌为主体的黏泥，其下面也产生像硫酸盐还原菌那样的厌氧性细菌。

（三）黏泥的污垢热阻

污垢热阻是表征由污垢产生的传热阻力大小的一个参数。污垢热阻越大，则传热和冷却的效果越差。

有人曾分别用黏泥 A、B 和磷酸钙进行了污垢热阻与附着物量关系的研究。得到的结果如图 8-15 所示。

开式循环冷却水系统中组成黏泥的微生物 **表 8-10**

微生物种类		特点
藻类(Algae)	蓝藻类	细胞内含有叶绿素,利用光能,进行碳酸同化作用;在冷却塔和热水池、冷水池等接触光的场所最常见
	绿藻类	
	硅藻类	
细菌类(Bacteria)	产黏泥细菌	是块状琼脂,细菌分散于其中;在有机物污染的水系最常见
	球衣细菌	在有机物污染的水系中呈棉絮状积聚(有时分在铁细菌类)
	铁细菌	氧化亚铁中的亚铁离子,使之成为高铁化合物沉积在细胞周围
	硫细菌	污水中常见,一般在体内含有硫磺颗粒,使水中的硫化氢、硫代硫酸盐、硫磺等氧化
	硝化细菌	将氨氧化成亚硝酸的细菌和使亚硝酸氧化成硝酸的细菌;在循环水系统中有氨的地区繁殖
	硫酸盐还原菌	使硫酸盐还原,生成硫化氢的厌气性细菌
真菌类(霉菌类丝状菌)(Fungi)	藻菌类(水霉菌)	在菌丝中没有隔膜,全部菌丝成为一个细胞
	不完全菌类	在菌丝中有隔膜

由图 8-15 中可见:

(1) 污垢热阻随黏泥和磷酸钙附着量的增加而呈正比地增加。

(2) 在附着物量相同的情况下,黏泥的污垢热阻远远大于磷酸钙的污垢热阻,由此可见,黏泥对冷却效果的影响比磷酸钙垢还大。

(3) 黏泥中的蛋白质含量和灼烧减量越大,即微生物的含量越大,则其污垢热阻也越大。

以上可见,黏泥和微生物对冷却水系统的冷却效果有着十分重大的影响。

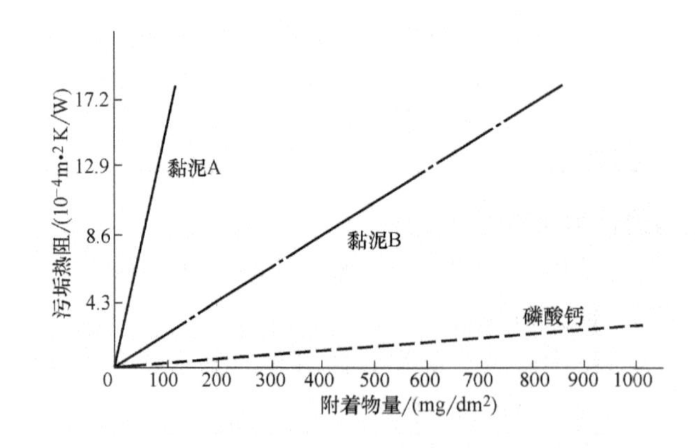

图 8-15 污垢热阻与附着物量的关系

——黏泥 A,灼烧减量 75%~85%,蛋白质含量 30%~36%;

-·-·-黏泥 B,灼烧减量 10%~15%,蛋白质含量 4%~6%;

(四) 微生物黏泥引起的危害

微生物黏泥在冷却水系统中引起的故障大致有以下一些:

(1) 黏泥加速金属腐蚀 黏泥覆盖在金属表面,形成差异腐蚀电池,引起这些金属设备的局部腐蚀，即垢下腐蚀。这种腐蚀集中在局部，腐蚀速度快，容易引起设备腐蚀穿孔。

（2）黏泥促进污垢沉积　一般来说水垢沉积过程可分为盐的结晶、聚合和沉积三步。当水中的难溶盐达到饱和浓度后，并不是立即沉积在设备表面，而是先形成微小的悬浮晶粒。微生物黏泥能起到粘合剂的作用，通过架桥和凝絮作用使晶粒变大，促进了水垢的沉积。

（3）黏泥附着影响换热　黏泥附着在换热（冷却）部位的金属表面上，导致热阻增大，降低冷却水的冷却效果，致使系统能耗增大。

（4）浓缩倍数不易提高　系统在黏泥危害期间，需要大量排污以降低水中微生物黏泥的含量，使得系统的浓缩倍数不易提高，不仅浪费了大量的水，还消耗了大量的缓蚀阻垢药剂。

（5）大量的黏泥将堵塞换热器（水冷器）中冷却水的通道，从而使冷却水无法工作；少量的黏泥则减少冷却水通道的截面积，从而降低冷却水的流量和冷却效果，增加泵压。

（6）黏泥集积在冷却塔填料的表面或填料间，堵塞了冷却水的通过，降低冷却塔的冷却效果。

（7）黏泥覆盖在换热器内的金属表面，阻止缓蚀剂与阻垢剂到达金属表面发挥其缓蚀与阻垢作用，阻止杀生剂杀灭黏泥中和黏泥下的微生物，降低这些药剂的功效。

（8）大量的黏泥，尤其是藻类，存在于冷却水系统中的设备上，影响了冷却水系统的外观。

现把黏泥和淤泥故障发生的部位归纳在表 8-11 中。

黏泥和淤泥故障发生的部位　　**表 8-11**

故障发生部位		故障原因
换热器	管道	黏泥附着
	隔板、管道外面、挡板等(壳程通水时)	黏泥附着、淤泥堆积
冷却塔	配水池	黏泥附着、淤泥堆积
	填料	黏泥附着
冷却塔水池	池底部	淤泥堆积
	池壁	黏泥附着

(五) 影响微生物和黏泥的环境因素

1. 微生物的营养源

微生物需要维持其生长、繁殖的各种营养源，其中最重要的元素是碳、氮、磷。另外，微生物依其种类的不同而摄取能源和营养源的方法也不同，其分类如表 8-12 所示。

冷却水系统中微生物繁殖的能源与营养源　　**表 8-12**

微生物的种类	能　源	繁殖所需的营养源
藻类、光合成细菌	太阳能	只利用无机物就能繁殖
铁细菌、硫细菌、硝化细菌	无机物的氧化作用	
其他的微生物(丝状菌、丝状细菌)	有机物的氧化作用	没有有机物则不能繁殖

营养源进入冷却水系统的途径主要有三种：补充水、大气和设备泄漏。

判定这些营养源进入程度的一个指标是化学耗氧量（COD）。一般认为，循环水中的COD值如在10mg/L以上就容易发生由黏泥引起的故障。

2. 水温

影响微生物生长和繁殖的水温因微生物的种类而异。在各种各样的微生物中，都有一个最佳的繁殖温度。图8-16示出了冷却水系统中微生物的繁殖速度与水温的关系，这时的最佳温度是35～40℃。

3. pH值

一般来说，细菌易在中性或碱性环境中繁殖，丝状菌（霉菌类）易在酸性环境中繁殖。图8-17表示在冷却水中存在细胞群时的pH值和繁殖速度的关系。这些细菌群最佳繁殖的pH值是在6～9之间。通常冷却水的pH值宜控制在7.0～9.2的范围，该范围正处在微生物增值的最佳pH值范围。

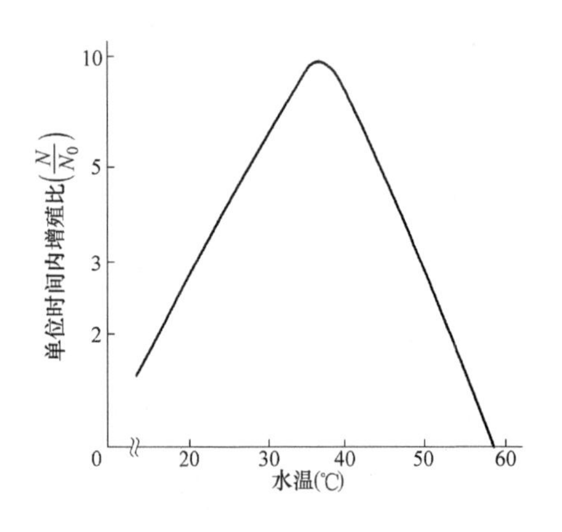

图8-16 水温对细菌繁殖的影响

注：$(N/N_0)=e^{\mu t}$；N：t时后的细菌数；N_0：初期菌数；μ：比增殖速度，pH＝8.0；细菌群：冷却水池生长的菌群。

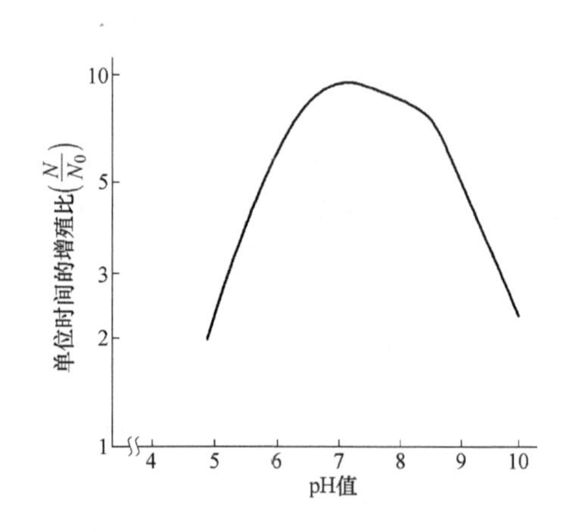

图8-17 pH值对细菌群增殖的影响

注：$(N/N_0)=e^{\mu t}$；N：t时后的细菌数；N_0：初期菌数；μ：比增殖速度；细菌群：冷却水池生长的菌群。

4. 溶解氧

好氧性细菌和丝状菌（霉菌类）利用溶解氧，氧化分解有机物，吸收细菌繁殖所需的能量。在敞开式循环冷却水系统中，水在冷却塔里的喷淋曝气过程为微生物的生长提供了充分的溶解氧，具备了微生物繁殖的最佳条件。

5. 光

在冷却水系统中所生成的微生物中，藻类需要光能，而其他微生物的繁殖则不需光能。

6. 细菌数

图8-18示出了黏泥故障发生频率和冷却水中细菌的关系。由图可知，细菌数在10^3个/mL以下时，故障发生得很少；细菌数在10^4个/mL以上时，黏泥故障容易发生。

7. 悬浮物

黏泥的形成与冷却水的悬浮物密切相关。设计规范要求循环冷却水的悬浮物浓度不宜大于 20mg/L；当换热器为板式、翅片式或螺旋板式时，悬浮物的浓度则不宜大于 $10mL/m^3$。

8. 黏泥量

黏泥量是使 $1m^3$ 的冷却水通过浮游生物网所得到的黏泥体积（mL）。黏泥量在 $10mL/m^3$ 以上的冷却水系统中黏泥的故障发生率高。一般情况下，可观察到丝状细菌（球衣细菌类）和丝状菌（霉菌类）的冷却水的黏泥量高。

9. 黏泥附着度

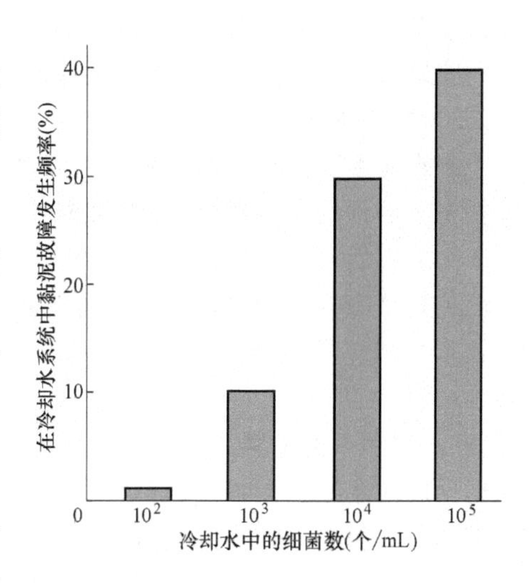

图 8-18　黏泥故障发生频率与细菌数的关系

黏泥附着度是衡量冷却水黏泥附着性的有效指标。把玻璃片定期浸渍在冷却水中，然后干燥附着在玻璃表面上的黏泥。因为要知道附着物中的微生物，所以要进行微生物染色，测定玻璃片的吸光度。在此吸光度上加某个系数值，就是黏泥附着度。

有人对黏泥附着度和冷却水装置中的黏泥危害程度进行了长期的研究，结果发现，两者以相当高的概率表现出相关性。

凡冷却水流经壳层的换热器以及立式换热器等都有低流速部位，黏泥或淤泥容易在那里堆积。在冬季冷却水节流运行时，换热器挡板等处也容易堆积黏泥和淤泥。

四、冷却水系统中微生物的控制指标

冷却水系统中微生物的控制主要是通过对微生物生长的控制来实现的，即通过控制冷却水微生物的数量来实现的。

循环冷却水系统中微生物生长的控制可采用表 8-13 中的一些指标。

循环冷却水系统中微生物控制的指标及监测频率　　**表 8-13**

监测项目	控制指标	监测频率
异养菌	$<5\times10^5$个/mL(平皿计数法)	2～3 次/周
真菌	<10 个/mL	1 次/周
硫酸盐还原菌	<50 个/ml	1 次/月
铁细菌	<100 个/mL	1 次/月
黏泥量	$<4mL/m^3$(生物过滤网法)	1 次/天
	$<1mL/m^3$(碘化钾法)	1 次/天

五、冷却水系统中微生物的控制方法

冷却水系统中微生物引起的腐蚀、黏泥及其生长的控制方法主要有：

（一）选用耐蚀材料

金属材料耐微生物腐蚀的性能大致可以排列如下：

钛>不锈钢>黄铜>纯铜>硬铝>碳钢

目前常用的海洋用低合金钢耐受好氧性和厌氧性细菌腐蚀的能力都较低。

一般来讲，硫、磷或硫化物夹杂物含量低的合金耐受硫酸盐还原菌腐蚀的能力较强。

（二）控制水质

控制水质主要是控制冷却水中的氧含量、pH 值、悬浮物和微生物的养料。同时，要加强补充水的预处理，严防危害物质进入系统，特别是黏泥，一旦浓缩倍数提高黏泥浓缩，产生危害后，很难排出。

油类是微生物的养料，故应尽可能防止它泄漏入冷却水系统。如果漏入冷却水系统中的油较多，则应及时清除。清除漏油的方案中应包括机械除油和化学清洗除油两部分内容。

（三）采用杀生涂料

在采用防腐涂料保护金属换热器的冷却水一侧时，所用的涂料应能耐受冷却水中微生物的破坏。涂料中添加能抑制微生物生长的杀生剂（例如偏硼酸钡、氧化亚铜、氧化锌、三丁基氧化锡等）是人们常采用的一些控制微生物生长和防止腐蚀的有效措施。

用由改性水玻璃、氧化亚铜、氧化锌和填料等制成的无机防藻涂料涂刷在冷却塔和水池的内壁上，则不但可以控制冷却水系统中冷却塔、水池内壁、抽风筒、收水器等处藻类的生长，还可以抑制冷却水中异氧菌的生长。

（四）阴极保护

冷却水系统中存在硫酸盐还原菌时碳钢的阴极保护电位一般应为－0.95V（相对于 $Cu/CuSO_4$ 电极）。这一电位可使碳钢在厌氧环境中处于免蚀状态，也就是使碳钢处于热力学的稳定状态，从而防止碳钢被腐蚀。

采用牺牲阳极保护时，则应注意生物附着物的影响。有研究表明，铝合金牺牲阳极表面易长满生物附着物，能导致牺牲阳极的电阻增高，阳极输出电流下降，影响阴极保护的效果。与之相反，锌牺牲阳极则极少受到生物污染的影响。

（五）清洗

进行物理清洗或化学清洗，可以把冷却水系统中微生物生长所需的养料（例如漏入冷却水中的油类）、微生物生长的基地（例如黏泥）和庇护所（例如腐蚀产物和淤泥）以及微生物本身从冷却水系统的金属设备表面上除去，并从冷却水系统中排出。清洗对于一个被微生物严重污染的冷却水系统来说，是一种十分有效的措施。

清洗还可以使清洗后剩下来的微生物直接暴露在外，从而为杀生剂直接达到微生物表面并杀死它们创造有利的条件。

（六）防止阳光照射

藻类的生长和繁殖需要阳光，故冷却水系统应避免阳光的直接照射。为此，水池上面应加盖；冷却塔的进风口则可加装百叶窗。

（七）旁流过滤

在循环冷却水系统中，设计安装用砂子或无烟煤等为滤料的旁滤池过滤冷却水是一种控制微生物生长的有效措施。通过旁流过滤，可以在不影响冷却水系统正常运行的情况下除去水中大部分微生物。

旁滤池需定期或不定期进行反洗，将过滤的脏物（悬浮物、微生物、黏泥等）排出系统之外，以减少对系统的危害。

(八）混凝沉降法

在补充水的前处理或循环冷却水的旁流处理过程中，常使用铝盐、铁盐等混凝剂或高分子絮凝剂（例如聚丙烯酰胺）。这些药剂能在絮凝沉淀过程中将水中的各种微生物随生成的絮凝体一起沉淀下来，从而把它们除去。

(九）噬菌体法

噬菌体是一种能够吃掉细菌的微生物，有人称它们为细菌病毒。这种细菌病毒与动物病毒、植物病毒不同，它们只对细菌的细胞发生作用，故是一种很小但非常有用的病毒。

噬菌体靠寄生在叫做“宿主”的细菌里进行繁殖。繁殖的结果是将“宿主”吃掉，这个过程叫做溶菌作用。利用细菌的天敌——噬菌体，防止和消除冷却水系统中的黏泥是一种颇有前途的生物学方法。

图 8-19 中示出了动态模拟试验中噬菌体对循环水中有害细菌的杀灭作用。曲线 1 代表未加噬菌体的循环水中细菌数量的变化，曲线 2 代表加入噬菌体的循环水中细菌数量的变化。由图可见，加入了噬菌体的循环水中，细菌的增殖较慢，24h 时达到最高点，继而下降。以对照细菌量达最高时计算，噬菌体的杀菌率达到 83.3%。

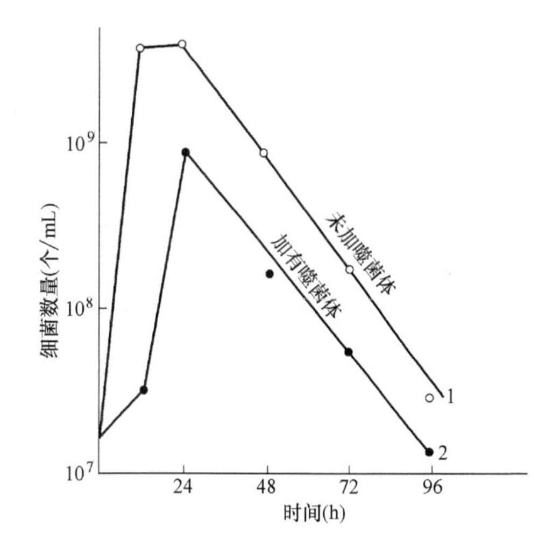

图 8-19　动态模拟试验水样中加入噬菌体后细菌数量的变化

噬菌体法消除冷却水系统中黏泥和微生物的优点是：

1. 与加氯相比，噬菌体的溶菌作用不会影响生态环境。

2. 一个噬菌体溶菌后，能放出数百个噬菌体，故只要加入少量噬菌体，就能获得非常好的效果。

3. 噬菌体的增殖保存技术已经建立，可望实现稳定供给。

4. 经济性好。

(十）添加杀生剂

杀生剂又称杀菌灭藻剂、杀微生物剂或杀菌剂等，把冷却水系统中使用的杀生剂简称为冷却水杀生剂。

控制冷却水系统中微生物生长最有效和最常用的方法之一是向冷却水系统中添加杀生剂。一般为间歇加药，杀生后因菌数降低，黏泥量也相应降低。

人们对冷却水杀生剂的要求通常是控制冷却水中微生物的生长，从而控制冷却水系统中的微生物腐蚀和微生物黏泥，但并不一定要求它能杀灭冷却水系统中所有的微生物。

第九章　中央空调水系统的清洗和辅助设备保养

第一节　中央空调水系统的清洗方法

中央空调循环水系统运行一定时间后，由于在使用过程中受物理和化学等作用的影响，或水处理不理想，系统中通常会产生一些盐类沉淀物、腐蚀杂物和生物黏泥等。这些沉积物会直接影响热交换器的换热效率并且减小管道的过水断面。为了提高换热效率，防止或减少腐蚀，中央空调的冷却水系统和冷冻水系统都应该定期进行清洗，以除去金属表面上的沉积物和杀灭微生物。

对于新建的中央空调，其冷却水和冷冻水（或热水）系统中的设备在制造加工、运输储存期间会发生锈蚀，带入切削油、防锈油。在安装之前冷却水和冷冻水系统往往也需要清洗。

一、循环水系统的清洗范围

中央空调循环水系统的清洗包括冷却水系统的清洗和冷冻水系统的清洗。

冷却水系统的清洗目的主要是清洗冷却塔、冷却水管道内壁、冷凝器换热表面等的水垢、生物黏泥、腐蚀产物等沉积物。

冷冻水（或热水）系统的清洗目的主要是清除蒸发器换热表面、冷冻水管道内壁、风机盘管内壁和空气调节系统设备内部的生物黏泥、腐蚀产物等沉积物。

二、循环水系统的清洗方法

中央空调循环水系统设备及管道的清洗方法包括物理清洗和化学清洗两种方法。物理清洗方法主要是利用水流的冲刷作用或器具的刷、擦、刮作用来清除设备和管道内的沉积物；化学清洗的方法则是采用酸、碱或有机化合物的复合清洗剂清除设备和管道内的沉积物。

（一）物理清洗

物理清洗是将循环水系统分成设备、管道等几个部分并采用冲、刷、擦、刮等手段，将设备和管道中的沉积物除掉的清洗方式。这种方法主要适用于水冷式冷凝器和管壳式蒸发器。

物理清洗的主要方法有水冲清洗、高压水冲洗和器具清洗，前两者为停机拆卸清洗，后者为不停机清洗，通常由冷水机组配装的在线物理清洗装置（如通球式清洗设备）来完成。

1. 水冲清洗

水冲洗是一种最简单的清洗方法，主要利用清洁的自来水，在水流速度不低于1.5m/s的条件下对与冷却水接触的所有设备和管道进行5～8h的正、反向循环水冲洗（开式冷却塔除外），利用水流的冲击力和洗刷力来清除设备和管道中的泥砂、松散沉积物和各种碎屑杂物，并通过主管道的最低点或排污口排放清洗水，同时拆洗Y形水过滤器。

由于热交换器内的换热铜管管径较小，为避免从系统清洗出来的污泥杂物堵塞换热管，清洗水应从热交换器的旁路管通过。

显然，这种清洗方法对较硬的水垢和腐蚀产物，或较黏的沉积物是很难起到作用的。

2. 高压水清洗

高压水冲洗是利用高速水的强力射流，以一定角度作用于被清洗表面进行清洗的方法。通常用于管壳式热交换器的管束内外清洗和冷却塔填料的清洗。在清洗换热管时，要将管壳式热交换器的端盖拆下来，逐根清洗换热管。

3. 器具清洗

器具清洗是采用刷、棒、刀、球等器具作用于被清洗表面进行清洗的方法。通常用于管壳式热交换器换热管管内的清洗。

“刷”是指使用尼龙刷（不宜采用钢丝刷或铜丝刷）在换热管内来回拉刷：“棒”是指使用略小于换热管内径的圆钢棒在换热管内来回拉捅：“刀”是指使用专门刮刀或刮管器，在换热管内滚刮。通过刷、棒、刀的拉刷、拉捅和滚刮作用，将换热管内的沉积物剥离，然后用水清除。使用刷、棒、刀完成清洗工作前，要将热交换器的端盖拆下来，然后逐根清洁换热管。刷、棒、刀可以单独使用，也可以根据管内沉积物的情况配合使用。

“球”是指使用橡胶塑料球对换热管进行清洗，这种球又称为清洁球、清洗球，是固态柔性球体，有一定的弹性，其直径略大于换热管的内径。要进行清洗作业时，通过安装在热交换器进水管道处的注球器将一定数量的清洁球随水强制送入每根换热管，利用清洁球在换热管内运动过程中的挤擦作用，将换热管内的沉积物剥离并带出。当清洁球从换热器出口随水流出时，会被特别设置的筛网挡住，并通过回球器和专用输送管道重新回到注球器，从而完成一个冲洗循环。显然，这种清洗方法是可以在冷水机组不停机的情况下连续进行的在线自动清洗方法，不仅清洗效果较好，而且可以控制清洁球的清洗时间长短和清洗时间间隔，或根据需要随时清洗换热管。不过采用此法清洗换热管要额外安装一套注、回球装置和相应的控制装置。此外，清洁球的消耗量也很大，因为清洁球在使用过程中会因摩擦损耗，直径逐渐变小，挤擦功能也会逐渐下降，当清洁球失去挤擦功能时就需要更换。

物理清洗的主要优点是：可以节省化学清洗所需的药剂费用；避免化学清洗后清洗废液的处理和排放问题；不被清洗的设备和管道不会受到腐蚀损害。其主要缺点是：部分物理清洗方法需要在中央空调系统停止运行后才能进行；清洗工作比较费工、费时；有些方法容易造成设备和管道内表面损伤等。

（二）化学清洗

化学清洗是通过化学药剂的化学作用，使被清洗设备和管道中的沉积物溶解、疏松、脱落或剥离的清洗方式。一般来说，化学清洗不仅能除去系统中的油污，还能除去各种结垢物、金属腐蚀物和生物黏泥。为了尽量减少化学清洗剂的用量，提高化学清洗的效率，上述物理清洗中的水冲洗也是化学清洗过程不可缺少的环节，尤其是在泥砂、污物沉积较多的情况下，先用水冲洗一遍是很有必要的。

人们往往从不同的角度对中央空调水系统的化学清洗进行分类。

1. 按清洗方式，可分为循环法和浸泡法清洗。

循环法是一种使用最为广泛的方法。利用临时清洗槽等方法，使清洗设备形成一个闭合回路，清洗液不断循环，沉积层等不断受到新鲜清洗液的化学作用和冲刷作用而溶解和脱落。

浸泡法适用于一些小型设备和系统，以及被沉积物堵死而无法将清洗液进行循环流动清洗的设备和系统。

2. 按使用的清洗剂，可分为碱洗、酸洗、有机复合清洗剂清洗等。

酸洗法清洗（简称酸法）是利用酸洗剂与水垢和金属腐蚀产物进行化学反应生成可溶性物质，从而达到将其去除的目的。

碱洗法清洗（简称碱洗）一般是利用碱性药剂的乳化、分散和松散作用，除去系统中的油污及油脂等。其中松散作用只对硅酸盐垢有一定的效果，对其他大多数盐垢一般不起作用。碱洗主要用于去除设备内的油污或预涂的除锈剂，此外还可以用来中和酸洗后的酸性水。清洗循环冷却水系统时一般不采用碱洗方法。

有机复合清洗剂清洗是利用某些具有特殊功能的有机化合物，配制成具有杀菌、分散、剥离、溶解等作用，同时在清洗过程中不会对金属产生腐蚀影响的专用清洗剂并投入到循环水系统中进行清洗。

需要注意的是，在投加有机清洗剂前，首先要使用各种杀生剂（如氯），或具有杀生和剥离作用的次氯酸盐、新洁尔灭等，将系统中的菌藻杀灭，并对粘附于管壁表面的污垢进行剥离。然后再投加具有分散作用的羟基亚乙基二磷酸、聚丙烯酸钠等有机清洗剂，改变垢的结构和形态，使之成为可以被水冲走的松散沉积物。同时要降低循环水的 pH 值，这不仅能提高杀生剂的效力，还能溶解循环水系统中结成的一些盐垢。系统按上述处理方法运行一定时间后（一般 1～3d），通过对循环水水质的（如浊度、铁浓度等）分析，再进行大量排污，即可将系统中的清洗液全部置换，在这一排污置换过程中也起到了对系统的冲洗作用。

3. 按清洗的对象，可分为单台设备清洗和全系统清洗。

4. 按是否停机，可分为停机清洗和不停机清洗。

停不停机指的是清洗液在冷却水或冷冻水系统循环流动清洗的过程中，中央空调系统是处于停止供冷或供暖状态还是在清洗的同时仍保持供冷或供暖。

化学清洗的主要优点是：沉积物能够被彻底清除，清洗效果好；可以进行不停机清洗，使中央空调系统照常供冷或供暖；清洗操作比较简单。化学清洗存在的主要缺点是：容易对设备和管道产生腐蚀；清洗废液的排放容易造成二次污染；清洗费用相对较高。另外，化学清洗也常需要和物理清洗配合使用。

第二节　循环水系统停机化学清洗的程序

中央空调系统停运后，冷却水系统和冷冻水系统的清洗可用采取单台设备清洗方式或全系统清洗方式。但无论是单台设备清洗还是全系统清洗，一般都使用清洗槽和清洗泵将单台设备或原系统（不使用原系统的水泵）构成一个闭合回路进行循环清洗。清洗一般按下列程序进行：

水冲洗（检漏）→杀菌灭藻清洗→碱洗→碱洗后水冲洗→酸洗→酸洗后水冲洗→漂洗→中和钝化（或预膜）。

一、水冲洗（检漏）

水冲洗的目的是用大流量的水尽可能地冲洗掉系统中的灰尘、泥砂、脱落的藻类及腐蚀产物等一些疏松的污垢，同时检查临时系统的泄漏情况。

冲洗时，水的流速以大于 0.15m/s 为宜，必要时可作正反向切换。冲洗合格后，排尽系统内的冲洗水。必要时可注入 60～70℃的热水，用手触摸检查系统中有无死角、气阻、短路等现象。

二、杀菌灭藻清洗

杀菌灭藻清洗的目的是杀死循环水系统内的微生物，并使设备和管道表面附着的生物黏泥剥离脱落。

排尽冲洗水后即注水充满系统循环清洗，并加入适当的杀生剂循环清洗。当系统内的浊度趋于平衡时即可结束清洗。

三、碱洗

碱洗的目的是除去系统内的油污，以保证酸洗均匀（一般当系统内有油污时才需要进行碱洗，新建设备一般不需要）。

注水充满系统并用泵循环加热，加入各种碱洗药剂，维持一定温度循环清洗。当系统中碱洗液的碱度曲线、油含量曲线基本趋于平缓时即可结束碱洗。

在碱洗过程中，应定时测试碱洗液的碱度、油含量、温度等。

四、碱洗后的水冲洗

碱洗后的水冲洗是为了除去系统内残留的碱洗液，并使部分杂质被带走。碱洗液排出后，及时注入温水冲洗，使系统呈中性或微碱性状态，当 pH 值曲线趋于平缓、浊度达到一定要求时，水冲洗即可结束。

在冲洗过程中，需测试排出口冲洗液的 pH 值和浊度。

五、酸洗

酸洗的目的是利用酸洗液与水垢和金属氧化物进行化学反应，生成可溶性物质，而将其除去。

为抑制和减缓酸洗液对金属的腐蚀，在酸洗液中常需添加适当的缓蚀剂。

碱洗后的冲洗水排出后，将配制的酸洗溶液用清洗泵打入系统中，确认充满后用泵进行循环清洗。可能时可切换清洗液的循环方向，并在最高点放空和底部排污，以避免产生气阻和导淋堵塞，影响清洗效果。

清洗过程中，应定期（一般每 30min 一次）测试酸洗液中酸的浓度、金属离子（Fe^{2+}、Fe^{3+}、Cu^{2+}）浓度、温度、pH 值等。当金属离子浓度曲线趋于平缓时，即为酸洗终点。

六、酸洗后的水冲洗

此次水冲洗是为了除去残留的酸洗液和系统内脱落的固体颗粒，以便漂洗和钝化处理（或预膜）。

将酸洗液排出，并用大量的水对全系统进行开路清洗，不断轮换开启系统各导淋，以使沉淀在短管内的杂物、残液排出。

冲洗过程中，应每隔 10min 测定一次排出的冲洗液的 pH 值，当接近中性时停止冲洗。

七、漂洗

漂洗的目的是利用低浓度的酸洗液清洗系统内在水冲洗过程中形成的浮锈，使系统总铁离子浓度降低，以保证钝化效果。

漂洗实际上是一个低浓度酸洗过程。漂洗过程中也应测试漂洗液的浓度、金属离子的浓度、温度和 pH 值等。当总铁离子浓度曲线趋于平缓时，即可结束漂洗。

八、中和钝化（或预膜）

1. 钝化

在金属表面上形成能抑制金属溶解过程的电子导体膜，而这层膜本身在介质中的溶解度又很小，以致它能使金属的阳极溶解速度保持在很小的数值上，则这层表面膜称为钝化膜。在金属表面上形成完整钝化膜的过程，叫钝化或钝化过程。

金属设备或管道经过酸洗后，其金属表面则处于十分活泼的活性状态，它很容易重新与氧结合而被氧化返锈。因此，设备或管道在清洗后暂时不使用，则需要进行钝化处理，然后加以封存。

漂洗结束后，若溶液中铁含量小于 500mg/L，可直接用氨水调节 pH 值到合适的范围，再加入钝化药品进行钝化。若铁含量大于 500mg/L，则应稀释漂洗液至溶液中含铁量小于 500mg/L，再进行钝化。钝化过程中应不断进行高点排空和低点排污，以排除气阻，避免死角，确保钝化效果。

2. 预膜

当空调清洗后马上就投运时，漂洗后可直接进行预膜而不必钝化。

预膜的目的是让清洗后尤其是酸洗后处于活化状态下的新鲜金属表面上，或其保护前受到重大损伤的金属表面上，在投入正常运行之前预先生成一层完整而耐蚀的保护膜。

补加水使漂洗液中铁离子浓度低于 500mg/L，并加中和药剂使 pH 值趋于中性，然后迅速加入预膜药剂进行预膜。

在化学清洗过程中，各阶段排出的化学清洗液必须经过处理达标后才可排放。

第三节　循环水系统化学清洗药剂

由于水有良好的传热性能和相变热性质，而且价格低廉、容易获得、使用方便，因此，在中央空调水系统中被广泛用作制冷机的冷却介质和与外界进行冷（热）交换的媒介。但是受工作环境和条件的影响，水在物理、化学、微生物等作用下，水质很容易发生变化，而且水质变化所造成的后果，对中央空调系统的运行费用、运行效果和设备管道的使用寿命影响很大。所以，在中央空调水系统运行过程中和清洗中要选用合适的药剂对水系统进行水处理和定期的化学清洗。

一、杀生剂

杀生剂是用来控制中央空调循环水系统中微生物的主要方法。

（一）优良的杀生剂应具备的条件

优良的杀生剂一般具有以下一些条件：能够有效地控制和杀死范围很广的微生物，即它是一种广谱的杀生剂；它容易分解或被微生物降解，以减少排入外部环境后造成的污染；在游离活性氯存在时，具有抗氧化性，以保证其杀生效率不受影响；在使用浓度下，与水中的一些缓蚀剂和阻垢剂能够彼此相容；在系统运行的 pH 值范围内，有效而不分解；具有穿透黏泥和分散或剥离黏泥的能力。

（二）杀生剂的选择依据

杀生剂选择的主要依据有：所选杀生剂能抑制水中能够引起故障的微生物的活动；经济适用；所选杀生剂的排放符合当地环保部门的规定；适用于系统中的 pH 值、温度以及换热器的材质。

（三）常用杀生剂

杀生剂通常分为两大类：氧化性杀生剂和非氧化性杀生剂。

1. 氧化性杀生剂

常用的氧化性杀生剂有氯、次氯酸盐、氧化异氰尿酸、二氧化氯、臭氧、溴及溴化物等。

（1）氯

氯用于水处理中杀菌消毒的历史最为悠久，它具有杀菌力强、价格低廉、来源方便等特点。

氯进入水中，水解产生盐酸和次氯酸：

$$Cl_2+H_2O=HCl+HOCl$$

次氯酸还可在水中发生电离，产生 H^+ 和 OCl^-

$$HOCl=H^++OCl^-$$

作为微生物杀生剂，次氯酸的杀生效率比次氯酸根离子要高 20 倍。

一般以氯为主的微生物控制方案的溶液的 pH 值范围以 6.5～7.5 为最佳。另外，氯能不同程度地氧化（破坏）水中的某些有机阻垢剂或缓蚀剂，例如氨基三甲叉磷酸（AT-MP）和羟基苯并噻唑（MBT）。

在循环水系统进行微生物的生长控制时，水中游离活性氯的浓度一般可控制在0.5～1.0mg/L范围内，这时水中绝大多数微生物的生长将得到抑制。当与非氯化性杀生剂联合使用时，水中游离活性氯的浓度可控制在0.2～0.5mg/L的范围内。

（2）次氯酸盐

常用的次氯酸盐有次氯酸钠（NaOCl）、次氯酸钙［$Ca(OCl)_2$］和漂白粉［CaCl(OCl)］。

次氯酸盐在水中能生成次氯酸，所以它们的杀生作用与氯极相似。

目前在水处理中，次氯酸盐主要用于处理或剥离设备或管道中的黏泥。因此，次氯酸也是一种黏泥剥离剂。

（3）氯化异氰尿酸

氯化异氰尿酸又称氯化三聚异氰酸。它能在水中水解，生成次氯酸和异氰尿酸，所以它的杀生作用与次氯酸盐和氯相似。

（4）二氧化氯

二氧化氯是一种杀生能力比氯强、杀生作用比氯快、剩余剂量和杀菌性能持续时间长的氯化性杀生剂。它不仅具有和氯相似的杀生性能，而且能控制黏泥生长。

二氧化氯的用量少，用2.0mg/L的二氧化氯作用30min能杀灭几乎100%的微生物，而剩余的二氧化氯的浓度尚有0.9mg/L。

二氧化氯适用的pH值范围广，它在pH值为6～10的范围内能有效地杀灭绝大多数微生物，不与水中的大多数有机胺类水处理药剂反应。

（5）臭氧

臭氧是一种氧化性很强但又不稳定的气体。在水溶液中，臭氧保持着很强的氧化性。

臭氧作为杀生剂不会增加水中的氯离子浓度，排放时不会污染环境或伤害水生物，因为臭氧在光合作用下会分解生成氧。

在一般情况下，水中残余臭氧的浓度应保持在0.5mg/L左右。

臭氧在空调冷却水中的应用可参阅第六章第二节的臭氧发生器部分。

（6）溴及溴化物

在酸性或低pH值的水中，人们常用氯作杀生剂。但是在碱性或高pH值的水中，由于氯与水反应生成的次氯酸会离解成杀生性能很差的OCl^-，从而使其杀生作用大为减弱。

作为氯的替代品，溴的杀生速度非常快。在相同条件下，溴在4min内可使细菌的存活率降低到0.0001%，而氯则不能。

目前可供选择的溴化物杀生剂有卤化海因（溴氯甲基海因、二溴二甲基海因、溴氯甲乙基海因等）、活性溴化物和氯化溴（BrCl）三大类。

2. 非氧化性杀生剂

在某些方面，非氧化性杀性剂比氧化性杀生剂更有效或更方便。因此，在许多循环水系统中，常常是非氧化性杀生剂与氧化性杀生剂联合使用。

常见的非氧化性杀生剂有以下几种：

（1）季铵盐

长碳链的季铵盐是一些阳离子表面活性剂，其结构式可表示为：

$$\left[\begin{array}{c} \quad R^4 \\ R^3 - N - R^1 \\ \quad R^2 \end{array}\right]^+ X^-$$

其中，R^1、R^2、R^3 和 R^4 代表不同的烃基，其中之一必须为长碳链，X 常为卤素阳离子。

季铵盐杀生剂中最常见的两种药剂是洁而灭（十二烷基二甲基苄基氯化铵）和新洁尔灭（十二烷基二甲基苄基溴化铵）。由于洁而灭和新洁尔灭的阳离子相似，故其杀生性能相似。新洁尔灭的杀生作用比洁而灭的强一些。

洁而灭和新洁尔灭都具有杀生能力强、使用方便、毒性小和成本低的优点。这两种药剂还具有缓蚀作用、剥离黏泥的作用和去除水中臭味的功能。

洁而灭和新洁尔灭并不是季铵盐中杀生能力最强的有机化合物，但由于其毒性小、成本低、具有杀菌灭藻的性能，故得到了广泛的应用。

洁而灭和新洁尔灭的使用浓度通常为 50～100mg/L。

（2）氯酚类

氯酚类杀生剂主要有双氯酚、三氯酚、五氯酚的化合物。

双氯酚制成的水溶液是一种高效、广谱的杀生剂，对铁细菌、硫酸盐还原菌等都有较好的杀生作用。

氯酚类杀生剂由于其毒性大、易污染环境，故近年来已很少采用。

（3）有机锡化合物

常用的有机锡化合物有氯化三丁基锡 $[(C_4H_9)_3SnCl]$、氢氧化三丁基锡 $[(C_4H_9)_3SnOH]$ 和氧化双三丁基锡 $[(C_4H_9)_3Sn]O$。

有机锡化合物在碱性 pH 值范围内的效果最好。它们常与季铵盐或有机胺类配合或复配成复合杀生剂。

（4）有机胺类

某些有机胺类是一类有效的杀生剂。

常用的有机胺类杀生剂有松香胺盐、β-胺和 β-二胺等。

（5）有机硫化物

常用的有机硫化合物杀生剂有二硫氰基甲烷、二甲基二硫代氨基甲酸钠和亚乙基双-二硫代氨基甲酸二钠等。它们都具有低毒、水溶和易于使用等特点。

二硫氰基甲烷又称二硫氰酸甲酯，这是一种使用广泛的有机硫杀生剂。它对抑制藻类、真菌和细菌有效，并且价格低廉、杀生效果好。经过水解后的化合物毒性很低，没有排污的困难，常被推荐使用于排放限制严格的主要需控制黏泥细菌的冷却水系统，用量为 10～25mg/L。

（6）异噻唑啉酮

异噻唑啉酮是一类较新的杀生剂。人们常使用其衍生物作为杀生剂，如 2-甲基-4-异噻唑啉-3-酮和 5-氯-2-甲基-4 异噻唑啉-3-酮。

异噻唑啉酮的使用浓度可以很低，即使 0.5mg/L 时，它仍能有效抑制水中的细菌、真菌和藻类的生长，故使用它作杀生剂可降低水处理的成本。

异噻唑啉酮是一类广谱的杀生剂，它能迅速穿透粘附在设备表面的生物膜，对生物膜下面的微生物进行有效的控制。

异噻唑啉酮在较宽的 pH 值范围内都有优良的杀生性能。它们是水溶性的，可以和一些药剂复配在一起。在通常的使用浓度下，异噻唑啉酮与氯、缓蚀剂和阻垢剂在水中是彼此相容的。

二、碱洗药剂

当循环水系统中存在油污时，必须进行碱洗。油脂层的导热系数［一般为 0.117W/$(m^2 \cdot K)$］仅为碳钢的 0.25%，油脂层的存在很大程度上会降低换热器的换热效率，因此进行碱洗是非常必要的。另外，碱洗与酸洗交替进行可以除去酸洗难以去除的硅酸盐等沉积物，碱洗用于酸洗之后，可以中和水中或设备中残留的酸，降低其对设备或管道的腐蚀性影响。但是，当系统中有铝或镀锌钢件时，碱洗一定要慎重，因为两性金属既能溶于酸，又能溶于碱。

常用于碱洗的碱性药剂有氢氧化钠、碳酸钠和磷酸三钠等。碱洗时要加入表面活性剂起湿润作用，以提高清洗的效果。

（一）氢氧化钠

氢氧化钠又称烧碱、苛性钠，白色固体，具有强烈的吸水性。氢氧化钠水溶液作为中央空调清洗液主要有两种用途。

1. 氢氧化钠能和动植物油脂反应生成甘油和肥皂，反应生成的甘油和肥皂都是易溶于水的，肥皂作为表面活性剂还具有乳化作用，进一步改善水溶液对垢层表面的润湿性能。以硬脂为例：

$$(C_{17}H_{35}COO)_3C_3H_5+3NaOH=3C_{17}H_{35}COONa+C_3H_5(OH)_3$$

2. 转化溶解硫酸盐垢。硫酸钙镁属于强酸强碱沉淀盐，故不能直接用强酸来溶解。氢氧化钠则可以与硫酸钙镁反应生成氢氧化钙或氢氧化镁，反应生成的硫酸钠是溶于水的，氢氧化镁和氢氧化钙则可用酸溶解。

氢氧化钠能够溶解蛋白质而形成碱性蛋白化合物，对人体组织有明显的腐蚀作用，接触皮肤时会引起灼伤。碱溶液的盐浓度越大，温度越高，灼伤能力越强烈。即使是少量的氢氧化钠进入眼睛也是危险的，它不仅危害眼的表面部分，还能深入到内部使角膜受损，使用时一定要注意。开启氢氧化钠时不应由于它是固体而有所疏忽，必须穿工作服，戴橡皮手套和防护眼镜，并使用专门工具。将块状氢氧化钠打碎时，要用废布包住或在无盖大桶内进行，以防碎块飞溅。

（二）碳酸钠

碳酸钠又称纯碱，是一种强碱弱酸盐。由于其水溶液呈碱性，在实际运用中，已更多的作为碱使用。在中央空调化学清洗中，碱洗、碱煮、中和、钝化等步骤都可以用碳酸钠作为主剂。碱洗过程中使用碳酸钠可使油脂类物质疏松、乳化或分散，变为可溶性物质。

在实际碱洗过程中，常采用几种碱洗药剂配合在一起，以提高碱洗效果。常用的碱洗配方有：0.5%～2.5%氢氧化钠＋0.5%～2.5%碳酸钠＋0.5%～2.5%磷酸三钠＋0.05%～1.0%表面活性剂。

（三）磷酸盐

磷酸盐有软化水的作用，有助于污物分散和胶溶。常用于碱洗的磷酸盐有：正磷酸盐、磷酸二氢钠、磷酸氢二钠、焦磷酸钠、聚磷酸盐等。磷酸三钠具有很好的除油脱脂能力，在中央空调清洗中常用于除油碱洗配方中，也可以与铁反应生成磷酸铁沉淀，因此，可以用于钝化剂配方中。

磷酸盐不仅能起助洗剂作用，还是一种水溶性缓蚀剂。可以作为水溶性缓蚀剂的磷酸盐主要有：六偏磷酸钠、三聚磷酸钠、磷酸三钠、磷酸二氢钠、磷酸氢二钠等。磷酸盐主要用作钢铁的缓蚀剂。磷酸二氢钠对钢、铸铁、铅等有效，但对黄铜有腐蚀作用。六偏磷酸钠主要对钢、铸铁、铅有效，对铜、锌、黄铜、铝有腐蚀作用。所以磷酸盐是很好的工业清洗助剂。

（四）硅酸盐

硅酸盐是一种廉价的缓蚀剂，使用在中央空调清洗液中，对控制 pH 值的变化，保证去污效果有一定的作用。其代表性的品种是硅酸钠，俗称水玻璃或泡花碱。它没有固定的组分，水玻璃中氧化钠和氧化硅的分子比称为水玻璃的模数。通常其模数为 1，2.06，2.20，2.44，3.36 等。在清洗液中大多使用模数为 2.4～3.3 的水玻璃。

硅酸钠与表面活性剂配合使用时是所有助剂中最佳的润湿、乳化和抗絮凝剂。它具有较高的 pH 值和良好的导电性能，同时又有良好的缓蚀性能，对钢铁、铝、锌、锡等都有较好地缓蚀作用，尤其对铝合金的缓蚀效果更显著。磷酸钠加入液体清洗剂中易产生分层、沉淀现象，使用时直接加入清洗液中为好，一般加入 0.2%以上就能使铝在高温下清洗时不受腐蚀。

硅酸钠用作缓蚀剂时，是阳极型缓蚀剂，但是加入量不足时，不但不能起到缓蚀作用，反而会加快腐蚀的速度。使用硅酸钠作为缓蚀剂时，有效浓度为 0.1%～1%。用水玻璃作缓蚀剂时，其模数以 2.4 为最好。

三、酸洗剂

酸是处理金属表面污垢最常用的化学药剂，常用于中央空调循环水系统设备管路酸洗的药剂包括无机酸和有机酸两大类。无机酸酸性强，使用成本低，清洗速度快，但其腐蚀性比有机酸强一些。有机酸酸性弱，对设备腐蚀影响小，但有机酸成本比无机酸高。

（一）无机酸

1. 硫酸。硫酸是三氧化硫的水合物，是一种无色黏稠的液体。化学清洗中所用的硫酸，通常是将 95%～98%浓度的浓硫酸稀释后使用的。

用硫酸作清洗液的优点是价格便宜，对不锈钢和铝合金设备没有腐蚀性，适合清洗这些特殊的设备。硫酸又是一种不易挥发的强酸，所以可通过适当加热来加快清洗速度。一般用 5%～15%浓度的硫酸作清洗液时，可以加热到 50～60℃，以加快清洗速度。

用硫酸作清洗液的缺点是一些硫酸盐在水中溶解度较小（如硫酸铁、硫酸钙），所以硫酸溶解铁锈的速度相对要慢一些。也不能溶解含有硫酸钙的水垢，所以硫酸一般不用于去除中央空调系统中的水垢，只用于除铁锈。用硫酸清洗含有沉积物的设备表面时，酸洗后设备表面状态不理想。另一大问题是，硫酸清洗金属，容易发生氢脆——酸与金属发生反应产生的氢气被金属吸收引起金属发脆、性能变坏的现象。

2. 盐酸。盐酸是易挥发性酸，在 40℃以上温度使用时，氯化氢气体会从盐酸溶液中挥发出来。盐酸与金属反应生成的氯化物水溶性很好，但是盐酸与卤化物对金属都有腐蚀作用，在使用时要引起注意。

使用盐酸作中央空调清洗液时，一般使用10%以下的浓度，并在常温下使用，尽量避免升温使用，以防产生酸雾。由于大多数氯化物都是易溶于水的，因而呈碱性的碳酸盐水垢、铁锈、铜锈、铝锈都可以很好地溶解在盐酸中。

盐酸价格便宜，所以被广泛用于上述污垢的清洗中。盐酸清洗液适用于碳钢、黄铜、紫铜及其他铜合金材料的设备清洗。它对碳酸盐水垢和铁锈的清洗最有效而且经济，所以已广泛用于中央空调清洗换热器各种反应设备。因盐酸中存在氯离子，对于普通不锈钢及铝材来说，氯离子是能局部破坏钝化膜的活性离子，是造成孔蚀及应力腐蚀的主要原因，因此盐酸不宜作为清洗不锈钢和铝材金属表面污垢的清洗液

由于盐酸对钢铁等不少金属材料有强烈的腐蚀作用，因此，在中央空调清洗中为保证设备不被腐蚀，在盐酸中要添加缓蚀剂。

3. 硝酸。硝酸是一种易挥发、易溶解的酸。在中央空调清洗中，用于酸洗的硝酸浓度一般在5%左右。由于硝酸盐大多易溶于水，硝酸本身又具有一定氧化作用，对垢物和金属氧化物具有很强的溶解性，一些用盐溶解不了的垢物和金属氧化物常用硝酸溶液来清洗，因此在中央空调清洗中普遍采用硝酸作酸洗剂。

在中央空调清洗中，硝酸主要用于清洗不锈钢、碳钢、黄铜、铜及碳钢—不锈钢设备以及黄铜—碳钢焊接组合体设备。硝酸可去除水垢和铁锈，对碳酸盐垢、氧化铁和四氧化三铁锈垢有良好的溶解能力，去除氧化铁皮、铁垢的速度快，并且对碳钢、不锈钢、铜的腐蚀性较低。

由于较低浓度的硝酸对大多数金属均有强烈的腐蚀作用，因此，当硝酸用作中央空调酸洗剂时，为防止其对金属的腐蚀应加入缓蚀剂。目前广泛采用的Lan-826和Lan-5两种缓蚀剂，使用效果很好，而一般缓蚀剂很容易被硝酸分解而失效。

4. 磷酸。磷酸是难挥发性酸，在高温和高浓度下溶解能力很强，能与钨、铜、铌等不活泼金属反应生成多酸型配合物，而使它们溶解。

在中央空调中，一般酸洗时采用的磷酸浓度为8%～10%，温度为40～60℃。由于溶解铁锈产物磷酸铁在水中的溶解度小，酸洗时产生的磷酸铁沉淀而影响清洗效果。为避免酸洗时产生磷酸铁沉淀，应保持磷酸清洗液的浓度超过25%，使形成溶解度较大的含磷杂多酸配合物，但这样会提高酸洗成本，也增加对废洗液处理的困难。因此，用磷酸清洗比用其他无机酸清洗的成本高。

因为磷酸清洗液存在其钙盐难溶的问题，所以磷酸清洗液不适用于清除水垢；其铁盐在低浓度磷酸溶液中溶解度低也是一个缺点，除了一些特殊情况下，通常不使用磷酸作酸洗剂。

5. 氢氟酸。氢氟酸是氟化氢气体溶于水形成的溶液，是一种弱酸，酸的强度与有机酸中的甲酸相似。氢氟酸最大的特点在于它能与二氧化硅发生激烈的反应并使它溶解，其反应如下：

$$SiO_2+4HF=SiF_4+2H_2O$$

$$SiO_2+4H^++6F^-=SiF_6^{2-}+2H_2O$$

而二氧化硅对其他所有无机酸都是十分稳定和耐腐蚀的。

在中央空调清洗中使用氢氟酸作为酸洗剂时的含量一般在5%以下，由于温度升高，

反应速度明显加快，所以温度常控制在 50℃左右。使用氢氟酸酸洗剂清洗铁锈和溶解氧化皮具有时间短、效率高的特点。这是因为氢氟酸有很高的溶解氧化铁的能力，此溶解能力是靠离子的特殊作用，如氢氟酸与四氧化三铁接触时会发生氟—氧交换，接着氟离子发生络合反应而使氧化皮溶解。其主要发生了如下反应：

$$HF = H^+ + F^-$$

$$Fe_3O_4 + 8H^+ + 12F^- = Fe^{2+} + 2FeF_6^{3-} + 4H_2O$$

氢氟酸清洗具有酸洗后残液易于处理的优点。在氢氟酸清洗后，再用石灰水中和残酸生成氢氧化铁和氟化钙沉淀即可清除。中央空调清洗中，氢氟酸通常不单独使用，而是与氟氢化铵、盐酸、硝酸等配合使用。

（二）有机酸

用于酸洗的有机酸很多，常用的有氨基磺酸、羟基乙酸、柠檬酸、乙二胺四乙酸等。使用有机酸作酸洗剂时，虽然酸洗成本比较高，需要在较高温度下操作，清洗消耗时间较长，但有机酸往往腐蚀性较小，有的有机酸有螯合能力，可以用在中央空调不停车清洗上。

1. 柠檬酸（$H_3C_6H_5O_7 \cdot H_2O$）

柠檬酸结构式为 $C_3H_4(OH)(COOH)_3 \cdot H_2O$，分子量为 210，无色斜方形晶体，有可口酸味，易溶于水，随着 pH 值的增高其溶解度增大。

柠檬酸可以溶解氧化铁和氧化铜，其原理：一方面是柠檬酸溶液的酸性可以促进氧化铁的溶解；另一方面柠檬酸酸根能与铁离子发生络合作用而把氧化铁除去。柠檬酸直接和氧化铁络合后的产物——亚铁柠檬酸酸性盐难溶解，会再沉淀出来。为避免这种情况的出现，一般采用氨水将柠檬酸溶液的 pH 值调整为 3.0～3.5。这样，生成溶解度很大的柠檬酸亚铁和柠檬酸高铁络合物。

柠檬酸酸洗除氧化铁的过程，可分为三个阶段：

第一阶段，柠檬酸和氨水反应，生成柠檬酸铵盐：

$$C_3H_4(OH)(COOH)_3 + NH_4OH = C_3H_4OH(COOH)_2COONH_4 + H_2O$$

第二个阶段，发生溶解反应：

$$Fe + 2H^+ \rightarrow Fe^{2+} + H_2\uparrow$$

$$FeO + 2H^+ \rightarrow Fe^{2+} + H_2O$$

$$Fe_3O_4 + 6H^+ \rightarrow Fe^{2+} + 2Fe^{3+} + 4H_2O$$

第三个阶段，综合络合反应：

$$Fe^{2+} + NH_4H_2C_6H_5O_7 = FeNH_4C_6H_5O_7 + 2H^+$$

$$Fe^{3+} + NH_4H_2C_6H_5O_7 = Fe\,C_6H_5O_7 + 2H^+ Fe^{2+} + NH_4{}^+$$

利用柠檬酸溶液清洗时，一般要求清洗液的温度为 90～105℃，不能低于 80℃；清洗液 pH 值要用氨水调节到 3.0～3.5。

2. 乙二胺四乙酸（EDTA）

EDTA 分子中具有 6 个可以与金属离子形成配位键的原子和 4 个可电离的 H^+，它能和许多金属离子形成稳定的易溶于水的络合物，因而可用于金属化合物垢类的清洗。

由于 EDTA 室温下的溶解度很小，故用 EDTA 作清洗液时，清洗操作温度较高，常在 100℃以上。

pH 值的变化对 EDTA 络合金属氧化物的影响很大。一般铁盐垢清洗时 pH 以不超过 9.5 为好，而钙镁盐垢的 pH 值则不宜过低。

3. 氨基磺酸（NH_2SO_3H）

氨基磺酸的市售商品为白色粉末，密度（25℃）为 2.126t/m^3。在常温下，固体的氨基磺酸不吸湿，性能比较稳定。

氨基磺酸的水溶液具有与盐酸、硫酸等同等的强酸性，故别名又叫固体硫酸，它具有不挥发、无臭味和对人体毒性极小的特点。

氨基磺酸与水垢的作用非常激烈，其反应如下：

$$CaCO_3+2NH_2SO_3H=Ca(NH_2SO_3)_2+H_2O+CO_2\uparrow$$

$$MgCO_3+2NH_2SO_3H=Mg(NH_2SO_3)_2+H_2O+CO_2\uparrow$$

$$Mg(OH)_2+2NH_2SO_3H=Mg(NH_2SO_3)_2+2H_2O$$

氨基磺酸水溶液对铁的腐蚀产物作用较慢，可添加一些氯化钠，使之缓慢产生盐酸，从而有效地溶解铁垢。

氨基磺酸水溶液可去除铁、钢、铜、不锈钢等材料的设备表面的水垢和腐蚀产物。另外，它还是唯一可用作镀锌金属表面清洗的酸。

利用氨基磺酸水溶液进行清洗时，温度一般控制在不超过 66℃（以防氨基磺酸分解），浓度不超过 10％。

4. 羟基乙酸（$HOCH_3COOH$）

羟基乙酸易溶于水，腐蚀性低，无臭，毒性低，生物分解强。

羟基乙酸对水垢有很好的溶解能力，其反应如下：

$$CaCO_3+2HOCH_2COOH=Ca(HOCH_2COO)_2+H_2O+CO_2\uparrow$$

$$MgCO_3+2HOCH_2COOH=Mg(HOCH_2COO)_2+H_2O+CO_2\uparrow$$

$$Mg(OH)_2+2HOCH_2COOH=Mg(HOCH_2COO)_2+2H_2O$$

羟基乙酸钙、镁盐在水中的溶解度较大，所以羟基乙酸可用于清洗水垢等。

单纯的羟基乙酸对锈垢的溶解能力并不强，所以常和甲酸混合使用，效果良好。

四、酸洗缓蚀剂

缓蚀剂，即减缓金属腐蚀的添加剂，它是具有抑制金属生锈腐蚀的无机物或有机物化学药品的总称。酸洗缓蚀剂是应用于酸洗工艺条件下的缓蚀剂。

（一）酸洗缓蚀剂的作用

酸洗缓蚀剂的作用就是防止或减缓酸洗过程中金属的腐蚀，保证被清洗设备在酸洗除垢的同时，不遭受酸液的腐蚀破坏。

（二）酸洗缓蚀剂的缓蚀机理

金属腐蚀过程是在金属表面进行电化学反应的过程。减缓金属腐蚀必然是通过对金属表面上进行的电化学反应的速度发生影响而实现的。但是，不同类型的缓蚀剂影响电化学反应的途径是各不相同的。作为酸洗缓蚀剂，一般有两类物质，一类是无机物，如砷离子（As^{3+}）、锑离子（Sb^{3+}）等；一类是含有极性基团的有机化合物，如硫脲等。

对于无机物缓蚀剂，它们的缓蚀机理是这些无机物的阳离子在阴极区被还原。还原产物沉积在阴极区，使氢离子的放电反应变得十分困难，使得氢去极化的阴极过程的过电位剧烈升高，这样氢离子的放电速度就急剧地降低了。对于一个共轭反应来讲，由于阴极反应速度降低，阳极反应速度也就相应地降低了，这样就减缓了金属腐蚀的效果。

含有极性基团的有机化合物的缓蚀机理则复杂得多。概括起来讲，这些有机化合物分子都具有不同程度的表面活性，这种表面活性可以由硫、氮等原子的游离电子对带来，也可以是憎水基团和小的亲水基团带来的。这种表面活性使它们能够在金属溶液界面上比较活泼的地方发生吸附，吸附的结果可以使界面反应的活化能增大，也可以使界面双电层的结构发生变化，其结果都使腐蚀电池的共轭反应中的一个（阳极或阴极）或两个受到强烈阻滞，从而使金属腐蚀速度急剧地降低，起到缓蚀效果。当亲水的极性基团在金属表面吸附后，非极性基团的一端在金属表面作定向排列，形成疏水性薄膜，阻止与腐蚀反应有关的电荷或物质的转移，结果就使介质被缓蚀剂分子排挤出来，使介质和金属表面分隔开来，减缓金属的腐蚀速度。另外，当非极性基中含有不饱和的 π 键时，也会和金属表面发生 π 键吸附，起阻滞腐蚀的作用。

（三）LAN-826 多用酸洗缓蚀剂

LAN-826 多用酸洗缓蚀剂是由中国蓝星化学清洗总公司研制的一种酸洗缓蚀剂，1985 年 6 月获国家科委发明奖。

LAN-826 首创了多用型酸洗缓蚀剂的品种。它能在各种化学清洗用酸——非氧化性酸、多种无机酸和多种有机酸中都具有高效缓蚀作用，并具有优良的抑制氢和抑制三价铁加速腐蚀的能力。酸洗金属时不产生孔蚀。可作为硝酸、盐酸、氨基磺酸、羟基乙酸、草酸、EDTA、硫酸、氢氟酸等多种酸的酸洗缓蚀剂。

LAN-826 缓蚀剂为淡黄色液体，密度（20℃）为 1.06t/m^3，气味（芳香）小，毒性低，不燃不爆，微碱性。在常用条件下其被推荐用量和缓蚀剂性能如表 9-1 所示。

LAN-826 缓蚀剂在各种介质中对 20 号钢的腐蚀效果　　表 9-1

序号	清洗剂	酸(%)	温度(℃)	LAN-826(%)	腐蚀率[g/(m^2·h)]	缓蚀率(%)
1	加氨柠檬酸	3	90	0.05	0.2759	99.6
2	加氨柠檬酸-氟化氢胺	1.8-0.24	90	0.05	0.3471	99.3
3	氢氟酸	2	60	0.05	0.6141	99.4
4	盐酸	10	50	0.20	0.6586	99.4
5	硝酸	10	25	0.25	0.1157	99.9
6	硝酸-氢氟酸(8∶2)	10	25	0.25	0.2136	99.9
7	氨基磺酸	10	60	0.25	0.4049	99.7
8	羟基乙酸	10	85	0.25	0.3382	99.4
9	羟基乙酸-甲酸-氟化氢铵	2-1-0.25	90	0.25	0.6586	99.2
10	EDTA	10	65	0.25	0.1424	99.2
11	草酸	5	60	0.25	0.3560	96.4
12	磷酸	10	85	0.25	0.8277	99.9
13	醋酸	10	85	0.25	0.4628	98.9
14	硫酸	10	65	0.25	0.5963	99.9

LAN-826 缓蚀剂适用于碳钢、不锈钢、铜、低合金钢及其不同材料组合构成的设备的清洗，具有用量少、费用低、效果好、应用广泛等特点。

（四）LAN-5 硝酸酸洗缓蚀剂

LAN-5 是中国蓝星化学清洗总公司研制成功的硝酸高效缓蚀剂。

LAN-5 缓蚀剂是由乌洛托品、苯胺和硫氰酸钠三种物质按一定的比例配成的，是目前硝酸酸洗的一种理想的缓蚀剂。在酸洗中 LAN-5 的应用浓度为 0.6%。

LAN-5 缓蚀剂对电偶腐蚀有很强的抑制作用，从而可以用于清洗碳钢—不锈钢、碳钢—有色金属等各种材料焊接或组合的设备的污垢。

在 LAN-5 的组分中，乌洛托品和硫氰酸盐是低毒性的，只有苯胺的毒性较强，因此在使用时应注意安全。

（五）IMC-5 酸洗缓蚀剂

IMC-5 酸洗缓蚀剂为桔红色液体，随原料不同颜色深浅有些波动。密度（20℃）为 0.92～0.98t/m^3，无特殊气味，毒性小。

IMC-5 酸洗缓蚀剂是一种缓蚀效率非常高的缓蚀剂。当添加浓度为 0.2%时，缓蚀效率为 98%以上，此时碳钢的腐蚀速率在 1g/(m^2·h) 的水平。

（六）LX9-001 固体多用酸洗缓蚀剂

LX9-001 是中国蓝星化学清洗总公司研制的固体多用酸洗缓蚀剂，适用于盐酸、硫酸、硝酸、磷酸、氢氟酸、氨基磺酸、羟基乙酸、柠檬酸等 16 种无机酸、有机酸及其混合酸的清洗。

LX9-001 固体多用酸洗缓蚀剂为黄色粉末，用量少，缓蚀率高（见表 9-2），适用酸种类多等优点，并且有优良的抑制渗氢和良好的抑制 Fe^{3+} 腐蚀的能力。适用于碳钢、低合金钢、不锈钢、铜等金属及其不同材质的组合件的清洗。

LX9-001 在各种酸洗介质中使用浓度及对各种金属的腐蚀率　　表 9-2

清洗剂	酸（%）	缓蚀剂（%）	温度（℃）	腐蚀率[g/(m^2·h)]				
				20 号钢	不锈钢	黄铜	紫铜	铝
硝酸	10	0.1	25	0.12	0.08	0.08	0.02	0.10
盐酸	10	0.1	40	0.69	0.37	0.18	0.36	失效
硫酸	10	0.1	65	0.87	0.57	0.08	0.11	0.37
氢氟酸	3	0.03	60	0.45	0.56	0.032	无腐蚀	失效
氨基磺酸	10	0.1	60	0.54	0.31	0.076	0.056	0.21
加氨柠檬酸	10	0.1	90	0.41	0.006	无腐蚀	无腐蚀	0.33
EDTA	10	0.1	65	0.31	无腐蚀	无腐蚀	无腐蚀	0.032
草酸	10	0.1	60	0.34	无腐蚀	无腐蚀	无腐蚀	0.91
冰乙酸	10	0.1	85	0.73	无腐蚀	0.15	无腐蚀	0.14
氢氟酸-硝酸	2-10	0.1	25	0.09	0.051	0.074	无腐蚀	失效
柠檬酸-氟化氢铵	1.8-2.4	0.03	90	0.56	0.13	0.06	无腐蚀	失效
磷酸	10	0.1	85	1.00	0.0025	0.15	无腐蚀	失效
酒石酸	10	0.1	90	0.38	无腐蚀	无腐蚀	无腐蚀	0.13
羟基乙酸	10	0.1	85	0.24	0.006	0.06	无腐蚀	0.32
羟基乙酸-甲酸-氟化氢铵	2-1-0.25	0.1	90	0.34	0.28	0.021	无腐蚀	失效
盐酸-氢氟酸	8-2	0.1	25	0.21	0.34	0.041	0.02	失效

（七）硫脲及其衍生物类

硫脲及其衍生物对铜离子和高价铁离子的腐蚀有很好的抑制作用。这时基于它的还原作用，可将 Cu^{2+} 还原到 Cu^{+}，将 Fe^{3+} 还原为 Fe^{2+}，而且硫脲还可以和亚铜离子形成一系列配位化合物，使亚铜离子以络离子形式被稳定下来：

$$2Cu^{2+}+(H_2N)_2CS+H_2O=2Cu^{+}+(H_2N)_2CO+S+2H^{+}$$

$$Cu^{+}+3(H_2N)_2CS=Cu[(H_2N)_2CS]_3{}^{+}$$

$$2Cu^{+}+6(H_2N)_2CS=Cu_2[(H_2N)_2CS]_6{}^{2+}$$

$$Cu^{+}+4(H_2N)_2CS=Cu[(H_2N)_2CS]_4{}^{+}$$

另外，还有许多的缓蚀剂如 SH-415、SH-418、SH-747、IS-129 等各种酸洗缓蚀剂，它们当中有些也具有很好的缓蚀效果。

五、中和药剂

碱洗或酸洗结束后，需利用酸或碱来中和设备内部及表面的残余碱或酸，为下一步的酸洗或钝化（预膜）等打好基础。

中和残余碱的药剂选用稀盐酸或稀硫酸等。

中和残余酸的药剂可用 $NaCO_3$ 等，它主要发生了如下反应：

$$2H^{+}+CO_3^{2-}=H_2O+CO_2\uparrow$$

六、钝化药剂

常用钝化剂有氢氧化钠、联胺、亚硝酸钠、磷酸三钠等。不同钝化剂钝化所需要的条件不同，产生的钝化膜结构、成分与耐蚀性也不相同（见表 9-3）。如亚硝酸钠，在浓度为 1.0%～2.0%、pH 值为 9～10、温度为 60～70℃、钝化时间为 2～4h 的条件下，所得到的钝化膜具有较好的耐蚀性能。

不同钝化剂钝化效果的比较 **表 9-3**

钝化剂种类	N_2H_4				$NaNO_3$				Na_3PO_4	Na_3PO_4+NaOH
钝化剂浓度(%)	0.005	0.01	0.03	0.1	0.5	1.0	2.0	3.0	2	0.6+0.5
pH 值	9.7	9.6	9.1	9.3	10	10	10	10	11.8	12.7
钝化时间(h)	24	24	24	24	4	4	4	4	12	12
温热箱试验发生腐蚀的时间(h)	24	27	27	27	140	168	168	168	27	51

（一）氢氧化钠

氢氧化钠（NaOH）是有效的钢铁表面钝化剂。在常温下用氢氧化钠提高 pH 值到 12 以上，可使钢铁建立稳定的钝化膜。氯离子对氢氧化钠钝化膜有破坏作用，能引起钢铁局部腐蚀。因此应严格限制钝化用的氢氧化钠中氯离子的含量。

（二）磷酸三钠

磷酸三钠（$Na_3PO_4\cdot12H_2O$）是传统的钢铁钝化剂，它常与氢氧化钠配合使用。氢氧化钠可使溶液 pH 值迅速升高，磷酸三钠使溶液 pH 值稳定，并使钢铁表面形成一定量的磷酸盐钝化膜。

（三）三聚磷酸钠

三聚磷酸钠（$Na_5P_3O_{10}$）本身具有络合与钝化钢铁的作用，pH 值到 10.5 以上钝化作用很好。三聚磷酸钠常与磷酸三钠配合作为钝化剂。

（四）六偏磷酸钠及磷酸氢二钠

六偏磷酸钠［$(NaPO_3)_6$］和磷酸氢二钠（$Na_2HPO_4\cdot12H_2O$）常被用于钝化剂的混

合组分之一，以代替三聚磷酸钠。

（五）亚硝酸钠

亚硝酸钠（$NaNO_2$）是中性和碱性介质中钢铁有效的钝化剂，20 世纪 70～80 年代使用比较普遍，但由于它有一定毒性，而且对水体有污染，现在已很少使用。

（六）碳酸钠

作为钝化剂，碳酸钠（Na_2CO_3）具有无毒、无害、使用安全的优点，它常与其他钝化剂配合使用。钝化液中常有几种钝化剂成分，一般在钝化过程中，常用钝化剂配方如表 9-4 所示。

常用的钝化液配方 **表 9-4**

编号	钝化液组成	钝化条件
1	0.25%NaH_2PO_4+0.25% Na_2HPO_4+0.5%$NaNO_2$	65℃，1h
2	1%Na_2CO_3+0.5%$NaNO_2$	93℃，1h
3	0.5%～1% $NaNO_2$+2%～3%三乙醇胺	30～40℃
4	1%～2%$NaNO_2$+0.5%～1%Na_2CO_3	40～60℃，4～6h
5	1% Na_2CO_3+0.25%Na_3PO_4	40～60℃，4～6h

七、预膜药剂

有人曾对碳钢试样进行了预膜和不预膜的对比试验，得到了表 9-5 所示的结果。

碳钢预膜和不预膜处理的对比试验 **表 9-5**

缓蚀剂	实验编号	缓蚀剂浓度(mg/L)(以 PO_4^{2-} 或 CrO_4^{2-} 计)	腐蚀速率		污垢沉积量(mg/cm^2)
			mm/a	mpy	
铬酸盐复合缓蚀剂	1	预膜 60mg/L(预膜 4d) 15mg/L(运行 10d)	0.023	0.9	1.5
	2	不预膜 60mg/L(连续运行 14d)	0.023	0.9	1.6
	3	不预膜 15mg/L(连续运行 14d)	0.125	5.0	6.8
聚磷酸盐复合缓蚀剂	4	预膜 60mg/L(预膜 4d) 20mg/L(运行 10d)	0.015	0.6	2.0
	5	不预膜 60mg/L(连续运行 14d)	0.025	1.0	1.4
	6	不预膜 20mg/L(连续运行 14d)	1.225	49.0	33.7

由表 9-5 可见，若先用高浓度的缓蚀剂进行预膜，然后用低浓度的缓蚀剂进行日常的运行（正常运行），比不经预膜而直接用高浓度缓蚀剂运行要节约大量缓蚀剂，又比直接用低浓度缓蚀剂运行去控制腐蚀要有效得多。

（一）预膜方案的分类

根据预膜时使用的药剂配方的组成与正常运行时使用的药剂配方的组成之间是否有直接的联系，循环水系统中的预膜方案可分为两大类：

1. 采用专用配方的预膜方案。这种方案所用的预膜配方的组成与该循环水系统正常运行时所用的配方的组成之间并无直接联系。这种方案，性能一般都较好，但在操作及管理上要麻烦一些。

2. 提高浓度的预膜方案。这种方案的特点是预膜配方的组成与正常运行配方的组成之间有密切联系。在预膜阶段，将正常运行时的配方的浓度提高若干倍（通常为 2～4 倍）作为预膜配方（见表 9-6），在预膜浓度下运行一段时间，然后把配方的浓度降低到正常运行浓度运行。这种方案的效果虽不及采用专用配方的预膜方案，但操作和管理上都比较方便。

提高浓度的预膜方案 **表 9-6**

主缓蚀剂	浓度(mg/L)		预膜时间(d)
	预膜浓度	运行浓度	
铬酸盐	30～50	5～20	3～4
聚磷酸盐	40～60	10～30	5～6
锌盐	10～20	3～5	5～6
聚硅酸盐	40～50	10～20	10～12
钼酸盐	40～60	5～20	10～12

（二）代表性的预膜方案

循环水系统的预膜方案很多，表 9-7 列举了一些有代表性的预膜方案，以供参考。

代表性的预膜方案（常温） **表 9-7**

预膜方案	预膜浓度	pH 值	预膜时间(d)
聚磷酸盐	聚磷酸盐(以 PO_4^{3-} 计) 25mg/L 正磷酸盐(以 PO_4^{3-} 计) 25mg/L 聚羧酸化合物(以活性物质计) 5～10mg/L	6.8～7.4	7
磷酸盐	磷酸盐(以 PO_4^{3-} 计) 10～15mg/L	7.5～8.2	7～14
聚磷酸盐-锌盐	六偏磷酸钠 640mg/L 锌盐 160mg/L	5.5～6.5	1～2
铬酸盐-聚磷酸盐-锌盐	铬酸盐 50～300mg/L 聚磷酸盐 400～600mg/L 锌盐 50～100mg/L	6.0～7.0	2

八、清洗助剂

一般情况下，化学清洗剂成分中还需加入表面活性剂、助溶剂、还原剂、分散剂、消泡剂等一些助剂，以提高清洗效果，抑制有害离子对金属的腐蚀。但这些添加剂不应该和缓蚀剂发生有害的副作用。

（一）表面活性剂

表面活性剂是同时具有亲油基和亲水基的物质，可以改善水基清洗剂对油性污垢的润湿能力，增强对油污的润湿、渗透能力。在中央空调清洗中常用的表面活性剂有：渗透剂 JFC、净洗剂 6501、十二醇硫酸钠、净洗剂 LS、烷基苯磺酸钠、匀染剂 OP 等。

（二）溶垢强化剂

中央空调中常用的助溶剂有氟化物和硫脲两种。

污垢中若含有硅酸盐则很难溶解，为此常在酸洗液中加入少量氟化氢铵助溶，它对以铁为主的垢也有很好的助溶作用。

硫脲是很好的铜离子络合剂。根据这一原理，在中央空调酸洗中添加少量的硫脲，有利于难溶垢类，尤其是含铜水垢的去除。

（三）还原剂

在中央空调酸洗过程中出现的 Fe^{3+} 具有氧化性，能加速铁的腐蚀，并且任何缓蚀剂对 Fe^{3+} 的腐蚀作用都是无能为力的。酸洗液中 Fe^{3+} 浓度过高，则会使金属表面产生点蚀，在酸洗过程中 Fe^{3+} 浓度一般控制在 500mg/L。当 Fe^{3+} 浓度超过 500mg/L 时，常加入联氨、氯化亚锡、硫代硫酸钠等，使 Fe^{3+} 还原为 Fe^{2+}。

（四）分散剂

将分散剂加入清洗液中，有防止污垢再沉积、助溶和易冲洗的作用。

（五）消泡剂

在杀菌灭藻及某些酸洗过程中，通常会产生大量泡沫，对清洗环境产生负面影响，加入聚醚类消泡剂改善清洗环境。

第四节　循环水系统不停机清洗

为保证某些实验室和工厂连续生产的需要，中央空调不可能长时间停运以便清洗，必须在空调正常运行的同时进行清洗。另外，许多宾馆大厦如果长时间停机势必影响宾馆的营业，造成经济上的损失。因此，中央空调循环水系统进行不停机化学清洗是非常必要的。

一、冷却水系统的不停机清洗

空调冷却水系统大多采用的是敞开式循环系统，它效果好，造价低，在工程中得到广泛应用。但是在大气环境中（近来大气污染形式日益严峻），易混入大量的尘埃，受细菌、空气中的氧气、二氧化硫、氮氧化合物、酸雨等的污染，并经蒸发冷却后由于浓缩，冷却水中的 Ca、Mg、Cl、Si、SO_4 等离子，溶解固体，悬浮物、溶氧量增加，极易繁殖微生物绿藻及黏泥。如果不及时清理，污垢和黏泥会进一步引起垢下腐蚀，而腐蚀产品又形成新的污垢，最后造成设备及管道腐蚀穿孔而停机的危险。

化学清洗时通常是采用酸、碱或有机化合物的复合清洗剂来清除设备和管道中的污染物。通过清洗药剂的化学作用，使被清洗设备的管道中的沉积物逐渐溶解、疏松、脱落或剥离的清洗方法。

化学清洗的优点是：沉积物能够彻底清除，清洗效果好；可以进行不停机清洗，使中央空调系统照常供冷或供暖；清洗操作比较简单。缺点是：易对设备和管道产生腐蚀；产生的清洗废液易造成二次污染；清洗费用相对较高。

（一）清洗方法

冷却水不停机清洗是一种循环清洗方法。它是利用冷却水系统的循环水泵作为清洗循环泵，利用冷却塔底部水池作为配液槽，各种清洗药剂直接加入冷却塔底部的水池中，并由循环水泵将清洗药剂送到冷却水系统各处。

（二）清洗步骤

不停机清洗是针对运行的系统而言。因此在清洗后不需要钝化，而只需要预膜。一般在中央空调水系统中，油污的存在也很少，因而也不需要进行碱洗处理。中央空调冷却水系统不停机清洗的步骤为：

杀菌灭藻清洗→酸洗→中和→预膜

1. 杀菌灭藻清洗

循环冷却水处理技术中控制藻类的滋生是很关键的，因此杀生剂的使用有重要意义。杀菌灭藻清洗应选择杀菌效果好并且有较好生物黏泥剥离能力的杀生剂。选择杀生剂，除了必须考虑环境污染的因素以及经济因素外，还必须考虑以下几个因素：系统排污速率、杀生剂的稳定性、固体物的吸附性和其他投加的缓蚀剂及阻垢剂等的可共存性、对水生生物的毒性、使用安全方便等其他因素。比如选择次氯酸钠和新洁尔灭，它们之间具有良好的协同效应，2mg/L 的新洁尔灭和 2mg/L 的次氯酸钠复配后，灭藻率达 100%，并且对生物黏泥的剥离效果也很好。

杀菌灭藻清洗剥离时间比较长，一般为 3～5d。在清洗过程中可每隔 3～4h 测定一次冷却水的浊度。当浊度曲线趋于平缓时，即可结束清洗。

在进行清洗、剥离生物黏泥的时候，循环水中要维持较大的药剂浓度，为了节省药剂费用和控制排污水对环境的污染，一般不进行排污，故清洗剥离时循环水的浊度要增加。浊度太高了也会影响清洗效果，最好是在每一步清洗工作结束前进行一次排污置换，以降低浓度。

在杀菌灭藻后，若冷却水比较浑浊，可以通过在冷却塔底部水池补加水，从排污口排放冷却水的方式来稀释冷却水。

杀菌灭藻清洗主要是对微生物黏泥的清洗，对清除硬垢和锈瘤几乎不起作用，所以要进一步做酸洗处理。

2. 酸洗

杀菌灭藻后就可以进行酸洗。酸洗就是采用酸溶液对管道内的污垢浸泡或循环冲洗来清洗干净管道内壁的方法。应选择合适的缓蚀剂和酸洗剂。一般不停机酸洗是在低 pH 值下进行的。

先向冷却水系统中加入适量的缓蚀剂，待缓蚀剂在冷却水系统中循环均匀后就可加入酸洗剂。如选择硫酸或氨基磺酸作酸洗剂，采用滴加法向冷却塔水池内加入酸洗剂，使冷却水的 pH 值缓慢下降并维持在 2.5～3.5 之间。每 30min 测定一次 pH 值，随时调整酸洗剂的滴加量。

在酸洗过程中，应经常测定冷却水中的 Cu^{2+}、Fe^{3+}、Fe^{2+} 浓度等。一般在清洗开始阶段，每 4h 一次。在清洗中后期每 2h 测定一次。以总铁曲线趋于平缓作为酸洗终点。浊度曲线可作为辅助终点判断手段。这种酸洗方式需频繁监测 pH 值，所以操作麻烦，但酸洗剂的浪费很少。

在加入酸洗剂时，也可一次性将适量的酸洗剂加入到系统中，以起始 pH 值为 3.0 左右进行清洗。以总铁曲线和 pH 值曲线趋于平缓作为清洗终点。这种方式终点明显，操作简单。

在酸洗过程中，还可加入一些表面活性剂，如多聚磷酸盐等来促进酸洗效果。在循环水系统中沉积物可分为几层，如最上层为生物黏泥层，然后是水垢层，最下为腐蚀产物沉积层。但在有些系统中，在水垢层还会有生物黏泥层。对于这类沉积物的酸洗，在酸洗液中应加入合适的黏泥剥离剂除去生物黏泥层，使得反应得以继续进行。

酸洗后应向冷却水系统中补加新鲜水，同时从排污口排放酸洗废液，以降低冷却水系统中的浊度和铁离子浓度，同时加入少量的 Na_2CO_3 中和残余的酸，为下一步的预膜打好基础。

3. 预膜

酸洗结束后，金属表面处于活化状态，这样很容易被腐蚀。这时应向系统中投加一定剂量的预膜药剂进行预膜。比如加入 200mg/L 左右的三聚磷酸钠或六偏磷酸钠预膜 24～48h。预膜时也可再添加硫酸锌（三聚磷酸钠与硫酸锌的比例均为 4：1），以缩短预膜时间和增加预膜效果。预膜完后将高浓度的预膜水用补加水的方式稀释排放，控制总磷值为 10mg/L 左右，然后转入正常的水处理。

注意：由于冷却塔通常由人工定期清洗，而且也不需要预膜，再加上冷却塔除外的循环冷却水系统进行清洗和预膜的水不需要冷却，因此为了避免系统清洗时赃物堵塞冷却塔的配水系统和淋水填料，加快了预膜速度，以避免预膜液的损失。循环冷却水系统在进行清洗和预膜时，循环的清洗水和预膜水不应通过冷却塔，而应由冷却塔的进水管与出水管间的旁路管通过。

二、冷冻水系统的不停机清洗

（一）清洗方法

冷冻水系统不停机清洗也是一种循环清洗。它也是利用冷冻水循环系统中的水泵作为清洗用循环泵，但它利用膨胀水箱或外接配液槽的方式进行清洗。利用膨胀水箱时清洗药剂可以加入膨胀水箱中，然后从系统的排污口排出冷冻水，在系统内形成负压，从而将膨胀水箱中的清洗药剂吸入系统内。使用外接配液槽时，一般选择夜间气温低时短时间停机，将配液连接在冷冻水循环水泵的入口前，清洗药剂直接加入配液槽内。

在冷冻水系统的清洗中，需要更换一些冷冻水或冷冻水要流过外部设置的配液槽，从而使冷却保温受到一些影响，制冷机组的负荷会有所增加，但影响不大。

（二）清洗步骤

冷冻水系统的清洗和冷却水系统的清洗一样，也需要杀菌灭藻清洗→酸洗→预膜等步骤。清洗过程和冷却水循环系统的不停机清洗相同，在此不再叙述。

在冷却水系统和冷冻水系统清洗时，为避免清洗循环系统出现短路情况，应根据不同部位的工艺性质分别单独开启或关闭，以保证中央空调水系统的任何部分都能够得到充分的清洗而无死角。

第五节　制冷剂系统的化学清洗

一、制冷剂系统化学清洗的必要性

在制冷剂系统中，制冷剂或制冷工质在其中循环，并利用其相变来传递热量，从而使制冷机组产生冷量。

在压缩式中央空调中，使用的制冷剂为氟利昂。氟利昂本身对金属并无腐蚀性，但当有水存在时，水分冻结产生“冰塞”现象，会使机组外接计量引管堵死，同时水引起氟利昂分解产生卤氢酸，直接腐蚀金属。因此，水分是压缩式机组制冷系统的大敌，必要时应及时清除。当有腐蚀产物存在时，还应先进行酸洗。

在溴化锂吸收式中央空调中，制冷工质为溴化锂水溶液。若制冷剂系统中有空气进入时，就会发生以下反应：

$$CO_2 + H_2O = H_2CO_3$$

$$2LiBr + H_2CO_3 = Li_2CO_3\downarrow + 2HBr$$

生成的碳酸锂沉淀严重时可堵塞吸收器中管簇的喷嘴，降低机组的性能。另外，加入的缓蚀剂铬酸锂也会对金属产生腐蚀：

$$3Fe + 2Li_2CrO_4 + H_2O = 3FeO + Cr_2O_3 + 4LiOH$$

因此在必要的时候，制冷剂系统也必须进行清洗。

二、压缩式中央空调制冷剂系统的清洗

在清除压缩式机组的制冷剂系统中的水分时，清洗系统可由电薄膜泵、溶剂桶、过滤器、截止阀、干燥器等组成（见图9-1）。使用三氟三氯乙烷（F113）进行清洗。过滤器中有活性氧化铝。清洗时干燥器应定期打开更换干燥器，干燥剂可用变色硅胶。

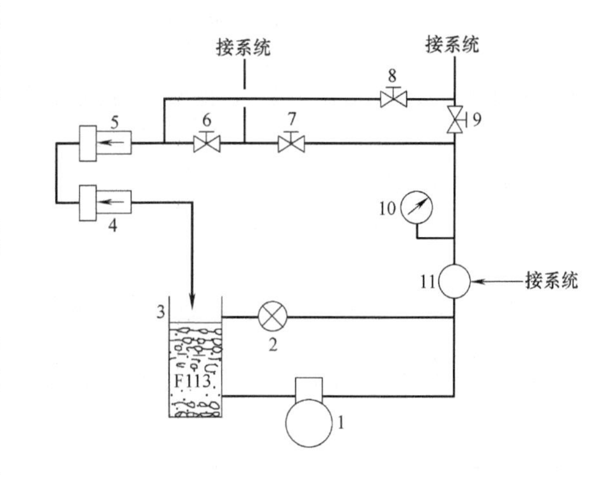

图 9-1　制冷剂系统清洗流程

1—薄膜泵；2—旁通阀；3—溶剂桶；4—干燥器；5—过滤器；6,7,8,9—截止阀；10—压力表；11—换向三通阀

三、吸收式中央空调制冷剂系统的清洗

溴化锂吸收式中央空调制冷剂系统的清洗可采用酸洗来清洗碳酸锂沉淀和腐蚀产物。在酸洗后应进行钝化。酸洗及钝化的方法与中央空调循环水系统停机清洗的方法相同。

四、清洗周期及质量标准

一般来说，中央空调冷却水系统和冷冻水系统的清洗可每年进行一次，制冷剂系统的清洗则在需要的时候才进行。

化学清洗质量标准可采用《工业设备化学清洗质量标准》HG/T 2387—2007。

第六节　冷却塔与循环水泵的维护保养

为了中央空调系统的正常运行，不仅应对制冷机组进行维护保养，而且对辅助设备，如冷却塔、循环水泵等也要进行维护保养。

一、冷却塔机械和结构部分的维护保养

由于冷却塔工作条件和工作环境的特殊性，其维护保养需要重视做好清洁、消毒和检修工作。

（一）清洁

冷却塔的清洁，特别是其内部的布水（配水）装置的定期清洁，是冷却塔能否正常发挥冷却效能的基本保证。

1. 外壳的清洗

常用的圆形和矩形冷却塔，包括那些在出风口和进风口加装了消声装置的冷却塔，其外壳都是采用玻璃钢或者 PVC 材料制成的，能抗太阳紫外线和化学物质的侵蚀，密实耐久，不易褪色，表面光亮，不许另刷油漆作保护层。因此，当其外观不洁时，只需用清水或清洁剂清洗即可恢复光亮。

2. 集水盘的清洁

集水盘中有污垢或微生物积存时采用刷洗的方法就可以很快使其干净。但需要注意的是，清洗前要堵住冷却塔的出水口，清洗时打开排水阀，让清洗后的脏水从排水口排出，避免其进入冷却水回水管。在清洗布水装置（配水槽）、填料和吸声垫时都要如此操作。

此外，不能忽视在集水盘的出水口处加设一个过滤网的好处。在这里设过滤网可以在冷却塔运行期间挡住大块杂物（如树叶、纸屑、填料碎片等），防止其随水流进入冷却水回水管道系统，清洁起来方便、容易，同时还可以大大减轻水泵入口水过滤器的负担，减少其拆卸清洗的次数。

3. 圆形塔布水装置的清洁

对圆形塔布水装置的清洁，重点应放在有众多出水孔的几根布水支管上，要把布水支管从旋转头上拆卸下来仔细清洗，一般一年清洁一次。

4. 矩形塔配水槽的清洁

当矩形塔的配水槽需要清洁时，采用洗刷的方法即可，一般 3 个月清洁一次。

5. 填料的清洁

填料作为空气与水在冷却塔内进行充分热湿交换的媒介，通常是由高级 PVC 材料加工而成的，属于塑料的一类，很容易清洁。当发现其有污染或微生物附着时，用清水或清洁剂加压冲洗，或从塔中拆出分片刷洗即可恢复原貌。

6. 吸声垫的清洁

由于吸声垫是疏松纤维型的，长期浸泡在集水盘中，很容易附着污物，需要用清洁剂配合高压水冲洗，一般 3 个月清洁一次。

上述各部件的清洁工作，除了外壳可以不停机清洁外，其他都要停机后才能进行。

（二）军团病与冷却塔消毒

冷却塔的维护保养工作还与军团病的预防密切相关。1976 年，美国退伍军人协会在费城一家旅馆举行第 58 届年会，在会议期间和会后的一个月中，与会代表和附近军民中有 221 人得了一种酷似肺炎的怪病，并有 34 人相继死亡，病死率达到 15%。后经美国疾病控制中心调查发现，其病原是一种新杆菌，即嗜肺性军团菌，简称军团菌。这种病菌普遍存在于空调冷却塔和加湿器中，由细小的水滴和灰尘携带，可随空气扩散，自呼吸道侵

入人体。从1976年至今，全世界已有30多个国家50多次爆发流行军团病，而且几乎都与空调冷却塔有关。

因此，为了有效地控制冷却塔内军团菌的滋生和传播，要积极做好冷却塔军团菌感染的预防措施。在冷却塔长期停用（1个月以上）再启动时，应进行彻底的清洗和消毒；在运行中，每个月需清洗一次；每年至少彻底清洗和消毒两次。

对冷却塔进行消毒比较常用的方法是加次氯酸钠（含有效氯5mg/L），关风机开水泵，降水循环6h消毒，彻底清洗各部件和潮湿表面后排干。充水后再加次氯酸钠（含有效氯5～15mg/L），以同样的方式消毒6h后排水。

（三）检修

首先应当制定冷却塔的检修与维护保养计划，定期检查各部分的间隙、气隙和润滑情况。然后每年检查一次电动机的绝缘情况，每年向轴承添加润滑油或润滑脂。减速器应当每3000h换油一次，同时检查风机传动轴轴封有无磨损及漏油。风机叶片和轮毂的涂漆层应当完好，以防锈蚀。检查叶片和轮毂的连接有无松动，必要时叶轮应重新校平衡。

应及时修理或更换冷却塔损坏的部件，拧紧所有松动的螺栓，但注意留有木材受潮后体积膨胀的余地。应随时保持挡水板清洁，以免影响空气流动。及时冲洗掉填料上的污垢，及时清除沉积的污泥和沙石、小虫等杂物。金属部分在除锈后应重新涂漆。

二、冷却塔夏季运行时的维护保养

（一）冷却塔夏季运行前的准备工作

在停用时间较长，准备重新投入使用的年度开机时，要重点做好冷却塔启动前的各项检查与准备，包括短时间启动运行的检查。在向冷却塔注水前，应把冬季停用期间聚积在集水池和塔内其他表面的灰尘、浮土用水彻底冲洗干净（安装在城市中的冷却塔在运行期间也应当适时冲洗）。

调整浮球阀，当集水池内水面比溢水口低约25mm时，浮球阀应关闭并且严密无渗漏。在喷淋系统工作时决不可有水从溢水口溢出。水面高度应当尽量低一些，以保证冷却塔停机后塔内高处水流下时仍不致有水溢出。应当注意，浮球阀通向冷却塔的注水口一定要高于集水池的水面，否则浸没在水中的注水口可能成为和饮用水系统并联的接口。

如果水泵采用挤压型填料密封，应调整填料压盖，保证由填料箱渗漏的水量仅仅用以润滑而无过多泄漏，如果严重泄漏，应按照制造厂的建议更换填料。

检查淋水盘、喷嘴和过滤器，必要时应仔细清洗（最好在秋季停用后立即清洗备用）。然后检查冷凝器，如果可能，取下水盖清除水管中的污泥和水垢。

（二）冷却塔夏季运行时应注意的问题

空气中的灰尘、细毛和其他固体颗粒都会落入冷却水中，这些尘粒不仅聚积在集水池中，而且一些细小的尘粒还可以通过过滤器，聚集起来就会堵塞管道及冷凝器水管。

冷却塔系统中的水不清洁，使得藻类和其他微生物在其中大量滋生繁殖，形成黏泥，必须定期用机械方法清除，否则就不得不停机用化学方法清除。

当采用化学药剂进行水处理时，要注意风机叶片的腐蚀问题。为了减缓腐蚀，每年应清除一次叶片上的腐蚀物，均匀涂刷防锈漆和酚醛漆各一道。或者在叶片上涂刷一层0.2mm厚的环氧树脂，其防腐性能一般可维持2～3年。

（三）冷却塔运行时应当检查的内容

运行管理人员对系统检查应包括以下内容：

1. 冷却塔所有连接螺栓的螺母是否有松动，特别是风机系统部分，要重点检查。

2. 圆形塔布水装置的转速是否均匀、稳定，是否减慢或是否有部分出水孔不出水。

3. 矩形塔的配水槽（又叫散水槽）内是否有杂物堵塞散水孔，槽内积水深度不小于 50mm。

4. 集水盘（槽）各管道的连接部位、阀门是否漏水。

5. 是否有异常声音和振动。

6. 有无明显的飘水现象。

7. 必要时清洗过滤器和过滤网。

8. 调整水泵填料压盖，使渗漏水量仅仅用以润滑而无过多泄漏。

9. 在冷却塔运行中检查水泵进水口处是否产生旋涡，必要时调整水面高度或设置挡水板，防止将空气带入管道。

10. 浮球阀开关是否灵敏，如有必要调整注水浮球阀，以及集水盘（槽）中的水位是否合适。

11. 检查集水池底部，排放或冲洗掉聚积的污物。

12. 检查设备内部，用水冲去聚积在冷却塔填料或挡水板上的沉淀物。

（四）冷却塔运行中要考虑部件的润滑问题

有些水泵电动机采用含油轴承，制造厂已作了处理，不必注意润滑问题。如果电动机上有注油杯或注油孔，就应当考虑添加润滑油问题，每年都应检查轴承的磨损情况。

检查风机变速箱的油面，缺油时应加入优质 SAE20 号发动机油，而不可使用汽车变速箱油。

当冬季气温在－18℃以下时，特别重要的是，选用的润滑油必须在比运行温度至少低 10℃的温度下，仍然保持其流动性。

风机轴承应每年加一次润滑脂，每 2 年拆开清洗一次。注意一定要把由风机轴承里溢出的润滑脂或传动带上的润滑油或润滑脂擦干净。

对使用齿轮减速装置的，每个月停机检查一次齿轮箱中的油位。油量达不到油标规定位置时要加补到位。此外，冷却塔中有水或脏物也要全部更换。当冷却塔累计使用 5000h 后，不论油质情况如何，都必须对齿轮箱做彻底清洗，并更换润滑油。齿轮减速装置采用的润滑油一般为 30 号或 40 号机械油。

三、冷却塔在停用期间应注意的事项

在制冷季节过后，停用冷却塔的步骤：

1. 取下浮球阀加以清洗，并调整浮球，当集水池内水面比溢水口低约 25mm 时，此阀全闭。

2. 放净集水池、管道、水泵及热交换器等设备中的积水，并将它们冲洗干净。清洗配水盘（池）及喷嘴，最好把管口按封存要求处理，以防锈蚀。

3. 清洗过滤器、过滤网和水泵底阀的过滤器，拆下溢水管。

4. 清洗冷凝器水管，如果水盖不能取下，用高压水沿冷却水流动的反方向冲洗，检查管板与水盖，必要时应重新涂漆。

5. 百叶窗和风机进、出风口必须用物品盖住。

6. 用耐碱油漆涂刷金属经受风雨的外露部分，但是喷嘴及热交换器的表面不可涂漆；此外，冷却塔的支架、风机系统的机构架以及爬梯通常采用镀锌钢件，一般也不需要涂漆。如果发现有生锈情况，再进行除锈刷漆工作。

7. 如果是封闭循环冷却水系统，应拆下过滤器清洗，如果停用期内塔内存有填料，要注意防冻。放净可能处于零下温度盘管里的水并用防冻液冲洗。如果冷却塔系统有低温报警或防冻装置，应在冬季到来之前检查并校准这些装置。

8. 如果冷却塔配有齿轮传动的风机，停用期间每周开动风机几分钟，使齿轮和轴承表面存少许润滑油以防止锈蚀。此项操作时冷却塔不可通水。

9. 在冬季冷却塔停止使用期间，有可能因积雪而使风机叶片变形时，可采用两种办法加以避免：一是停机后将叶片旋转到垂直地面的角度紧固；二是将叶片或连轮毂一起拆下放到室内保存；有可能发生冰冻现象时，要将集水盘（槽）和管道中的水全部放光，以免冻坏设备和管道；对使用皮带传动的，要将皮带取下来保存。

四、提高冷却塔冷却能力的措施

当受空间限制，不可能增设另一台冷却塔时，采用以下方法有可能提高原有冷却塔的冷却能力：

1. 采用新型填料，加大填料热交换面积及水流与空气接触的时间，这有可能使冷却能力提高20%以上。

2. 虽然有些配水系统如正压喷淋型配水系统，在使用多年后配水能力仍不衰减，但如改进喷淋方式，则冷却能力有可能提高15%。

3. 有些旧型冷却塔的挡水板和进风百叶窗对气流阻力很大，如加以改进使导向叶片与进、出风方向交错成60°角，能取得较好的效果，这样有可能提高性能5%。

4. 机械通风冷却塔靠通风机械迫使空气流动，改变风机叶片角度、风机转速及电动机规格型号，有可能把冷却塔的冷却能力大约提高10%。

5. 采用适当的风筒，不必改变电动机规格也能提高风机的送风能力。例如，采用适当的变速风筒，风机的送风量有可能提高7%。

6. 大型分格式冷却塔的各隔间之间需妥善隔离，这点十分重要，这样可以防止因某一台风机运转不理想时造成空气短路。

总而言之，按照以上提出的方法改进冷却塔，有可能使一些设备的冷却能力提高20%。

五、冷却塔常见问题和故障的分析与解决、排除方法

冷却塔在运行过程中经常出现的问题或故障及其原因分析与解决、排除方法可参见表9-8。

六、循环水泵的保养

在中央空调系统的水系统中，不论是冷却水系统还是冷冻水系统，水泵都是中央空调

冷却塔常见问题和故障的分析与解决、排除方法　　表 9-8

<table>
<tr><th>故障现象</th><th colspan="2">原　　因</th><th>排除方法</th></tr>
<tr><td rowspan="8">出水温度过高</td><td colspan="2">循环水量过大</td><td>调阀门至合适水量或更换容量匹配的冷却塔</td></tr>
<tr><td colspan="2">布水管(配水槽)部分出水孔堵塞,造成偏流(布水不均匀)</td><td>清除堵塞物</td></tr>
<tr><td colspan="2">进出空气不畅或短路</td><td>查明原因,改善</td></tr>
<tr><td colspan="2">通风量不足</td><td>参见“通风量不足”的解决方法</td></tr>
<tr><td colspan="2">进水温度过高</td><td>检查冷水机组方面的原因</td></tr>
<tr><td colspan="2">吸排空气短路</td><td>改空气循环流动为直流</td></tr>
<tr><td colspan="2">填料部分堵塞造成偏流(布水不均匀)</td><td>清除堵塞物</td></tr>
<tr><td colspan="2">室外湿球温度过高</td><td>减小冷却水量</td></tr>
<tr><td rowspan="5">通风量不足</td><td rowspan="2">风机转速降低</td><td>传动皮带松弛</td><td>调整电动机位张紧或更换皮带</td></tr>
<tr><td>轴承润滑不良</td><td>加油或更换轴承</td></tr>
<tr><td colspan="2">风机叶片角度不合适</td><td>调至合适角度</td></tr>
<tr><td colspan="2">风机叶片破损</td><td>修复或更换</td></tr>
<tr><td colspan="2">填料部分堵塞</td><td>清除堵塞物</td></tr>
<tr><td rowspan="3">集水盘(槽)溢水</td><td colspan="2">集水盘(槽)出水口(滤网)堵塞</td><td>清除堵塞物</td></tr>
<tr><td colspan="2">浮球阀失灵,不能自动关闭</td><td>修复</td></tr>
<tr><td colspan="2">循环水量超过冷却塔额定容量</td><td>减少循环水量或更换容量匹配的冷却塔</td></tr>
<tr><td rowspan="5">集水盘(槽)
中水位偏低</td><td colspan="2">浮球阀开度偏小,造成补水量小</td><td>开大到合适开度</td></tr>
<tr><td colspan="2">补水压力不足,造成补水量小</td><td>查明原因,提高压力或加大管径</td></tr>
<tr><td colspan="2">管道系统有漏水的地方</td><td>查明漏水处,堵漏</td></tr>
<tr><td colspan="2">冷却过程失水过多</td><td>参见“有明显飘水现象”的解决方法</td></tr>
<tr><td colspan="2">补水管径偏小</td><td>更换</td></tr>
<tr><td rowspan="5">有明显飘水现象</td><td colspan="2">循环水量过大或过小</td><td>调节阀门至合适水量或更换容量匹配的冷却塔</td></tr>
<tr><td colspan="2">通风量过大</td><td>降低风机转速或调整风机叶片角度或更换合适风量的风机</td></tr>
<tr><td colspan="2">填料中有偏流现象</td><td>查明原因,使其均流</td></tr>
<tr><td colspan="2">布水装置转速过快</td><td>调至合适转速</td></tr>
<tr><td colspan="2">隔水袖(挡水板)安装位置不当</td><td>调整</td></tr>
<tr><td rowspan="4">布(配)水不均匀</td><td colspan="2">布水管(配水槽)部分出水孔堵塞</td><td>清除堵塞物</td></tr>
<tr><td colspan="2">循环水量过小</td><td>加大循环水量或更换容量匹配的冷却塔</td></tr>
<tr><td colspan="2">圆形塔布水装置转速太慢</td><td>清除出水孔堵塞物或加大循环水量</td></tr>
<tr><td colspan="2">圆形塔布水装置转速不稳定、不均匀</td><td>排除管道内的空气</td></tr>
<tr><td rowspan="2">填料、集水盘(槽)
中有污垢或微生物</td><td colspan="2">冷却塔所处环境太差</td><td>缩短维护保养(清洁)的周期</td></tr>
<tr><td colspan="2">水处理效果不好</td><td>研究、调整水处理方案,加强除垢和杀生</td></tr>
<tr><td>有异常声
音或震动</td><td colspan="2">风机转速过高,通风量过大</td><td>降低风机转速或调整风机叶片角度或更换合适风量的风机</td></tr>
</table>

续表

故障现象	原　因	排除方法
有异常声音或震动	风机轴承缺油或损坏	加油或更换
	风机叶片与其他部件擦碰	查明原因，排除
	有些部件紧固螺栓的螺母松动	紧固
	风机叶片螺钉松动	紧固
	皮带与防护罩擦碰	张紧皮带，紧固防护罩
	齿轮箱缺油或齿轮组磨损	加够油或更换齿轮组
	隔水袖(挡水板)与填料擦碰	调整隔水袖(挡水板)或填料
滴水声过大	填料下水偏流	查明原因，使其均流
	循环水量过大	减少循化水量或更换容量匹配的冷却塔
	集水盘(槽)中未装吸声垫	加装

系统中流体输送的关键设备。要保证水泵正常工作，操作人员必须认真做好水泵检查、运行调节和维护保养工作。

（一）在开泵前

水泵启动时要求必须充满水，运行时又与水长期接触，由于水质的影响，使得水泵的工作条件比较差，所以其检查的工作内容也较多，要求也比较高。

当水泵停用时间较长，或是在检修及解体清洗后准备投入使用时，必须要在开机前做好以下检查与准备工作：

1. 应检查泵出水口闸阀是否关闭。

2. 检查轴承内润滑油是否充分，如润滑油已呈黑色，则应更换新油。

3. 再检查填料筒内的填料函，如已发硬，则应拆下加妥黄油待还软后再装入。

4. 检查管道法兰螺钉有无松动脱落，确保水泵及电动机的地脚螺栓与联轴器（又叫靠背轮）螺栓无脱落或松动。

5. 在开泵前，应将水泵盖上的放气旋塞打开，并注水至满。

6. 轴封不漏水或为滴水状（但每分钟的滴数符合要求），如果漏水或滴数过多，要查明原因并改进到符合要求。

7. 关闭好出水管的阀门，以有利于水泵的启动。如装有电磁阀，则手动阀应是开启的，电磁阀为关闭的。同时，要检查电磁阀的开关是否动作正确、可靠。

8. 对卧式泵要用手扳动联轴器，看水泵叶轮是否能转动。如果转不动，要查明原因，消除隐患。

（二）在运行中

启动检查是启动前停机状态检查的延续，因为有些问题只有水泵“转”起来了才能发现，不转是发现不了的。水泵有些问题或故障在停机状态或短时间运行时是不会出现或产生的，必须运行较长时间才能出现或产生。因此，运行检查是检查工作中不可缺少的一个重要环节。日常运行检查要做好以下常规检查项目：

1. 值班人员应随时留意轴承是否发热，轴承温度不得超过周围环境温度 35～40℃，轴承的极限最高温度不得高于 80℃。

2. 电动机不能有过高的温升，无异味产生。如发现异常，应立即停泵检查修理。

3. 轴封处（除规定要滴水的形式外）、管接头（法兰）均无漏水现象。

4. 出水量是否正常，是否产生振动与噪声。

5. 地脚螺栓和其他各链接螺栓的螺母无松动。

6. 基础台下的减振装置受力均匀，进、出水管处的软接头无明显变形，都起到了减振和隔振作用。

7. 在开泵初期，其转速不高，待转速达到额定值时，才逐渐将水泵出水管阀门开大，直至水泵运行达到正常时为止。

8. 电流数值在正常范围内。

9. 压力表指示正常且稳定，无剧烈抖动。

（三）在停泵前

停泵时应做好以下工作：

1. 应先关闭泵出口处的闸阀，再关水泵停止运转。以防止逆止门不严，母管内的压力水倒回到入口管里，引起水泵倒转，倒水对系统不利，倒转对水泵是有危害的。此时，泵体内水量在闸阀关闭后会产生短时间旋转，对泵体并不会损伤，但切忌水泵内无水空转。

2. 停泵并注意惰走时间。如果时间过短，就要检查泵内是否有磨、卡现象。

3. 对于强制润滑的大型水泵，停泵前还须启动辅助油泵，以防止在降速过程中烧毁轴瓦。

（四）定期检查

为了使水泵能安全、正常的运行，为整个中央空调系统的正常运行提供基本保证，除了要做好其运行前、启动以及运行中的检查工作，保证水泵有一个良好的工作状态，发现问题能及时解决，出现故障能及时排除以外，还需要定期做好以下几个方面的维护保养工作：

1. 给轴承换油

轴承采用润滑油润滑的，要每年清洗、换油一次。根据工作环境温度情况，润滑油可以采用 20 号或 30 号机械油。

轴承采用润滑脂（俗称黄油）润滑的，在水泵使用期间，每工作 2000h 换油一次。润滑脂最好使用钙基脂，也可以采用 7019 号高级轴承脂。

2. 更换轴封

由于填料用一段时间就会磨损，当发现漏水或漏水滴数超标时就要考虑是否需要压紧或更换轴封。对于采用普通填料的轴封，泄漏量一般不得大于 30～60mL/h，采用机械密封的泄漏量则一般不得大于 10mL/h。

3. 解体检修

水泵运行一定时间后，视情况进行检修。此时应拆卸整个泵体，察看轴承有无损蚀，叶轮有无裂痕，固定叶轮的螺母是否松脱，水流通路是否堵塞，填料是否完好等。经全面检查合格后，再用煤油将水泵各部分配件清洗一遍。在装配时，应测量叶轮与蜗壳之间的间隙是否符合规定。最后在拧紧盖子螺母前，应检查一下有无棉纱、小工具、螺钉螺母等物遗留在泵体内，最后装配完毕，用手扳动转轴，调整填料筒的松紧。通过试运行，观察无异常情况后才投入正常运行。

4. 除锈刷漆

水泵在使用时通常都处于潮湿的空气环境中，有些没有进行绝热处理的冷冻水泵，在运行时泵体表面更是被水覆盖（结露所致），长期这样，泵体的部分表面就会生锈。为此，每年应对没有进行绝热处理的冷冻水泵泵体表面进行一次除锈刷漆作业。

5. 放水防冻

水泵停用期间，如果环境温度低于0℃，就要将泵内的水全部放干净，以免水的冻胀作用胀裂泵体。特别是安装在室外工作的水泵，尤其不能忽视，如果不注意做好这方面的工作，会带来重大损失。

七、循环水泵常见的故障及排除方法

循环水泵常见的故障及排除方法见表9-9。

循环水泵常见的故障及排除方法　　表9-9

故障现象	原　　因	排除方法
启动后水泵不出水	水管内和泵腔内无水，集有空气	检查底阀是否漏水，向泵体上的注水杯中注水，直至水从注水杯中溢出
	底阀入水深度不够	底阀浸入吸水面的深度，应大于进水管直径的1.5倍
	吸水管路漏气	更换法兰处的填料，拧紧法兰螺栓
	水泵转速太小	用转速表测量转速，是否与铭牌转速相符。检查电源电压是否过低
	旋转方向逆向	改变电动机接线相序
	水泵吸水高度太大	减小吸水扬程或降低吸水系统阻力
	底阀被水池底污泥堵塞	检查并清洗底阀
水泵启动后突然停止出水	吸水管接头突然松脱，大量空气渗入	检修，拧紧
	吸入管有空气囊存在	排除空气
	注水太急，管道内空气未除尽	注水缓慢进行
	水封管塞住，有空气从填料口侵入	清除水封管路脏物
水泵运行时产生振动	水泵轴和电动机轴中心线错位	调整水泵和电机的轴，使其平直同心
	水泵局部下沉，导致泵轴变形弯曲	对基础加固处理
	地脚螺栓松动	拧紧地脚螺栓
	吸上扬程超过允许值，水泵产生气蚀	降低扬程
	润滑油干涸	添加润滑油
	轴承损坏	更换
	水泵轴弯曲	校直或更换
	有水进入轴承壳内	检查原因，杜绝水进入轴承壳内，调换滚珠轴承
电动机功率消耗过多	管路阻力低，供水量增加	关小阀门增加阻力，减少流量
	填料压得过紧	适当放松填料压盖

续表

故障现象	原因	排除方法
电动机功率消耗过多	泵轴弯曲或磨损过多	矫直或更换泵轴
	水泵和电动机的轴不同心	调整找正
	转速过高	检查电动机、电压
	在高于额定流量和扬程的状态下运行	调节出水管阀门开度
	水中混有泥沙或其他异物	查明原因,采取清洗和过滤措施
	叶轮与蜗壳擦碰	查明原因,消除
水泵不吸水,真空表显示高度真空	底阀未开	清洗或更换
	底阀淤塞	清洗
	吸入管阻力太大	减小阻力或加大吸水管径
	吸入高度太大	降低吸水高度
电动机发热,烧毁,噪音大	电压不足或过高,缺相运行	检查原因,修复
	密封漏水,电动机潮湿	换密封,拆机烘干保养,防止水从接线盒进入电动机
	电动机转向不对	改变电动机接线相序
	轴承坏	更换轴承
	润滑油不足,或油质不佳	补足,或更换合格的润滑油
	有空气吸入,发生汽蚀	查明原因,杜绝空气吸入
	泵内有固体异物	拆泵清除
水泵输水量不足,达不到额定值	泵体内叶轮间被污泥堵塞	应拆开检查,去除污泥
	泵内摩擦环隙缝太大	更换磨损零件
	叶轮损坏	更换叶轮
	轴封套松动	拧紧
	填料筒内填料函损坏,导致水量渗漏过多	更换填料函
	转速过低	检查原因,提高转速
	阀门开启度不足	更换阀门
	输水管道过长或过高	缩短输水距离或更换合适水泵
	管道系统管径偏小	加大管径或更换合适水泵
	有空气吸入	查明原因,杜绝空气吸入

第七节　中央空调水系统的膜清洗与胶球清洗技术

一、预膜水处理

循环水系统设备和管道的金属内表面，经化学清洗后呈活化状态，极易产生二次腐蚀，因此要在化学清洗后立即进行防腐蚀处理，即预膜处理。

预膜处理就是向循环水系统中添加某些化学药剂，使循环水接触的所有经清洗后的设备、管道金属表面形成一层非常薄、能抗腐蚀、不影响热交换、不易脱落的均匀致密保护膜的过程。一般常用的保护膜有两种类型，即氧化型膜和沉淀型膜（包括水中离子型和金属离子型）。

（一）预膜剂与成膜的控制条件

在确认系统已清洗干净并换入新水后，投加预膜剂，启动水泵使水循环流动进行预膜。预膜剂经常采用与抑制剂（缓蚀剂）大致相同体系的化学药剂，但不同的预膜剂有不同的成膜控制条件，如表 9-10 和表 9-11 所示。其中以“六偏磷酸钠＋硫酸锌”应用较多，而“硫酸亚铁”则可有效地用于铜管冷凝器中。

抑制剂用作预膜剂时的主要控制条件 **表 9-10**

预膜剂	使用浓度(mg/L)	处理时间(h)	pH值	水温(℃)	水中离子浓度(mg/L)
六偏磷酸钠＋硫酸锌(80%：20%)	600～800	12～24	6.0～6.5	50～60	Ca^{2+}≥50
三聚磷酸钙	200～300	24～48	5.5～6.5	常温	Ca^{2+}≥50
铬＋磷＋锌 重铬酸钾(以 CrO_4^{2-} 计) 六偏磷酸钠(以 PO_4^{3-} 计) 硫酸锌(以 Zn^{2+} 计)	200 200 150 35	＞24	5.5～6.5		Ca^{2+}≥50
硅酸盐	200	7.0～7.2	6.5～7.5	常温	
铬酸盐	200～300		6.0～6.5	常温	
硅酸盐＋聚磷酸盐＋锌	150	24	7.0～7.5	常温	
有机聚合物	200～300		7.0～8.0		Ca^{2+}≥50
硅酸亚铁($FeSO_4\cdot 7H_2O$)	250～500	96	5.0～6.5	30～40	

缓蚀剂用作预膜剂时的主要控制条件 **表 9-11**

预膜剂	使用浓度(mg/L)	处理时间(h)	pH值	水温(℃)	水中离子浓度(mg/L)
六偏磷酸钠＋硫酸锌(80%：20%)	200	48	6.0～7.0	50～60	Ca^{2+}≥125
三聚磷酸钙	200～300	24～48	6.0～6.5	常温	Ca^{2+}≥125
铬＋磷＋锌 重铬酸钾(以 CrO_4^{2-} 计) 六偏磷酸钠(以 PO_4^{2-} 计) 硫酸锌(以 Zn^{2+} 计)	200 150 35	＞24	7.0～7.2		
硅酸盐	200	24～28	6.5～7.5	常温	
铬酸盐	200～300		6.0～6.5	常温	
硅酸盐＋聚磷酸盐＋锌	150	≥24	7.0～7.5	常温	
有机聚合物	200～300		7.0～8.0		Ca^{2+}≥125
硅酸亚铁($FeSO_4\cdot 7H_2O$)	250～500	96	5.0～6.5	30～40	

影响保护膜的质量与成膜速度的因素除和与之作用的预膜剂有直接关系外，还受水温、水的 pH 值、水中 Ca^{2+} 与 Zn^{2+}、铁离子和悬浮物、预膜剂的浓度、预膜液流速等因素的影响。

1. 水温　水温越高越有利于分子的扩散，加速预膜剂的反应，从而成膜快，质地密实。实际情况中难以维持较高温度，只能维持常温时，一般可以通过加长预膜时间来弥补。

2. 水的 pH 值　当水的 pH 值过低时，就会产生硫酸钙沉淀，同时还会影响膜的致密性和与金属表面的结合力。如 pH 值低于 5 则将引起金属的腐蚀。故需要严格控制水的 pH 值，一般认为控制在 5.5～6.5 为宜。

3. 水中的 Ca^{2+} 与 Zn^{2+}　Ca^{2+} 与 Zn^{2+} 是对预膜效果影响较大的两种离子。如果预膜水中不含钙离子或钙含量较低，则不会产生密实有效的保护膜。一般规定预膜水中钙的质量浓度不能低于 50mg/L。Zn^{2+} 可以有效促进成膜速度，在预膜过程中，锌与聚磷酸盐结合能生成磷酸锌，从而牢固地附着在金属表面上，形成有效的保护膜，所以在聚磷酸盐预膜剂中都要配入锌盐。

4. 铁离子和悬浮物　铁离子和悬浮物都会直接影响成膜质量，如水中悬浮物较多，生成的膜就松散，同时抗腐蚀性能也会下降。所以，实际工程中一般应采用过滤后的水或软化水来配制预膜剂。

5. 预膜剂的浓度　不论采用何种预膜剂，均应根据当地水质特性所做的实验结果来确定预膜剂的使用浓度。

6. 预膜液流速　在预膜过程中，一般要求预膜液流速要高一些（不低于 1m/s）。流速越大，越有利于预膜剂和水中溶解氧的扩散，因而成膜速度也会加快，其所生成的膜也较均匀密实；但流速过大（大于 3m/s），又可能引起预膜液对金属的冲刷腐蚀；如流速太低，成膜速度就慢，且生成的保护膜也不均匀。所以预膜液的流速尽量控制在 1～3m/s 左右为宜。

（二）补膜与个别设备的预膜处理

1. 补膜　因某些原因导致循环水系统的腐蚀速度突然增高，或在系统中发现带涂层的薄膜脱落时，需要进行补膜处理。补膜时需要将抑制剂的投加量提高到常规运行时用量的 2～3 倍，其他控制条件可与普通预膜处理时基本相同。

2. 个别设备的预膜处理　个别更换的新设备或检修了的设备在重新投入使用前也要进行预膜处理。这种预膜处理与对整个循环水系统进行的预膜处理基本相同，即将配制好的预膜液用泵进行循环；也可以采用浸泡法，将待预膜处理的设备或管束浸于配制好的预膜液中，经过一定时间后即可以取出投入使用。这两种处理方法比在整个循环水系统中进行预膜处理容易，成膜质量也能保证。

3. 预膜水处理应注意事项

预膜处理和酸洗后的钝化处理作用一样，都是使金属的腐蚀反应处于全部极化状态，消除产生电化学腐蚀的阴、阳极间的电位差，从而抑制腐蚀。经预膜处理后的系统，一般均能减轻腐蚀，延长设备和管道的使用寿命，保证连续、安全地运行，同时能缓冲循环水中 pH 值波动的影响。预膜后如果系统暂不运行，则任由药水浸泡；如果预膜后即转入正常运行，则于 1 周后分别投加缓蚀阻垢剂和杀生剂。

由于冷却塔通常由人工定期清洗，而且也不需要预膜，再加上对冷却塔除外的循环冷却水系统进行清洗和预膜的水（液）不需要冷却，因此为了避免系统清洗时的脏物堵塞冷却塔的配水系统和淋水填料，加快预膜速度，避免预膜液的损失，循环冷却水系统在进行清洗和预膜时，循环的清洗水和预膜液不应通过冷却塔，而应由冷却塔的进水管与出水管间的旁路管通过。

二、胶球清洗技术

科学的水处理能够阻止系统中硬垢的形成、抑制菌藻滋生、缓解腐蚀。但水处理后形成的软泥软垢、生物淤泥随着系统长期运行，还是会附着在冷凝器换热管内壁上，从而导致机组能耗上升，形成垢下腐蚀，影响主机寿命。而在所有的冷却水应用场合，黏泥、淤泥、沙土等在换热管内表面沉积形成的污垢，即使是当水流速率达 2m/s 时也有可能形成壁面污染。

传统处理方式的弊端：无法解决换热管表面软泥、软垢的危害；水处理加药依赖人工，无法控制；结垢导致能效下降、能耗上升；换热管须定期化学清洗。这实际上是治标不治本的做法。而且，人工不均匀用力的清洗还会造成换热管寿命缩短，加剧了换热管穿孔的速度。往往这些管壁表面沉积物一般是软性的，只需一般标准型的胶球，以每根换热管每小时 8～12 次清洗频率连续运行即可将其轻松除去。《公共建筑节能改造技术规范》明确提出对水冷冷水机组或热泵机组，宜采用具有实时在线清洗功能的除垢技术。胶球清洗可在线清洗，在线监测加药、现场水质分析、铜管检测。

图 9-2　铜管清洗用胶球

系统清洗采用专门进口订制的胶球，标准尺寸范围为 12～28mm，以 1mm 递增，含有标准、中等、硬三个硬度等级（见图 9-2）。

（一）胶球清洗系统组成及运行原理

胶球清洗系统包括：管路（附件）、胶球、储球室、收球器、收球泵、发球泵、电动阀及 PLC 智能可编程序控制器等。胶球清洗系统组成见图 9-3。

在冷却水系统上加装胶球清洗系统早已被国内外认可。它能够把若干橡胶球打入冷凝器进水管，清洗换热器管后在出水管收球器捕捉收回，通过 PLC 控制清洗频率、时间、次数。让换热管内壁始终保持洁净状态，不仅提高了换热效率和空调使用效果，而且可以有效降低耗电量。

运行原理如下：

发球：发球泵工作，将胶球从储球室发至换热器中，胶球在循环水进出口压差的作用下被挤压通过换热管，对换热管内壁进行一次抹擦，管内壁污垢随水流带出。

收球：胶球随水流进入收球器，由收球泵收回至储球室，从而完成一次清洗循环（见图 9-4）。收球器内置不锈钢滤网，钢制外壳，它的有效承压为 16bar，有效过滤面积大于连接管道的 4 倍。当设计满足当冷却水的流速小于 3.0m/s 时，收球器的局部压力损失小于 0.5mH_2O。

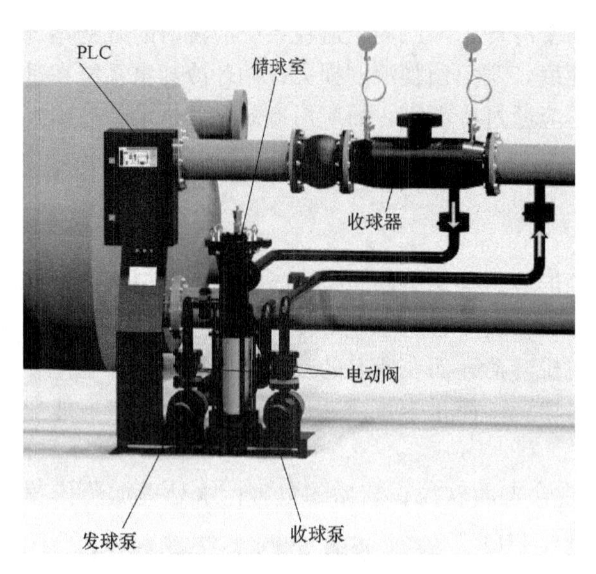

图 9-3　胶球清洗系统组成

PLC 智能可编程序控制器：PLC 控制模块包括可编程逻辑控制器 PLC 和触摸屏。可实现清洗系统的灵活控制，并提供人性化的人机交互界面，可设置清洗频率和周期，记录清洗数据，并实现远程传输数据至服务器（可选）。与空调主机的开启联动，实现全自动的在线清洗，而整个控制模块的功率小于 30W。

（二）胶球清洗系统的优点

1. 能有效减小冷凝器中冷凝温度与出水温度的差值，即小温差，使其接近新主机的小温差值。

2. 收球率近 100%。

3. 自身能耗低。如表 9-12 所示，通过对比发现四管制水系统比两管制水系统的胶球系统能耗低，同时四管制水系统发球和收球分别采用不同的水流回路，发球时取用冷却水进水，收球时水回到冷却水出水，以保证冷却水进出水不混合。该系统发球和收球分别采用不用的水流回路（即四管设计），发球时取用冷却水进水，收球时水回到冷却水出水，以保证冷却水进出水不混合。在一定程度上降低了冷却水进水温度，提升主机出力和 COP 值；发球和收球的水流方向都是从高压到低压，胶球泵的功率低（0.75kW），运行 60 次/天，电耗 0.45 度/天。

四管制水系统与两管制水系统的对比　　**表 9-12**

管制	两管设计	四管设计
进出水混合情况	冷却水进出水混合。两管设计，冷却水进出水在胶球系统旁路管中不断内循环，导致冷却水进水温度不断升高	冷却水进出水不混合。在一定程度上降低冷却水进水温度，提升主机出力和 COP 值
水流方向	两管设计管路水流方向是从低压到高压	保证了发球和收球的管路水流方向都是从高压到低压
收发球泵能耗	胶球泵的功率高（泵功率 2.2～2.5kW），胶球系统自身能耗更高	有效降低发球和收球泵的动力负荷（泵功率 0.75kW），胶球系统自身能耗更低
胶球利用率	止回阀板分隔上下腔室，不能保证所有球发出	胶球 100%发出
胶球磨损	腔体、止回阀板、收球器滤网处高频率摩擦	四管制不存在两管制的磨损现象
运行水阻	两管制结构运行过程中水阻大、止回阀板撞击剧烈，振动较大	四管制水流顺势流动，相对两管制没有局部水阻，振动极小
维护	两管制结构维护难度大，需要拆卸外壳，恢复难度大	维修方便，故障点少

4. 延寿及减少排污。铜管不再需要化学清洗，主机寿命延长 5～10a。提高浓缩倍数 2～3 倍，冷却水排污减少 33%～43%。

5. 设计考究，布局紧凑，主机占地面积仅为 0.48m^2。快装快用，省地省心，PLC 触

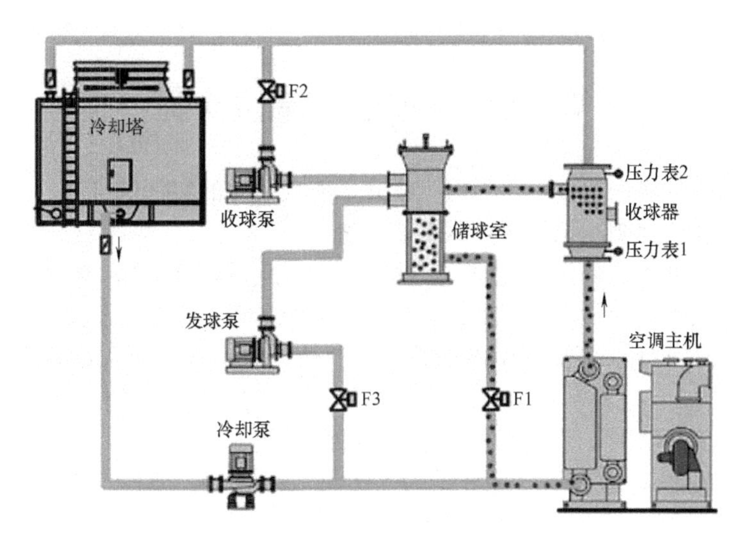

图 9-4　胶球清洗系统的运行原理

控人机交互，确保运行的高可靠性和易操作性。

6. 胶球系统设计寿命通常为 20 年，维护成本也比较低。即使中央空调机组需要更换，胶球清洗系统还可以继续为新的空调机组服务，节省投资。

（三）胶球水处理要与化学水处理相结合

胶球清洗是通过物理方式，搓洗铜管内壁上的软泥、软垢、避免在铜管表面附着；化学水处理能够阻止硬垢，缓解腐蚀，杀菌灭藻，定期排污降低浓缩倍数。单纯的只做物理清洗，缺少加药和排污，仍然会结硬垢。而单纯的化学清洗，排污量将增大，铜管附着软垢。所以，物理加化学方式解决水处理问题，二者不可替代，缺一不可。

机组安装注意事项：

1. 安装前，要确保主机内无过滤网（溴冷机）。

2. 管道上需前置过滤孔径≤3mm 的过滤器。

3. 旧机组安装前，必须将铜管全面清除污垢、除锈清洗干净，避免影响水处理效果。

4. 收球器可水平也可垂直安装，水平安装时距离弯头≥5 倍管径；垂直安装时距离弯头≥3 倍管径。

5. 冷凝器进出水管内流速应符合≤3m/s。

三、冷却水系统水垢形成

冷却水系统管道内流体介质的长时间运行会出现结垢的原因主要有以下几点：盐分结晶的析出、从冷却塔带入粉尘、浓缩倍数升高以及其他腐蚀产物。这些污垢会导致管道堵塞、垢下腐蚀、流量减缓、热交换效率下降、系统能耗上升等。

管道腐蚀的原因主要是：电化学腐蚀、Cl^- 等腐蚀离子、溶解氧、pH 值低和各种菌藻类的存在等。这些腐蚀现象也会导致管道堵塞、换热管道易穿孔、主机寿命缩短。

而管道菌藻类滋生的原因是：溶解氧、药剂造成的水富营养化、水温适宜菌藻类繁殖，还有阳光照射等。菌藻类对管道的危害表现在管道腐蚀、管道及滤网堵塞、危害健康的军团菌等。

第八节　中央空调清洗实例

中央空调清洗的实例很多，这里仅列举几个有代表性的实例供参考。

【实例一】 溴化锂制冷机组循环水系统清洗

某酒店中央空调系统采用溴化锂制冷机组，循环水量 100t/h。制冷过程中冷凝器和吸收器的热量由玻璃钢冷却塔进行外循环散发。系统运行 6 年没有清洗，出现如下问题：

1. 产生水垢、油垢、污垢、微生物黏泥、菌藻、铁锈等附着在设备表面，使设备换热效率降低。

2. 有一半客房不制冷，另有部分客房制冷效果较差，管道阻塞。

3. 冷媒出水温度高达 17℃（原设计为 10℃），冷却水出、回水温度高。

4. 冷却塔、冷媒水箱及管壁腐蚀严重。

针对这些问题，经过合理清洗方案的制定，并利用化学清洗清除了这些污垢，取得了良好效果。具体清洗方案如下：

1. 垢样分析

冷却水垢，$CaCO_3$ 占 47.1%（质量分数，下同），铁锈占 37.9%；冷冻水垢，$CaCO_3$ 占 40.3%，铁锈占 40.3%。

2. 清洗药品的选择

依据循环水系统设备结垢、黏泥、菌藻及腐蚀程度等因素，有针对性地选用。

3. 清洗剂的选用

选择氨基磺酸为主清洗剂，但为了加快清洗速度，复配一定盐酸。另外，为提高清洗效果，克服氨基磺酸造成 $CaCO_3$ 沉淀，选用聚丙烯酸作分散剂，它不仅能吸附 $CaSO_4$、$CaCO_3$、黏土，而且在低 pH 值下有较好的分散作用，可提高钙垢的溶解性；黏泥剥离剂选用 H_2O_2、新洁尔灭（1227），起杀菌和剥离黏泥作用；为了加强渗透作用，加入 JFC，对黏泥有剥离作用；设备主要材料是碳钢和铜，对碳钢选用了六次甲基四胺作缓蚀剂，缓蚀效率 97%，对铜材质选用了苯丙三氮噻唑做缓蚀剂。

4. 清洗程序

（1）冷却水系统补水至所需水量后，投加新洁尔灭（1227）、渗透剂（从冷却塔处加入），运行 10h，排补水 2 次。

（2）投加清洗剂、缓蚀剂、渗透剂、阻垢剂，运行 5h，排补水 3 次。

（3）用 Na_2CO_3 中和，使 pH＝6～7，加三聚磷酸钠、硫酸镍常温预膜 30h，排补水2 次。

（4）冷媒水系统的清洗操作过程基本与冷却水系统相同。药品用泵加入管道内用泵进行循环清洗。

5. 清洗过程监督

（1）加药后测定 pH 值，控制在 4.5 以上。

（2）在清洗、预膜过程中，加入挂片进行监测。

（3）清洗过程中，视效果及具体情况，可补加药品。

（4）每 30min 分钟测定一次 pH 值、浊度、总铁量、总钙量，总铁量平衡时清洗结束。

6. 效果评价

清洗结束后，会同有关人员进行了检查验收，显示出很好的清洗效果。

（1）打开风机盘管、管道观察，管内的硬垢、锈渣已基本清除，除垢率在 98%以上，露出金属本体，没有点蚀，挂片观察与管内情况一致。

（2）开机运行，95%房间制冷效果良好，个别房间打开风机盘管，进行反冲洗，达到客户要求。

（3）冷却塔和集水池清洁无污物。冷却塔布水均匀，实际观察流量增加，其进出口温差由 2℃提高到 3.2℃，冷冻水温度平均下降 2.5℃，制冷效果提高 20%。

（4）冷媒水系统，冷媒水水温平均下降 2.5℃。溴化锂制冷机效率提高 20%，基本恢复到新机设计水平。

（5）膨胀水箱内藻类被杀死（呈黑色）。旁滤装置内有大量锈渣、污垢及焊渣等。

由此可见，此清洗过程取得了较理想的除垢、杀菌、灭藻、除锈的效果，值得推荐。

7. 结语

结合实践，对中央空调的清洗及管道提出下列建议。

（1）对于清洗药品的加入，最好在药品投加前，将它们复配在一起，以达到同步效果。

（2）清洗中会形成一定的泡沫，备好消泡剂。

（3）空调运行前，要及时清洗及防护，以除去安装过程中的焊渣等。

（4）运行管理中，要做好水质的监测，浓缩倍数控制在 3～4，做到及时排污及补水。

（5）对于水，要按时添加缓蚀阻垢剂、杀菌灭藻剂以阻止水垢的形成、设备的腐蚀和菌藻、黏泥的出现。

（6）风机盘管可用高压水枪进行清洗。溴化锂制冷机可根据系统管道情况进行单独或同时清洗。

【实例二】 中央空调冷冻水系统的化学清洗

（一）案例一

某宾馆中央空调采用氟利昂制冷机组，冷冻水系统总容量约 $20m^3$，直接用自来水作循环水，冷冻水管道还同时承担冬季供热。自投入运行十余年以来，虽经过 4 次清洗，但从未进行过水质处理，致使系统腐蚀、结垢严重，空调效果明显下降，已不能满足宾馆的服务要求。

1. 垢样分析

$Fe_3O_4+Fe_2O_3$ 占 93.1%，CuO 占 1.43%，Al_2O_3 占 1.44%，CaO 占 0.68%，MgO 占 0.29%，酸不溶物占 3.11%。

2. 水样分析

碱度为 80.94mg/L，总硬度为 104.28mg/L，浊度为 15.3，pH 值为 8.03，Ca^{2+} 为 75.08mg/L，Cu^{2+} 未检出，$\sum Fe$ 为 0.91 mg/L。

3. 水处理实施步骤

（1）水力冲洗。采用循环冲洗与置换冲洗相结合的方法，通过分区域、分楼层和全系统的水力冲洗，直至排出清水，将浮渣及表面能冲动的锈泥冲洗排掉。

（2）软泥剥离。投加剥离剂运行24h，之后置换排放至出清水，除去表面软泥。

（3）渗透活化。将pH值调至5.0～6.0，投加渗透剂和浸润剂，保持pH值在5.0～6.0运行24h，之后进行置换排放，使底层垢松软，呈活化状态。

（4）清洗消垢。按选定的清洗配方依次顺序投加缓蚀剂、还原剂、混合清洗剂和分散剂，除垢除锈。清洗过程中每小时分析一次酸度和∑Fe，当酸度和∑Fe基本不变时为清洗终点。

（5）钝化。化学清洗结束后置换至pH值接近自来水，投加钝化剂运行10h，再置换至pH值接近自来水的pH值。

（6）湿保。钝化结束后，投加湿保剂。至此，清洗全过程结束。

4. 清洗质量监测

（1）腐蚀监测。加完清洗剂，待药剂混匀后，取出清洗液置入烧杯中，挂入A3钢和黄铜标准腐蚀蚀片，清洗结束后取出，测其腐蚀率。经测定，清洗除垢过程中，碳钢的腐蚀率为0.16g/(m^2·h)，铜的腐蚀率为0.22g/(m^2·h)。说明清洗过程中的腐蚀是轻微的。

（2）清洗效果监测。清洗前在不同楼层分别从进水管和回水管上截取一段短管（30～40cm）作监测管，清洗钝化结束后取下检查，管内锈垢已清洗干净，见到金属本体。

（二）案例二

郑州某百货商城（以下简称商贸城）中央空调循环冷冻水为自制软化水，循环水量为350～500m^3/h，供冷和供暖使用同一条管网系统，系统容积约85m^3。中央空调运行以来从未开展过水处理工作。空调运行两年后，发现系统管道腐蚀比较严重，主机和风机盘管有堵塞现象，造成主机运行负荷增大，制冷效率下降。针对该循环冷冻水系统的结垢分析和水质情况，通过溶垢、动态挂片试验等，确定了合理的化学清洗方案和水处理技术，对该中央空调系统进行了化学清洗，清洗后进行日常水质处理，取得了良好效果。

1. 垢质分析

化学清洗前，通过现场取样，对冷冻水系统内垢样进行定性、定量化学分析，结果显示Fe_2O_3和Fe_3O_4共占了46.85%的比例，其次是CaO占24.26%，MgO占6.15%，CuO占4.1%，酸不溶物占6.75%，剩余的其他杂质占11.89%。由这些数据可以看出，该循环冷冻水系统水质侧重于腐蚀，污垢主要是金属腐蚀产物、氧化铁垢等。

2. 清洗方案的确定

针对循环冷冻水系统结垢特点，对垢样进行溶垢试验后，拟采用以下清洗工艺流程：水洗—杀菌灭藻—混酸化学清洗—水洗—预膜处理。

3. 清洗剂的选择

杀菌灭藻剂：200mg/L新洁尔灭和200mg/L的氯酸钠。

清洗药剂：8%氨基磺酸、0.5%柠檬酸、0.5%硫脲、0.3%Lan-826和0.1%的表面活性剂。

清洗循环流量和温度：350～500m^3/h，常温。

分析监控：每隔30min监测一次。

4. 清洗程序

（1）水洗

通过水冲洗可以清楚系统中泥沙及疏松污垢，同时测量出整个清洗系统的容积，为下一步化学清洗时药剂用量计算提供依据。水冲洗采用动态循环冲洗，一边从高位膨胀水箱补充新鲜自来水，一边通过地下室集水器排污，冲洗至系统循环水干净为止。水洗时间大约 24～28h。

（2）杀菌灭藻

管道内附着的微生物菌泥会影响化学清洗效果，因此化学清洗前在系统中加入杀菌灭藻剂，通过动态循环，将管道内的微生物黏泥剥落下来。药剂配比：200mg/L 新洁尔灭，200mg/L 氯酸钠。常温下动态循环 15～24h 后，排放废液，用大量清水循环冲洗至系统水干净为止。

（3）混酸清洗

把各种化学药剂按比例混合均匀后，加入到软化水补水箱中，通过冷冻水系统补水泵把药剂加入到系统中。药剂配比：8％氨基磺酸，0.5％柠檬酸，0.5％硫脲，0.3Lan-826，0.1％表面活性剂。系统加满药剂后，开启冷冻水循环泵进行动态循环清洗，在系统最高点排放气体，通过地下室集水器排放污水。清洗过程中，每隔 30min 检测一次酸度和金属离子（Fe^{2+}、Fe^{3+}、Cu^{2+}）浓度，清洗终点为两次酸度分析结果差＜0.2％、金属离子（Fe^{2+}、Fe^{3+}、Cu^{2+}）浓度—清洗时间曲线趋于平缓。化学清洗时间大约需要 36～48h。

（4）水洗

酸洗结束后，排放系统内的废液，并用大量清水动态循环冲洗，即从高位膨胀水箱和软化水补水箱处向冷冻水系统加入清水，通过地下室集水器处排污。在动态循环过程中，维持系统水压平衡，冲洗至系统水干净为止，终点控制 pH＝6～7，浊度＜10mg/L。

（5）预膜处理

预膜处理前，系统循环水冲洗至浊度＜10mg/L，总铁离子质量浓度＜1mg/L。药剂配比：200mg/L 三聚磷酸钠，50mg/L 硫酸锌。常温，动态循环 48～72h，预膜结束后，向系统内加入软化水稀释，排放时控制总磷质量浓度＜10mg/L。

5. 清洗效果

该循环冷冻水系统清洗后，打开不同楼层风机盘管前控制阀门及主机蒸发器前后端盖，检查清洗效果，观察到：系统管道和主机铜管内污垢清洗干净，内表面光滑、预膜均匀、无腐蚀现象，主机运行负荷降低，制冷效率大大提高。

【实例三】 离心式制冷机组制冷剂（R11）系统清洗

某单位中央空调系统采用离心式制冷机组，制冷剂为 R11。由于水分及空气进入制冷剂系统，导致系统被污染，产生了大量的污垢及锈蚀，使设备制冷效率严重下降。后通过化学清洗，除去了附在器壁上的污垢，除垢率达 90％以上。

1. 垢样成分

润滑油、油泥分解产生的积炭；R11 分解产生的淤渣；腐蚀引起的腐蚀产物等。

2. 清洗程序

（1）制冷剂系统中加入 5g/kg 的 JFC 水溶液浸泡，以加强对黏泥的渗透作用。

（2）投加 40g/kg 碱性电解质，10g/kg 表面活性剂，30g/kg H_2O_2，常温下运行 2h，

对黏泥进行剥离。然后，用高压消防水冲洗排出。

(3) 加入 10g/kg 的 HCl 进行酸洗，选择 LX9-001 作缓蚀剂，助剂为 4g/kg 溶解促进剂和 2g/kg 有机助洗剂，对黏泥及腐蚀产物进行剥离。然后，用高压消防水冲洗排出。

(4) 选择 Mo/Cr 复合钝化剂 6g/kg+2g/kgNa NO_3 对系统进行钝化处理，常温下运行 1h。

3. 清洗效果

经过以上处理，原来附在器壁上的 1～2mm 的污垢基本清除干净，除垢率>90%。

【实例四】 地源热泵机组水系统清洗

江西南昌五星级酒店，设计采用了 3 台 350RT 麦克维尔螺杆式水冷冷热水机组。其中 2 台为 3 工况：供冷供热、蓄冰、热水回收。1 台 2 工况：供冷供热、热水回收。把地源热泵、蓄冰和热回收三种空调节能技术同时运用到同一台主机中。在系统投入运行几个月后，发现机组开机 10～15d 就出现高压报警，此时排气压力>1900kPa，必须拆开冷凝器端盖，拆开端盖后发现冷凝器铜管内粘满黄泥浆。严重影响到空调机组的制冷、制热能效，每 10～15d 就只能拆端盖人工捅刷清洗。洗刷后主机排气压力下降到 1100kPa，电流回落到额定值，主机恢复到额定工况。更为严重的是 3 台主机中有两台蒸发器或冷凝器铜管先后发生破裂，泥污水进入制冷剂循环系统，造成严重事故。这样的系统不仅没有收获节能效益，反而使运行管理十分麻烦劳累，而且不安全。这类地源热泵的地下水直接冷却系统是无法用化学处理方法解决连续大量的泥浆水的，所以要采用海绵球自动清洗技术。

清洗结果：机组运行以后没有出现高压报警现象，制冷能力提高，且达到了设计中的节能效益。

【实例五】 蒸汽双效吸收式溴化锂制冷机组制冷剂（LiBr）系统清洗

某单位办公楼中央空调系统采用蒸汽双效吸收式溴化锂制冷机。运行一段时间后，发现制冷效率下降，后对制冷剂（LiBr）系统进行了清洗，取得了很好效果。

垢样成分：腐蚀产物，碳酸锂沉淀。

清洗程序：

1. 用自来水对制冷剂系统进行冲洗，去除浮锈及松软的沉渣。

2. 用 7%氨基磺酸作清洗主剂，选择 3‰ LAN-826 为酸洗缓蚀剂，在 55～60℃条件下运行 8～10h，然后用自来水冲洗排出。

3. 用脱盐水中和，使 pH=2～3。

4. 加入 0.5% NaOH+1% Na_3PO_4 进行钝化，在 80～90℃条件下运行 6h。

经过以上处理，管内污垢基本清除干净，除垢率>95%。

【实例六】 溴化锂直燃机系统清洗

贵州天睿胶球清洗有限公司与远大空调有限公司合作，将水处理节能技术与空调水系统结合在一起，可以保障机组低能耗、高效、稳定、安全运行。使得用户可以一步到位地享受安全舒适的空调环境。

“楼快快”是指湖南省湘阴县的远大 T30 酒店，这座 30 层高楼建筑面积共 1.7 万 m^2，因为在 15 天内建设完成，外媒惊叹“中国速度”，被网友称为“楼快快”。除了建造速度快，这座大楼还可实现“5 倍节能、9 度抗震、20 倍空气净化、只产生 1%建筑垃圾及 93%工厂化制造”，但用钢量比常规少 10%～20%，混凝土少 80%～90%，建筑成本比常规建筑低 10%～30%，施工现场无火、无水、无尘。

空调机房的制冷面积为 1.7 万 m^2，由 2 台 20 万大卡远大直燃机提供。两台主机只有一台安装了胶球清洗系统，其中 1 号主机安装，2 号主机未安装，便于对比运行效果。2 台主机共用冷却水和冷温水，且运行时间相同。在胶球清洗系统安装前，2 台主机都已经清洗干净。

在设备运行 57d 后，对主机进行开箱检查发现，2 号主机铜管出水口端有明显的锈蚀，而 1 号主机相对光滑，没有堵塞现象。主机运行 6 个月后再次开板检查，2 号主机的铜管内壁腐蚀已经相当严重了，垢层厚度远远大于 1 号主机的铜管，见图 9-5 和图 9-6。

图 9-5　1 号主机的铜管锈蚀情况

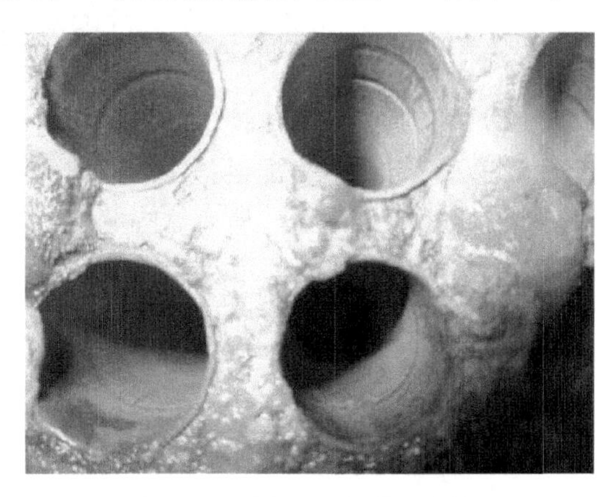

图 9-6　2 号主机的铜管锈蚀情况

通过计算发现，2 号主机每天的制冷量大部分情况下低于 150kW，高发温度大部分超过了 150℃。而装有胶球系统的 1 号主机，每天的制冷量大部分情况下是高于 150kW 的，高发温度大都低于 150℃。说明，胶球系统不但提升了主机的制冷量，还降低了能耗，延长主机的使用寿命。

由于 2 号主机未安装胶球系统，常出现出力差现象，需要定期进行人工清洗，而 1 号主机自运行以来从未进行过人工清洗，且运行状况一直良好。

第十章　中央空调风系统的运行

第一节　中央空调风系统主要设备

中央空调风系统是实现空调任务的装置，主要由空气热湿处理设备、空气净化设备、空气输送设备和空气分配设备四个部分组成。此外，还有冷热源，冷却水、冷冻水及其输送系统，自动控制系统，所有这些设备构成了中央空调系统的整体。本书第一章已对中央空调热、湿处理设备，空气净化设备，空气输送与分配设备进行了详细介绍，本章不再进行赘述，仅对空气处理设备中的风机盘管作简单介绍。

空气处理设备是对空气进行热湿处理和净化处理的设备，主要包括过滤器、喷水室（表面式空气换热器）、加热器、加湿器等。一般情况下，空气—水系统的空气处理设备是由风机和盘管组成的，称为风机盘管系统。风机盘管是中央空调设备的主要组成部分。

一、风机盘管的构成

风机盘管是将风机和表面式换热器组装在一起的装置。

风机盘管可以将室内回风直接引入机组进行冷却减湿或加热处理，与中央空调系统的不同在于其采用就地处理回风的方式。与风机盘管相连接的有冷、热水管路和凝结水管路。由于机组需要负担大部分室内负荷，盘管容积较大，通常都采用湿工况运行。

风机盘管有立式和卧式两种类型，可根据室内安装位置选定，同时可根据室内装修的需要做明装或暗装。近几年又开发了多种形式，如立柱式、顶棚式以及可接分管的高静压风机盘管，使风机盘管的应用更加灵活、方便。风机盘管系统的新风供给方式主要有以下是三种：室内机械排风渗入新风、墙洞引入新风和独立新风供给系统。为了适应空调房间瞬变负荷的变化，风机盘管通常有三种局部调节方法，即调节风量、调节水量和调节旁通阀门。

二、风机盘管系统的特点

风机盘管系统的主要优点是：布置灵活，能单独调节各房间的温度，房间不使用时可以关掉机组且不影响其他房间的使用；系统运行费用与单风道系统相比大约降低 20%～30%，一定程度上节省了运行费用；与诱导式系统相比少 10%～20%，而综合费用大体相同，甚至还要低一些；与全空气系统相比较，节省空间；机组定型化、格式化，易于选择安装。

风机盘管系统的主要缺点是：机组设置较分散，维护管理繁琐；过渡季节不能使用全新风；对机组制作的要求较高。由于风机转速不能过高，风机的剩余压头较小，在对噪声有严格要求的地方，使气流分布受到限制，一般仅适用于进深 6m 以内的房间；如果没有配合新风系统加湿，冬季空调房间的相对湿度偏低，净化空气的能力较差；夏季空调房间的空气湿度往往无法保证，使室内湿度偏高。

第二节　中央空调风系统的测定

空调系统在施工以后，正式投入使用以前，需要进行测定和调整。对于刚刚建成的空调系统，通过测定与调整，一方面可以发现系统设计、施工和设备性能等方面存在的问题，从而采取相应的措施，保证系统达到设计要求；另一方面也可以使运行人员熟悉和掌握系统的性能和特点，并为系统的经济合理运行积累资料。对于已经投入使用的空调系统，当出现问题时，也需要通过测定与调整查找原因，进行改进，因此对空调系统的测定与调整是检查空调系统设计是否达到预期效果的重要途径。这项工作对设计、施工和运行管理技术人员，都是非常重要的。

空调系统测定与调整的主要内容包括：空调系统风量的测定与调整；空气处理各项性能指标的测定与调整；空调房间空气状态参数、气流组织以及消声效果等方面的测定。由于实际工程中对空气热湿处理设备的测定很难实现，因此本章只对风量的测定与调整进行介绍。

一、空调系统风量的测定

空调系统风量测定的目的是检查系统和各个房间的风量是否符合设计要求。测定内容包括系统送风量、回风量、排风量、新风量及房间正压风量。根据测试位置的不同，风量的测定分为风管内风量的测量和风口风量的测量。

（一）测量风速的仪表

1. 叶轮风速计

叶轮风速计由翼轮和记数机构组成。当把风速计放在气流中时，叶轮便旋转起来，并通过机械传动机构，带动记数机构的指针随着转动，记录出气流速度。所以常用于测量风口的出风速度、热交换器等设备的迎面风速。

叶轮风速计的测量范围一般分为 0.5～10.0m/s 和 0.3～5.0m/s 两种，超风速使用会造成损坏，而且应定期在风洞中进行校正。

转杯风速计的测速原理与叶轮风速计类似。它的转动部件是 4 个半球型的杯状叶轮。转杯风速计结构牢固，测量范围大，一般为 1～20m/s。多用于大气风速测量，因精确度稍差，空调中应用不多。

2. 热电风速计

热电风速计是一种测量小风速的仪表，最小可测出 0.05m/s 的风速，它是由测头和指示仪表两部分组成的。因测头结构不同，又有几种形式，常见的有热线式和热球式两种。这两种风速仪的原理均与热电偶测风速相似。

热电风速计的主要优点是使用方便，反应快，对微风速感应灵敏，既能测风管内风速，又能测室内风速；缺点是因测头的热丝和热电偶太细，极易损坏，价格较贵。

当气流中含有灰尘、热辐射表面及温度变化时，对热电风速计的读数均有影响。所以，热电风速计适用在清洁的等温气流，或温度梯度较小没有辐射热影响的环境中。国产QDF型热球式热电风速计有两种规格，测量范围分别为0.05～5m/s和0.05～10m/s。

3. 毕托管和微压计

在风道内测量空气流量常用的仪表是毕托管和微压计。毕托管是利用压差法测定气流速度的主要部件，其结构如图10-1所示。它是由两根铜管套制而成的，内管的内径为3.5mm，作全压管，外管的内径为6～8mm，作静压管。

在使用测压管时，应使测头的轴线与气流流线平行。为了使气流毫无阻挡地均匀地流过全压管，而又不在静压孔周围形成涡流，全压管的头部做成流线型，同时静压孔开的尽量小，一般直径不大于3mm。

与毕托管相连接共同来测量气流速度的微压计，一般是倾斜式微压计，其结构如图10-2所示。

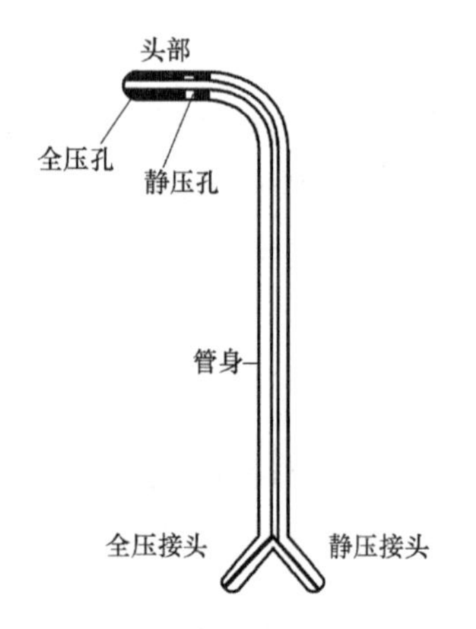

图10-1　毕托管结构示意图

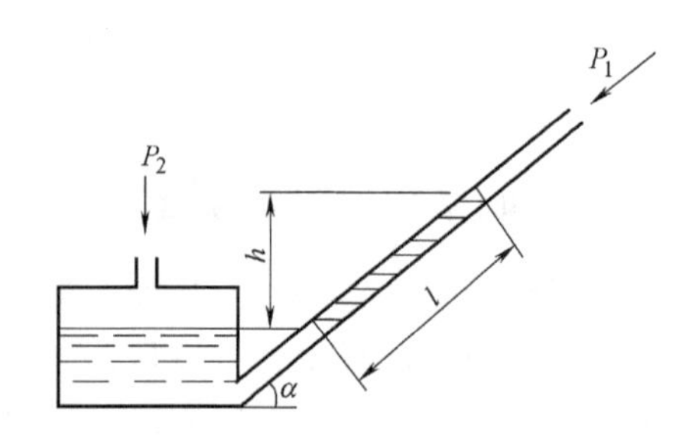

图10-2　倾斜式微压计

倾斜式微压计实际上是一经过改变了的U形管，其目的是应用更方便和测量更精确些。将一根玻璃毛细管做成倾斜的，它与水平面的夹角为α，且是可以调节的；而另一根管用较大截面的容器代替，并认为液面高度是不变的，这样在压力P_1和P_2的作用下，测得的压差为：

$$\Delta P = P_2 - P_1 = \gamma h = \gamma \sin\alpha \cdot l = kl \qquad \text{Pa}$$

式中　γ——容器内液体的容重；

α——倾斜管与水平面的夹角；

l——倾斜管中液体上升的距离；

k——系数，$k=\gamma\sin\alpha$。

用毕托管测风压时，需用橡皮管将其连接在倾斜式微压计上。微压计上一般有两个接口，与毕托管相连时，全压管接在压力计的“+”接口上，静压管接在压力计的“－”接口上，这样测出的压力值即为全压与静压之差，即为动压。

（二）风管内风量的测量

在风管中测定风量，实际上归结为选择测定断面，测量断面尺寸，确定测点及测定各点风速，进而求各点平均风速。测定风速使用的仪表主要有毕托管和微压计，以及热电式风速仪等。

1. 选择测定断面

测定断面一般应考虑在气流均匀而稳定的直管段上。离开弯头、三通等产生涡流的局部构件要有一定的距离。一般按气流方向，要求在局部构件之后 4～5 倍管径 D（或长边 a），在局部构件之前 1.5～2 倍管径 D（或长边 a）的直管段上选定测定断面，如图 10-3 所示。当条件不允许时，此距离可缩短，但应增加测定位置，或常用多种测定方法测定进行比较，力求测定结果准确。

2. 确定测点

在测定断面上，各点的风速不完全相等，因此一般不能只以一个点的数值代表整个断面。测定断面上测点的位置与数目，主要取决于断面的形状和尺寸。显然测点越多，测得的平均风速值越接近实际，但测点又不能太多，一般采取等面积布点法。

矩形风管测点布置如图 10-4 所示。一般要求划分的小块面积不大于 0.05m^2（即边长为 220mm 左右的小面积），并尽量为正方形，测点位于小面积的中心。

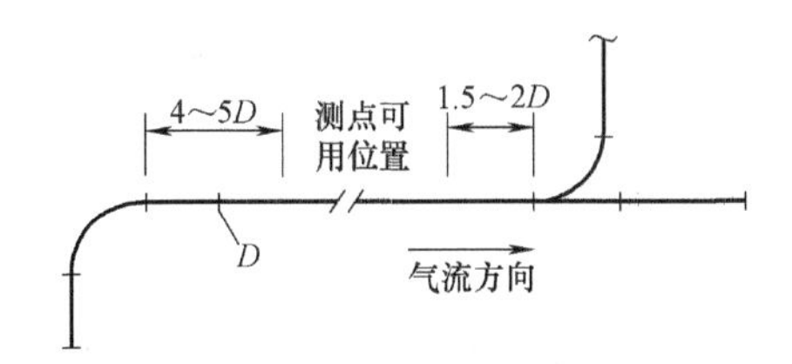

图 10-3　测定断面位置的确定

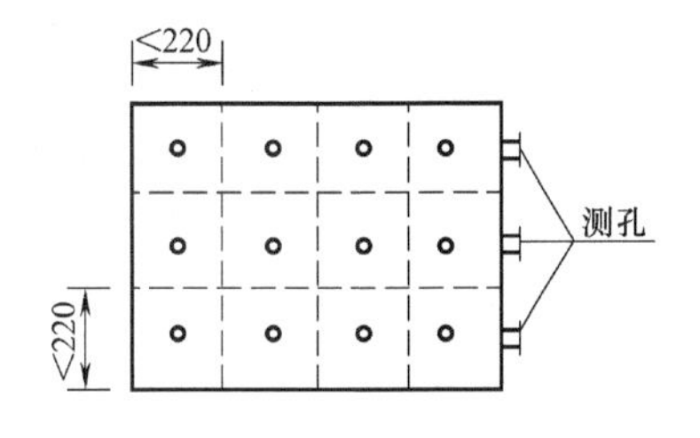

图 10-4　矩形风管测点位置

圆形风管测点布置如图 10-5 所示，应将测定断面划分为若干面积相等的同心圆环，测点位于各圆环面积的等分线上，圆环数由直径大小确定。每一个圆环测 4 个点，并且 4 个点应在相互垂直的两个直径上。

各测点距圆心的距离按下式计算：

$$R_n = R\sqrt{(2n-1)/2m}$$

式中　R——风管断面直径，mm；

R_n——从风管中心到第 n 测点的距离，mm；

n——从风管中心算起的测点顺序号；

m——划分的圆环数。

圆形风管划分的圆环数见表 10-1。

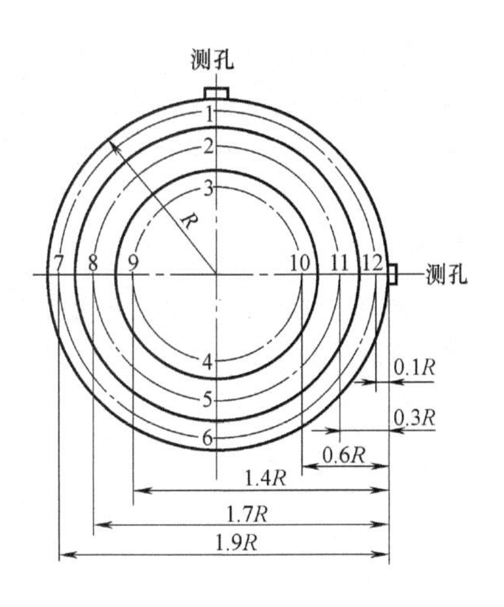

图 10-5　圆形风管的测点布置

为了便于测定时确定测点的位置，应将测点到风管中心的距离，换算成测点到管壁测孔的距离，具体可按表 10-1 选用。

3. 计算风管断面平均风速 v_p

各个测点所测参数的算术平均值，可看作是测定断面的平均风速值，即

$$v_p = (v_1 + v_2 + \Lambda + v_n)/n$$

圆形风管划分的圆环数与各测点到管壁的距离 **表 10-1**

圆形风管直径(mm)		200 以下	200～400	400～700	700 以上
圆环个数(个)		3	4	5	5～6
测点号	1	0.1R	0.1R	0.05R	0.05R
	2	0.3R	0.2R	0.2R	0.15R
	3	0.6R	0.4R	0.3R	0.25R
	4	1.4R	0.7R	0.5R	0.35R
	5	1.7R	1.3R	0.7R	0.5R
	6	1.9R	1.6R	1.3R	0.7R
	7		1.8R	1.5R	1.3R
	8		1.9R	1.7R	1.5R
	9			1.8R	1.65R
	10			1.95R	1.75R
	11				1.85R
	12				1.95R

式中 v_p——断面的平均风速值，m/s；

v_1、v_2、…v_n——各测点的风速，m/s；

n——测点数。

在风量测定中，如果是用毕托管测出的空气动压值，也可求出断面空气平均流速，即

$$\overline{P_d}=\left(\frac{\sqrt{P_{d1}}+\sqrt{P_{d2}}+\Lambda+\sqrt{P_{dn}}}{n}\right)^2$$

$$\overline{v}_p=\sqrt{\frac{2\overline{P_d}}{\rho}}$$

式中 P_{d1}、P_{d2}、…P_{dn}——各测点的动压值，Pa；

n——测点数；

ρ——空气的密度，m^3/kg。

在现场测定中，测定断面的选择受到条件的限制，个别点测定的动压可能出现负值或零值，计算平均动压时，要将负值当零值处理，而测点的数量应包括零值和负值在内的全部测点。

4. 风量计算

如果已知平均风速，便可计算出通过测量断面的风量。风管内风量的计算公式为：

$$L=\overline{v}_p\cdot F\cdot 3600$$

式中 F——风管测定断面的面积，m^2。

（三）风口风量的测量

对于空调房间的风量或各个风口的风量，如果无法在各分支管上测定，可以在送、回风口处直接测定风量，一般可采用热球式风速仪或叶轮式风速仪。

当在送风口处测定风量时，由于该处气流比较复杂，通常采用加罩法测定，即在风口外加一罩子，罩子与风口的接缝处不得漏风。这样使得气流稳定，便于准确测量。

在风口外加罩子会使气流阻力增加，造成所测风量小于实际风量。但对于风管系统阻力较大的场合（如风口加装高效过滤器）影响较小。如果风管系统阻力不大，则应采用如图 10-6 所示的罩子。因为这种罩子对风量影响较小，使用简单又能保证足够的准确性，故在风口风量的测量中常用此法。

回风口处由于气流均匀，所以可以直接在贴近回风口格栅或网格处用测量仪器测定风量。

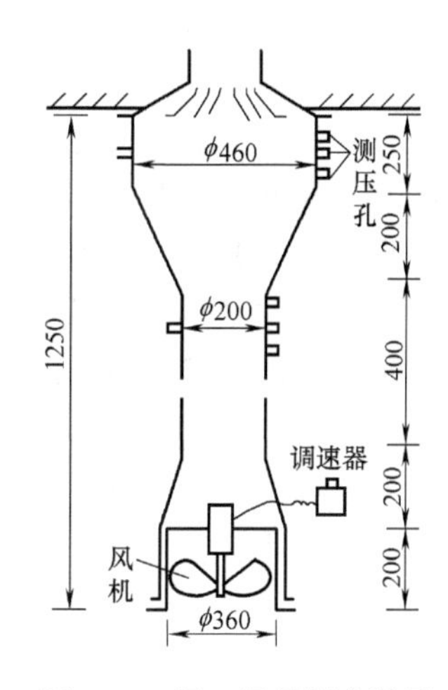

图 10-6　风口风量测定装置

二、空气热湿处理设备容量的测定

（一）加热器容量的测定

加热器容量的测定应该在冬季工况下进行，以便尽可能接近设计工况。在难于实现冬季测试时，也可利用非设计工况的结果来推算设计工况下的放热量。

测定加热器的放热量可选择温度较低的时间（如夜间），关闭加热器的旁通阀门，打开热媒管道阀门，待系统加热工况基本稳定后，测出通过加热器的风量和前后温差，得出此时的加热量为：

$$Q'=G\cdot c(t_2'-t_1')$$

已知在设计工况下加热器的加热量为：

$$Q=KF\left(\frac{t_c+t_z}{2}-\frac{t_1+t_2}{2}\right)$$

实测条件下加热器的放热量为：

$$Q'=KF\left(\frac{t_c'+t_z'}{2}-\frac{t_1'+t_2'}{2}\right)$$

如果测定时的风量和热媒流量与设计工况下相同，则有：

$$Q=Q'\frac{(t_c+t_z)-(t_1-t_2)}{(t_c'+t_z')-(t_1'+t_2')}$$

式中　t_c，t_z——设计条件下热媒的初、终温度，℃；

t_1，t_2——设计条件下空气的初、终温度，℃；

Q——设计条件下的放热量，kW；

G——设计条件下空气的流量，kg/s；

t_c'，t_z'——测试条件下热媒的初、终温度，℃；

t_1，t_2——测试条件下空气的初、终温度，℃；

Q'——测试条件下的放热量，kW。

在上式中，设计条件和测试条件下的冷媒和空气的初、终温度均为已知，故可推算出加热器在设计工况下的热量 Q。如果 Q 值与设计要求接近，则可认为加热器的容量是能满足设计要求的。

热媒为蒸汽时，可根据蒸汽压力查得对应的饱和温度，并以此作为热媒的平均温度。

（二）表冷器容量的测定

表冷器容量的测定主要是对它的冷却能力的测定，一般要求应在设计工况下进行。鉴于实际条件的限制，一般可有两种情况：

1. 空调系统已投入使用，室内热湿负荷比较接近设计条件。此时可以通过调整一次回风的混合比，使一次混合点的焓值与设计焓值相等，然后在保证设计水初温和水流量的条件下，测出通过表冷器的空气终状态，如果空气终状态的焓值接近设计值，则可以认为表冷器的容量满足设计要求。

2. 空调系统尚未正式投入使用，实测空气状态与设计空气状态相差较大。但仍能使一次回风混合点调整到与设计点焓值相同，将风量、水量、进口水温调整到与设计工况相同的条件。若空气处理的焓差接近设计值，则说明冷却装置的冷却能力达到了设计要求。

表冷器的容量测定可在空气侧也可在水侧，或两侧同时测量。空气侧测量的主要内容是测量表冷器前后的空气状态和空气量，据此即可求出表冷器的冷却能力 Q，即

$$Q=G(h_1-h_2)$$

式中 G——通过表冷器的风量，kg/s；

h_1、h_2——表冷器前后空气的焓值，kJ/kg。

水侧测定表冷器的冷量需测出水流量和进出口水温。水量测量可以采用流量计实现管内测量，也可采用容积法，即利用水池、水箱等容器测量水位的变化，进而测出水流量。水温测定应尽量使用高精度的测温仪表，以免在温升很小时，测温不准带来较大的误差。对于水侧，表冷器的冷却能力 Q 为：

$$Q=Wc(t_{w1}-t_{w2})$$

式中 W——通过表冷器的水量，kg/s；

c——水的定压比热，kJ/(kg·℃)；

t_{w1}，t_{w2}——表冷器进出口水温，℃。

三、室内空调效果的测定

空调效果的测定主要指工作区内空气温度（有时也需对相对湿度）、风速及洁净度的实际效果的测定。因此，这种检测一般在接近设计的条件下，系统正常运行，自动控制系统投入工作后进行。

（一）气流分布的测定

气流分布测定的主要任务是检测工作区内的气流流速是否满足设计要求，有时也对整个房间的射流流型进行测定。

对于舒适性空调来说，工作区内气流速度的测定主要在于检查是否超过规范或设计要求。如果某些局部区域风速过大，则应对风口的出流方向进行适当调整。对具有较高精度要求的恒温室或洁净室，则要求在工作区内划分若干横向或竖向测量断面，形成交叉网格，在每一交点处用风速仪和流向显示装置确定该点的风速和流向。根据测定对象的精度要求，工作区范围的大小以及气流分布的特点等，一般可取测点间的水平面间距为 0.5～2m，竖向间距为 0.5～1m。在有对气流流动产生重要影响的局部地点，可适当增加测点数。

空间的气流分布测定方法同上。测定的目的在于了解空间内射流的衰减过程、贴附情况、作用距离及室内涡流区的情况，从而检验设计的合理性。空间气流分布测定工作量很大，在无特殊要求时，只要工作区满足设计要求即可。气流分布的风速测量一般用热线或

热球风速仪，并可用气泡显示法、发烟法或简单地使用合成纤维丝逐点确定气流方向。

（二）工作区温、湿度分布的测定

工作区温、湿度分布的测点布置与气流分布的测点布置一致，所用仪器的精度应高于测定对象要求的控制精度。根据测定的结果检验工作区内的温度和相对湿度是否分别满足设计要求。

（三）工作区洁净度测定

超净空调系统中空气含尘浓度的测定应包括系统中各级过滤器效率、室内外空气含尘浓度的测定。

测定应在系统清扫干净和调整完毕并经渗漏检验和堵漏后，再连续运行一段时间后进行，一般常用尘埃粒子计数器测定。

送风含尘浓度应在送风口高效过滤器后测定；新风含尘浓度应在调试期间，选择最佳和最差的天气进行昼夜测定，记录下数据，绘出变化曲线。

室内空气含尘浓度的测定应在静态和动态条件下进行多点测量，测试结果乘以不同的系数，才是实际工作条件的含尘浓度。

第三节　中央空调风系统的调整

一、风量调整的步骤

空调系统调整风量的目的是使经空调机组处理的空气，能够按照设计要求沿着主干管、支干管及支管和送风口输送到各空调房间，为空调房间建立所需的温湿度环境提供重要保证。

对一个空调系统而言，送风机送出的总风量应沿着系统的干管、支管和各个送风口，按设计要求进行分配。因此，各个房间送风口实测风量的总和应等于送风量。回风机吸入的总回风量应等于各房间回风口实测风量之和。

对于空气处理机组而言，由机组处理后的风量应等于机组的回风量和新风量之和。

在风量的调整中，各房间全部送风口测得的风量之和与机组的送风机出口处测得的总风量之间，允许有±10％的偏差。

系统风量的测定与调整并无统一规定的程序。根据经验，建议按下列步骤进行：

1. 初测各干管、支干管、支管以及送回风口的风量。

2. 按设计要求调整各送、回风口的干管、支干管以及各送、回风口的风量。

3. 在送、回风系统进行风量调整时，应同时测定与调整新风量，检查系统新风比是否满足设计要求。

4. 按设计要求调整送风机的总风量。

5. 在系统风量达到平衡后，进一步调整送风机的总风量，使之满足空调系统的设计要求。

6. 经调整后，在各部分调节阀不变动的情况下，重新测定各处的风量，作为最后的实测风量。

7. 系统风量测定与调整完毕后，用红漆在所有的阀门把柄上作标记，并将阀门位置固定，不得随意变动。

二、风量调整的原理

空调系统的风量调整实质上是改变管路的阻力特性，使系统的总风量、新风量和回风量以及各支路的风量分配满足设计要求。空调系统的风量调整不能采用使个别风口满足设计风量要求的局部调整法。因为任何局部调整都会对整个系统的风量分配发生或大或小的影响。

由流体力学可知，风管的阻力近似与风量的平方成正比，即：

$$H=kL^2$$

式中 H——风管阻力损失；

L——风管中的风量；

k——风管阻力特性系数，取决于管道的几何尺寸和结构状况。

在图 10-7 所示的送风系统中，管段Ⅰ和管段Ⅱ为并联管段。而对于两个支路，则有：

$$H_1=k_1L_1^2$$

$$H_2=k_2L_2^2$$

式中 H_1、H_2——风管Ⅰ、Ⅱ阻力损失；

L_1、L_2——风管Ⅰ、Ⅱ的风量；

k_1、k_2——风管Ⅰ、Ⅱ的阻力特性系数。

由于两管段压力损失相同，$H_1=H_2$，故 $k_1L_1^2=k_2L_2^2$，所以：

$$\sqrt{\frac{k_1}{k_2}}=\frac{L_2}{L_1}$$

上述关系式不论总风量阀开大或关小都是存在的。只要不改变管段Ⅰ和管段Ⅱ的阻力特性，L_1/L_2的比例关系就不会变化。若两个风口设计的风量比是 $L_{01}/L_{02}=C$，则不论实测值是多少，只要通过调节三通调节阀，使两风口的风量比 $L_1/L_2=C$，然后再调整总风阀的开度，使系统的总风量等于设计总风量即可。

三、风量调整的方法

上述这种按比例调节的方法为更复杂的空调系统风量调整提供了有效的手段。下面以图 10-8 所示系统为例进一步说明按比例调节方法的应用。

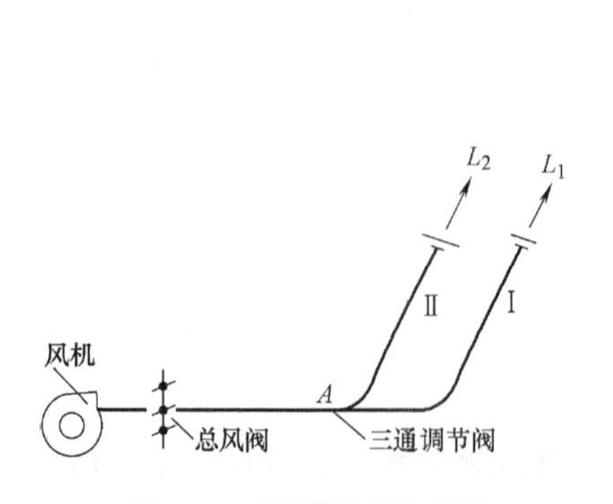

图 10-7 风量调节示意图

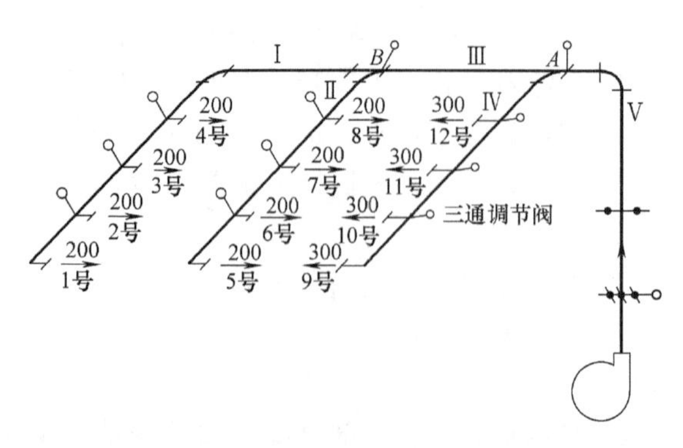

图 10-8 系统风量调整示意图

假定该系统除总风阀外在三通管 A、B 处及各风口分支管处，装有三通调节阀（也可用其他类型的调节阀）。风量调整前，三通阀位于中间位置，系统总阀门置于某一阀度。启动风机，初测各风口风量并计算与设计风量的比值，将初测与计算结果列于表 10-2。

系统风量的初测结果 **表 10-2**

风口编号	设计风量(m^3/h)	初测风量(m^3/h)	初测风量与设计风量之比(%)
1	200	160	80
2	200	180	90
3	200	220	110
4	200	250	115
5	200	190	95
6	200	210	105
7	200	230	115
8	200	240	120
9	300	240	80
10	300	270	90
11	300	330	110
12	300	360	120

分析表 10-2 的初测数据，发现该系统的风量分配此时是各支管的最远风口风量最小，同时支路间的风量分配是支路Ⅰ最小。由此，可采取以风口 1 为基准，将风口 2 的风量调整到与风口 1 相同，依次类推，将支管Ⅰ上各风口的风量分配先调整均匀。采取同样方法将支管Ⅱ上和支管Ⅳ上的风口调整到所要求的均匀度。然后以 1、5、9 风口为代表，依次调节 A、B 三通阀，使各支管的风量分配达到 2∶2∶3 的设计要求。这样风量分配调整即告完成，最后将总风阀调整到设计风量，则系统风量测定与调整即全部完成。

四、系统测试后存在的问题及改进

在对空调系统进行测定与调整的过程中，必然会发现系统中存在的问题，对此应根据情况进行详细分析并采取相应的改进方法。

（一）送风量设计不符合要求

送风量设计不符合要求可分为两种情况：实测风量大于设计风量和实测风量小于设计风量。

1. 实测风量大于设计风量

实测风量大于设计风量的原因有两个：(1) 系统风管的实际阻力小于设计阻力，造成送风机在比设计风压低的情况下运行，使送风量增加；(2) 设计时风机选择不合适，造成风量或风压偏大，使实际送风量偏大。

相应的解决方法是：(1) 改变风机转速，降低送风量；(2) 无条件改变风机转速时，可用风机入口调节阀调节，即用增加系统阻力的方法来降低送风量，这样做简单，但运行不经济。

2. 实测风量小于设计风量

实测风量小于设计风量的主要原因有三个：（1）系统的实际送风阻力大于设计阻力，造成风机在比设计风压高的情况下运行，风量减小；（2）风机本身质量不好或安装及运行不善造成风机转向不对、转速未达到设计要求等；（3）送风系统向外漏风。

相应的解决方法是：（1）在条件允许的情况下，应对系统中的局部构件进行改进，减小送风阻力；（2）若风机质量不好，造成风量与风压与铭牌不符，应调换风机；若转速不符，应检查连接皮带是否松动，并采取相应措施使转速达到要求。另外，应检查风机的转向是否正确，必要时应测定风机的输入功率，检查电机的运行是否正常；（3）对送风管及空调箱等空气处理装置进行认真检漏。对于空气处理室的检测门、检测孔的密封性做严格检漏。

（二）送风参数与设计工况不符

1. 送风参数与设计工况不符主要有以下原因：

（1）因热工计算有误造成所选择的空气处理设备的能力过大或过小。

（2）空气处理设备的质量不好或安装质量不良。

（3）冷热媒参数与流量不符合设计要求。

（4）空气冷却设备出口带水，如挡水板的过水量超过设计值，造成水分的二次蒸发，影响出口空气参数。

（5）送风机和管道的温升或温降超过设计值，影响送风温度。

（6）处于负压下的空气处理装置和回风管道漏风。

2. 相应的解决方法如下：

（1）空气处理设备的能力过大或过小可通过调节冷热媒的进口参数和流量来改变空气处理设备的能力，满足送风参数。但对于能力过小的设备，若调节冷热媒的进口参数和流量也不能解决问题，则应更换设备。

（2）当冷热媒参数与流量不符合设计要求时，应检查冷冻系统或热源系统的能力是否满足要求。另外，还应检查水泵系统的流量和扬程，冷热媒管道的保温措施及管道有无堵塞，并应采取相应的措施。

（3）空气冷却设备出口带水，若为表冷器可在其后面加挡水板。对于喷水室，除了要求挡水板有良好的挡水效果以外，还应检查挡水板是否插入池底，挡水板与空调箱之间是否漏风。

（4）风机的温升过大可能是由于风机的运行风压超过设计要求造成的，可通过降低管道的阻力等措施来降低风机风压。管道的温升或温降过大时应检查管道的保温措施是否满足设计要求，并进一步改进。

（5）采取措施避免系统的漏风。

（三）室内空气参数不符合设计要求

1. 室内空气参数不符合设计要求可能有以下几种情况：

（1）实际的热湿负荷与设计负荷有出入或送风参数不满足设计要求。

（2）室内气流速度超过允许值。

（3）室内空气质量和洁净度不符合环境标准要求。

2. 相应的解决方法：

（1）若送风参数不满足设计要求，则首先解决送风参数方面存在的问题。若送风参数满足设计要求，则可根据通风机及空气处理设备的能力来改变送风量和送风参数，以满足要求。若条件允许，就可采取措施减少建筑围护结构的传热量及室内产生的热量，也可对建筑物加设保温层，对玻璃窗设遮阳措施等，还应尽量减少室内设备的散热，排除室内局部产生的热量。

（2）室内气流速度超过允许值一般是由于送风口速度过大或系统总风量过大。可通过增大送风口面积、改变风口形式的方法加以解决。对于总风量过大的情况，应在满足室内换气次数的前提下减少送风量。

（3）空气质量不符合室内环境标准要求的主要原因是新风量不足或室内人员超过设计人数，可通过增加新风量的方法解决。

洁净度不符合室内环境标准要求的主要原因是过滤器效率不高，施工安装质量不好以及运行管理不善和室内生产工艺流程与设计不符。解决方法应首先提高过滤效率，或更换过滤器。对于施工安装质量不好的地方应采取措施加以改进，还可增加室内换气次数和增加室内正压值。要完善运行管理，使生产工艺流程满足设计要求。

第四节　中央空调风系统的使用与操作

风系统的运行正常与否，不仅直接影响空调系统能否达到空调房间设计要求的各种技术指标，而且对运行费用也有很大的影响。空调系统运行正常，就能既满空调房间的各种技术指标，又能节省运行费用，所以空调系统的正确使用与良好的维护是一个细致、复杂的工作。

一、风系统启动前的准备工作

风系统启动前的准备工作主要有以下几点：

1. 检查电机、风机、电加热器、水泵、表冷器或喷水室、供热设备及自动控制系统等，确认其技术状态良好。

2. 检查各管路系统连接处的紧固、严密程度，不允许有松动、泄漏现象。

3. 对空调系统中有关运转设备（如风机、喷水泵、回水泵等），应检查各轴承的供油情况。若发现有亏油现象应及时加油。

4. 根据室外空气状态参数和室内空气状态参数的要求，调整好温度、湿度等自动控制空气参数装置的设定值、偏差值。

5. 检查供配电系统，保证按设备要求正确供电。

6. 检查各种安全保护装置的工作设定值是否在要求的范围内。

二、风系统的启动

空调系统的启动就是启动风机、水泵、电加热器和空调系统的其他辅助设备，使空调系统运行，开始向空调房间送风。启动前，要根据冬、夏季节的不同特点，确定启动方法。

夏季时，空调系统应首先启动风机，然后再启动其他设备。为防止风机启动时其电机超负荷，在启动风机前，最好先关闭风道阀门，待风机运行起来后再逐步开启。在启动过程中，只有一台风机电机运行速度正常后才能启动另一台，以防供电线路因启动电流太大而跳闸。风机启动的顺序是先开送风机，后开回风机，以防空调房间内出现负压。风机启动完毕后，再开其他设备。全部设备启动完毕后，应仔细巡视一次，观察各种设备运转是否正常。

冬季时，空调系统启动时应先开启蒸汽引入阀或热水阀，接通加热器，然后再开启风机，最后开启加湿器以及泄水阀和蒸汽凝水阀。

三、风系统的运行管理

空调系统启动完毕后便投入运行，值班人员应忠于职守，认真负责，勤巡视、勤检查、勤调节，并根据外界条件的变化随时调整运行方案。要随时注意控制仪表盘上各仪表及电脑显示屏上的参数变化情况，并按规定时间做好运行记录，读数要准确，填写要清楚，对空调运行记录表中各种参数要逐一填写清楚。填写数据时，写错了只能重写，不允许涂改。应对刚维修过的设备加强运行监测，掌握其运转情况，发现问题应及时处理，重大问题应立即报告。

空调系统进入正常运行状态后，应按时进行下列项目的巡视。

1. 动力设备的运行情况，包括风机、水泵、电动机的振动、润滑、传动、负荷电流、转速、声响等。

2. 喷水室、加热器、表冷器、蒸汽加湿器等运行情况。

3. 空气过滤器的工作状态（是否过脏）。

4. 空调系统冷热源的供应情况。

5. 制冷系统运行情况，包括制冷机、冷媒水泵、冷却水泵、冷却塔及油泵等运行情况和冷却水温度、冷水温度等。

6. 空调运行中采用的调节方案是否合理，系统中各有关调节执行机构是否正常。

7. 控制系统中各有关调节器、执行机构是否有异常现象。

8. 使用电加热器的空调系统，应注意电气保护装置是否可靠，动作是否灵活。

9. 空调处理装置及风路系统是否有泄漏现象。对于吸入式空调系统，尤其应注意处于负压区的空气处理部分的漏风。

10. 空调处理装置内部积水、排水情况，喷水室系统中是否有泄漏、不畅现象。

对上述各项巡视内容，若发现异常应及时采取必要的措施进行处理，以保证空调系统正常工作。

空调系统运行管理中很重要的一环是运行调节。在空调系统运行中进行调节的主要内容有：

采用手动控制的加热器，应根据被加热后空气温度与要求的偏差进行调节，使其达到设计参数要求。

对于变风量空调系统，在冬夏季运行方案转换时，应及时对末端装置和控制系统中冬夏季转换开关进行运行方式转换。

采用露点温度控制的空调系统，应根据室外空气条件，对所供水温、水压、水量、喷淋排数进行调节。

根据运行工况，结合空调房间室内外空气参数情况，应适当进行运行工况的转换，同时确定出运行中供热、供冷的时间。

对于既采用蒸汽、热水加热又采用电加热器作为补充热源的空调系统，应尽量减少电加热器的使用时间，多使用蒸汽和热水加热装置进行调节，这样既降低了运行费用，又减少了由于电加热器长时间运行引发事故的可能性。

根据空调房间内空气参数的实际情况，在允许的情况下，应尽量减少排风量，以减少空调系统的能量损失。

在满足空调房间工艺条件的前提下，应尽量降低室内的正压值，以减少室内空气向外的渗漏量，达到节省空调系统能耗的目的。

空调系统在运行中，应尽可能地利用天然冷源，降低系统的运行成本。在冬季和夏季时，可采用最小新风比运行方式，而在过渡季节中，当室外新风状态接近送风状态点时，应尽量用最大新风比或全部新风的运行方式，减少运行费用。

四、空调系统的停机

空调系统的停机分为正常停机和事故停机两种情况。

空调系统正常停机的操作要求是接到停机指令或达到停机时间时，应首先停止制冷装置的运行或切断空调系统的冷热源供应，然后再停空调系统中的送风机、回风机、排风机。若空调房间内有正压要求时，系统中风机的停机顺序应为：排风机、回风机、送风机；若空调房间内有负压要求时，则系统中风机的停机顺序应为：送风机、回风机、排风机。待风机停止操作完毕之后，用手动或采用自动方式关闭系统中的风机负荷阀、新风阀、回风阀、一二次回风阀、排风阀及加热器、加湿器调节阀和冷媒水调节阀等阀门，最后切断空调系统的总电源。

空调系统运行过程中若电力供应系统或控制系统偶然发生故障，为保护整个系统的安全需要做出紧急停机处置，紧急停机又叫事故停机，其操作方法是：

1. 电力供应系统发生故障时的停机操作：迅速切断冷、热源的供应，然后切断空调系统的电源开关。待电力系统故障排除，正常恢复供电后再按正常停机程序关闭所有阀门后，检查空调系统中有关设备及其控制系统，确认无异常后再按启动程序启动运行。

2. 空调系统设备发生故障时的停机操作：在空调系统运行过程中，若由于风机及其拖动电机发生故障，或由于加热器、表冷器以及冷热源输送管道突然发生破裂而产生大量蒸汽或水外漏，或由于控制系统中调节器、调节执行机构（如加湿器调节阀、加热器调节阀、表冷器冷媒水调节阀等）突然发生故障，不能关闭或关闭不严或者无法打开时，使系统无法正常工作或危及运行和空调房间安全时，应首先切断冷热源的供应，然后按正常停机操作方法使系统停止运行。

若在空调系统运行过程中，报警装置发出火灾报警信号，值班人员应迅速判断出发生火灾的部位，立即停止有关风机的运行，并向有关单位报警。为防止意外，在灭火过程中按正常停机操作方法，使空调系统停止工作。

五、空调系统运行中的正常交接班制度

由于空调系统是一个需要连续运行的系统，因此搞好交接班是保障空调系统安全的一

项重要措施。空调系统交接班制度应包括以下内容：

1. 接班人员应按时到岗。若接班人员因故没能准时接班，交班人员不得离开工作岗位，应向主管领导汇报，有人接班后，方准离开。

2. 交班人员应如实向接班人员说明以下内容：

（1）设备运行情况；

（2）各系统的运行参数；

（3）冷热源的供应和电力供应情况；

（4）当班运行中所发生的异常情况的原因及处理结果；

（5）空调系统中有关设备、供水、供热管道及各种调节阀、执行器、各仪器仪表的运行情况；

（6）运行中遗留的问题，需下一班次处理的事项；

（7）上级的有关指示，生产调度情况等。

3. 值班人员交班时，若有需要及时处理或正在处理的运行事故，必须在事故处理结束后方可交班。

4. 接班人员在接班时除应向交班人员了解系统运行的各参数外，应对交班中的疑点问题弄清楚，方可接班。

5. 如果接班人员没有认真检查和询问了解情况而盲目地接班，发现上一班次出现的所有问题（包括事故）均由接班者负全部责任。

第十一章　中央空调风系统的污染与维护保养

第一节　中央空调风系统污染

中央空调的通风管道在运行过程中，由于是依靠风道及出风口将处理后的空气送入房间的，风道属密闭空间，而室外空气中各类悬浮颗粒物不能完全被空调过滤装置所阻隔，因此微细灰尘便进入风道粘附在风道内壁上，加之大多数风道狭小，日积月累便形成大量沉积，极易滋生各类有害微生物，如：病毒、细菌、真菌、军团菌、冠状病毒等，而这些细菌给处于空调房间工作和生活的人们的健康带来极大的威胁。

一、中央空调风系统污染物来源

中央空调风系统污染物的来源包括中央空调系统内部和外部来源，外部来源又可细分为室内和室外来源。来自室内和室外空气中的一些污染物通过中央空调系统时，能被中央空调系统全部或部分截留。被中央空调系统截留的污染物的分布与污染物的种类和空调通风系统的部位有关。表 11-1 列出了中央空调通风系统中常见污染物的来源、分布和种类。

生物性污染是中央空调系统中十分普遍的严重问题。从表 11-1 可以看出，在中央空调通风系统中的很多部位，均存在着生物性污染。

中央空调通风系统中常见污染物的来源、分布和种类　　表 11-1

污染物来源	污染物分布	污染物的种类
中央空调系统内部	新风口	细菌、真菌、纤维、昆虫、动物残骸、沙尘
	过滤器	细菌、真菌、螨虫、$MVOC_S$、粉尘
	送风、回风风机	渗风带来的各种污染物
	通风管道	纤维、粉尘、细菌、真菌、螨虫、$MVOC_S$
	空气分布系统	纤维、$MVOC_S$
	回风静压室	渗风带来的各种污染物
	静电式空气净化器	臭氧、粉尘
中央空调系统外部（室内）	人类	灰尘、纤维、细菌、VOC_S、CO、CO_2
	动物	细菌、灰尘、寄生虫、CO_2、氨
	室内装修和建筑材料	真菌、石棉、纤维、氡、VOC_S
	家具	氨、VOC_S
	复印机、打字机	臭氧、墨粉、VOC_S
	家用化学品	重金属微粒、VOC_S
中央空调系统外部（室外）	室外空气	粉尘、花粉、细菌、真菌、CO、CO_2、VOC_S
	汽车尾气	有机物、硫氧化物、氮氧化物、CO
	工业废气	臭氧

二、中央空调风系统污染的成因

（一）通风管道

通风管道的微风速使得一些污染物容易聚集在其中，如图 11-1 所示。同时，空调管道中的适宜温度和聚集的尘埃为微生物提供了一个良好的生存环境。

图 11-1 通风管道的内部集尘

因此，在中央空调通风管道里容易滋生一些微生物，如螨虫、细菌、真菌、病毒和昆虫。当中央空调系统启动时，由于受到送风机运行引起的振动作用，残留在管道中的灰尘和生物会被气流卷起，以气溶胶的形式被气流携带到空调房间里，造成严重的室内空气污染。为了防止空调风道造成的室内空气污染，必须定期和及时地清洗中央空调通风管道。中央空调风道的清洗与保养方法详见本章第二节。

通风管道主要分为新风管道、回风管道和送风管道。风管污染状况与通风管道的位置和形状有关。微小的沙粒、羽毛、树叶、微生物等会随进风一起被吸入到新风管道内，在风管底部、内壁上沉积。当新风口的位置设置不当时，会加重新风管道的污染。譬如，当新风口设置在污染物发生较多的场所附近时，有的污染物就会积累在新风管道内壁上。

回风口一般不设过滤器。室内空气中的粉尘、纤维、微生物等直接随着回风进入回风管道，地毯、纸张等纤维和粉尘呈棉絮状大量附着，沉积在回风管道内壁，污染一般要比送风管道严重。没有被过滤器过滤掉的粉尘和微生物在送风管道内来回碰撞，附着和积累在管道内。送风管道内常见的污染物包含粉尘、铁锈、玻璃纤维、微生物。管道底部、弯头、变径等气流紊乱的部位更容易被污染。由于粉尘压缩后保湿性提高和带有营养成分，积尘中的微生物就有可能在其中生长繁殖。

通风管道内生物性污染对室内空气影响，除了生物本身产生的污染之外，还包括生物在繁殖时产生的副产物（臭气）和生物性可挥发性有机物。空调风管污染状况受到许多国家的重视。香板雄太郎等人指出，空调机检查口、管道闸门等打开或者关闭时会引起气流紊乱，此时在空调送风口可检测出高浓度的真菌和细菌。小竹真一郎对空调风管真菌污染进行过调查：空调启动时，在送风口检测出许多真菌。Yang. C. S. 为了解大楼空调风管内真菌污染现状，调查了 1200 个风管，结果表明风管内真菌污染相当严重。大炯何彦等也对大楼空调风管进行了大量的调查，收集了 110 个风管内粉尘和 5000 个真菌。回风管道内粉尘中的细菌量、真菌量与送风管道相比要高 5～10 倍。送风口的粉尘有随建筑物使用年限的增加而增加的趋势。

山崎省二等人对空调风管清洗前后的管道中微生物量和室内空气中微生物量的关系进行了调查。结果表明在 6 个大楼里，风管清洗前，当空调机启动、停止检查口开关时，室内空气中的细菌和真菌浓度上升。空调机停止运转时细菌浓度有升有降，但真菌的浓度不变。细菌浓度上升的原因在于室内空气中的细菌浓度还受到房间内人的活动影响。风管清洗后，细菌、真菌的浓度都下降，也不受空调机的开、关影响。松田惠美子等人也对空调风管中的真菌问题进行过调查，当风管风速增加时，管道内真菌量增加。管原文子等人的调查结果是：风管中释放出的真菌和室内空气中的真菌浓度几乎一致。这些研究表明，室内空气中的真菌浓度与通风管道有密切的关系。

（二）冷却盘管

空气处理设备的某些部位以及风机盘管都配有凝水盘，用于收集冷凝水并将其排入下水系统。

当冷凝排水管和凝水管排水不畅，或灰尘的积聚造成堵塞时就会在其中积水，为微生物的生长、繁殖创造良好的环境。特别是当空气过滤系统效率降低或维护清洁不善时，这种高湿的环境，使进入冷却盘管的灰尘和微生物粘附在积聚于盘管表面的水滴上，然后进入排水管和凝水盘的积水中。

灰尘为微生物生长提供了营养物质，加上潮湿的环境和适宜的温度，使得微生物能够大量繁殖。从冷却盘管检出的高浓度的微生物有青霉、枝孢菌、曲霉等，当空调机组终止运行时，随着机组温度的逐渐升高，更为微生物的迅速、大量繁殖创造了良好的环境。当机组再次启动时，大量繁殖的细菌、霉菌等微生物，以及微生物大量繁殖时生成的气体与空气中的水滴一起分散成气溶胶，随着送风气流进入空调房间，造成室内空气的微生物污染。

在有水残留的冷却盘管表面，也与排水管和凝水管一样，可能成为微生物生长繁殖的地方。

（三）热交换盘管

热交换盘管中的微生物生长繁殖的原因和上述冷却盘管类似。由于热交换盘管、肋片及其周围部分滞留的凝结水慢慢蒸发形成盘管四周的高温条件，从而成为适合微生物繁殖的环境，微生物繁殖时产生的大量气体由于系统启动而突然释放出来，成为恶臭之源。由于新风带来并沉积下来的大量尘埃不仅携带了微生物，还为微生物生长繁殖提供了不可缺少的营养条件。当空调通风系统启动时，室内粉尘浓度、细菌浓度和臭味反而增加。

（四）新风口

新风口是空调系统采集新鲜空气的部位，新风口位置设置不当时，容易吸入高浓度的污染物。譬如，当新风口设置在工厂、停车场、垃圾站等发生较多污染物的场所附近时，室外空气中污染物浓度可能超过室内空气污染物浓度。在此情况下，新风的补充不仅达不到“新鲜”室内空气的目的，反而“老化”、“恶化”室内空气。

如果新风口在冷却塔附近，冷却塔生成的致病微生物气溶胶就可能由新风口进入空调风管系统，最终进入室内。这时的空调系统实际上成了污染物的传输渠道。

新风口设置的格栅能够阻挡较大的污染物，否则会有更多的污染物，甚至有一些动物进入空调通风系统。

（五）加湿器

加湿器的作用是增加空气中的湿度，以提高呼吸道的舒适性。有人认为室内空气保持一定的湿度，对防止感冒等病毒感染也会有帮助。

加湿器有两种类型：一种是绝热加湿器，另一种是等温加湿器。在绝热加湿过程中，体系与外部环境之间不发生热交换，空气的显热被转化为水的汽化热，由于绝热加湿器内外之间没有直接接触，即使加湿器内部微生物大量生长，也不会污染空调系统。在等温加湿过程中，系统与外部环境之间发生热交换，来自系统内部的水蒸气被加入到空气流中，因此，一旦等温加湿器系统内部受到微生物的污染，加湿器中的微生物很可能随着蒸汽以气溶胶的形式扩散到空调送风中。

日本在 20 世纪 80 年代就发生了由于办公室和家庭空调系统加湿器细菌污染而引发的过敏性肺炎，也被称为空调病或加湿器肺炎。当时加湿器的问题引起了社会的很大关注。其后，在山口县进行的一项调查表明，在家庭普及的超声波加湿器普遍存在着细菌污染问题。

在加湿器中繁殖的细菌多数是弱致病性病原菌，但绿脓杆菌和革兰氏阴性菌很适宜在加湿器的水槽中生长，是影响人体健康的潜在危害因素。有报告指出，在加湿器中的嗜肺军团菌的浓度为 100～1000cfu/mL，假单胞菌的浓度为 480～12000cfu/mL。在加湿器内生长和繁殖的非致病性细菌达到一定浓度时，就可能引起过敏性的疾病，如“加湿器热”，或者使免疫力低的人和新生儿诱发其他疾病。

由此可见，如果中央空调系统的加湿器中水量足够多而没有及时更换时，或者加湿器里没有杀菌装置，来自加湿器的大量细菌便以气溶胶形式随空调送风加入空调房间成为“加湿器热”的诱导。

（六）过滤器

空气过滤器主要是通过物理阻断来过滤出气流中的颗粒物。

过滤器按有效过滤粒径和过滤效率分为粗效、中效、高中效、亚高效和高效五类。粗效过滤器可过滤粒径大于 5μm 的微粒。通常在中央空调系统中使用的是粗效过滤器。粗效过滤器多采用玻璃纤维、人造纤维、金属丝网及粗孔聚氨酯泡沫塑料。过滤器长期使用后，玻璃纤维可能脱落并随着送风进入空调房间。长期没有清洗的过滤器会积累大量的灰尘，增加空调系统的阻力，造成风量不足。在积尘中的细菌、真菌等可利用灰尘中的有机物等营养物而长期生存甚至繁殖并穿过过滤器。已有一些报告指出，在过滤器的积尘中有青霉素等微生物。如果过滤器发生破损，过滤器截留的积尘会以相当高的浓度随送风进入室内。

（七）空气净化器

近年来，用于空调系统的空气净化器的研究正在受到重视。这些净化器采用的技术有生物高效杀菌、过滤、光催化、臭氧、紫外线等。空气净化器在空气净化过程中有可能截留或积累污染物，若不能得到及时和适当的清洗，也会成为污染源。有些空气净化器本身，由于技术、操作等问题也造成污染，如利用臭氧的空气净化器。臭氧是一种强氧化剂，是高效杀菌剂，臭氧的强氧化性也会伤害人体健康。使用臭氧净化器时，臭氧浓度必须严格控制在一定的范围以内，但由于臭氧浓度的测定及消除过量臭氧量方面的难点，如何在空调系统中有效地控制臭氧浓度至今仍然是难题。

（八）新风量

当人们长期生活、工作在封闭的空调房间里时，可能导致室内的一氧化碳、二氧化碳、可吸入颗粒物、挥发性有机化合物等污染物浓度增加，室内空气质量恶化。人在这样的环境中会引起烦闷、头痛、乏力、易患感冒、注意力分散、容易疲劳等不良反应。

补充新鲜空气量是稀释室内空气污染物浓度、改善室内空气质量的简单而重要的手段。采用封闭式中央空调，由于无室外空气补充，容易引起室内空气污染物积蓄问题。有新风的中央空调，也可能因设计不当或管理不善而造成新鲜空气量不足。从一项关于不良建筑综合症原因的调查结果来看，通风不良、送入新鲜空气不足和效果不好占 50%～52%。可见新风量对室内空气质量是相当重要的。

三、中央空调风系统污染的危害

中央空调风道不及时清洗会造成以下一些危害：

（一）空气置换效果差

目前，城市里中央空调的使用日渐普遍，然而，在使用中央空调环境下，大多数均为封闭、半封闭空间，室内空气循环利用，空气的清洁度依靠空调本身的过滤和定时输送适量新风来维持。因此，相对于室外空气来讲，新鲜度较为浑浊。

（二）滋生细菌、传播疾病

许多中央空调长期不清洗，这就为各种病菌、传染病提供了滋生的条件。由于中央空调是依靠风道及出风口将处理后的空气送入房间内，风道属密闭空间，而室外空气中各类悬浮颗粒物不能完全被空调过滤装置所阻隔，因此，微细灰尘便进入风道粘附在风道内壁上，加之大多数风道狭小，日积月累便形成大量积尘，而积尘极易滋生各类有害微生物，如病毒、细菌、内霉素、真菌、军团菌、冠状病毒等。

由于风道大多数布置于楼宇吊顶内，加之风道内温度、湿度较为适宜，因此常常成为寄生动物和昆虫的活动空间（如老鼠、蟑螂等）。

（三）风阻加大，增加能源消耗

空气在风道内流动时，由于粘附物和气流的相对运动产生了内摩擦，空气在风道内运动过程中，就要克服这些阻力而消耗能量，随着时间的推移和设备使用年限的增加，风道表面会附着大量的灰尘。这使边壁形成的边界层发生破坏，即破坏了流体在风道内的层流状态，从而形成了湍流，增加了内摩擦力，使风力受阻，风机的负荷加大，机组的使用效率下降，使设备使用寿命降低，增加能源的消耗。

第二节　中央空调风道清洗与保养

中央空调运行一段时间后，由于在使用过程中受各种环境的影响，风管中会积存尘埃、细菌、真菌等微生物、总挥发性有机化合物和臭气等。这些风管内污染物会影响人的健康、造成精密机器发生故障、污染商品、降低空调的效率。通过风管的清扫、检查、维护和管理，能够提高风管性能，因此，要定期对空调系统的风道进行清扫。

一、风道清洗方法及作业程序

（一）风道清扫设备

专用空调系统的风道清扫设备主要有：机器人检查器、清扫设备控制系统、灰尘收集器等。

1. 机器人检查器

机器人检查器包括四轮驱动系统、彩色监视拍摄系统、多方向电控系统、彩色图像系统、记录系统、灯光系统、UL 认定等。

2. 清扫设备控制系统

（1）电控旋转刷系统可实现正反操作，带动 8～18 英寸清洗刷进行风道内部的清洗。

（2）自动和手动气动式水平和垂直旋转刷系统，可通过改变速度以适应小风道内部的清洗要求，也可以通过改变方向以改进清洗质量。

（3）多位置导向系统，带 10～30 英寸的刷子单元。

（4）圆气带，用于清扫时造成的真空。

3. 灰尘收集器

用以进入风道系统内部，进而起到移动、清洗、除臭和消毒风道系统的作用。

为保证清洗效果，一般专用空调系统风道清扫设备还配有专用化学清洗剂。

（二）风道清洗的方法

清扫风道的方法是：打开风道的检查口或拆除送风口，进入风道内进行清理或擦洗，也可以使用吸尘器进行清理。若风道无法进入，在条件允许的情况下，可将风道逐段拆下，清理后再重新装回。若风道尺寸较小，无法进入或不易拆卸清洗，则可采用专用空调系统风道清扫设备进行清洗。

1. 主风管路的清洗

中央空调通风系统由新风机组、新风管路、送风管路、回风管路四大部分组成。新风管路内部的清洗是一项十分细致的工作，必须彻底清洗干净。因为新鲜空气最终是通过这里送入室内的，机器人在监控摄像机的监控下，对风管四壁的情况一目了然，气动刷对四壁的灰尘进行往返的洗刷，吸力强大的吸尘设备在风管的指定位置把清洗下的灰尘吸入到集尘袋中，并保证清洗期间风管持续处于负压状态。为了保证所清洗的风管持续处于负压状态，有效防止灰尘外泄，与清洗无关的管路和风口要采取一定的措施进行封堵处理。在风管中有时会有一些建筑垃圾，如砖块、隔热海绵等，在使用机器人对通风管道监测录像时就会发现，这时要采用一些特殊的工具安装在机器人上，把这些物体清理出来。如果遇到特大物体，则另开孔取出。所有操作都必须现场记录，对清除的灰尘和异物应编号、登记、妥善保存。图 11-2 是主风管清理示意图。

2. 回风管路清洗

回风管路是整个中央空调通风系统中污染最严重的地方，灰尘量大大超标，清洗工作量也成倍增加。清洗方法和主风管路的清洗一样。

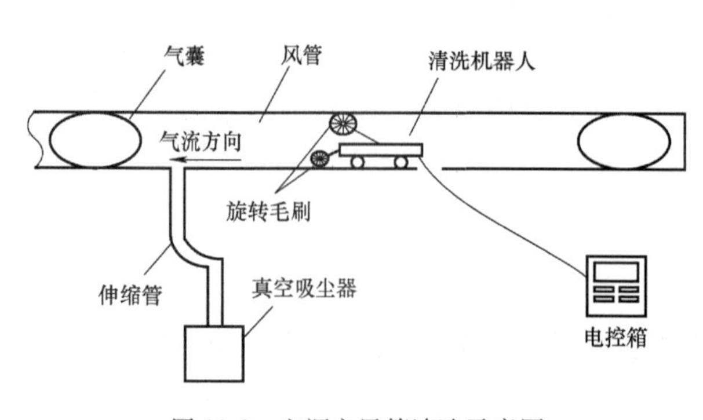

图 11-2　空调主风管清洗示意图

3. 新风机组的上端清洗

新风机组的上端有风管的阻风门和消声器，积尘量也很大，可使用软轴驱动电动刷进行清洗，用大功率吸尘器过滤除尘。

4. 不同管径风管的清洗方法

（1）小于 300mm 管道的清洗。此类管道可采用快速气动清洗器进行清洗，一般可以在5min内清洗30m管道，其中包括200mm×300mm的矩形管道清洗。

（2）大管径管道的清洗。对大管径管道，应使用机器人的加长臂，并安装上气动刷进行清洗。所用的气动刷要根据图纸中不同尺寸的管道内径选用相应尺寸的气动刷进行清洗。

5. 不同形状的风管清洗方法

风管的形状有矩形、圆形，清洗机器人由相应的气动发动机配合相应的刷子进行清洗，矩形气动发动机的工作刷子运动方向是纵向的，圆形发动机的工作刷子运动方向是径向的。根据现场的实际情况选用不同的气动发动机。

6. 不同方向的风管清洗方法

对于垂直管一般采用SQD气动刷进行清洗，该设备是为清洁较大尺寸、垂直的矩形和圆形管道而设计的。施工时从上到下清洁垂直管道，末端用大功率的吸尘器过滤除尘，一般清洗长度为30m，采用一定措施后最长可清洗60m。

7. 其他部位的清洗方法

对于风口、支管、消声器、风门等采用单人操作的软轴驱动电动刷进行清洗，可以达到预期的清洗效果。

（三）使用专用风道清扫设备的清洗作业程序

图11-3所示使用专用空调系统风道清扫设备的清扫作业程序为：

1. 在风道中设置风喉，堵住风道的出口，以便扫除标记以外部分的灰尘。

2. 在清洗机器人上安装一个适宜的刷子。

3. 当进行清洗时，清洗机器人的刷子刷下来的灰尘在灰尘收集器的作用下，被收集到灰尘收集器的箱体内部。

4. 当清洗达到要求后，向风道内喷洒专用化学清洗剂。

5. 移动清洗设备准备进行下一阶段的清洗。

6. 清洗结束后装回拆卸下来的风道板、风门等部件，封好风道口，清理干净工作场地。

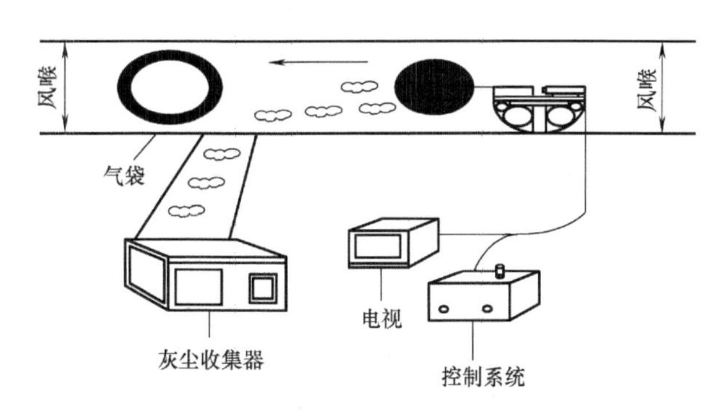

图11-3　风道清扫设备使用的基本程序

二、高压空气走行机清扫风管系统

（一）高压空气走行机

高压空气走行机如图11-4所示，它由空气软管（轻、薄、7kg/cm^2）和带有V形旋

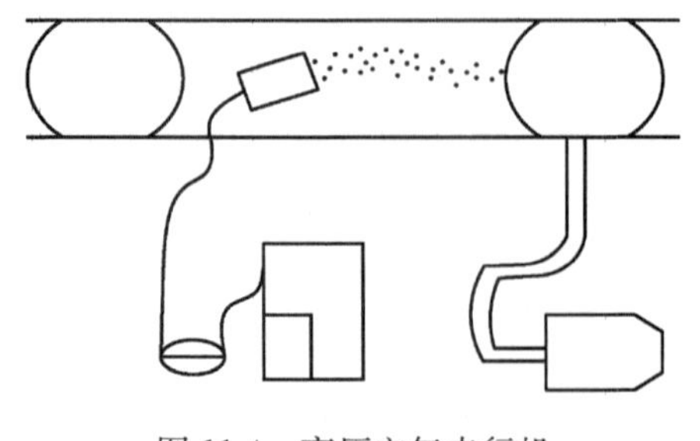

图 11-4　高压空气走行机

转刷子的空气走行机组成，走行机在高压空气喷射力的反作用力下前进。与此同时，前端 V 形刷子在高压空气的作用下高速旋转。高压空气走行机的高速旋转刷子和高压空气喷射器的喷射通过电动控制器的操作在喷射空气的作用下，在风管内前进、后退、跳跃，前端的 V 形刷子和喷射飞弹能够进入到风管内的任何角落，因此，不论什么形状的风管（圆风管，小口径风管，凹凸、弯曲、分支、垂直风管，新型螺纹风管，整流板等），它都能彻底地进行清扫。此外，由于高压空气喷向后方，因此，剥离的尘埃不会下沉，处于浮游状态送至后方，很容易被吸尘器回收。

（二）高压空气走行机清扫方法

高压空气走行机清扫方法如图 11-5 所示。从清扫风管用的开孔部，将 USAR（超小型空气行走机）插入风管内，朝向风管的末端逆喷射，高速旋转刷子清扫全部风管，在剥离堆积尘埃时前进。通过走行旋转刷子和空气喷嘴逆喷射剥离的尘埃回收到大型吸尘器内，能彻底地将堆积在风管内四壁（包括整流板、凹凸、弯曲等部分）的尘埃剥离清扫出来。清扫作业效果高、成本低、速度快，而且还能进行全面的清扫。

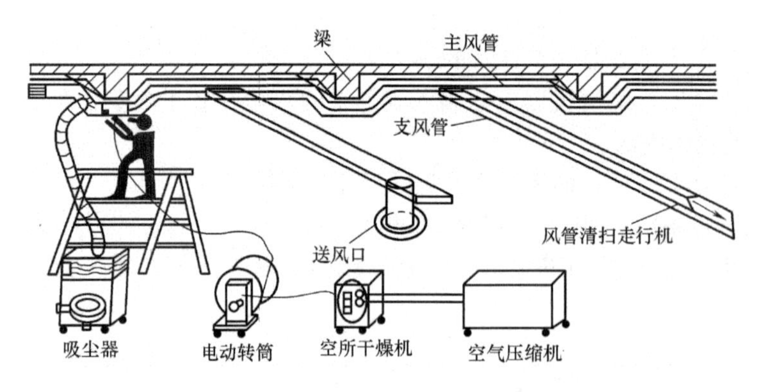

图 11-5　高压空气走行机清扫方法

三、阿塔卡风管清扫系统

（一）清扫方法

阿塔卡风管清扫系统由超小型走行机清扫诊断装置、走行机和空气活动臂组成的清扫系统。清扫方式有以下两种：

1. 吸引方式。在接近空调机的地方安装吸尘器，通过安装在走行机上的空气喷嘴吹出空气，通过空气活动臂敲打风管，之后，用吸尘器回收飞散的尘埃，如图 11-6 所示。

2. 送风方式。空调机运行，通过安装在送风口的乙烯塑料管回收尘埃。

（二）吸引方式的清扫要领

1. 保护。为了防尘，用乙烯塑料布将房间的所有设备、备件等全面覆盖。将所有送风口、回风口（散流器、VHS、HS 和 BL）的装置取出，用乙烯板等盖住送风口、回风

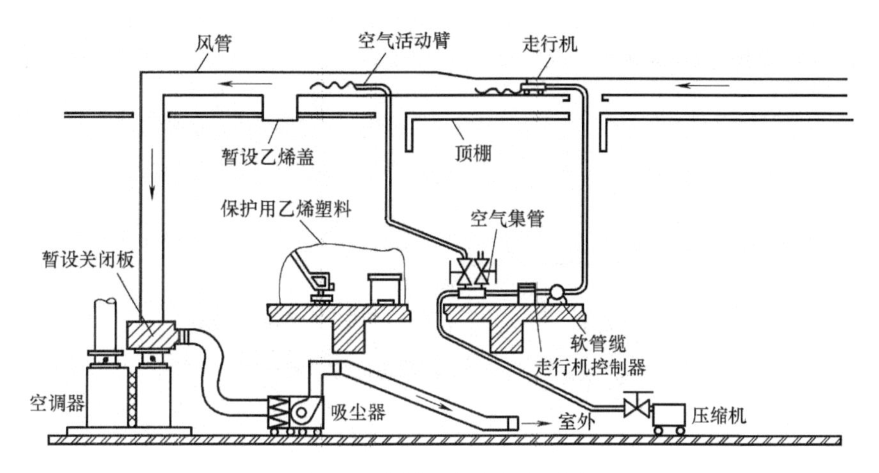

图 11-6　阿塔卡风管清扫系统

口口部，并用密封带从四面密闭。但有一个口打开，取出的装置用洗净液洗净。

2. 设置清扫位置。了解风管的布置状况后，利用顶棚检查口（必要时设置相应的顶棚检查口）进入顶棚内，之后，在风管上打开 40mm 或 200～400mm 长的开口。

3. 清扫方法。在空调机附近的风管上连接吸尘器。运行吸尘器，从末端将走行机和空气活动臂插入到风管内，压缩机产生的高压空气以大的风速强力地敲打风管内部，吸尘器回收飞散的尘埃。

4. 确认清扫前、后的状况。从清扫用开口部插入并运动走行机，摄录清洗前、后的状况并录制在录像带上，同时还在一个固定的风管开口部，用照相机摄制清扫前、后的状况。

5. 恢复。用新的风管材料张贴在风管开口部，并密封，整直和张贴密封胶带，恢复风管性能。安装送风口、回风口装置。确认空调机运行后有无异常现象，撤去保护塑料后，清扫室内。

6. 编制报告。报告内容一般含清扫法的概要，清扫工作状况和清扫前、后的照片，检查尘埃的细菌和真菌情况以及走行机摄录的录像带等内容。

四、高压水喷雾风管内油污清扫法

在工厂局部排风管和厨房排风管内吸入了含油分较多的空气时，在风管内的尘埃和油堆积成油脂状。水洗方法能有效地清扫油污的风管。

水洗方法指的是，首先用清洗剂清洗粘附在风管内表面的油污，之后，用喷雾水流吹起的污垢和洗净水一起被回收到吸引车内。这种方法不用分解风管，也不用錾凿操作，效率高，节省人力。

标准的风管水洗方法按下列顺序进行：

1. 通过吸引软管将吸引车与风管低方向的末端相连，清洗过程中，一直连续吸引，使风管内风压为 2000～3000Pa 的负压，如图 11-7 所示。

2. 喷雾清洗剂的喷嘴从风管高方向的端部逐渐向低方向移动，均匀地以 3MPa 的压力喷雾烧碱类清洗剂，使清洗剂充分地浸透到油污的内部。

3. 在充分软化了油污之后，使用洗净用的特殊喷嘴，以 5MPa 的压力喷射水或热水，剥离除去油污，见图 11-8 和图 11-9。

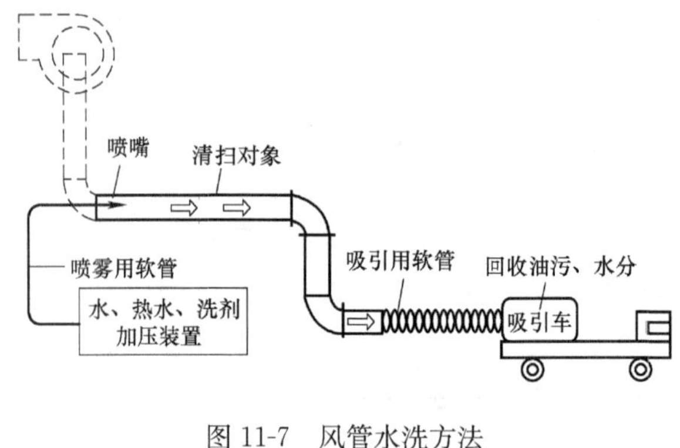

图 11-7　风管水洗方法

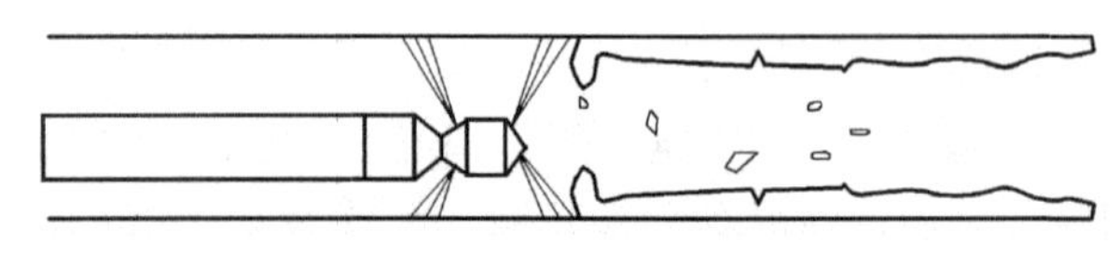

图 11-8　清扫风管

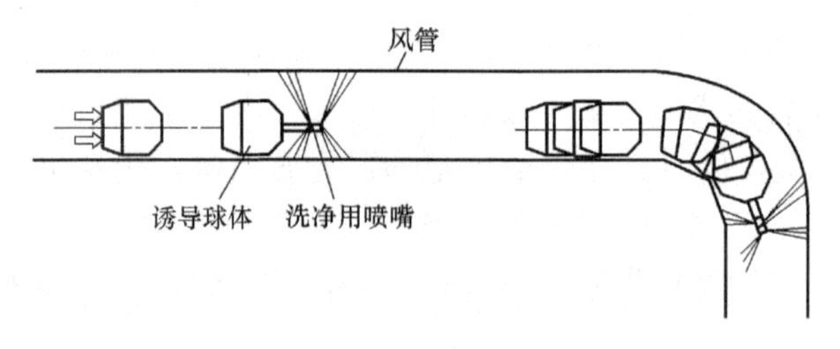

图 11-9　喷嘴诱导装置

每一次清洗的风管长度为 20～40mm，当风管更长时，则需分段进行上述作业。

4. 清洗时，风管内的风速为 15m/s，风管内压力为 2000Pa 以上的负压，故从风管内表面剥离的油污和洗净水等不会从接头处向外泄漏，能全部地回收到吸引车内。

5. 用中和剂处理回收的油污后，作为工业废弃物排放。

6. 清洗后，持续运行一定时间吸引机，目的是干燥风管内部。

7. 在清洗开始和清洗结束后，采用树脂纤维显示器观察风管内部的状态和确认清洗的结果。

第三节　中央空调风系统设备的维护和保养

风系统设备除了日常的维护外，还需对设备进行定期的维护和保养。根据设备的用途、结构复杂程度、维护工作量及人员的技术水平等，来决定维护的周期和维护停机时间。定期维护保养需要对设备进行部分解体，主要的工作内容如下：(1) 对设备内外进行彻底清扫、擦洗、疏通；（2）检查运动部件是否运转灵活及磨损情况，调整配合间隙；（3）检查安全装置；（4）检查设备润滑情况，添加或更换润滑油；（5）检查电器线路和自动控制元器件的动作是否正常。

风系统设备的定期维护和保养，一方面能够消除事故隐患，减少磨损，延长设备寿命，充分发挥设备的技术性能和经济特性；另一方面还能够保证室内空气的质量。国外一些研究表明，造成病态建筑综合症与空调有关，主要原因是：新风量不足或新风被污染；空气过滤器维护不当，造成效率下降；系统本身污染严重，如机组设备很脏、风管内积存了较多的灰尘等。因此，通过提高系统的维护管理水平，不仅可以提高系统设备的性能，而且室内空气质量也会得到很大的改善。

目前，多数用户只重视对设备技术性能的维护和保养，而忽视对系统空气质量的要求。由于“非典”病毒的出现，使得人们对中央空调系统的空气质量有了更高的要求，也给中央空调的维护管理提出了要求。

一、风机的维护保养

在风系统中，风机是转动部件，其维修工作量也比较大。风机的维修工作包括大修和小修两部分。一般小修半年一次，大修一年一次。

小修内容一般包括：

1. 清洗、检查轴承；
2. 紧固各部分螺栓、调整皮带的松紧度和联轴器的间隙及同轴度；
3. 更换润滑油（脂）及密封圈；
4. 修理进出风调节阀等。

大修内容包括：小修内容，解体清洗，检查各零部件；修理轴瓦，更换滚动轴承；修理或更换主轴和叶轮，并对叶轮的静、动平衡进行校验等。

风机的解体可以从叶轮和蜗壳部分开始，依次卸下主轴、皮带轮和电机，并将卸下的零件依次摆放，操作时应注意防尘，避免碰伤。

风机主轴的配合如果超出公差要求，一般予以更换。而叶轮磨损常用补焊修复。注意，补焊时应加支撑，以防变形，焊后应做静平衡实验，大功率风机叶轮还应做动平衡试验。若磨损变形严重，即叶片磨损达原厚度的1/2以上、叶轮盘磨损达原厚度的1/3以上应更换。叶轮的前盘板、后盘板以及机壳的磨损、裂纹，一般通过补焊修复，不能修复者应予以更换。

修复好或准备更换的零部件，应进行外形尺寸的复核和质量的检查，合格后再清洗干净，依次将轴套、轴承、轴承座、皮带轮、密封装置、叶轮和主轴固定好，再装配吸入口、各管道阀门。装配上机不要遗漏挡油盘、密封圈、平键等小零件。调整各部分间隙时应特别注意叶轮与蜗壳的间隙，电动机与联轴器的同轴度应满足使用要求。

二、风机盘管的维护和保养

风机盘管的维护和保养工作主要包括及时清洗或更换空气过滤器、盘管换热器的清洗、风机的维护和机组凝结水盘的清理。

（一）空气过滤器的清洗

风机盘管都装有空气过滤器，它的主要作用是对室内回风进行净化滤尘。风机盘管在用了一段时间以后，其空气过滤器表面将积存许多灰尘。若不及时清理，一方面会增加通过盘管的空气阻力，从而影响机组的送风量和换热效率，使机组无法满足空调房间内的气流组织和温湿度要求。另一方面，灰尘积聚过多，容易滋生各种细菌和病毒。随着室内空气的循环，空气品质越来越差，对人体健康将产生一定的威胁。空气过滤器的清洗或更换周期由机组所处的环境、每天的工作时间及使用条件决定，一般机组连续工作时，最好每月清洗一次，若发现过滤器有破损，则应进行更换。

（二）盘管换热器的维护和保养

为防止换热器管内结垢，应对冷媒水进行软化处理；冬季时进水温度不宜超过 65℃，禁止使用高温热水作为风机盘管的热源。如果机组在运行中供水温度及压力正常，而机组的进出风温差过小，应考虑是否为盘管内水垢太厚所致，对盘管进行检查和清洗。

夏季初次启用风机盘管机组时，应控制冷水温度，使其逐步降至设计温度，避免因立即通入温度较低的冷水而使机壳和进出水口产生结露滴水现象。在运行过程中，若盘管与翅片之间有明显积尘，可用压缩空气吹污、手工或机械除污。若发现盘管有泄漏时，应立即进行补漏。

对于盘管传热管内部的清洗可参照本书第八章第四节冷冻水系统的清洗。

（三）盘管内风机的维护

机组风扇在长期运行过程中会粘附上许多灰尘，以至影响风机的效率，同时也影响室内空气的品质。因此当风机叶轮上出现明显的灰尘时，应及时用压缩空气予以清除。清理周期以每年 2 次为宜。

（四）定期清理机组的凝结水盘

风机盘管夏季运行时，当盘管表面温度低于所处理的空气的露点温度时，在盘管表面就会出现凝结水，凝结水不断落入滴水盘中，并通过防尘网流入凝结水管路中。随着运行时间的增加，空气中的灰尘慢慢地粘附在滴水盘内，造成防尘网和排水管堵塞。如果不及时进行清理，凝结水就会从滴水盘中溢出，造成房间滴水或污染顶棚等现象。另外，由于滴水盘内总是处于潮湿状态，容易滋生霉菌和其他菌类，影响到室内空气品质，同时对人体健康也形成威胁。

通过对多个办公建筑和旅馆建筑空调系统的调查表明，多数工程盘管滴水盘从未清洗过，滴水盘内脏污不堪，特别是不设回风管的盘管机组，顶棚内吸风口周围落满厚厚的灰尘，由此可以想象，在机组运行时，房间内空气质量如何。因此，滴水盘应定期清理，一般应在每年夏季使用前清洗一次，机组连续制冷运行 3 个月后再清洗一次为宜。同时也对设计人员提出要求，在设计风机盘管时，尽量采用回风管与机组连接，新风直接送入室内，而不是将新风送到机组的吸风口处。这样可以尽量减少新风的污染。

（五）机组的排污和管道保温

风机盘管在使用过程中由于要进行冷热水倒换，因此管道中会进入空气，产生锈渣积存在管道中。开始供水后便会将其冲刷下来带至盘管入口和阀门处，造成堵塞。因此，应在机组的进出水管上安装旁通管。在机组使用前，利用旁通管冲刷供回水管路。

机组在运行过程中，要随时检查管道及阀门的保温情况，防止保温层出现断裂，造成管道或阀门凝水污染顶棚或墙壁。对保温层破裂的管道，在停机期间应及时进行修补。

三、空调机组设备的维护和保养

集中空调系统机组的主要设备包括空气过滤器、换热器、喷水室、蒸汽加湿器等。机组的维护主要包括机组的检修和清扫，而且需在停机时进行。

（一）空气过滤器的维护保养

在集中式空调系统中，对舒适性空调在机组内一般设有粗效过滤器，对净化空调则还需设置中效过滤器，而高效过滤器一般安装在送风口处。过滤器的维护和保养直接关系到系统性能是否满足要求。因为随着空调机组运行时间的增加，过滤器的积尘量逐渐增多，机组的阻力损失也逐渐增加，导致系统送风量减低，室内空调参数偏离设计值，同时由于过滤器积满了灰尘，容易滋生各种病毒和细菌，大大降低了室内空气的质量。

通过对多个用户的调查表明，对舒适性空调系统往往忽视对过滤器的维护和保养。只有极少数的用户进行定期清洗或更换，多数用户多年都没有清洗或更换过，以至于过滤器的表面脏污不堪，系统送风量大大降低。

对净化空调系统，应定期检测过滤器前后的压力和室内空气的含尘浓度。当过滤器前后的压力差大于过滤器的初阻力的 2 倍时，则应对过滤器进行清洗或更换。对一般的舒适性空调，在停机期间，关闭有关阀门，进入机组内拆卸过滤器。将过滤器在机组外清洗干净，晾干后再稳固地安装上去，如发现有损坏应及时修复或更换。最好每半年对过滤器清洗一次。

（二）机组换热器的维护保养

集中空调系统的换热器与风机盘管换热器相同，多数为冷热两用。为减少换热器的结垢，热水进水温度一般不超过 65℃。在夏季时，换热器为湿工况运行，产生的凝结水落入滴水盘内，通过凝结水管排入下水道中。当凝结水管被落入的灰尘堵塞时，凝结水很难排出去，导致滴水盘存水，容易滋生各种细菌和微生物污染空气。因此，在机组停机期间，应对滴水盘和凝结水排出管进行彻底清洗。对换热器肋片表面的脏污每年应清洗一次，清洗方法以喷射清洗为主，配合刷洗。对换热器内部的清洗详见本书第八章第四节冷冻水系统的清洗。

（三）喷水室的清洗

喷水室多用于对湿度有严格要求的空调系统，如纺织车间等。由于在喷淋过程中，空气中的灰尘与水滴结合落入喷水池中，使水池中的杂物越来越多。因此，应定期对水池中的杂物进行打捞清除。在机组停机期间，则应将喷水池的水放掉，对水池进行彻底清洗，清除水池底部的沉积物。同时，将喷嘴拆下，采用手工清洗方法，去除喷嘴中杂物和水垢。水池中的过滤器也应对其进行清洗。

（四）加湿器的清洗

电极式和电热式加湿器在停机期间应对电极表面、电热元件表面和容器内壁的水垢进行清洗，一般采用酸洗液进行浸泡的清洗方法。

四、风口、风道、阀门的维护和保养

集中空调系统在长运行时间后，在管道、风口等处容易积聚灰尘。若不及时进行清扫和清除，则灰尘会随着气流的流动重新进入空调房间，使室内空气受到二次污染，空气质量严重下降。在机组停机期间，每年应对系统风道进行清扫一次，采用专用设备逐段进行清扫，灰尘通过风道检修孔清除掉。

风口在运行一段时间后，表面会积聚一些灰尘和油垢，特别是回风口。对新风口，由于积尘主要成分为泥土，可用水进行清洗即可，而且每半年应清洗一次。对回风口和送风口，可采用除油垢的清洗液进行清洗，每年清洗一次。

对于集中空调系统，多数阀门在风量调整完毕后，其开度一般保持不变。当阀门长时间不操作时，容易导致阀门的活动机构失灵。在机组停机期间，应对当阀门进行检修。对电动调节阀，应检查其电动调节机构和执行机构是否灵敏，发现问题及时解决。对手动调节阀，应转动手柄或拉杆，检查是否灵活。对连接轴，每年应加一次润滑油。对锈蚀严重的阀门，应拆卸检修。

五、防排烟系统的维护

对机械防烟、排烟系统的风机、送风口、排烟口等部位应经常进行维护，如扫除尘土、加润滑油等，并经常检查排烟阀等手动启动装置和防止误动的保护装置是否完好。

每隔1～2周，由消防中心启动风机空载运行5min。

每年对全楼送风口、排烟阀进行一次机械动作试验。此试验可分别由现场手动开启、消防控制室遥控开启或结合火灾报警系统的试验由该系统联动开启。排烟阀及送风口的试验不必每次都联动风机，联动风机几次后应将风机电源切断，只做排烟阀、送风口的开启试验。

第四节　中央空调风系统的故障分析与处理

一、风系统的日常维护

空调系统正常工作的基本保证是要做好日常维护。搞好集中式空调系统的日常维护要做好两个方面的工作：一是保证设备处于良好的技术状态，二是认真执行日常维护规程。

保证设备处于良好的技术状态的基本要求是：操作者在启动运行空调系统之前，应对空调系统设备的结构、功能、技术指标、使用维护及技术安全方面的知识进行全面的学习和实际操作技能的训练，经过技术考核合格后，持证上岗。操作者上岗后，要认真遵守“三好原则”。一是“管好”，就是对所操作的设备负责，应保证设备主体及随机附件、仪器、仪表和防护装置等完好。设备启动运行后，不能擅离岗位；设备发生故障后，应立即停机，切断电源并及时向有关人员报告，不隐瞒事故情节。二是“用好”，就是严格执行操作规程，不让设备超负荷运行。三是“修好”，就是应使设备的外观和传动部分保持良好状态，发现隐患及时向有关人员报告，配合修理人员做好设备的修理工作。

在完成“三好”的基础上，还应做到“四会”，即会使用，会保养，会检查，会排除简单的运行故障。会使用是要求操作者按操作规程对空调系统进行操作运行，并熟悉设备的结构、性能等。会保养是要求操作者会简单的日常保养工作，执行好设备维护规程，保持设备的内外清洁、完好。会检查是要求操作者在进行交接班时应认真检查各种设备的运行状态、系统的运行参数是否在要求的范围内，如果发现设备出现故障或运行中出现问题，应告知交班者进行处理或上报，待处理完毕后才能继续运行或交班离岗。在设备运行过程中，应注意观察各部位的工作情况，注意运转的声音、气味、振动情况及各关键部位的温度等。会排除简单的运行故障是要求操作者熟悉运行设备的特点，能够鉴别设备工作正常或异常，会做一般的调整和简单的故障排除，不能自己解决时要及时报告并协同维修人员进行排除。

认真执行日常维护规程的基本内容是：熟悉日常维护的四项基本要求，掌握操作维护规程的基本内容，熟知日常维护的工作内容。

（一）日常维护的四项基本要求

1. 整齐。工具、工件、附件放置整齐，设备零件及安全防护装置齐全。

2. 清洁。设备内外清洁，无跑、冒、滴、漏现象。

3. 润滑良好。按时给设备加油、换油，使用的润滑油质量合格。

4. 安全。熟悉设备结构，遵守操作和维护规程，精心维护，始终使设备运行在最佳状态。

（二）设备维护规程的基本内容

1. 启动前应认真检查风机传动皮带的松紧程度，各种阀门所处状态是否处于待启动状态。检查合格后方可启动。

2. 必须按照说明书和有关技术文件的规定顺序和方法进行启动运行。

3. 严格按照设备的技术条件要求进行运行，不准超负荷运行。

4. 设备运行时，操作者不得离开工作岗位，并要注意各部位有无异味、过热、剧烈振动或异常声响等。若发现有故障应立即停止运行，及时排除。

5. 设备上一切安全防护装置不得随意拆除，以免发生事故。

6. 认真做好交接班工作，特别要向接班人员讲清楚设备发生故障后的处理情况，使接班者做到心中有数，做好防范工作。

二、风机的日常维护

风机在启动运行以后还要做好运行监测和日常维护工作。

风机的运行监测主要有以下几项工作内容：

1. 监测风机电动机的运转电流、电压是否正常；

2. 监测风机及电动机的运行声音是否正常，有无异常振动现象；

3. 监测风机及电动机的轴承温度是否正常；

4. 监测风机及电动机在运转过程中是否有异味。

一旦风机在运转过程出现异常情况，特别是运行电流过大，电压不稳，出现异常振动或产生焦煳味时，应立即停机，进行检查处理，排除故障后才可继续运行，绝对禁止带病运行，以免酿成大祸。

风机的日常维护工作主要有以下几项内容：

1. 随时用仪器测量风量和风压，确保风机处于正常工作状态。

2. 检查皮带的松紧程度是否合适，用测量仪表检查风机主轴转速是否达到要求，用直尺检测风机与电动机的皮带轮是否在一个平面上，出现偏差应及时调整，经常用钳形电流表检查电机三相电流是否平衡。

3. 定期向风机轴承内加入润滑油。

4. 经常检查风机进出口法兰是否漏风。若发现漏风，应及时用石棉绳堵上。

5. 经常检查风机及电动机的地脚螺栓是否紧固，减振器受力是否均匀。

6. 检查风机叶轮与机壳之间是否有摩擦声，叶轮的平衡性是否好。

7. 随时检测风机轴承温度，不能使温升超过 60℃。

8. 监听风机的振动与运转声音是否在允许的范围内。

三、风系统常见故障分析与处理方法

衡量风系统运行是否正常，主要看其运行参数是否符合要求。若出现运行参数与设计参数出现明显的偏差，弄清楚产生的原因，找出解决方法，保证系统安全、高效、节能运行。表 11-2 所示为风系统常见故障分析与解决方法，供维修时参考。

风系统的常见故障与解决方法　　表 11-2

序号	故障现象	产生原因	解决方法
1	送风参数与设计不符	空气处理设备选择容量偏大或偏小； 空气处理设备产品热工性能达不到额定值	调节冷热媒参数与流量，使空气处理设备达到额定能力；如仍达不到要求，可考虑更换或增加设备
		空气处理设备安装不当，造成部分空气短路； 空调箱或风管的负压段漏风，未经处理的空气漏入	检查设备、风管，消除短路与漏风
		冷热媒参数和流量与设计值不符； 挡水板当水效果不好，凝结水再蒸发； 风机送风管道温升超过设计值（管道保温不好）	加强风、水管保温； 检查并改善喷水室、表冷器挡水板，消除漏风
2	室内温度、相对湿度均偏高	制冷系统产冷量不足	检修制冷系统
		喷水室喷嘴堵塞	清洗喷水系统和喷嘴
		通过空气处理设备的风量过大，热湿交换不良	调节通过处理设备的风量使风速正常
		回风量大于送风量，室外空气渗入	调节回风量，使室内保持正压
		送风量不足（可能过滤器堵塞）	清洗过滤器使送风量正常
		表冷器结霜，造成堵塞	调节蒸发温度，防止结霜
3	室内温度合适或偏低，相对湿度偏高	送风温度低可能是一次回风的二次加热器未开或不足	正确使用二次加热器
		喷水室喷水量过大，送风含湿量大（可能是挡水板不均匀或漏风）	检修或更换挡水板，堵漏风
		机器露点温度和含湿量偏高（可能是挡水板不均匀或漏风）	调节三通阀，降低混合水温
		室内产湿量大（如增加产湿设备，用水冲洗地板，漏汽、漏水等）	减少湿源
4	室内温度正常，相对湿度偏低（这种现象常发生在冬季）	室外空气含湿量本来较低，未经加湿处理，仅加热后送入室内	有喷水室时，应连续喷循环水加湿； 夏季采用表冷器冷却的系统应开启加湿器

续表

序号	故障现象	产生原因	解决方法
5	系统实测风量大于设计风量	系统的实际阻力小于设计阻力，风机的风量因而增大	有条件时，可改变风机的转数
		设计时选用风机容量偏大	关小风量调节阀
6	系统实测风量小于设计风量	系统的实际阻力大于设计阻力，风机风量减小	条件许可时，改进风管构件，减小系统阻力
		系统中有阻塞现象	检查清理系统中可能的堵塞物
		系统漏风	堵漏
		风机出力不足（风机达不到设计能力或叶轮旋转方向不对，皮带打滑等）	检查、排除影响风机出力的因素
7	系统总送风量与总进风量不符，差值较大	风量测量方法与计算不准确	复查测量与计算数据
		系统漏风或气流短路	检查堵漏，消除短路
8	机器露点温度正常或偏低，室内降温慢	送风量小于设计值，换气次数小	检查风机型号是否符合设计要求，叶轮转向是否正确，皮带是否松弛，开大送风阀门，消除风量不足因素
		有二次回风的系统，二次回风量过大	调节降低二次回风量
		空调系统房间多、风量分配不均	调节使各房间风量分配均匀
9	室内气流速度超过允许值	送风口速度过大	增大风口面积或增加风口数，开大风口调节阀
		总送风量过大	降低总送风量
		选取的送风口的类型不合适	改变送风口形式，增加紊流系数
10	室内气流速度分布不均，有死角区。	气流组织设计不周	根据实测气流分布图，调整送风口位置，或增加送风口数量
		送风口风量未调节均匀，不符合设计值	调节各送风口风量使与设计要求相符
11	室内空气质量不符合设计要求	新风量不足（新风阀未开足，新风道截面积小，过滤器堵塞等）	对症采取措施增大新风量
		人员超过设计人数	减少不必要的人员
		室内有吸烟或燃烧等耗氧因素	禁止在空调房间内吸烟和进行不符合要求的耗氧活动
12	室内洁净度达不到设计要求	过滤器效率达不到要求	更换不合格的过滤器
		施工安装时未按要求擦清设备及风管内的灰尘	设法清理设备管道内灰尘
		运行管理未按规定清扫、清洁	加强运行管理
		生产工艺流程与设计要求不符	改进工艺流程
		室内正压不符合要求，室外有灰尘进入	增加换气次数和正压
13	室内噪声大于设计要求	风机噪声高于额定值	测定风机噪声，检查风机叶轮是否碰壳，轴承是否损坏，减振是否良好，对症处理
		风管及阀门、风口风速过大，产生气流噪声	调节各种阀门、风口、降低过高风速
		风管系统消声设备不完善	增加消声弯头

四、空气处理设备的故障分析及处理

空气处理设备的故障主要是指对空气进行热湿和净化处理的设备所发生的故障。表 11-3所示为空气处理设备的常见故障及其处理方法，可作为空调系统维护操作时的参考资料。

空气处理设备的常见故障及处理方法　　表 11-3

设备名称	故障现象	处理方法
喷水室	喷水室雾化不够； 热湿交换性能不佳	加强回水过滤，防止喷孔堵塞； 提供足够的喷水压力； 检查喷嘴布置密度形式、级数等，对不合理的进行改造； 检查挡水板的安装，测量挡水板对水滴的捕集效率
表面换热器	热交换效率下降	清除管内水垢，保持管面洁净
	凝水外溢	清理表面冷却器凝水盘，疏通凝水盘的泄水管
	有水击声	以蒸汽为热源时，要有 1%的坡度以利于排水
电加热器	裸线式电加热器电热丝表面温度太高，粘附其上的杂质分解，产生上异味	更换管式电加热器
加湿器	加湿量不够	检查湿度控制器
	干式蒸汽加湿器的噪声太大，并对水蒸气气味有要求	改用电加湿器
净化处理设备	净化不够标准	重新估价净化标准，合理选择空气过滤器
	过滤阻力增大，过滤风量减小	定时清洁过滤器
	高效过滤器使用周期短	在高效过滤器前增设中效过滤器，增加高效过滤器的使用寿命
10 风道	噪声过大	避免风道急剧转弯，尽量少装阀门，必要时在弯头，三通支管等处装导流片；
	长期使用或施工质量不合格，风管法兰连接不严密，检查孔和空气处理室人孔结构不良造成漏风引起送风量不足	消声器损坏时，更换新的消声器； 应经常检查所有接缝处的密封性能，更换不合格的垫圈，进行堵漏
	隔热板脱落，保温性能下降	补上隔热板，完善隔热层和防潮层

五、风机盘管常见故障及处理

风机盘管常见故障及维修方法见表 11-4。

风机盘管机组的常见故障及维修方法　　表 11-4

序号	故障	原因	维修方法
1	风机不转	停电	查明原因或等待复电
		忘记插电源	将插头插入
		电压低	查明原因
		配线错误或接线端子松脱	用万用电表查电路，修复

续表

序号	故障	原因	维修方法
1	风机不转	电动机故障	用万用电表检查后修复或更换
		电容器不良	更换
		开关接触不良	修复或更换
2	风机能转动，但不出风或风量少	电源电压异常	查明原因
		反转	改变接线
		风口有障碍物	去除障碍物
		空气过滤器堵塞	清洗
3	风不冷或不热	盘管内有空气	从排气阀排出空气
		供水循环停止	检查水泵
		调节阀关闭	将调节阀开启
		阀被异物堵塞	取出异物
4	机壳外面结露	内部保温破损	修补
		机壳在装配时与火燃接触保温层烧毁	不要接触火焰，将保温层重新包好
		冷风有泄漏	修补
5	有异物吹出	由于腐蚀造成风机叶片表面有锈蚀物	更换风机
		过滤器破损、劣化	更换空气过滤器
		保温材料破损、劣化	更换保温材料
		机组内灰尘太多	清扫内部
6	漏水	安装不良	机组水平安装
		接水盘倾斜	调整
		排水口堵塞	清除堵塞物
		水管有漏水处	检查更换水管
		冷凝水从管子上滴下	检查后重新保温
		接头处安装不良	检查后紧固
		排气阀忘记关闭	将阀关闭
7	关机后风机不停	开关失灵	修复或更换开关
		控制线路短路	检查线路，消除短路
8	有震动与杂音	机组安装不良	重新安装调整
		外壳安装不良	重新安装
		固定风机的部件松动	紧固
		风道内有异物	去除异物
		风机电动机故障	修复或更换电机
		风机叶片破损	更换
		送风口百叶松动	紧固
		盘管内有空气	排空气
		盘管内水流速过高	检查水的流速
		水内有大量空气进入	排除水中空气
		使用定量阀时，压差太大	更换合适的阀

续表

序号	故障	原因	维修方法
9	室内空调效果不良	调节阀开度不够	重新调节开度
		盘管堵塞	清扫盘管
		盘管内部有空气	排除空气
		电源电压下降	查明原因
		空气过滤器堵塞	清洗空气过滤器
		供水量不足	调节供水阀
		供水温度异常	检查冷冻水温度
		风机反转	重新接线
		送风口、回风口有障碍	去除障碍物
		气流短路	检查风口有无障碍
		室内气流分布不均匀	检查调整风口叶片角度
		设备选用不当	更换设备
		顶棚吊顶式的机组连接处漏风	修理
		温度调节不当	重新调整送风档次
		房间开窗	关窗

六、风机常见故障处理方法

风机常见故障处理方法见表 11-5。

风机常见故障处理方法 **表 11-5**

故障现象	原因分析	处理方法
轴承箱振动剧烈	机壳或进风口与叶轮摩擦	进行检修，消除摩擦部位
	基础的刚度不够或不牢固	基础加固或用型钢加固支架
	叶轮铆钉松动或皮带轮变形	将松动铆钉铆紧或调换铆钉重铆，更换皮带轮
	叶轮轴盘与轴松动	拆下松动的轴盘用电焊加工修复或调换新轴
	机壳与支架、轴承箱与支架、轴承箱盖与座联接螺栓松动	将松动螺栓旋紧，在容易发生松动的螺栓中添加弹簧垫防止产生松动
	风机进出口管道安装不良	在风机出口与风道连接处加装帆布或橡胶布软接管
	转子不平衡	校正转子至平衡
轴承温升过高	轴承箱振动剧烈	检查振动原因，并加以消除
	润滑脂质量不良、变质、填充过多或含有灰尘、砂垢等杂质	挖掉旧的润滑脂，用煤油将轴承洗净后调换新油
	轴承箱盖座的联接螺栓过紧或过松	适当调整轴承座盖螺栓紧固程度
	轴与滚动轴承安装歪斜，前后两轴承不同心	调整前后轴承座安装位置，使之平直同心
	滚动轴承损坏 滚动轴承磨损过大或严重锈蚀	更换新轴承

续表

故障现象	原因分析	处理方法
电动机电流过大或温升过高	开车时进气管道内闸门或节流阀未关严密	关闭风道内闸门或节流阀
	风量超过规定值	调整节流装置或修补损坏的风管
	输送气体密度过大，使压力增高	调整节流装置，减少风量，降低负载功率。若经常有类似现象，需调换较大功率的电机
	电动机输入电压过低或电源单相断电	电压过低应通知电气部门来处理，电源单相断电应立即停机修复
	联轴器连接不正，橡皮圈过紧或间隙不均	调整联轴器或更换橡皮圈
	受轴承箱振动剧烈的影响	停机排除轴承座振动故障
	受并联风机发生的故障影响	停机检查和处理风机故障
皮带滑下	两皮带轮中心位置不平行	调整两皮带轮的位置
皮带跳动	两皮带轮距离较近或皮带过长	调整电动机的安装位置
风量或风压不足或过大	转速不合适，或系统阻力不合适	调整转速或改变系统阻力
	风机旋转方向不对	改变转向，如改变三相交流电机的接线顺序
	管道局部阻塞	清除杂物
	调节阀的开度不合适	检查和调整阀门的开启度
	风机规格不合适	选用合适的风机
风机使用日久后风量风压逐渐减少	风机叶轮、叶片或外壳锈蚀损坏	检修或更换损坏部件
	风机叶轮或表面积灰	彻底清除叶轮和叶片表面的积灰
	皮带太松	调整皮带轮的松紧程度
	风道内积有杂物	清扫整理风管内杂物及灰尘
风机噪声过大	通风机噪声较大	采用高效率、低噪声风机
	振动太大	检查叶轮的平衡性，检查减振器等隔振装置是否完好
	轴承等部件磨损、间隙过大	更换损坏部件

参考文献

[1] 曲云霞，张林华 编著. 建筑环境与能源应用工程专业概论. 北京：中国建筑工业出版社，2016.

[2] 张林华，曲云霞，主编. 中央空调维护保养实用技术. 北京：中国建筑工业出版社，2003.

[3] 清华大学建筑节能研究中心著. 中国建筑节能年度发展研究报告 2016. 北京：中国建筑工业出版社，2016.

[4] 李岱森，万建武，曲云霞 编著. 空气调节. 北京：中国建筑工业出版社，2000.

[5] 张宪金，常敬辉，任少博，苗金明等 编著. 中央空调运行管理实务. 北京：机械工业出版社，2013.

[6] 葛剑青 主编. 中央空调系统操作与维修教程. 北京：电子工业出版社，2013.

[7] 赵建华 主编. 空调系统运行管理与维修. 北京：机械工业出版社，2013.

[8] 夏云铧 主编. 中央空调系统应用与维修. 北京：机械工业出版社，2015.

[9] 付小平，杨洪兴，安大伟 编著. 中央空调系统运行管理. 北京：清华大学出版社，2015.

[10] 马最良，吕悦 主编. 地源热泵系统设计与应用. 北京：机械工业出版社，2013.

[11] 姚杨，姜益强，马最良等 编著. 水环热泵空调系统设计. 北京：化学工业出版社，2011.

[12] 张建一，李莉 编著. 制冷空调装置节能原理与技术. 北京：机械工业出版社，2007.

[13] （日）高桥隆勇著、空调自动控制与节能. 刘军，王春生 译. 北京：科学出版社，2011.

[14] 安大伟 主编. 暖通空调系统自动化. 北京：中国建筑工业出版社，2015.

[15] 李玉街，蔡小兵，郭林编 著. 中央空调系统模糊控制节能技术及应用. 北京：中国建筑工业出版社，2009.

[16] 李元哲，姜蓬勃，许杰 著. 太阳能与空气源热泵在建筑节能中的应用. 北京：化学工业出版社，2015.

[17] 苏莘博，张林华. 地源热泵水蓄能复合空调系统运行分析. 山东建筑大学学报，2015，30（3）：249-254.

[18] GB 21454—2008. 多联式空调（热泵）机组能效限定值及能源效率等级. 北京：中国标准出版社，2008.

[19] JGJ 174—2010. 多联机空调系统工程技术规程. 北京：中国建筑工业出版社，2010.

[20] 秦国治，田志明 编著. 防腐蚀技术及应用实例. 北京：化学工业出版社，2002.

[21] 金熙，项成林，齐冬子 编著. 工业水处理技术问答（第四版）. 北京：化学工业出版社，2010.

[22] 工业用水水质标准汇编. 北京：中国标准出版社，2014.

[23] GB/T 29044—2012. 采暖空调系统水质 北京：中国标准出版社，2013.

[24] 张志强 编著. 工业水处理技术. 北京：化学工业出版社，2014.

[25] 齐冬子 编著. 循环冷却水技术问答. 北京：化学工业出版社，2015.

[26] 郭飞 编著. 循环冷却水处理技术. 北京：化学工业出版社，2014.

[27] 梁治齐. 实用清洗技术手册（第二版）. 北京：化学工业出版社，2008.

[28] 张学发 编著. 中央空调清洗技术. 北京：化学工业出版社，2008.